城市基础设施规划方法创新与实践系列丛书

城市内涝防治设施规划方法创新与实践

深圳市城市规划设计研究院
张　亮　梁　骞　刘应明　俞　露　编著

中国建筑工业出版社

丛书序言

生态环境关乎民族未来、百姓福祉。十九大报告不仅对生态文明建设提出了一系列新思想、新目标、新要求和新部署，更是首次把美丽中国作为建设社会主义现代化强国的重要目标。在美丽中国目标的指引下，美丽城市已成为推进我国新型城镇化、现代化建设的内在要求。基础设施作为城市生态文明的重要载体，是建设美丽城市坚实的物质基础。

基础设施建设是城镇化进程中提供公共服务的重要组成部分，也是社会进步、财富增值、城市竞争力提升的重要驱动。改革开放 40 多年来，我国的基础设施建设取得了十分显著的成就，覆盖比例、服务能力和现代化程度大幅度提高，新技术、新手段得到广泛应用，功能日益丰富完善，并通过引入市场机制、改革投资体制，实现了跨越式建设和发展，其承载力、系统性和效率都有了长足的进步，极大地推动了美丽城市建设和居民生活条件改善。

高速的发展为城市奠定了坚实的基础，但也积累了诸多问题，在资源环境和社会转型的双重压力之下，城镇化模式面临重大的变革，只有推动城镇化的健康发展，保障城市的“筋骨”雄壮、“体魄”强健，才能让改革开放的红利最大化。随着城镇化转型的步伐加快，基础设施建设如何与城市发展均衡协调是当前我们面临的一个重大课题。无论是基于城市未来规模、功能和空间的均衡，还是在新的标准、技术、系统下与旧有体系的协调，抑或是在不同发展阶段、不同外部环境下的适应能力和弹性，都是保障城市基础设施规划科学性、有效性和前瞻性的重要方法。

2016 年 12 月～2018 年 8 月不到两年时间内，深圳市城市规划设计研究院（以下简称“深规院”）出版了《新型市政基础设施规划与管理丛书》（共包括 5 个分册），我有幸受深规院司马晓院长的邀请，为该丛书作序。该丛书出版后，受到行业的广泛关注和欢迎，并被评为中国建筑工业出版社优秀图书。本套丛书内容涉及领域较《新型市政基础设施规划与管理丛书》更广，其中有涉及综合专业领域，如市政工程详细规划；有涉及独立专业领域，如城市通信基础设施规划、非常规水资源规划及城市综合环卫设施规划；同时还涉及现阶段国内研究较少的专业领域，如城市内涝防治设施规划、城市物理环境规划及城市雨水径流污染治理规划等。

城，所以盛民也；民，乃城之本也。衡量城市现代化程度的一个关键指标，就在于基础设施的质量有多过硬，能否让市民因之而生活得更方便、更舒心、更美好。新时代的城市规划师理应有这样的胸怀和大局观，立足百年大计、千年大计，注重城市发展的宽度、厚度和“暖”度，将高水平的市政基础设施发展理念融入城市规划建设中，努力在共建共享中，不断提升人民群众的幸福感和获得感。

本套丛书集成式地研究了当下重要的城市基础设施规划方法和实践案例，是作者们多年工作实践和研究成果的总结和提升。希望深规院用新发展理念引领，不断探索和努力，为我国新形势下城市规划提质与革新奉献智慧和经验，在美丽中国的画卷上留下浓墨重彩！

原建设部部长、第十一届全国人民代表大会环境与资源保护委员会主任委员

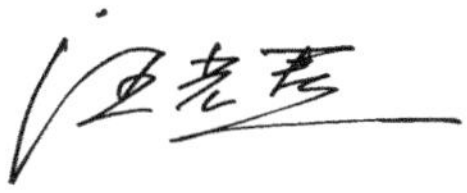

2019 年 6 月

丛书前言

改革开放以来，我国城市化进程不断加快，2017 年末，我国城镇化率达到 58.52%；根据中共中央和国务院印发的《国家新型城镇化规划（2014—2020 年）》，到 2020 年，要实现常住人口城镇化率达到 60%左右，到 2030 年，中国常住人口城镇化率要达到 70%。快速城市化伴随着城市用地不断向郊区扩展以及城市人口规模的不断扩张。道路、给水、排水、电力、通信、燃气、环卫等基础设施是一个城市发展的必要基础和支撑。完善的城市基础设施是体现一个城市现代化的重要标志。与扎实推进新型城镇化进程的发展需求相比，城市基础设施存在规划技术方法陈旧、建设标准偏低、区域发展不均衡、管理体制不健全等诸多问题，这将是今后一段时期影响我国城市健康发展的短板。

为了适应我国城市化快速发展，市政基础设施呈现出多样化与复杂化态势，非常规水资源利用、综合管廊、海绵城市、智慧城市、内涝模型、环境园等技术或理念的应用和发展，对市政基础设施建设提出了新的发展要求。同时在新形势下，市政工程规划面临由单一规划向多规融合演变，由单专业单系统向多专业多系统集成演变，由常规市政工程向新型市政工程延伸演变，由常规分析手段向大数据人工智能多手段演变，由多头管理向统一平台统筹协调演变。因此传统市政工程规划方法已越来越不能适应新的发展要求。

2016 年 6 月，深规院受中国建筑工业出版社邀请，组织编写了《新型市政基础设施规划与管理丛书》。该丛书共五册，包括《城市地下综合管廊工程规划与管理》《海绵城市建设规划与管理》《电动汽车充电基础设施规划与管理》《新型能源基础设施规划与管理》和《低碳生态市政基础设施规划与管理》。该套丛书率先在国内提出新型市政基础设施的概念，对新型市政基础设施规划方法进行了重点研究，建立了较为系统和清晰的技术路线或思路。同时对新型市政基础设施的投融资模式、建设模式、运营模式等管理体制进行了深入研究，搭建了一个从理念到实施的全过程体系。该套丛书出版后，受到业界人士的一致好评，部分书籍出版后马上销售一空，短短半年之内，进行了三次重印出版。

深规院是一个与深圳共同成长的规划设计机构，1990 年成立至今，在深圳以及国内外 200 多个城市或地区完成了 3800 多个项目，有幸完整地跟踪了中国快速城镇化过程中的典型实践。市政工程规划研究院作为其下属最大的专业技术部门，拥有近 120 名市政专业技术人员，是国内实力雄厚的城市基础设施规划研究专业团队之一，一直深耕于城市基础设施规划和研究领域，在国内率先对新型市政基础设施规划和管理进行了专门研究和探讨，对传统市政工程的规划方法也进行了积极探索，积累了丰富的规划实践经验，取得了明显的成绩和效果。

在市政工程详细规划方面，早在 1994 年就参与编制了《深圳市宝安区市政工程详细规划》，率先在国内编制市政工程详细规划项目，其后陆续编制了深圳前海合作区、大空港片区以及深汕特别合作区等多个重要片区的市政工程详细规划。主持编制的《前海合作区市政工程详细规划》，2015年获得深圳市第十六届优秀城乡规划设计奖二等奖。主持编制的《南山区市政设施及管网升级改造规划》和《深汕特别合作区市政工程详细规划》，2017年均获得深圳市第十七届优秀城乡规划设计奖三等奖。在通信基础设施规划方面，2013年主持编制了国家标准《城市通信工程规划规范》，主持编制的《深圳市信息管道和机楼“十一五”发展规划》获得2007年度全国优秀城乡规划设计表扬奖，主持编制的《深圳市公众移动通信基站站址专项规划》获得2015年度华夏建设科学技术奖三等奖。在非常规水资源规划方面，编制了多项再生水、雨水等非常规水资源综合利用规划、政策及运营管理研究。主持编制的《光明新区再生水及雨洪利用详细规划》获得2011年度华夏建设科学技术奖三等奖；主持编制的《深圳市再生水规划与研究项目群》（含《深圳市再生水布局规划》《深圳市再生水政策研究》等四个项目）获得2014年度华夏建设科学技术奖三等奖。在城市内涝防治设施规划方面，2014年主持编制的《深圳市排水（雨水）防涝综合规划》，是深圳市第一个全面采用模型技术完成的规划，是国内第一个覆盖全市域的排水防涝详细规划，也是国内成果最丰富、内容最全面的排水防涝综合规划，获得了2016年度华夏建设科学技术奖三等奖和深圳市第十六届优秀城市规划设计项目一等奖。在消防工程规划方面，主持编制的《深圳市消防规划》获得了2003年度广东省优秀城乡规划设计项目表扬奖，在国内率先将森林消防纳入城市消防规划体系。主持编制的《深圳市沙井街道消防专项规划》，2011年获深圳市第十四届优秀城市规划二等奖。在综合环卫设施规划方面，主持编制的《深圳市环境卫生设施系统布局规划（2006—2020）》获得了2009年度广东省优秀城乡规划设计项目一等奖及全国优秀城乡规划设计项目表扬奖，在国内率先提出“环境园”规划理念。在城市物理环境规划方面，近年来，编制完成了10余项城市物理环境专题研究项目，在《滕州高铁新区生态城规划》中对城市物理环境进行了专题研究，该项目获得了2016年度华夏建设科学技术奖三等奖。在城市雨水径流污染治理规划方面，近年来承担了《深圳市初期雨水收集及处置系统专项研究》《河道截污工程初雨水（面源污染）精细收集与调度研究及示范》等重要课题，在国内率先对雨水径流污染治理进行了系统研究。特别在诸多海绵城市规划研究项目中，对雨水径流污染治理进行了重点研究，其中主持编制完成的《深圳市海绵城市建设专项规划及实施方案》获得了2017年度全国优秀城乡规划设计二等奖。

鉴于以上的成绩和实践，2018年6月，在中国建筑工业出版社邀请和支持下，由司马晓、丁年、刘应明整体策划和统筹协调，组织了深规院具有丰富经验的专家和工程师编著了《城市基础设施规划方法创新与实践系列丛书》。该丛书共八册，包括《市政工程详细规划方法创新与实践》《城市通信基础设施规划方法创新与实践》《非常规水资源规划方法创新与实践》《城市内涝防治设施规划方法创新与实践》《城市消防工程规划方法创新与实践》《城市综合环卫设施规划方法创新与实践》《城市物理环境规划方法创新与实践》以及《城市雨水径流污染治理规划方法创新与实践》。本套丛书力求结合规划实践，在总结经验的基础上，突出各类市政工程规划的特点和要求，同时紧跟城市发展新趋势和新要求，系统介绍了各类市政工程规划的规划方法，期望对现行的市政工程规划体系以及技术标准进行有益补充和必要创新，为从事城市基础设施规划、设计、建设以及管理人员提供亟待解决问题的技术方法和具有实践意义的规划案例。

本套丛书在编写过程中，得到了住房城乡建设部、广东省住房和城乡建设厅、深圳市规划和自然资源局、深圳市水务局等相关部门领导的大力支持和关心，得到了各有关方面专家、学者和同行的热心指导和无私奉献，在此一并表示感谢。

本套丛书的出版凝聚了中国建筑工业出版社朱晓瑜编辑的辛勤工作，在此表示由衷敬意和万分感谢！

《城市基础设施规划方法创新与实践系列丛书》编委会

2019 年 6 月

本书前言

本书所称内涝防治系统，是指用于防止和应对城市内涝的工程性设施和非工程性措施以一定方式组合成的总体，包括雨水渗透、收集、输送、调蓄、行泄、处理和利用的自然和人工设施以及管理措施等。21 世纪以来，全球极端气候致使暴雨、特大暴雨频发，我国多个城市发生内涝灾害，严重危及人民群众的生命财产安全和城市的正常运行。据住房城乡建设部对 351 个城市进行的专项调研结果显示，2008～2017 年间，全国 65%的城市发生过城市内涝，内涝灾害超过 3 次以上的城市有 137 个。城市内涝造成的影响和危害，暴露了我国在城市化水平不断提高、城市规模不断扩大的状况下，市政基础设施建设与安全保障不相适应的矛盾。与发达国家和地区相比，我国存在排水标准偏低、应对特大暴雨的内涝防治系统缺乏、相应的预警和应急措施不完善等问题，直接削弱了城市抵御暴雨灾害的能力。

2013 年 3 月，国务院办公厅发布《国务院办公厅关于做好城市排水防涝设施建设工作的通知》(国办发〔2013〕23 号)，通知要求，2014 年底前，要在摸清现状基础上，编制完成城市排水防涝设施建设规划，力争用 5 年时间完成排水管网的雨污分流改造，用 10 年左右的时间，建成较为完善的城市排水防涝工程体系。2013 年 6 月，住房城乡建设部发布《住房城乡建设部关于印发城市排水（雨水）防涝综合规划编制大纲的通知》（建城〔2013〕98 号)。2013 年 9 月，《国务院关于加强城市基础设施建设的意见》（国发〔2013〕36 号）指出，缺乏城市排水防涝系统规划、标准体系不完善、排水防涝设施建设滞后、重建轻管、河湖水系被随意侵占现象突出，是导致城市内涝频发的几个重要原因。2017 年 5 月，住房城乡建设部和国家发展改革委印发《全国城市市政基础设施建设“十三五”规划》，提出保障排水防涝安全，坚持自然与人工相结合、地下与地上相结合，构建“源头减排、雨水收排、排涝除险、超标应急”的城市排水防涝体系，并与城市防洪做好衔接。2019 年 3 月，住房城乡建设部办公厅印发《关于做好 2019 年城市排水防涝工作的通知》(建办城函〔2019〕176 号)，要求扎实推进城市排水防涝补短板工作，进一步完善实施方案，不断完善城市排水防涝设施建设补短板项目储备库。上述政策文件的相继出台，不但显示出各级政府解决城市内涝问题的决心，同时也明确了城市内涝防治工程体系的建设方向和要求，为推动城市内涝防治系统的完善提供了强有力的支持。

我国城市排水系统主要是以地下管渠为主，城市内涝防治系统相较于传统的排水系统，内容更加复杂、体系更加完整，包括源头减排、排水管渠和排涝除险等工程性设施，以及应急管理等非工程性措施，并与防洪设施相衔接。内涝防治设施规划的编制，与传统的雨水工程规划相比较，在技术理念、系统标准、编制方法、成果组成等方面都具有明显的差异，主要体现在：(1) 在国内，首次将市政和水利两个专业在内涝防治系统中进行统一，将市政排水标准和水利防洪标准进行衔接；(2) 要求采用水力模型对现状排水管网能力、内涝风险区、规划方案效果进行计算和评估，保障规划方案的科学性和准确性；(3) 需要加强对设计暴雨雨型的基础研究，并辅助水力模型模拟；(4) 对于超过管道设计重现期的雨水排放通道和储存调蓄问题，城市内涝防治系统有了更加统筹的考虑和安排。综上所述，城市内涝防治设施规划在国内属于一个比较新兴的规划类型，具有很强的创新性，需要大量的实践进行检验和优化。

近年来，国家发布了《城市排水（雨水）防涝综合规划编制大纲》《城镇内涝防治技术规范》《室外排水设计标准》GB 50014 等多项排水防涝相关的政策法规和标准规范，各地也高度重视城市内涝防治系统的建设，补齐短板，缓解城市内涝灾害风险。在这样一个转型发展的关键时期，深规院市政规划团队结合在各地的实践案例，总结多年来的工作思路与方法，希望能助力我国城市内涝防治设施规划和建设工作迈向新台阶。

深规院市政规划研究院是国内较早关注和开展城市内涝防治系统规划和建设实践的专业技术团队之一。2010 年开始，通过深圳国际低碳城市政基础设施体系的研究和规划工作，展开了针对城市内涝防治系统从理论研究到各层次专项规划再到工程设计的全过程技术研发，期间多次组织技术人员赴日本、新加坡、中国台湾等国家和地区开展学习和交流，并结合在深圳市、西安市、扬州市、清远市等地的多项相关规划实践，逐渐形成和丰富了城市内涝防治设施的规划理论和编制方法。承担的相关项目先后获得相关奖励，其中《深圳国际低碳城系列规划》获保尔森基金会 2014 年度中国可持续规划设计奖和 2015 年度全国优秀城乡规划设计奖一等奖；《深圳市排水（雨水）防涝综合规划》获 2016 年度华夏建设科学技术奖三等奖。

本书内容分为基础篇、方法篇和实践篇三部分，由司马晓、丁年负责总体策划和统筹安排等工作，由张亮、梁骞、刘应明、俞露共同担任执行主编，负责大纲编写、组织协调和文稿汇总与审核等工作。本书凝结了 30 多位团队成员的心血和智慧，其中基础篇主要由张亮、汤钟、邓立静、熊慧君、陈锦全、胥瀚等负责编写，方法篇主要由梁骞、李炳锋、黄俊杰、汤钟、戴韵等负责编写，实践篇主要由陆利杰、李亚、刘瑶、胡爱兵、杨晨等负责编写，附录部分由陆利杰、汤钟、李俊、丁一鸣、杨鹏等负责完成。在本书成稿过程中，孙静、吴丹、崔红蕾、李亚坤负责全书图表完善和美化工作，刘应明、俞露对本书的总体框架提出了许多宝贵意见，并承担了全书审核工作。孙静、李亚、李冰、房静思、曾小瑱、李晓君、姜科、王刚、叶惠婧、宋鹏飞、刘亮、汪洵、谢鹏程、蒋长志等多位同志完成了全书的文字校对工作。本书由司马晓、丁年审阅定稿。

本书是编写团队多年来对城市内涝防治设施规划与建设实践工作的总结和凝练，希望通过本书与各位读者分享我们的规划理念、技术方法和实践经验，虽编写人员尽了最大努力，但限于编者水平和城市建设的快速发展，书中疏漏乃至错误之处恐有所难免，敬请读者批评指正。

本书在编写过程中参阅了大量的参考文献，在此向有关作者和单位表示衷心的感谢！所附的参考文献如有遗漏或错误，请直接与出版社联系，以便再版时补充或更正。

最后，谨向所有帮助、支持和鼓励完成本书的家人、专家、领导、同事和朋友致以真挚的感谢！

《城市内涝防治设施规划方法创新与实践》编写组

2019 年 9 月

目 录

第1篇

基 础 篇

城市内涝防治系统是指用于防止和应对城市内涝的工程性设施和非工程性措施以一定方式组合而成的总体，按照从源头到末端全过程控制的理念，采用源头削峰、过程控制、末端系统治理的方法，削减雨水峰值流量、控制雨水径流流量、降低内涝风险。城市内涝防治设施的规划、设计和建设对防治和缓解城市内涝灾害，保障城市安全和可持续发展具有重要意义。

随着我国城市内涝灾害频发，城市内涝防治设施的规划和建设受到了广泛关注。国家出台一系列相关政策，要求各城市编制完成城市排水防涝设施建设规划，加快推进城市内涝防治设施的建设，建成较为完善的城市排水防涝工程体系，有效解决当前影响较大的积水内涝问题，避免因暴雨内涝造成人员伤亡和重大财产损失。本篇以城市内涝防治系统的相关概念和理念开篇，叙述了城市内涝防治系统和设施发展演变历程，总结了城市内涝防治理念与方法革新，梳理了国内外城市内涝防治系统的概念内涵、发展历程与规划措施，最后整理了国内现有内涝防治相关法规政策及标准规范等文件，为读者提供参考。

第1章　城市内涝防治系统的概念和理念

近年来，城市内涝防治系统逐渐以一个体系的概念被系统性提出和应用。本章详细介绍了内涝防治系统的相关概念，叙述了我国城市内涝概况和内涝防治工程发展历程，进而阐述了城市内涝防治理念与方法革新，以期读者能够深刻理解其理论基础和核心思想，充分认识其与传统排水系统的异同，全面了解我国在现有的发展阶段和建设水平下城市内涝防治工作需直面的核心问题。

1.1　基本概念

1. 城市内涝　urban flooding

城市内涝指城市范围内的强降雨或连续性降雨（不包括进入城市范围内的客水、因给水排水等管道爆管而产生的径流等）超过城市雨水设施消纳能力，导致城市地面产生积水的现象。

内涝的形成有其自然因素的存在，更与社会因素紧密相关。在自然因素方面，全球气候变暖使得极端降雨事件频发；局地气象条件的变化，也使城市排水设施短时排水压力加剧，从而产生城市内涝。在社会因素方面，一是城市建设中不透水下垫面的增加使得雨水下渗强度降低，地面产流量增加，汇流速度加快，雨水快速汇集至排水管网入水口引发城市积水内涝；二是由于城市排水管网设计标准低，难以及时排除涌入的雨水，容易在雨水口附近产生积水，在排水过程中由于重力自排或泵站抽排能力不足导致积水时间和深度的增加引发城市内涝灾害；三是低洼地形容易产生城市内涝，包括城市开发建设过程中形成的周边地区高程高于中心的低洼区域，以及降雨强度超过管网排水标准产生溢流或超出河道排涝能力产生漫溢地区[1]。

2. 城市内涝防治系统　urban flooding prevention and control system

城市内涝防治系统是指用于防止和应对城市内涝的工程性设施和非工程性措施以一定方式组合而成的总体，包括雨水渗透、收集、输送、调蓄、行泄、处理和利用的自然和人工设施以及管理措施等。

城市内涝防治是一项系统工程，涵盖从雨水径流的产生到末端排放的全过程控制，包括产流、汇流、调蓄、利用、排放、预警和应急措施等，而不仅仅包括传统的雨水管渠设施。城市内涝防治系统应包括源头减排、排水管渠和排涝除险等工程性设施，以及应急管理等非工程性措施，并与防洪设施相衔接。源头减排设施包括渗透设施、转输设施和调蓄设施，其中转输设施是指生态转输设施；排水管渠设施包括管渠系统和管渠调蓄设施；排涝除险设施包括城镇水体、调蓄设施和行泄通道；运行维护包括日常维护和应急管理[2]。

3. 源头减排系统　source control system

源头减排系统主要是指按低影响开发、可持续排水系统、海绵城市、水敏感城市等雨水管理理念，在雨水进入城镇排水管渠设施前，采取渗透和滞蓄等措施实现雨水源头削峰和减量的雨水综合管理措施。

由于城市开发不可避免地会破坏自然水文条件，成为引发城市内涝、径流污染、城市生态恶化等问题的根源，而传统大小排水系统的重点仍局限在排放上，所以仅仅通过大小排水系统的构建并不能综合解决城市内涝、水质污染和生态破坏的问题，也无法从根本上实现城市的良性水文循环。因此，发达国家在针对城市雨洪问题不断研究和探索的过程中，越来越突出和强调源头控制在径流减排及水质污染控制等方面所发挥的重要作用。

我国《室外排水设计规范》（2011 年版）中也首次加入了采用低影响开发（LID）的理念，在新修编的《绿色建筑评价标准》《公园设计规范》等规范标准中，也都明确地加入了应用 LID 源头措施和对雨水进行控制利用的相关规定。2013 年《国务院办公厅关于做好城市排水防涝设施建设工作的通知》（国办发〔2015〕23 号），第一次明确要求各地积极推行低影响开发建设模式，最大限度地减少对城市原有水生态环境的破坏。

4. 排水管渠系统　storm sewer system

排水管渠系统一般包括雨水管渠、调节池、排水泵站等传统设施，主要担负重现期为 1～10 年暴雨的安全排放，保证城市和住区的正常运行，也称为小排水系统（minor drainage system）。

事实上，小排水系统本身就是内涝控制系统的主要组成部分。值得注意的是，近年来得到广泛重视和应用的 LID 等源头控制措施越来越多地结合到小排水系统之前或之中，有时甚至可替代源头分散区域内的传统管道小排水系统。英国建筑行业研究与咨询协会（CIRIA）2006 年出版的手册中，就将可持续排水系统（SUDS）中的源头控制措施划分到小排水系统中。

排水管渠在我国长期以来被认为是城市应对内涝的主要设施，甚至是唯一设施。特别是近年来各大城市内涝频发，排水、管网承担了过多的非议。由于历史原因并限于经济条件，我国过去绝大多数城市排水标准相对偏低，地下排水管网设施的建设也没有得到足够的重视。在近几年极端暴雨事件频发的情况下，我国城市每年发生内涝灾害几乎是必然的。鉴于排水管渠已为专业人士熟知，本书不再过多赘述，但作为城市内涝防治系统的重要组成部分，排水管渠除应满足设计重现期标准外，尚应和城市内涝防治系统中的其他设施相协调，满足内涝防治的要求。

5. 排涝除险系统　urban flooding control system

排涝除险设施由地表通道、地下大型排放设施、地面的安全泛洪区域和调蓄设施等组成，主要为应对超过小排水系统设计标准的超标暴雨或极端天气特大暴雨的一套蓄排系统，也称为大排水系统（major drainage system）。

大排水系统通常由“蓄”“排”两部分组成。其中“排”主要指具备排水功能的道路或开放沟渠等地表径流通道（surface flood pathways 或 overland flow）；“蓄”则主要指大型调蓄池、深层调蓄隧道、地面多功能调蓄、天然水体等调蓄设施。

事实上，大排水系统与小排水系统的主要区别在于具体形式、设计标准和针对目标的不同。更重要的是，它们构成了一个有机整体并相互衔接、共同作用，综合达到较高的排水防涝标准，发达国家一般按 100 年一遇的暴雨进行校核。

需要指出，大排水系统的地表径流通道既可能是经过工程师的特意设计，称为“设计通道”，也可能是因地形条件而自然形成，称为“默认通道”或“非设计通道”。针对设计通道，为保证利用地表通道排水的安全性，对径流的流速和深度均应提出相应的规定，如英国为保证对交通不造成较大影响，规定地表排水的径流深度$\leqslant$0.2m；同时为保证行人的安全，规定径流的深度与流速乘积$\leqslant 0.5m^2/s$。非设计通道也应按标准进行校核，保证安全。大排水系统的应用主要通过地表（特殊情况也结合地下设施）“蓄排结合”的方式，它所承担的主要任务是：当遭遇超过管道排水能力的大暴雨或特大暴雨时，应该有一个辅助的地面或地下输送/暂存系统来应对洪涝，以保证城市交通、房屋等重要设施和人民生命财产免遭灭顶之灾。

目前国内的排水规划的核心问题是在顶层设计中缺少大排水系统，没有应对超过管道设计标准的雨水系统，即没有排涝除险体系。排涝除险体系模式的选择要因地制宜，应根据当地经济发展、气候特征、受纳水体、气象水文、地形条件和规划布局等自然和社会因素，综合确定系统构建方式，靠近大江大河大海的可以直排，缺水地区应采取蓄排结合的方式。

1.2 国内城市内涝概况

城市作为人类文明的标志和社会经济发展的重要载体，是人口、经济和社会发展的重要区域和集聚中心，同时也是自然灾害易发和频发的区域。特别是随着全球气候变化的不断加剧以及城市化的快速发展，城市极端洪涝灾害更加频繁，影响范围也逐渐扩大。洪涝灾害已经成为影响世界各国城市安全和社会经济发展的主要自然灾害。据统计，目前全球各种自然灾害所造成的损失，洪涝灾害所占比重约为 40%[3]。极端天气导致的城市内涝是中国、印度等新兴发展中国家城市化过程中面临的重要问题。近年来中国有超过 62%的大中型城市发生过严重的城市内涝，对经济社会造成了严重影响。特别是 2012 年和 2013 年，北京、上海、武汉、成都、广州、南京、深圳等城市轮番上演“雨后看海”的景象（图 1-1），其中北京 721 特大暴雨平均降雨量多达 164mm，房山区河北镇的降雨量最大，其降雨量为 460mm，造成房山、通州、石景山等 11 个区（县）受灾，受灾人口达 190 万，30 多人死亡，全市经济损失达百亿元[4]。

城市内涝已经成为制约城市发展和阻碍城市安全运行的重要障碍因子，引发城市交通瘫痪、人民财产损失，甚至造成人员伤亡事件，“逢暴雨必涝”成为中国城市的真实写照（表 1-1）。因此，城市内涝灾害成为各国媒体和公众关注的热点问题，而预防与减少内涝灾害则成为各国政府与学者研究的重点课题之一。

图 1-1　深圳城市内涝照片

中国近 10 年引起严重城市内涝的暴雨事件　　　　表 1-1

时间	地区	暴雨级别	最大日降雨量（mm）	直接经济损失（亿元）
2009 年 5 月 24 日	广东广州	大暴雨	147.9	2.0
2010 年 7 月 23 日	河南西峡	特大暴雨	288.0	24.1
2011 年 6 月 23 日	北京	特大暴雨	213.4	约 100.0
2012 年 7 月 21 日	北京	特大暴雨	>460.0	159.9
2013 年 8 月 22 日	湖北武汉	大暴雨	>101.1	2.5
2014 年 3 月 30 日	广东深圳	特大暴雨	318.0	0.5
2015 年 8 月 17 日	贵州铜仁	特大暴雨	293.8	>1.4
2016 年 7 月 19 日	河北邢台	特大暴雨	673.5	163.7
2017 年 6 月 22 日	北京	大暴雨	180.0	>1.3
2018 年 8 月 18 日	山东寿光	特大暴雨	>206.3	—
2018 年 8 月 29 日	广东惠州	特大暴雨	1034.4	—

表格来源：孔锋．透视变化环境下的中国城市暴雨内涝灾害：形势、原因与政策建议［J/OL］．［2019-06-09］．水利水电技术：1-10. http：//kns. cnki. net/kcms/detail/11. 1757. TV. 20190505. 1136. 018. html.

当前气候变化与城市化进程发展形势下，中国有三分之二的国土面积存在洪涝风险。根据中国 1990～2015 年的城市内涝统计数据来看，中国洪涝灾害总体上呈现出南重—北轻、中东部重—西部轻的空间分布格局，尤其在东部城市群地区灾情突出，且有愈演愈烈之势。2017 年全国共出现 43 次大范围强降雨过程，共造成 6951.2 万人次受灾，674 人死亡，直接经济损失 1909.9 亿元[5]。2018 年对中国来说更是个“水患之年”，从 5 月份开始中国各地就频繁遭受大大小小的暴雨洪涝灾害，8 月份山东寿光和广东惠州暴雨洪涝更是城市之殇。2008～2010 年中国 500 多个城市中约有 62%的城市发生过暴雨内涝灾害，其中暴雨内涝灾害发生超过 3 次以上的城市有 137 个，最长积水时间超过 12 小时的城市有 57 个。2012～2016 年中国发生内涝的城市数量分别是 184、234、127、154 和 183 个（图 1-2）。综上可见，中国暴雨内涝愈演愈烈，形势不容乐观[6]。

从百度指数（http：//index. baidu. com）对关键词“内涝”的分析可知，每年雨季

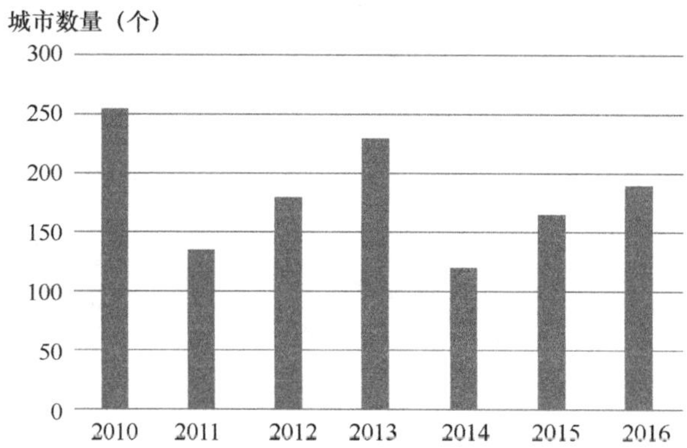

图 1-2　2010～2016 年全国每年受城市内涝威胁的城市数量[7]

时“城市看海”、城市内涝等热点事件均会引起民众和媒体的广泛关注，广东、广西、福建、浙江等沿海地区对内涝问题的关注度更高（图 1-3）。

图 1-3　百度指数“内涝”关键词搜索趋势分析

数据来源：笔者自绘

中国城市暴雨内涝的原因主要有以下几个方面：

1. 气候变暖导致城市暴雨频次和强度趋于增多增强

全球变暖背景下大气中的水蒸气含量相比 20 世纪 60 年代增加了 5%左右。随着大气平均气温的升高，因水蒸气含量的增加而导致的大气中能量存储趋于攀升。大气储能由于水汽相变而释放，表征为闪电和雷暴，并伴随着强降雨过程甚至特大暴雨。联合国政府兼气候变化专门委员会关于极端事件和灾害风险管理促进气候变化适应的特别报告，对全球 26 个陆地分区的日最大降水重现期进行预估，结果发现相邻两次超过日最大降水的重现期越来越短，表明相同时间内日最大降水频次越来越多[8]。在中国，近年来短历时超标准暴雨现象频繁发生，并呈逐年增加趋势。20 世纪 60 年代我国极端强降水事件的发生概率为 10%～15%，但近 20 年以来极端降水事件出现的概率大大增加，超过了 20%。特别是在我国东部经济发达的城市群地区，由于受到“热岛效应”和“雨岛效应”的双重影响，城区小范围、突发性、短历时、高强度的局部大暴雨事件屡屡发生，而中国发达地区的排水泵站标准多为 24 小时降雨 10～20 年一遇，已经不能满足应对城市内涝的要求。

2. 城市建设规划未遵循原有自然地理格局

中国城市规划建设往往追求几何对称之美，规划理念是美观的协调，而非景观的协调。城市建设中往往采用越摊越大的环路型格局，破坏了原有的古河道等水系网络，不利于城市内涝的内在消化。因此，一旦遭遇高强度的短时突发特大暴雨事件，往往导致严重的城市内涝灾害发生。以 2012 年 7 月 21 日的北京市特大暴雨内涝灾害为例，积水严重的 63 个积水点大多是在城市建设中改变了原有水系网络格局的地方，其中 38 个积水点位于下沉式立交桥，15 个积水点位于车辆和人员来往密集的关键交通枢纽。尤其是北京诸多下沉式立交桥坐落在低洼地区，这些地区大多是古河道、古河网，这种在城市建设中人为形成的低洼地区是暴雨内涝灾害的脆弱地区，往往“逢雨必淹”，加之其交通枢纽作用，一旦受阻，会导致区域受到影响，从而极大地加剧了暴雨内涝灾情[9]。

3. 快速城市化建设进程带来诸多不利

当前中国城市化进程处于高速发展的阶段，城市化进程中大量人口、财富、产业向城区集中，城市规模不断扩大，不透水面大幅增加，城市林地、园地减少，城市河湖萎缩，使得城市暴雨内涝调蓄空间大大缩减。例如北京城市建设不断由内环向外环发展，不仅改变了原有水系，也影响到了现有城市水系格局，从而影响其防洪排涝功能。城市内涝形势严峻的武汉市在中华人民共和国成立初期共有湖泊 127 个，随着快速粗放式的城市建设，人们向湖泊争夺建设空间，争夺资源，围湖造田、填湖建城、拦湖养殖，目前湖泊数量仅剩 38 个。城市建设中改变了城市水文过程，使得地表下渗减少，径流加快，城市洪水过程线变高、变尖、变瘦，洪峰提前。短时间汇流产生的雨水给地下排水管网造成巨大压力，并由此导致城市排洪河道流量剧增，势必给相邻区域内涝造成严峻挑战。此外，城市地下空间开发越来越充分，伴随着地下车库、地铁、下穿隧道、地下电力、热力和电信管道等密集分布，导致储存雨水的地下空间越来越少，雨水甚至对地下建设产生了严峻影响，甚至出现地面下沉现象。上述快速城市化背景下不合理的城市建设导致我国近 20 年来的城市暴雨洪涝事件趋于增多，有些城市甚至出现多次洪涝灾害。因此，必须考虑城市化建设进程中带来的不利影响，合理布局城市建设[10]。

4. 城市建设中忽视平均设防能力和特殊地段设防能力的关系

城市系统是一个四通八达的网络化系统，互联互通是城市系统的典型特征。由于城市系统内部不同地区防灾抗灾水平的差异，导致城市暴雨内涝影响牵一发而动全身。中国的重要区域的暴雨洪涝设防标准远低于英国（30 年一遇）、美国（10～100 年一遇）和日本（50～200 年一遇）等发达国家。尤其日本在城市防洪方面因城市不同而设防标准有所差异，特别重要城市达到 200 年一遇，重要城市达到 100 年一遇，而一般城市也有 50 年一遇。日本每年治河开支占其财政预算的 1.7%，我国的治河投资则远小于日本[11]。由于城市设防往往有不易被发现或尚未暴露的特殊薄弱点，一旦遭遇罕见暴雨事件，势必通过四通八达的联络网影响整个城市运营。因此，不能用平均设防能力代替特殊地段的设防能力，平均设防能力高并非意味着整体设防能力高。在遭遇特大暴雨事件时，脆弱性较高的特殊地段往往成为影响全局的关键因素，因此，必须高度关注城市建设中的平均设防能力与特殊地段设防能力的关系[12]。

5. 排水管网系统设施的老旧问题日渐凸显

随着城市地区硬化面积不断扩张，地表径流量增加，汇流速度加快，给城市排水系统带来了更大的压力。而城市排水管道由于规划和管理不善，存在普及率低、设施老化、滞后、不健全、污染物堵塞、过水能力不足、超负荷运转和城市建设引发积水等诸多问题，常常不能满足汛期排水需求。目前中国多数城市的排水管道缺乏常规化的有效管理，城市建设中存在着重地上轻地下、地上地下发展不配套的现象，地上内涝问题常常因地下配套发展不利殃及整体，这已成为我国城市遭遇暴雨内涝问题的共性特征。

根据国家统计局《中国统计年鉴 2018》中市政设施部分数据可知，截至 2017 年，全国年末实有城市排水管道长度为 63.03 万 km，且江苏、广东、山东、浙江的体量与其他省份相差悬殊（表 1-2）。与国外城市相比，德国城市污水纳管率平均已达 93.2%，城市排水管道长度总计达到 44.6 万 km，人均长度为 5.44m，城市排水管网密度平均在 $10km/km^2$ 以上；日本城市排水管道长度在 2004 年已达到 35 万 km，排水管道密度一般在 $20 \sim 30km/km^2$，部分地区可达 $50km/km^2$；美国城市排水管道长度在 2002 年大约为 150 万 km，人均长度为 4m 以上，城市排水管网密度平均在 $15km/km^2$ 以上。

2017 年中国部分省排水管道长度统计表 **表 1-2**

省级行政区	排水管道长度（km）	省级行政区	排水管道长度（km）
江苏省	76886	四川省	29502
广东省	70242	湖北省	25857
山东省	60278	河南省	23624
浙江省	45674	天津市	21240
安徽省	29108	辽宁省	20372

1.3 城市内涝防治工程发展历程

1.3.1 古代时期

在古代社会早期，人们基本没有排水系统的概念，只要城市的排水对居住没有影响，人们就顺其自然，任由大水漫盖，令雨水通过地形、自然沟渠等排入水体。随着人类城市的发展和聚集，排水设施的建设需求逐渐进入了人类的生活，人类开始有意或无意地对排水系统进行精心设计，修建一些明沟、暗沟、管涵进行排水。迄今已知的最早的系统性排水设施位于河南的龙山时代遗址，是都邑城址南门土路下面的三根陶排水管，其建设时间约距今 4000 年（图 1-4）。陶水管铺设在南城门的门道下面。其建设形式是首先挖掘一条北高南低和上宽下窄的沟渠，沟口宽及沟深各约 0.74m，然后在沟底铺设一条陶质管道，再在其上并排铺设两条陶质管道。整个排水设施的横断面为倒“品”字形。管道口有榫口，管道层层相套，有一定的坡度，雨污水在城内收集后排入城外，至今仍有 5m 多的管道得以保存[13]。

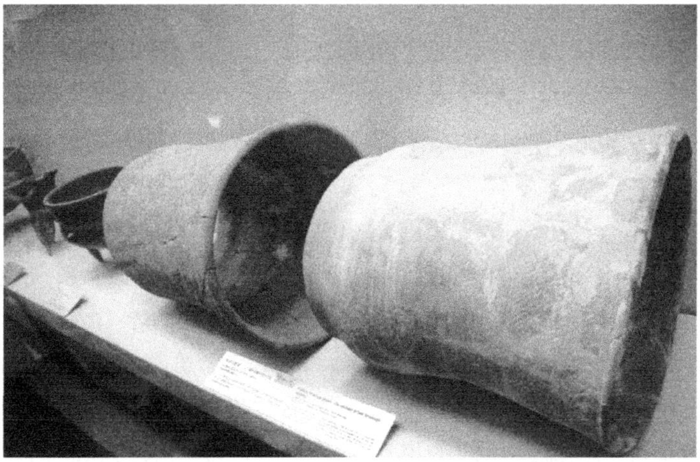

图 1-4　龙山时代遗址陶质排水管道

图片来源：http：//sike. news. cn/statics/sike/posts/2016/07/219502342. html

商代时，城市的发展已经初具规模，人口也比较密集，城市排水系统得到了初步的发展。河南偃师商城的考古发掘证明，河南偃师城在当时就已建立了系统的排水管道（图 1-5）。该城市占地面积为 190 万 m^2，城市排水主管道的底下沟槽从东门延伸到王宫，

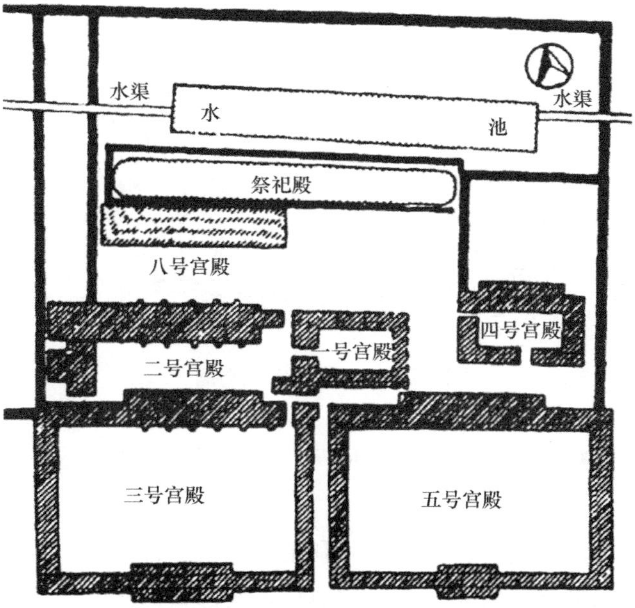

图 1-5　河南偃师商城宫城遗址平面示意图

图片来源：http：//sike. news. cn/statics/sike/posts/2016/07/219502342. html

长约 800m，宽 1.3m，深 1.4m，可将王宫和城内的水排到护城河。在城内还有用来排出雨水和废水的分支管道，二者合一形成了一个设计良好的排水系统。在宫城内，每座宫殿都各自具有小规模的排水系统，在宫殿的东北、东南和南面共发现三处石块砌成的排水沟。东北的排水沟设在宫城的东墙内，保留着用石块砌成的北壁，东西长 1.3m，高 0.45m，其余部分被毁。这条排水沟自宫殿的东南起，向东通到宫墙外，与东二城门处的排水道相连。可见当时宫城内各个宫殿之间的排水沟是相通的，并且与城市的主干排水道也相通，成为一个比较系统的排水网络[14]。

唐宋时期，中国劳动人民对排水技术的发展和土木工程的修建达到了一个前所未有的高度，是中国城镇发展史上举足轻重的一笔，大量的管渠得以修筑。隋唐长安城在建城前经周密调查和精心设计，其后不断修建扩充，成为当时首屈一指的国际化大都市。隋唐长安城南北 11 条、东西 14 条大街，将全城划分为 110 个坊。排水系统就遍布于由“街”“坊”组成的棋盘格状的都市中。建筑周围常见砖铺散水、渗水井和排水管道。与汉长安城一样，隋唐长安城大部分街道的两侧都修有水沟，有土筑和砖砌两种，均为明沟。明沟外侧设人行道。大路路面中间高、两边低，便于及时排除雨水。城门下则建有排水涵洞，永安渠、清明渠和龙首渠在流经城内的里坊和池苑后，注入渭河和浐河。北宋时期修建的现位于赣州的福寿沟，虽经历了 900 多年的风雨，至今仍完好畅通，并继续作为赣州居民日常排放污水的主要通道（图 1-6）。

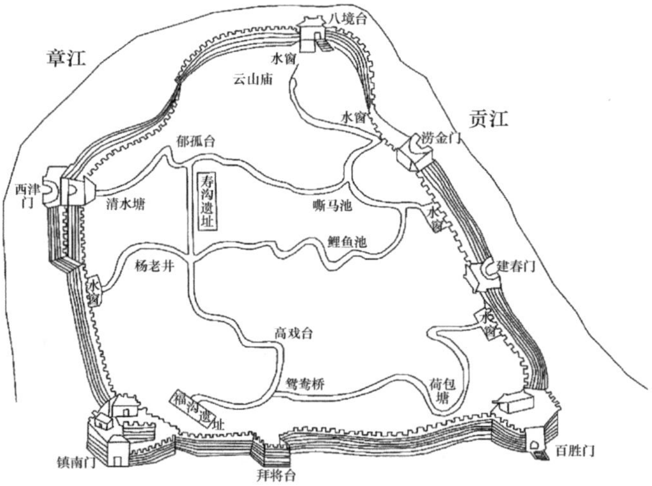

图 1-6　赣州福寿二沟图

图片来源：王新峰，于开宁，王艳，宋绵，龚泵，孙智杰. 赣州福寿沟对雄安新区建设规划的启示 [J]. 城市地质，2018，13（01）：108-110

元大都城内的排水系统建设，不仅充分利用自然河流开渠引水，而且修建了完善的排水系统，明渠与暗沟相结合。依北高南低的地势，大都城的南北主干道两侧，都布有排水干渠，沟渠两旁还有东西向的暗沟，引胡同内的雨水排入干渠。在今北京西四环附近的地下，曾发现石条砌筑的明渠，渠宽 1m，深 1.6m。在大都城东、西城墙的北段和北城墙西段发现 3 处向城外泄水的涵洞。明清时期，京城排水系统保留和疏浚了元大都的排水沟渠，增设了一些新的排水渠道，最主要的是内城沿东西城墙内侧各开明沟一条，外城三里河以东从大石桥至广渠门内的明沟，以及崇文门东南横贯东西的花市街明沟[15]。

这一时期中国古代城市发展缓慢，通常采用雨污合流的排水设施，将雨水尽快排出，保证城市安全。工程技术从粗糙简陋到系统化、规模化不断发展，以适应当时农耕社会城市的生活建设需要，并发扬“天人合一”的城市排水理念，对城市建设与排水进行了全局性的、综合性的、可持续性的考虑，建造了很多“城水共生”的优秀城市。

1.3.2　近代时期

中华人民共和国成立之前，我国城市排水工程的发展是缓慢的，各大城市都是在历朝的排水系统基础上进行修缮和局部的新建，没有形成完整的排水系统，仅有局部雨污水合流制管道。管材主要为陶土、陶瓷、石棉水泥和砖、石拱沟，管道材质差、管径小。中华人民共和国成立后，参照当时苏联的城市建设经验，在苏联专家的指导下进行现代化的排水工程建设，为当时一段时期的城市发展打下了基础，城市排水工程建设得到了发展。国务院相继成立了建筑工程部和城市建设部，作为城市排水工程规划、设计、建设、设施运行的政府主管部门。20 世纪 50 年代初期全国大城市建成的城市排水管渠增至 3000km，许多大中城市的排水工程主要以治理雨污水、完善排水系统为主。

20 世纪 70～80 年代，各城市修建的排水工程数量不断增加，工程规模不断加大，雨水排水工程中规模较大的有北京市北护城河整治工程、上海市南区排灌工程等。这一时期，城市排水主要考虑污水的排放问题，对雨水还是以排除暴雨渍水危害为主。城市建设从无到有，以苏联高寒区的建设经验为理论参考，快速地推进城市化，一方面加快了中国城市建设的进程，但同时也为日后城市扩张和发展留下了制约和隐患，如暴雨标准不适合中国国情、排水管道过于狭小等问题。

改革开放以来，随着社会经济发展，城市环境综合治理不断加深，以及城市内涝问题的加剧，城市排水设施有了较快的发展。至 2009 年，全国 668 个城市的排水管道累计长度达 34.4 万 km，城市排水管道密度 9.0km/km^2。中国城市化的快速发展，几乎没有给市政排水设施以喘息之机，尽管取得了相当大的进步，但与城市的扩张、人口的高密度聚集速度相比，还是显得力不从心。很多城市进行雨水排水设施的改造，本质上还是延续了传统的理念——将雨水迅速排出。

1.3.3　现代时期

21 世纪以来，全球众多城市不同程度地面临较为严峻的城市内涝问题，国内多个城市也不同程度地发生了内涝灾害。其主要原因有客观和主观两个方面：客观原因主要有全球气候变化这一直接客观原因和城市化导致的城市局地气候条件变化这一客观原因；主观原因主要是城市化进程中的诸多影响因素，一方面包括设计标准偏低，现有雨水排放系统规划设计的理念和方法在一定程度上不能适应城镇化发展的需要等技术层面的原因；另一方面，快速城市化过程中，城市硬化面积（如屋面、铺砌路面等）增加、雨水下渗减少，又缺乏相应的雨水调蓄设施，也容易形成城市内涝。

由于城市内涝灾害的频发，城市排水防涝设施的建设引起各级政府部门的高度重视。政府决策者和规划、设计、维护等行业从业人员逐渐意识到传统的雨水排放系统无法解决目前气候变化和快速城市化建设所带来的城市内涝问题。长期以来，我国城市雨水排除主要依据传统理念、方法和标准设计排水管道和泵站，针对城市内涝尤其是对超标暴雨的综合防控策略不足。随着理念的革新，近年来国际上排水规划的理论、技术、方法有了很大的发展。美国的低影响开发、英国的可持续发展排水系统以及澳大利亚的水敏感性设计等规划理念和设计方法被不断引进。在此背景下，我国也逐步提出了城市内涝防治系统的相关概念和理论。2011 年修订的《室外排水设计规范》首次提出城市内涝的定义为：强降雨或连续性降雨超过城镇排水能力，导致城市地面产生积水灾害的现象，并指出在有条件的地区应规定城镇排涝系统的建设，确定排涝标准。这一定义的提出，将雨水排水系统从单一的雨水管渠扩展到了包含源头减排、雨水管渠、泵站、调蓄、行泄等综合措施的排水防涝系统，以解决日益严重的城市内涝问题[16]。

随着国家的政策发布、标准制定、规划编制、工程实践等，城市内涝防治系统的规划设计和建设逐步在各大城市中推广实施，并取得了良好的效果。2008 年建设的北京奥运公园区域面积 95ha，公园水面占地 60ha，其水景建设并不依赖城市给水，而是利用雨水、再生水构成基地内部的生态水系（图 1-7）。雨水排放设计标准是 20 年一遇，即 20 年一遇暴雨径流的水量在园内全部消纳，不给园外城市区域增加排水负担。通过下凹式草坪，直接将雨水下渗；园内广场、道路采用透水路面，建筑屋顶设置雨水斗，经过过滤收集清洁雨水，并在下沉花园地下建设了 7000m^3的雨洪调节池，全年可收集雨水 100 万 m^3，雨水综合利用率达到 80%。经过一系列的渗、蓄、调、控的综合作用，基本做到了拦蓄和渗透雨水，减少了区域的降雨径流总量，保证了全园的生态环境和景观用水，并减少了对城市公用排水管道的压力，基本上消除了暴雨内涝的隐患[17]。

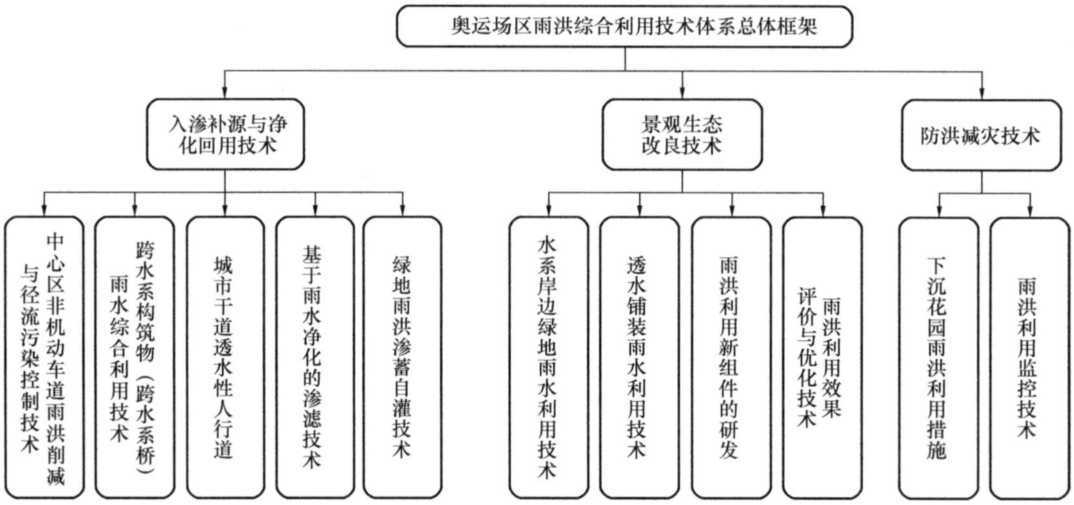

图 1-7　北京奥林匹克公园雨水综合管理[18]

在 2010 年的上海世博会上，各个国家和国际组织围绕城市建设主体，共同探讨了新世纪人类居住工作生活的新模式，其中雨水管理是各个国家关注的焦点。各个国家的雨水管理的着眼点主要集中在雨水的源头收集、面源污染控制以及雨水的再利用方面。上海世博会不仅仅是各个国家展示其独特的城市用水、治水先进成果的地方，其园区本身的建设也应用了很多先进的雨水管理技术，探索了国际先进雨水资源管理理念。在园区内利用屋顶绿化、低洼绿地、透水路面措施等强化雨水的渗透与储存，减少地面径流量与雨水的外排量，同时减轻雨水对受纳水体的污染，将雨水的利用、防治内涝、城市美化、生态保护等功能融为一体，贯彻了“生态世博”的理念[19]。

北京奥林匹克公园和上海世博会雨水系统的建设理念已逐步在我国各大城市推广和应用，其先进性和有效性越来越多的得到证实。在借鉴国外先进雨水管理理念的基础上，我国雨水管理和城市内涝防治的技术理论也不断完善和丰富，逐渐形成和建立了一套较为完整、系统的城市内涝防治体系，为应对现代时期的城市内涝问题提供了行之有效的解决思路和方案。

1.4　城市内涝防治理念与方法革新

传统雨水基础设施规划通过雨水口收集雨水、管道输送雨水、八字口和泵站排放雨水，强调“快速、高效”的排水理念。在城市化引发的洪涝灾害频发的背景下，传统雨水基础设施规划方法所采用的策略是增大雨水管道管径、提高设计标准。例如我国先后多次修订《室外排水设计规范》以提高设计标准，2011 版将一般地区的重现期由原规范的 0.5～3 年首次调整为 1～3 年，重要地区重现期由原规范规定的 2～5 年调整为 3～5 年，同时增加了特别重要地区可采用 10 年或以上重现期的规定。2014 年 2 月，住房城乡建设部发布局部修订的《室外排水设计规范（2014 版）》GB 50014。2014 版室外排水规范基本保持了原有的基本结构，修订主要针对雨水排水系统相关内容。修订版规范树立了源头控制与过程和末端治理并重的原则，再次强调源头滞蓄、中途调控、末端治理有效结合，明确规定应采取雨水渗透、调蓄等措施，从源头降低雨水径流产生量，延缓出流时间。

若按照《室外排水设计标准》GB 50014 对城市排水重现期的规划要求，中国城市一半以上的设计重现期不能达标，而其他城市的绝大多数也仅仅满足该规范所规定的低限。同时，这种以“快速、高效”为目标的“快速排放”式雨水排放设施规划理念，割裂了自然界原有的“微循环”水文循环模式。一方面雨水资源没有被充分利用，转变为加重管道排水负荷的雨水径流，引发了日益频繁的城市洪涝灾害；另一方面雨水资源的白白流失造成了水资源的短缺，使地下漏斗范围及深度不断创造新高。

1.4.1　理念革新：雨水综合管理体系

应对城市暴雨内涝的重要措施之一是开发城市雨水综合管理利用技术，不同技术殊途同归的核心内容是增加地表渗透、减少径流及其产生的各类影响。在国际上，诸多发达国家已经提出和开发了城市雨水综合管理措施，形成了有地域特色的城市雨水管理体系

（表 1-3）。虽然不同地区的体系名称、重点方向各有不同，但其主要理念基本相同，即雨水源头控制利用及其多功能调蓄。

降雨径流控制技术体系的比较　　表 1-3

名称	特　点	应用国家
BMP	从系统的角度出发，以关注水质问题为重点，在降雨径流进入水体前开展流域尺度的控制	美国
LID	在微观区域通过在源头采用多种工程和保护措施控制径流污染	美国、加拿大、欧洲、日本
WSUD	强调将降雨径流和天然河道作为可利用的资源	澳大利亚
SUDS	在关注控制地表径流和污染物的同时，还注重改善社区的居住环境	英国、瑞典
LIUDD	来源于 LID，但融合了水资源的“三水管理”理念，倡导雨水的就地收集、回收和利用	新西兰
海绵城市	综合采取“渗、滞、蓄、净、用、排”等措施，最大限度地减少城市开发建设对生态环境的影响	中国

雨水源头控制是利用雨水径流产生场地的绿地、草木、建筑等分散吸纳消减雨水径流的方法。典型技术有房屋顶部绿化、渗透型绿地、雨水吸纳花园、透水型道路和可渗透沟渠等。美国的低影响开发（Low Impact Development，LID）是具有代表性的雨水源头控制措施之一，其核心理念是通过利用各类分散的源头控制措施，以有效保障城市快速发展以后可以保持其发展之前的水文特征。实践证明，LID 确实可以有效减少城市地表径流，大大降低洪峰，而且能够补充地下水，有效改善水质，减少水土流失，起到趋利避害的双重作用。LID 在美国的马里兰州、华盛顿州得到了有效利用，典型的 LID 雨洪控制工程包括雨水花园和绿色街道等。澳大利亚也借鉴 LID 理念，发展了适合本地城市的雨水管理技术。例如墨尔本的绿色基础设施建设中大量采用雨水花园和生物滞留技术，有效地减少了内涝，减少了废物污染，同时美化了城市环境，有效地实现了人与环境和谐共处。在 LID 理念的基础上，加拿大温哥华于 2005 年颁布了《暴雨源头管理设计导则》，通过源头控制的方法有效地缓解了区域城市内涝问题。我国学者通过模拟不同单一 LID 措施对武汉某小区的洪峰消减作用，发现不同 LID 实施措施可有效削减洪峰[20]。

城市雨水回收利用具有悠久的历史，在全球多个干旱地区得到了广泛应用，其核心理念是有效利用雨水，减少地下水摄取。这种理念不仅可以有效涵养区域水资源，解决城市缺水问题，有效规避因过多摄取地下水引起的城市地面沉降，而且可以减少城市排水管网系统的压力及暴雨内涝产生的可能。

城市雨水调蓄的核心理念是在保障城市既有功能的基础上，一旦遭遇暴雨内涝灾害，利用雨水汇流范围内的措施予以控制雨涝。例如日本由于其国土资源稀缺，因而广泛采用下凹式的城市广场、停车场、运动场、绿地、公园等调蓄雨洪。

1.4.2 方法革新：城市排水系统标准的提升和完善

2014 年 2 月，住房城乡建设部正式发布《室外排水设计规范（2014 版）》局部修订版，本次修订提高了雨水管渠设计重现期，确定特大城市中心城区雨水管渠设计重现期为 3～5 年。增加内涝防治设计重现期的规定，确定特大城市内涝防治系统设计重现期为 50～100 年。

新版规范增加了采取综合措施防治内涝的规定："城镇内涝防治应采取工程性和非工程性相结合的综合控制措施。"城镇内涝防治措施包括工程性措施和非工程性措施。通过源头控制、排水管网完善、城镇涝水行泄通道建设和优化运行管理等综合措施防治城镇内涝。工程性措施，包括建设雨水渗透设施、调蓄设施、利用设施和雨水行泄通道，还包括对市政排水管网和泵站进行改造、对城市内河进行整治等。非工程性措施包括建立内涝防治设施的运行监控体系、预警应急机制以及相应法律法规等。

新版规范对雨水设计流量的计算方法和适用范围做了补充规定，提出："当汇水面积超过 $2km^2$ 时，宜考虑降雨在时空分布的不均匀性和管网汇流过程，采用数学模型法计算雨水设计流量。"在削减雨水径流量方面，新版规范做了进一步补充规定："新建城区硬化地面中可渗透地面面积所占比例不宜低于 40%，有条件的既有地区应对现有硬化地面进行透水性改造；绿地标高宜低于周边地面标高 5～25cm。""当地区开发和改建时，宜保留天然可渗透性地面。"本次修订补充规定新建城区硬化地面的可渗透地面面积所占比例不宜低于 40%，有条件的建成区应对现有硬化地面进行透水性改造。区域开发和改造过程中，保留砂石地面、自然地面等天然可渗透性地面，体现了低影响开发的理念[21,22]。

1.4.3　技术革新：水务信息化平台建设

1. 积极建立城市排水管网的地理信息系统

按照住房城乡建设部《城市排水防涝设施普查数据采集与管理技术导则（试行）》，结合现状普查，积极建立城市排水管网的地理信息系统，加强普查数据的采集与管理，确保数据系统性、完整性、准确性，数据标准和质量应满足构建水力模型的需求，并为建立城市排水防涝的数字信息化管控平台创造条件，实现日常管理、运行调度、灾情预判和辅助决策，并根据城市建设情况，动态更新，提高城市排水防涝设施规划、建设、管理和应急水平。

2. 提升三防信息化水平

加强三防信息化建设，完善三防指挥决策系统，提高三防决策支持能力和信息化水平。加强三防办公设施建设。强化三防非工程措施建设，建立洪水预测预报模型，提高城市暴雨预报准确率。做好雨情、水情自动测报系统建设，健全防汛指挥系统，努力实现从洪水控制向洪水管理转变。发挥各级三防办职能作用，强化部门联动与密切协作，提高三防组织指挥和决策能力。督促相关部门加大对道路工程、地铁工程、填海工程、开山项目等大型在建工程的监管力度。加强河流的管理，落实小型排涝泵站日常运行维护的管理责任主体，继续开展内涝整治工程的后续管理工作，提高行业管理水平。

3. 建立城市排水防涝数字信息化管控平台

加快城市防汛视频监控、雨情水情遥测和指挥调度信息系统建设，整合数字城管、数字市政、交警路况监控等资源，全面提升城市防汛指挥调度、应急管理的信息化、自动化水平，提高防汛应急工作效率。对于气象部门发布的极端灾害天气预报，以及有关部门发布的重要汛情、险情，广电、通信、人防、城管等部门和有关企业要主动配合，利用广播、电视、短信、显示屏幕等设施和资源，快速、无偿地发布相关信息。要建立完善信息互通共享机制，上游水利部门要于汛期前研究明确辖区提闸泄洪方案，并及时通报当地及下游水利、环保和渔政等相关部门，确保汛期环境安全。实现日常管理、运行调度、灾情预判和辅助决策，提高城市排水防涝设施规划、建设、管理和应急水平。

4. 建立各部门之间的信息数据共享和协调联动机制

排水防涝和气象等部门要加强沟通协商，建立信息数据共享机制；建立联合会商机制，明确各部门职责，尽快完善城市暴雨预警及防涝协调联动机制。排水防涝和气象等部门要加强城市降雨规律、排水影响评价、暴雨内涝风险等方面的研究，应用地理信息、全球定位、遥感应用等数字化技术，建设具有雨情分析、灾害监测、预报预警、远程监控、风险评估等功能的综合信息管理平台和指挥调度系统。气象、水利、交通、公安、消防、园林绿化、市容、环卫等相关部门进一步健全互联互通的信息共享与协调联动机制，制订、完善城市排水与暴雨内涝防范应急预案，针对城市交通干道、低洼地带、危旧房屋、建筑工地等重点部位，要切实加强防范，并设立必要的警示标识。

1.4.4 管理革新：内涝应急管理机制的形成

1. 城市排水防涝应急机制

建立暴雨内涝监测预警体系，进一步健全互联互通的信息共享与协调联动机制。明确预警等级、内涵及相应的措施和处置程序，健全应急处置的技防、物防、人防措施。针对城市交通干道、低洼地带、危旧房屋、建筑工地等重点部位，要切实加强防范，并设立必要的警示标识。

2. 城市排水防涝应急预案体系

在洪涝灾害情景模拟基础上修编城市排水防涝预案，以减少洪涝风险应急响应时间，并明确灾害分类和灾情分级，明确部门职责和分工，明确预案启动标准，提出应急响应和保障措施[23]。加强应急能力教育和预警信息宣传，经常性地开展应急演练。对低洼易涝区分片编制应急处置方案，按“一片一方案”“一点一对策”的要求建立起基层网格应急处置体系，与城市排水防涝应急预案一起构成覆盖到点的预案体系。

3. 城市排水防涝抢险救援体系

建立城市防汛抢险物资储备机制，做好物资准备。整合防汛抢险力量，建立防汛机动抢险队伍，同时，充分发挥社会各类抢险队伍作用，形成合力，发生灾情时能迅速投入抢险救灾。此外，加强水灾应急管理的基础培训工作，全面提高应急指挥与管理能力[24]。

第 2 章　国外城市洪涝防治系统概况

与我国相比，国外发达国家和地区在城市化进程中，较早地建立了完善的城市排水系统。然而，近年来随着全球气候变化加剧，风暴或暴雨造成的城市内涝现象同样在这些城市中普遍发生，原有的城市排水系统承受着巨大压力。美国、英国、德国、荷兰、新加坡和日本等发达国家通过实施可持续性的雨水管理和内涝防治策略，以期综合有效治理城市内涝问题。本章梳理总结了这些城市的洪涝防治概况和规划措施，为我国内涝防治系统的构建提供参考和借鉴。

2.1　美国

2.1.1　洪涝情况概述

美国大陆被大西洋和太平洋包围，受地理因素、海洋温度、大气压力的综合影响，美国西海岸每年 6～11 月常常遭受大西洋飓风袭击。飓风伴随龙卷风和强降雨天气，导致美国西海岸城市排水系统承受巨大压力，城市洪水泛滥、内涝严重，造成巨大的经济损失，甚至导致人员伤亡。同时，气候变化使美国的飓风气候加剧，全球温度变高加速太平洋北部冰川融化，加大城市洪涝威胁。因此，洪涝防治是美国城市雨水管理的重要工作。

2005 年 8 月 29 日，飓风“卡特里娜”形成巨大的风暴潮，对路易斯安那州新奥尔良市造成灾难性的破坏，并波及密西西比州和阿拉巴马州。新奥尔良市南临密西西比河，北接庞恰特雷恩湖，地势低洼呈碗状下凹地形，平均海拔位于海平面以下，主要依靠防洪堤、排洪渠和巨型水泵防治洪水。飓风带来大量降雨，致使密西西比河和庞恰特雷恩湖水位升高，堤岸防洪和泵站排水压力剧增。巨大的风暴潮造成决堤，洪水淹没 80%的城市地区，造成整体超过 2000 亿美元的经济损失。

2017 年 8 月，飓风“哈维”伴随强降雨侵袭美国德克萨斯州休斯敦市，地区总降雨量达到 500mm，局部区域超过 1000mm。强降雨使当地河流水位上涨至 1.5m（超过设计洪水水位 0.4m），城区内的雨水无法顺利排出，造成严重的城市洪涝。此次事件造成超过 3 万居民被转移至临时避难所，超过 20 万座房屋被毁坏，城市内 174 条主要道路因路面积水被迫封闭，进出城的 45 条高速公路遭受水浸。据统计，“哈维”飓风共造成 1288 亿美元的经济损失，仅次于飓风“卡特里娜”造成的经济损失。

具体参见图 2-1。

图 2-1　2005 年“卡特里娜”飓风淹没新奥尔良市图（左）和 2017 年“哈维”飓风淹没休斯敦市图（右）

图片来源：（左）New Orleans remained flooded in the aftermath of Hurricane Katrina，on Sept. 11，2005. | AP Photo；（右）Death Toll From Hurricane Harvey in Texas Rises to 30-Reports，on 30. 08. 2017，AP Photo by David Phillip

2.1.2　洪涝防治措施

1. 早期洪涝防治措施

基于 1849～1936 年美国境内多地的流域洪涝事件，美国政府逐步建立防洪治水的法律机制，从国家层面上提出防治洪水是联邦政府的职责所在，并于 1936 年颁布了国家防洪法案（The Flood Control Act）。根据相关文献[25]，为减少洪涝灾害，美国陆军工程队（The U. S. Army Corps of Engineers）负责开展防洪工程建设，主要包括河流渠道改善工程、为保护下游城市的水库建设、堤坝和防洪挡墙等水利设施建设以及城市排水管渠建设。

1954 年美国政府颁布流域保护和洪水防治法案（Watershed Protection and Flood Prevention Act），明确由美国土壤保持部门负责洪水控制的规划建设管理工作，在易发生洪泛的地区开展小流域范围的水利工程项目，并建设洪水防治的水利设施。

因此，美国早期的洪涝防治工作主要依靠政府主导，在流域范围内建设河道防洪水利工程，用以防护城镇免受外部洪水侵袭，较少关注因基础设施不完善而引发的城市内涝问题的防治措施。

2. 国家洪涝灾害保险项目

1968 年，基于国家洪水保险法案（National Flood Insurance Act of 1968），美国政府展开国家洪涝灾害保险项目（National Flood Insurance Program，NFIP）。由此，美国的洪涝控制措施由流域范围内的大型水利设施建设转变为城市社区层面的小型雨水基础设施建设，从而有效提高城市的内涝防治能力。

国家洪涝灾害保险项目是一项通过城市社区购买洪水险，保障社区居民遭受洪灾得到生命财产损失的补偿的国家政策。该项目由联邦应急管理机构（Federal Emergency Management Agency，FEMA）管理，其本质是政府为社区居民提供财政保护性经济援助。为获得该援助，社区必须采取洪泛区管理措施，通过建设洪涝防御设施，如防洪堤坝、排水管道、滞水洼地、滞洪池等，以减少未来可预见的洪水灾害。据美国国家海洋气象局统计，在 1993～2017 年间，该保险项目为城市洪涝灾后赔偿支付的金额约 5 亿美元。

基于国家洪涝灾害保险项目，美国在全国范围内开展了一系列灾害风险评估工作，如分析内涝风险、绘制洪水地图、划定特殊洪水灾害区域（Special Flood Hazard Area，SFHA）、确定洪水灾害保险等级等。同时，加强了洪泛区的土地利用与管理工作，包括采取措施限制洪水风险区的开发、引导拟建项目避开洪水风险区、协助减轻洪水破坏等。

3. 雨水基础设施建设

从 20 世纪 70 年代开始，在政府积极倡导下，美国各地的居住区纷纷建设社区尺度的、形式各异的雨水管理基础设施。这些基础设施主要包括道路的排水沟渠和居住区的雨水滞洪/蓄洪池（Detention/Retention Ponds）。通过排水管渠和雨水滞蓄设施的建设，加强社区应对城市内涝的能力，同时避免雨水过量排放而导致周边地区径流增大和内涝风险增加。

美国政府没有制定全国统一的排水管网设计标准，而是由各州根据当地实际确定设计标准。一般而言，美国排水管网的设计暴雨重现期为居住区 2～15 年，一般取 10 年。内涝防治系统的设计重现期为 100 年或大于 100 年。

美国的排水管网系统建设时期较早，部分地区的排水设施超期服役，例如华盛顿特区的某些地方目前仍在使用 150 年前建造的排水系统。根据美国土木工程师协会的基础设施评级标准，美国城市排水功能总体为 D 级，即“较差且面临风险”。因此，近年来，美国政府投入大量资金进行城市排水基础设施的更新，提升城市排水系统能力。修整费用从 2013 年的 3.6 万亿美元增加到了 2017 年的 4.59 万亿美元。

4. 低影响开发技术

20 世纪 90 年代初期，低影响开发技术在美国马里兰州开始实施。低影响开发技术是一种创新的暴雨管理和面源污染处理技术，旨在通过分散的、小规模的源头控制来达到对暴雨所产生的径流和污染的控制，使开发地区尽量接近于自然的水文循环。低影响开发主要通过生物滞留设施、绿色屋顶、植草沟、雨水收集回用系统等设施实现雨水的自然滞蓄、渗透和蒸发，维持开发前原有水文条件，控制径流污染，减少污染排放，实现开发区域可持续水循环。低影响开发技术不只强调城市内涝防治，更重要的是提出城市雨水管理向生态可持续发展方向的建设目标和策略，同时实现水量排放和水质控制的要求。

在国家层面上，美国联邦政府环境保护署负责统筹和推广低影响开发技术，并基于绿色基础设施技术于 2008 年开始编制一系列低影响开发技术指引。在州层面，各州结合实际情况编制并颁布低影响开发技术文件，如马里兰州的《马里兰州暴雨设计手册》（*Maryland Stormwater Design Manual*）、亚利桑那州的《西南地区绿色基础设施手册》（*Green Infrastructure for Southweatern Neighborhoods*）和佐治亚州的《沿海雨水补充到佐治亚的雨水管理手册》（*Coastal Stormwater Supplement to the Georgia Stormwater Management Manual*）等。

5. 洪水预警及应急管理系统

美国国家气象局负责建立洪水预警系统，在洪水风险增加或洪水发生时，公布洪水预警。另外，部分地方政府，尤其是人口密度大的城市，通过建立洪水预警应急系统，扩大洪水预警应急的事件范围，并对龙卷风、洪水等极端天气进行预报。

2.2 英国

2.2.1 洪涝情况概述

英国是世界上最早建立完善的排水系统的国家之一。1859 年，为了改善伦敦的排水状况和卫生条件，伦敦开始地下排水系统改造工程建设，并于 1865 年完成长达 2000km 的排水系统修建。2000 年以后，气候变化导致英国强降雨天气频发，城市区域由于硬化下垫面比例较高，暴雨天气时雨水径流汇流时间短且汇流量大，超过原有城市排水系统的设计标准，导致英国多个城市在强降雨天气时易发生内涝，造成数十亿英镑的经济损失和一定的人员伤亡。另外，英国的排水系统以合流制为主，暴雨时混合雨污水溢流到河道，影响河道水环境质量。

2015 年 12 月，风暴“德斯蒙德”登陆英格兰，为英格兰西北部带来连日暴雨，其中坎布里亚郡的日降雨超过 340mm。暴雨导致坎布里亚郡的湖泊和河流泛滥，加上地势低洼，城区内的雨水无法排出，形成严重的内涝，大量房屋被淹没，上千居民被疏散到安全的区域。此次事件对英国造成的直接和间接经济损失达到 60 亿英镑（图 2-2）。

图 2-2 风暴“德斯蒙德”淹没城市图

图片来源：（左）https：//marketbusinessnews. com/storm-desmond-partly-caused-by-climate-change-say-oxford-scientists/115936/；（右）https：//www. geograph. org. uk/photo/4761015

为加强英国内涝洪水防御系统，2016 年英格兰政府增加 7 亿英镑的建设投资用以提升和维护防洪系统功能，并计划在接下来的 5 年（至 2021 年）共投入 23 亿英镑开展 1500 个城镇防洪排涝项目[26]。

2.2.2 洪涝防治措施

为优化和提升内涝预防与管理手段，英国政府构建了以及时预警和科学排水为主要特征的城市洪涝防治体系，统筹利用洪涝防治措施，管控城市洪水和内涝风险。

1. 洪涝风险管控政策框架

（1）欧盟水框架指令（European Water Framework Directive）

《欧盟水框架法案》(2000) 旨在对欧盟国家提出水环境管理的法定框架，其核心在于生态优先，通过全面综合的技术手段鼓励可持续地开发利用水资源，保护和改善水环境。其中，最主要手段为开展流域管理规划，以河道流域为单位，制定有效、可持续的水资源利用和水质保护方案，并以6年为周期审查和更新已编制的方案。

(2) 欧盟洪水指令 (European Floods Directive)

2007年由欧盟议会通过的关于洪水风险评估和管理的《欧盟洪水指令》推行洪水风险评估和风险管理计划。洪水风险评估要求欧盟成员国政府相关部门和机构进行初步洪涝风险评估，再通过水文水动力模型确定重大风险区域，制定洪涝灾害风险地图。洪水风险管理计划旨在引导政策决策者、开发商和居民采取应对洪涝风险的措施，其重点在于洪水预防、防护和准备。

(3) 英国洪水管理法案

英国现行的城市洪涝风险管理的政策法规主要有英格兰实行的《洪水与水资源管理法》(2010) 和苏格兰实行的《洪水风险管理法案》(2009)，涉及城市内涝风险管理的部门职责分工、管理策略、应急系统建立指引等。其中，《洪水与水资源管理法》(2010) 提出了可持续发展策略，补充了可持续排水系统的标准和实施路径，但不做强制要求。

2. 流域综合管理

基于《欧盟水框架法案》(2000) 对流域管理的要求，英国于2009年推行第一个流域管理计划，并于2015年进行审查和更新。以流域范围内整体减少洪水灾害而不影响下游社区为原则实行流域综合管理，通过城市外的林地和自然沟渠滞蓄雨水径流，并利用流域内的水库和堤防控制超标雨水，开发城市内的滞蓄空间，结合区域特点开拓公众休闲娱乐功能。

3. 可持续城市排水系统

1999年英国将可持续发展的理念纳入排水体系，提出可持续城市排水系统 (SUDS)，成立国家级工作组，制定建设目标、设计指引和推广计划，并于2010年纳入《洪水与水资源管理法》(2010)。英国通过制定国家、区域和地方规划鼓励城市新建区采用可持续排水系统，城市建成区结合城市改造和更新进行可持续排水系统和绿色基础设施的改造。

可持续城市排水系统是指通过建立分散式的地表径流控制设施实现自然排水，并利用绿色基础设施，如公园等增加雨水下渗，减少和调蓄地表径流，控制径流峰值，缓解排水系统的压力，同时削减径流污染。可持续城市排水系统与传统的城市排水系统相比，工程造价相近，但在促进生物多样性、改善空气质量、减少热岛效应等方面成效显著[27]。

可持续排水系统主要通过四种途径“消化”雨水、减轻城市排水系统的压力：①对雨水进行收集与利用，将屋顶、停车场等雨水径流就地或在附近用水箱储存起来再利用；②源头控制，新开发和重建项目都要尽可能将地表水保留在其源头，方法是修建渗水坑、可渗水步道以及进行屋顶绿化等；③指定地点管理，即把从屋顶等地方流下来的雨水引入水池或盆地；④区域控制，通常利用池塘或湿地吸纳一个地区的雨水。

图 2-3　可持续排水系统案例—雨水植草沟（左）和湿塘（右）

图片来源：（左）https：//www. thesouremagazine · org/british-water-publishes-code-practice-suds-technology/；

（右）https：//spcivildesign. co. uk/tag/suds/

4. 排水系统设计标准

为降低城市的内涝风险，英国采用高规格的排水系统设计标准，具体包括三个方面：①场地排水管渠的设计暴雨重现期为 30 年一遇；②建筑（含地下室、泵站和变电站）雨水立管的设计暴雨重现期为 100 年一遇；③在技术可行的基础上，场地设计应考虑超标雨水（重现期大于 100 年一遇的暴雨）的行泄通道，降低人身和财产的风险[28]。

5. 超标雨水设施

通过建设雨水行泄通道、洪水滞蓄设施等调蓄超标雨水。通过路缘石高度设置、建筑位置分布等将部分街道规划设计为雨水行泄通道，在极端降雨条件下，雨水径流通过街道转输到低洼的雨水滞蓄区域，而在非降雨时期，这些雨水滞蓄空间可作为公共休闲娱乐场所。

6. 建筑抵御内涝的弹性

为增强建筑行业对洪水风险评估的能力，英国标准协会提出采取以下措施降低洪水对建筑的破坏，包括提高建筑物一楼的地坪标高、安装防汛门以及设置防止污水倒流的阀门等，并通过升高燃气和电力设施，采用防水墙面、混凝土或瓷砖地板和金属厨房单元等措施提高建筑对于洪水进屋危害的适应性，也被称为“性能弹性”[29,30]。根据可持续城市排水系统的设计标准，进入地下室或建筑一层的地面标高应超过设计洪水位的高程至少 300mm。

7. 洪涝预警系统

2009 年 4 月英国环境署和气象局联合成立洪水预报中心，向特定客户发送预警。该中心利用气象局的预报技术和环境署的水文知识，就强降雨造成的地表水泛滥的风险发布预警。洪水预报中心通过电话、手机短信、网站等方式向郡一级发布城市洪水预警，并帮助地方相关部门和机构应对洪灾，接受者包括政府、警察局、消防局、医院、公路局、水务公司等机构。

8. 洪灾风险控制规划

在城市建设规划中加强洪灾风险控制，特别是禁止在洪灾高危地区开发建设。地方规划主管部门应在其开发文件中充分考虑洪灾风险，管理、规划、设计和施工各个层面都要进行洪灾风险评估。

2.3　德国

2.3.1　洪涝情况概述

德国的大部分城市已建设发达的地下排水系统，目前德国公共排水管道已长达 60 万千米，每年可以处理 100 多亿 m^3 的污水和雨水，因此城市内涝发生频率较小。但是遭遇特大暴雨的时候，尤其是沿河城市的低洼地区，河水水位暴涨倒灌排水系统，造成严重的城市洪涝，仍然会给德国的工业和旅游业造成巨大的经济损失。2002 年的多场特大暴雨导致易北河河水泛滥，因河水暴涨导致城市雨水径流无法向河道行泄，易北河流经的中欧国家和地区，如德国、捷克和奥地利的沿河城市均遭受严重的城市内涝，其中德国境内造成的经济损失超过 180 亿欧元[31]。

2.3.2　洪涝防治措施

1. 基本法规指导

目前欧盟水框架指令、欧盟洪水指令、联邦水法、洪水控制法令共同组成德国内涝防治法律体系。

（1）联邦水法（German Federal Water Act）

德国联邦水法涉及《基本法》和《联邦水法》。《基本法》于 1949 年颁布，是德国的宪法，规定了联邦政府和各州对水资源管理的权责范围，其中联邦政府对德国水资源管理有立法权，联邦各州可根据法律规定自由裁定其管辖范围内的涉水事务。1957 年德国联邦颁布《联邦水法》（1996 年修订），构建流域及水资源管理和保护的基本框架，联邦各州根据基本框架并结合本地实际出台具体的落实方式。

（2）洪水控制法（Flood Control Act）

2002 年德国联邦政府开始起草洪水控制法令，并于 2003 年颁布。洪水控制法令旨在为德国洪水风险提供更有效的应对策略[32]。该法令要求根据 100 年降雨重现期洪水淹没范围和溃坝影响区域来认定洪水风险区和洪泛区，并通过一系列洪水控制计划加强国家应对洪水风险的能力，其中规划滞蓄空间控制雨水径流、新建或恢复雨水行泄通道是应对城市内涝的重要措施。

2. 雨水调蓄设施规划

（1）大型滞蓄设施应用

为提升德国应对重大洪涝灾害的能力，2013 年德国联邦政府实施国家洪水保护项目，提出建设大型滞蓄设施、恢复已有滞蓄空间、调整提防位置与加固已建提防等重要措施。其中大型滞蓄设施主要包括利用大于 500 万 m^3 的低洼区作为滞蓄空间和新建超过 200 万 m^3 的调蓄池。

（2）分散式洪水控制设施

分散式雨水滞蓄设施主要包括灰绿雨水滞蓄设施相结合、雨水收集回用设施和雨水渗透设施等。通过增加自然水体面积、小型生态景观如下凹式绿地、绿色屋顶等促进雨水自然渗透和滞蓄，减少地表径流；在地块排水系统前端建设地下调蓄池，滞蓄雨水，缓解雨水管道的排水压力；进一步完善贮水器、过滤器和控制装置等雨水利用技术的产品标准，鼓励居民收集和利用屋面雨水；推广“洼地—渗渠系统”，使就地设置的洼地、渗渠等设施与带有孔洞的排水管道相连，形成了分散的雨水调蓄系统，从而减轻城市排水管道的负担。

3. 洪水风险区的合理利用

减少内涝灾害的有效措施是限制洪水风险区范围内的城市开发和基础设施建设。德国根据欧盟洪水法令的洪水风险地图提出应树立适应洪涝灾害的空间规划理念，但并未提出相关空间规划策略，缺乏实施推进的基本指导。因此目前德国仍有很多新建和已建的建筑位于洪水高风险区，在未来的城市规划中，德国将对在洪泛区和洪水风险区的城市开发制定洪水控制和内涝防治的措施。

4. 洪水预警、应急及修复体系建立

2013 年 6 月德国气象部门通过构建气象预警组合情景分析方法，实现天气预警与洪水预报相结合，提高洪水预报预警的准确性和及时性。另外，德国政府鼓励当地政府开展洪水应急响应单位与洪水预报中心的跨部门合作，提高应急响应的效率。

2.4 荷兰

2.4.1 洪涝情况概述

荷兰位于莱茵河、马斯河和斯凯尔特河三角洲，地势低洼，降雨丰沛，河湖交错，海岸线长。从 17 世纪荷兰开始大规模围海造陆和开垦临水圩田，使荷兰超过 1/4 的国土面积低于海面，海平面上升和土地持续沉降导致地表与海面的高差逐年增大，荷兰的排水系统面临巨大压力。

受气候变化影响，荷兰出现超强暴雨的频率增加。加上城市化建设，荷兰城市区域雨水径流量增加，超过传统的排水系统设计标准，造成城市低洼区和隧道等区域的雨水无法排出，发生内涝。根据荷兰政府对气候变化影响的评估，莱茵河的洪峰流量将从 20 世纪 90 年代的 15000m^3/s（250 年一遇的洪水）增加到 2100 年的 16800～18000m^3/s。河道过流能力不足导致暴雨不能及时排出，荷兰近 60%的地区都将面临被洪水淹没的危险。

2.4.2 洪涝防治措施

1. 排水防涝方式的优化

荷兰早期围垦区的排水防涝主要通过地表沟渠收集径流，将其积蓄在围垦区内的低洼湖泊，再借助外力如风车、泵站等抽排入海。低洼湖泊排水会降低地下水位，导致地势较高的地区出现旱情，而夏季极端暴雨事件频发又增加内涝风险。为此，2001 年 2 月起，荷兰政府和相关部门提出新的排水防涝理念，将单一的排涝模式转变为滞留-储蓄-排放三步排水方式：首先把过多的雨水滞留在土壤中，再将多余的雨水储存在围垦区分散的池塘或湖泊中，而超标雨水则引入低洼湖泊，利用水泵排入外海[33]。该方法有效控制地下水位，削减径流峰值，减小排水压力和排水耗能；另外，被径流冲刷的土壤中的营养物质流失减小，有效控制水体富营养化[34]。

城市排水模式与滞留-储蓄-排放三步排水方式衔接，新建居民区通常设置地表明沟或明渠与城区水塘相连接，超标雨水溢流进入城市水系，由此增加地块的出水能力，缓解排水系统的排水压力[35]。另外利用城市公园绿地空间调蓄雨水、建立雨水收集设施、扩建排水系统等提升城市蓄水、排水能力。

2. 三角洲计划

为保护荷兰不受海平面上升的影响，确保现在和未来有充足的淡水供应，提高抗水能力，2010 年荷兰政府联合非政府组织和企业等开展三角洲计划，构建综合水资源和水系统管理的政策框架，其目标是确保到 2050 年荷兰的洪水风险管理、淡水供应和空间规划都能达到防气候灾害和抗水的要求。各地水务部门和市政府代表与基础设施和环境部签署行政协议，把三角洲计划纳入各地的区域水资源战略。2014 年，荷兰发布的“三角洲计划”提出保护居民和经济免受洪水侵袭的策略和措施、莱茵-默兹三角洲洪水风险管理的工程性措施、IJsselmeer 区域的洪水风险管理、空间适应策略等。

3. “给河道以空间”项目

基于气候变化和人类活动对防洪排涝和水生态系统的影响，2004 年荷兰启动国家战略项目“给河道以空间”，通过对 40 条大型河流和 39 个城镇试点开展改造工程，扩大滞洪区，提升河道防洪能力，改善水生态环境。在此基础上，规划近期实施项目包括河流改道、堤坝搬迁、降低漫滩、新建滞洪区、河道生态化、降低防波堤等，同时制定 2050 年长期规划，将河道改造、城市发展以及区域空间规划进行衔接。通过在坎彭、兹沃勒、代芬特尔、聚特芬、阿纳姆、奈梅亨和霍林赫姆等城镇进行试点，将防洪综合整治与滨水区开发、棕地复兴等结合起来，形成区域协调发展的综合体系[36]。

4. 与建筑和景观相结合的防涝系统

为避免极端暴雨天气下的大量雨水涌入城市排水系统导致内涝，城市应为超标雨水提供额外的滞蓄空间。为解决这一问题，荷兰第二大城市鹿特丹将储水系统与城市景观相结合（图 2-4），2008～2009 年开始大面积推广绿色屋顶，利用绿色屋顶提供暂时的雨水储存空间，削减峰值流量，从而减少排水系统的压力。另外，鹿特丹于 2007 年在《鹿特丹水务规划 2》中将水广场作为城市规模尺度设计的官方政策。结合城市公共空间设计，设计和建造下沉广场，作为暴雨时的雨水收集系统，而晴天时则为社区提供公共活动空间。

5. 精准的洪水信息预报

荷兰建立由完备的降雨雷达监测站点、快速的洪水自动测报、先进的通信传输和覆盖面广的数据网络等组成的洪水信息预报和面向公众的信息共享服务体系，及时公布气象、

图 2-4 鹿特丹绿色河流和水库环境改善

图片来源：https：//blogs. nottingham. ac. uk/blue-greencities/2016/04/11/the-journey-towards-a-flood-proof-rotterdam/

水情、洪水预报等防汛信息，使民众能够提前做好防洪准备[37]。例如在多德雷赫特，河水一旦上涨，当地政府就会通过电子邮件向市民发出洪水警报；当预测水位比标准阿姆斯特丹水位（N. A. P.）高出 2. 3m 以上时，市政厅将封锁沿河地区，并向居民发放沙袋用以阻挡河水。

6. 公民教育和技术研发

荷兰在中小学开展洪涝灾害预防教育，并定期开展实践活动和模拟演练；政府部门编制洪水区域风险地图，公布洪水频率、淹没范围、淹没深度和水流流向等指标，向民众发布洪水风险程度和预防措施。

荷兰在防洪工程、设施设计和建造上开展了大量的应用型基础研究，政府部门与私立研究中心、高校以及技术教育学院开展合作研究，投入强大的科研力量、机械设备和研发资金研究先进的治水课题，并取得显著的成果。

2.5 新加坡

2.5.1 洪涝情况概述

新加坡位于马六甲海峡，常年受季风、苏门答腊暴风和海风引发的雷暴影响，气候湿热，降雨丰富，年平均降雨量约为 2400mm。随着近几十年来的新加坡城市化的迅速发展，城市硬化地面增加导致径流量和径流峰值增大，特别是对于东南沿海局部低洼区域，受降雨和潮汐的影响，城市排水系统的排水压力较大，易发生内涝。新加坡历史上最严重的洪水灾害发生在 1969 年，12 小时的降雨量达到 355. 6mm，超过 75%的新加坡国土面积被淹没，最大淹没水深为 2. 5m，造成 3100 人无家可归、5 人死亡和 430 万新币直接经济损失。近年来最重大的内涝事件发生在 2014 年 9 月，特大暴雨使新加坡中部和南部受灾，商业中心乌节路发生水浸，最大淹没水深为 0. 5m。因此，内涝问题是新加坡面临的较为严重的城市水问题和重要挑战。

2.5.2　洪涝防治措施

1. 早期内涝防治措施

1970 年至今，新加坡政府投入超过 20 亿新币完善和提升新加坡排水基础设施。1972 年新加坡环境部成立雨水管理部门，提出建设有效的城市排水系统的目标，以集水区为单位规划和管理排水系统，并提出武吉知马分洪道计划以控制城市中心区的内涝。20 世纪 80～90 年代，新加坡政府相继完成了史丹佛水道、实乞纳水道、武吉知马第二分洪道等雨水行泄通道建设和东南部地区的加东排水系统建设，通过增强过程和末端系统的排水能力，显著减小易涝区范围，有效缓解内涝问题。

2. 现行内涝防治措施

因气候变化，新加坡的降雨量和降雨强度逐年增长，海平面有所上升，新加坡需要进一步完善排水系统，以应对气候变化带来的逐渐增加的城市内涝风险。然而，单纯依靠拓宽排水管网或行泄通道并不符合土地稀缺的新加坡的城市规划策略，因此新加坡政府提出源头（Source）—路径（Pathway）—受体（Receptor）相结合的综合雨洪管理系统以实现城市内涝防治[38]。

（1）源头措施

源头措施是指在降雨过程中，通过源头雨水滞蓄设施收集和贮存场地内的雨水径流，再缓慢释放到下游雨水管渠，从而减少峰值流量、缓解下游内涝风险。部分设施还具备改善水环境质量和生态环境等功能。

新加坡常用的源头雨水滞蓄设施包括调蓄池或调蓄塘、绿色屋顶、生物滞留设施、植草沟、旱溪和人工湿地等。基于新加坡 ABC 水项目的推广计划，生物滞留设施、植草沟、人工湿地等设施又被称为 ABC 水系统设施（ABC Waters Design Features）。为控制峰值流量，避免雨水管渠的瞬时径流量超过管渠的排水能力，新加坡政府规定所有面积大于 0.2hm^2 的新建地块应建设雨水调蓄池（Detention Tank）。调蓄池的设计标准为保证地块排入市政管网的径流量不超过地块在 10 年重现期、降雨历时为 4 小时的典型降雨条件下综合流量径流系数为 0.55 时产生的径流量[39]。

（2）路径措施

路径措施主要是加强排水系统的排水能力，如拓宽和加深河道、新建分洪通道和建设流域级的调节池等。新加坡采用高标准建设排水系统，场地内的室外雨水管道设计标准为 10 年一遇，明渠的设计标准根据流域面积的大小为 10～100 年一遇，具体见表 2-1。

新加坡排水防涝系统设计标准概况表　　**表 2-1**

排水系统服务汇水区域面积	设计降雨重现期标准
面积小于 100ha 的汇水区域	10 年一遇
面积 100～1000ha 的汇水区域	25 年一遇
面积大于 1000ha 的汇水区域	50 年一遇
机场跑道或其他重要区域	100 年一遇

表格来源：Code of Practice on Surface Water Drainage（Seventh Edition-Dec 2018）. Public Utilities Board，Singapore.

新加坡普遍采用地表浅层排水系统，在地块或道路等源头采用排水沟、生态沟等收集场地雨水，并排放至沿道路的市政明沟系统；市政明沟系统收集上游集水区的雨水并传输至下游河道。浅层排水系统在一定程度上解决了雨污混接问题，并利于雨水收集利用，有效缓解暴雨时间可能引起的城市内涝风险。

为控制新加坡中部集水区的内涝风险，新加坡于 2012 年开始在史丹佛集水区（流域面积为 2.4km²）的上游建设史丹佛分洪道和地下调蓄池（图 2-5）。分洪道全长 2.2km，用于分流史丹佛集水区上游的雨水径流。分洪道起始点分别为东陵路（Tanglin Road）和格兰芝路（Grange Road），最终排入新加坡河。地下调蓄池则用于调蓄荷兰路（Holland Road）排水系统的超标雨水，再通过水泵抽排入分洪道，最终排向滨海湾水库。

图 2-5　史丹佛分洪道（左）和地下调蓄池（右）

图片来源：（左）https：//www.facebook.com/PUBsg/photos/a.139524239471599/1842583522498987/? type=3&theater；（右）https：//www.facebook.com/PUBsg/photos/a.139524239471599/1851686854921987/? type=3&theater

图 2-6　受体措施——安装洪水围挡

图片来源：Managing Urban Runoff-Drainage Handbook (1st Edition)，PUB，2013

（3）受体措施

受体措施是指对内涝灾害的受体包括建筑和居民采取工程性和非工程性的保护措施(图 2-6)。工程性措施是指对排水末端建成区采取防护措施，包括对建筑物一楼和地下室入口的设计地坪标高的下限值按照区域做出具体规定，以及在建筑物一楼建设人工或自动的洪水围挡；非工程性措施是指对内涝风险进行监测、预报和预警。新加坡公共事务局（PUB）在全岛的排水系统安装了超过 150 个在线监测设备进行水位监测，并通过短信、社交网络和部门网站对公众发布详细的暴雨和洪水警报，并在暴雨事件后公布暴雨或水浸数据。

2.6　日本

2.6.1　洪涝情况概述

日本是世界上遭受台风和洪涝灾害最多的国家之一。日本的年降雨量分布不均，6～7月雨季的强暴雨和 8～10 月的台风季节使地表径流量迅速增大，超过河道正常行泄能力，引起河水倒灌，造成严重的城市内涝灾害。近年来由于气候变化，日本强暴雨发生频率增加，使城市排水系统的排水压力进一步增加，内涝风险增大。因此，城市内涝防治成为日本应对气候变化、预防洪灾的重点。

2018 年 7 月，日本发生持续大范围强降雨，累积降雨量达到 1800mm，导致河流、水库水位上涨，河道干流水位上升导致用于行泄洪水的支流不能排放，雨水倒灌淹没河岸附近区域，甚至部分河道发生溃堤；加上居民对水灾危险意识较差，应急避难不及时，造成严重的人员伤亡和财产损失。日本因地形多山，遇到大雨易发生山体滑坡和泥石流，加重暴雨灾害。

2.6.2　洪涝防治措施

1. 法律体系构建

日本早期的排水系统以雨污合流制为主，为推进城市排水系统建设，维护城市卫生清洁，1900 年日本颁布第一部《下水道法》。1958 年日本废除原有法律，制订新的《下水道法》，并沿用至今。该法规将日本城市排水系统分为公共排水系统（排放和处理城市雨水和污水，分为分流制和合流制）、流域排水系统（统筹流域内两个或多个城镇的排水系统，构建统一联动的排水管道、控制泵站和污水处理设施）和城市水道（排放城市雨水径流），并明确规定各类排水系统的设计和管理标准，以完善城市排水系统的建设。

2. 城市排水能力建设和提升

（1）深层隧道建设

日本的排水系统建设标准是世界级的，设计标准为 5～10 年一遇。日本很多城市如东京、大阪、横滨等都建设了深层隧道，用于提升排水系统功能，缓解城市内涝（图2-7）。以东京为例，东京在 1992～2006 年开展了总长度约为 6.3km 的深层隧道建设工程，将东京都十八号水路、中川、苍松川、大落古利根川和江户川串联，构建由地下隧道、5 座巨型竖井、调压水槽、排水泵房和中控室组成的大型地下调蓄系统。该深层隧道直径约 10m，埋深为地下 60～100m，用于较大或特大降雨条件下城市地区洪水的调蓄，调蓄容积约为 67 万 m^3，最大排洪量为 $200m^3/s$。在正常降雨条件下，隧道关闭，雨水正常排放；当降雨过程中地表径流超过上述串联河道的过流能力时，竖井闸门开启，将洪水引入隧道调蓄；当调蓄雨水超过调蓄规模时，排洪泵启动，将洪水经江户川抽排入东京湾[40]。

（2）行泄通道恢复和提升

日本通过修复破损堤坝和护岸、清淤疏浚、加固堤岸以及拓宽河道等方式，恢复和提

图 2-7　东京深层隧道图——地下蓄水池（左）和排水竖井（右）
图片来源：https：//savvytokyo. com/underground-trekking-in-saitamal

升城区河道行洪能力，减小因河道过流能力不足而引起的河水倒灌和城市内涝风险。

（3）合流制管渠清淤

针对合流式排水系统易拥堵且垃圾或者污水直排入河，造成河水污染的情况，日本实施合流制排水系统紧急改善计划，通过“活性污泥处理法”和“快速沉降污泥法”，吸附管道中的杂质和沉淀雨水径流中的泥沙，增加下水道排水能力。

东京政府通过垃圾分类处理、限制烹饪产生的油污直接排入下水道等规定减少对排水系统的堵塞和腐蚀，保证排水系统的畅通。

3. 分散式汇水/排水分区管理

日本实行城市汇水分区或排水分区分散式管理，通过规划和建设城市多功能滞洪空间，利用游乐空间和广场等公共设施作为暴雨期间的临时蓄水空间，滞蓄洪水[41]；见缝插针式布局小型公园、绿地和广场，并在上述场地修建地下蓄水池，储存一定量的雨水，避免雨水同时集中汇入下水道，给排水设施造成负担。建设雨水滞渗设施，利用公共绿地建设地下雨水渗透设施，采用渗井、渗渠以及渗透池等设施收集和滞蓄径流；城市道路、广场和人行道等使用透水材料，促进雨水下渗，减少降雨径流。

东京制定相关政策来推动当地居民在地块内安装临时雨水储存设施或渗透设施，调动市民的参与度和积极性。如东京墨田区制定雨水利用补助金制度，对于区内设置雨水收集回用设施的单位和居民（不包括政府机关和公共团体）实现补助，并根据采用的设施规模和设置方式的不同，划分不同的补助金额标准。

4. 建设应急减灾系统

日本基于《灾害对策基本法》构建完善的应急减灾系统，通过应急减灾教育和培训普及防灾知识，提高居民应对洪灾的能力。建立洪水预报预警和应急减灾系统，编制洪水风险图，公布易内涝区。1988 年东京下水道局开发东京降雨信息系统“东京 Amesh”，用于模拟预测和统计各种降雨数据，并进行各地的排水调度。民众可以通过电脑、手机或者小区配备的灾情警报系统及时接收险情，进行紧急疏散或避难。

此外，日本注重在建筑标准中体现内涝防治的要求，即在洪水风险区范围内限制建筑工程、鼓励和推广耐淹建筑、规定建筑一层的最低的设计地坪标高、推荐一层采用架空结构、加强地下室的防水设计等。

第 3 章　国内城市内涝防治系统概况

近年来，我国先后在城市规划、基础设施建设、海绵城市建设等相关政府工作会议上提出城市内涝防治的相关政策和要求。学术界也围绕内涝模拟仿真、内涝风险评估、内涝防治设施布局等方面开展了大量研究，形成了一系列初具成效的成果，对城市内涝的防控对策也逐渐从以“快排”为主的单一模式转向雨水综合化管理。全国各大城市根据气候降雨、地形地貌、城市建设、河湖水系、排水系统管理等不同的内涝成因，因地制宜提出本地化的内涝防治策略。本章分别从内涝情况概述、内涝防治规划策略、内涝防治规划方法三个方面，对国内一些典型城市的内涝防治系统进行整理和分析，以供读者学习与参考。

3.1　香港地区

3.1.1　内涝情况概述

中国香港地区位处热带气旋的寻常路径，多年平均降雨量约为 2400mm，是太平洋周边地区降雨量最高的城市之一。在特大暴雨期间，香港北部乡郊的低洼地带和天然洪泛平原，以及市区部分老城区，都可能会发生水浸（内涝）。表 3-1 为香港地区部分雨量记录[42]。

香港地区降雨统计　　　　**表 3-1**

最高降雨类型	降雨量	时间
最高时雨量	145.5mm	2008 年 6 月 7 日
最高日雨量	534.1 mm	1926 年 7 月 19 日
最高月雨量	1346.1 mm	2008 年 6 月
最高年雨量	3343.0 mm	1997 年

表格来源：香港特别行政区渠务署 https：//www.dsd.gov.hk/SC/Home/index.html.

20 世纪 80 年代，香港市区急速发展，乡郊地区包括洪泛平原密集开发，使大面积的天然土地变成已铺筑地区，使原本由土地存留的雨水转变为地面径流。同时，接近主要水道区域的不断开发建设，削弱了这些水道的排洪能力，令水浸问题加剧[43]。城市建设区的不断扩展，也导致老城区的水浸风险增加，原因是这些老城区内的排水系统是数十年前按照旧防洪标准建造的雨水排放系统，不足以应对今日所需。

香港地区于 1994 年起开始确定全港的水浸黑点（类似于内涝风险区），渠务署水浸黑点名单和位置图是根据以往的水浸记录及接获的水浸投诉编制，用以监察为减轻该黑点发生水浸而采取的维修及缓解措施的成效（表 3-2）。近年来，随着多个主排水道工程和乡村防洪计划的相继完成，如建造截流、蓄洪和泵站等工程，香港市区所面临的水浸威胁已显著降低，水浸黑点的数目已显著减少。

水浸黑点标准　　表 3-2

类型	定　义
轻微	受影响面积少于约 50m×50m（面积少于 0.25ha），或对公众构成轻微滋扰及不便
小程度	受影响面积多于 0.25ha，或造成农作物、财产损失或交通挤塞
中程度	受影响面积多于 10ha，或造成重大财产损失或严重交通挤塞
严重	受影响面积多于 100ha，或对社会或经济造成严重影响

表格来源：香港特别行政区渠务署 https：//www.dsd.gov.hk/SC/Home/index.html.

到 2008 年，水浸黑点数及易受 50 年一遇水浸影响地区已分别降到 32 个和 3.56km^2；2010 年，能造成严重社会或经济影响的“严重水浸黑点”已经全部消除；至 2011 年，香港地区仅剩 16 处中、小程度或轻微的水浸黑点；至 2019 年，香港的水浸黑点只剩下 6 个[44]。

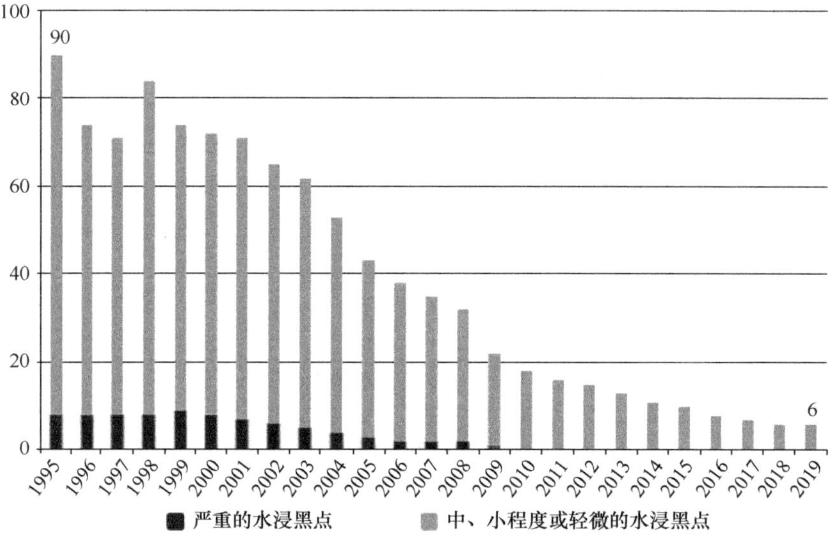

图 3-1　香港地区历年水浸黑点数量变化图

图片来源：https：//www.dsd.gov.hk/SC/CoreBusiness/Flood _ Prevention/index.html

3.1.2　内涝防治规划策略

中国香港地区针对降雨量大、山地多、建成区地势低的本地特点，充分考虑各个集水区的特征和风险因素，开展“全港土地排水及防洪策略研究”，制定出分三期实施的改善措施，一期重在整体规划，二期重在区域规划，三期重在工程保养。从宏观到微观、从法规到措施，涉及方方面面，充分应用高水高排、低水低排的规划设计原则，制定全面减轻香港水浸风险策略，即“上游截流、中游蓄洪、下游拓渠”。

1. 上游截流

截流上游集水区即山体的雨水径流，通过排洪隧道收集山体雨水并直接排放入海，不让雨水流到市区，减轻下游市区排水系统负荷，缓解市区水浸风险。截流工程包括启德雨水转运计划、港岛西雨水排放隧道、荃湾雨水排放隧道和荔枝角雨水排放隧道，设计标准是抵御 200 年一遇的洪水。港岛西雨水隧道投入使用后，有效截取港岛北部 30%降雨量，大大缓解了繁华地带的集水压力，港岛防洪标准提升到 50 年一遇。

2. 中游蓄洪

构建蓄水及水泵系统，利用地下蓄洪池暂存来自上游的地面径流，将高峰时期的雨水流量限制在下游排水系统的容量范围内，待降雨高峰过后错峰排放，以减轻下游排水系统的负荷，主要包括大坑东地下蓄洪池（西九龙雨水排放系统改善计划）、上环蓄洪池和跑马地地下蓄洪池（跑马地地下蓄洪计划）[45]。

3. 下游拓渠

扩建和改善现有排水系统，以增加排水系统的排水量，更有效地收集地面径流，具体措施包括多设立排水口，分散、快速排除管渠系统内收集的雨水；开展河道综合治理工程，以有效排放雨水；实施收集、输送、排放全过程改善措施，全面提升排水系统防洪排涝能力。

为落实上述策略，制定合理的排水系统改善方案，全面解决香港地区雨水排放问题，香港渠务署于 1994～2010 年期间，开展了“雨水排放整体计划研究”及“雨水排放研究”，全面检视现有排水系统负荷能力，提出近、远期排水改善措施，以满足所需防洪标准。“雨水排放整体计划研究”将全港分为 8 个主要集水区并制定详细的“雨水排放整体计划”，提出一系列改善建议与措施；针对西九龙、将军澳和昂坪三个集水区开展“雨水排放研究”，评估现状排水系统的负荷能力，并就个别水浸问题提供全面解决方案[46]。

为配合城市发展规划及应对气候变化的潜在影响，香港渠务署于 2008 年陆续开展各区的“雨水排放整体计划”的检讨研究，评估现有雨水排放系统的排水能力，并针对评估成果拟定相应的改善措施。

3.1.3　内涝防治规划方法

香港渠务署开展的所有雨水排放研究、计划、检讨研究均基于水力模型模拟评估的结果展开。香港渠务署规定排水管网水力负荷必须采用 InfoWorks 数学模型软件对现有排水管网系统及新建排水系统进行水力模拟，分析现有排水系统在不同重现期的管网负荷情况，根据模拟评估结果，查找、分析水浸原因，制定相应的解决措施。现有排水系统评估标准如下：

1. 管网概化

删除管径≤150mm 的市政管道，管长、管位、管径等均与实际一致，管网不简化。

2. 子汇水分区划分

以检查井为节点，各节点汇水范围根据地面竖向按实际汇流路径划分，确保每个节点收集的汇水面积与实际汇水范围接近。

3. 评估标准

（1）暴雨强度公式

分析整理香港天文台的雨量记录，采用年最大值法，编制各重现期暴雨强度公式如表 3-3。

香港暴雨强度公式 **表 3-3**

重现期 T（年）	暴雨强度公式 $i=a/(t+b)^c$	t=10min 暴雨强度 i（mm/hr）
2	$i=548/(t+5.2)^{0.51}$	168
5	$i=573/(t+4.6)^{0.47}$	198
10	$i=603/(t+4.4)^{0.44}$	225
50	$i=687/(t+4.2)^{0.42}$	270
100	$i=722/(t+4.1)^{0.41}$	292
200	$i=766/(t+4.1)^{0.40}$	317

表格来源：香港特别行政区渠务署 https://www.dsd.gov.hk/SC/Home/index.html.

（2）设计重现期

设计重现期包括 2、5、10、20、50、100 及 200 年一遇，根据雨水管渠在排水分区中管网系统的作用，按表 3-4 选取设计管段设计重现期，并采用上述七个重现期评估排水系统管网负荷能力。

设计重现期选用表 **表 3-4**

管渠类型	设计重现期 T（年）
经常耕作的农地	2～5
乡村排水系统	10
主要乡郊集水区防洪渠	50
市区排水干渠系统	200
市区排水支渠系统	50

表格来源：香港特别行政区渠务署 https://www.dsd.gov.hk/SC/Home/index.html.

（3）径流系数

设计时根据地面类型、地面条件等特征按表 3-5 选择径流系数，特别针对陡峭的自然斜坡或浅层土壤下面有不透水岩层的区域，径流系数宜采用 0.4～0.9 的高值。

径流系数 **表 3-5**

地表特征		径流系数
沥青路面		0.70～0.95
混凝土路面		0.80～0.95
铺砖路面		0.70～0.80
草地（实土）	较平的	0.13～0.25
	较陡的	0.25～0.35
草地（沙土）	较平的	0.05～0.15
	较陡的	0.15～0.20

表格来源：香港特别行政区渠务署 https://www.dsd.gov.hk/SC/Home/index.html.

香港排水系统设计依据主要有《雨水管渠系统设计手册》和《道路第 6 部分—道路路面排水》，其规定了市区、郊区、乡村等防洪区域排水渠系统、防洪围堰、常耕地的防洪标准，针对不同区域、不同用途构筑物等制定不同的防洪标准及设计标准。对于新建排水管渠，采用以下标准进行设计：市区排水干渠系统为 200 年一遇，市区支渠系统和主要乡郊集水区防洪区为 50 年一遇，乡村排水系统为 10 年一遇。所有新建或现有排水系统改善工程除按相关公式计算外，均应采用水力模型软件模拟评估区域排水管渠的水力负荷，模拟采用的参数均根据实测数据率定，尽可能保证模拟条件接近实际工况，确保模拟评估结果的可靠性与准确性。

3.2　北京市

3.2.1　内涝情况概述

北京市位于华北平原的西北端，三面环山，东南是一片逐渐低移的平原。全市面积 16400km^2，山区面积 10200km^2，约占总面积的 62.2%，平原区面积 6200km^2。北京市多年平均降雨量为 585mm，降水年内分配不均和年际变化大，汛期雨量约占全年降水量的 85%，极易形成洪涝灾害。

北京城市排水防涝系统包括河道系统、管道系统和雨水控制与利用系统[47,48]，虽然相较于其他城市，北京市已经具备了较为完善的排水防涝系统，但城市内涝情况仍比较严重。2012 年北京“7.21”暴雨时发生严重的洪涝灾害，全市主要积水道路 63 处，积水深度达 0.3m 以上路段 30 处，路面塌方 31 处，在建地铁基坑进水 3 处。此次内涝灾害共造成遇难人数 79 人，房屋倒塌 10660 间，受灾人数 160.2 万人，经济损失 116.4 亿元。北京城市内涝频发的原因是多方面的，涉及自然条件、城市建设、规划管理等多个层面，同时也是我国各大城市发生内涝灾害的一个缩影。

1. 地下排水管网建设历史欠账太多

由于重地上轻地下建设理念，导致排水设施建设滞后。一方面，北京老城区排水设施升级改造困难，部分排水设施老旧，常规更新改造措施无法落实；另一方面，在城市面积增加了一倍的情况下，地下管网等基础设施建设没有同步推进，管网完善与更新改造工程量巨大；第三，现状排水设施标准普遍偏低，排水能力不足，北京城区雨水管网设计标准中心城区普遍为 1 年一遇，雨水管网长度达到 2055km，占总长度的 94%；全市 78 个下凹式立交桥排水泵站系统，一半以上的设计标准为 1 年一遇或 30mm/h 的降水强度，占总量 95%；道路立交桥排水设计标准仅为 2～3 年一遇，标准明显偏低，一旦降雨量超过设计标准就会出现积水。遇特大暴雨时，无论是雨水管网还是雨水泵站，排水能力都明显不足，现有排水设施按规划标准改造升级的数量庞大，任务艰巨[49]。

2. 极端暴雨频发

由于气候变化等多重因素影响，近年来极端暴雨频发，对排水系统造成新的挑战。2015 年 8 月 7 日在晚高峰时段北京城区多处遭遇暴雨袭击，全市平均降雨 39.2mm，城区平均降雨 48.1mm，全市出现内涝，多处路段积水严重，通州区杨庄铁路桥下积水几乎没过车顶，潞河中学铁路桥下积水一度达到 1.4m。2016 年 7 月 19 日 1 时～21 日 6 时，北京市出现强降雨天气，降雨持续时间长、总量大、范围广，降雨总量超过了 2012 年“7.21”北京特大暴雨，全市平均降雨 210.7mm，城区 274mm。2017 年夏季北京共出现 5 次强降雨天气过程，“6.22”暴雨、“7.6”暴雨、“7.20”暴雨、“8.2”暴雨、“8.22”大暴雨，其中“6.22”暴雨和“7.6”暴雨部分测站日降水量超过了历史同期极值。2018 年 7 月 15 日 20 时～17 日夜间，北京及周边地区陆续迎来大到暴雨，平均降雨量达到 98.7mm，城区平均降雨量 124.3mm，最大降雨量超过 380mm，出现在密云区张家坟村。极端暴雨频发也是造成城市内涝灾害的重要原因之一。

3. 城市不透水下垫面大幅度上升

北京城区面积由 1949 年的 109km^2 扩大到了 1368km^2，其中建成区面积超过 90%，但原有的湖泊面积缩小、湿地消失、洼地被填平，湖泊由 200 多个减少到目前的 50 多个，城区水面率由 5%下降为 2%（图 3-2）。水面率降低改变了整个城区的排水特性，雨水更多更快地通过排水系统迅速流进河道，由于聚焦效应，河道洪峰流量急剧增大，出现河水倒灌，导致城区低洼处积水。同时，随着城区建设面积的增大，不透水面积增加，地面几乎失去滞留和渗透雨水的功能。暴雨时，屋面、地面的径流与土壤相比成倍增加，加重了内涝的程度。

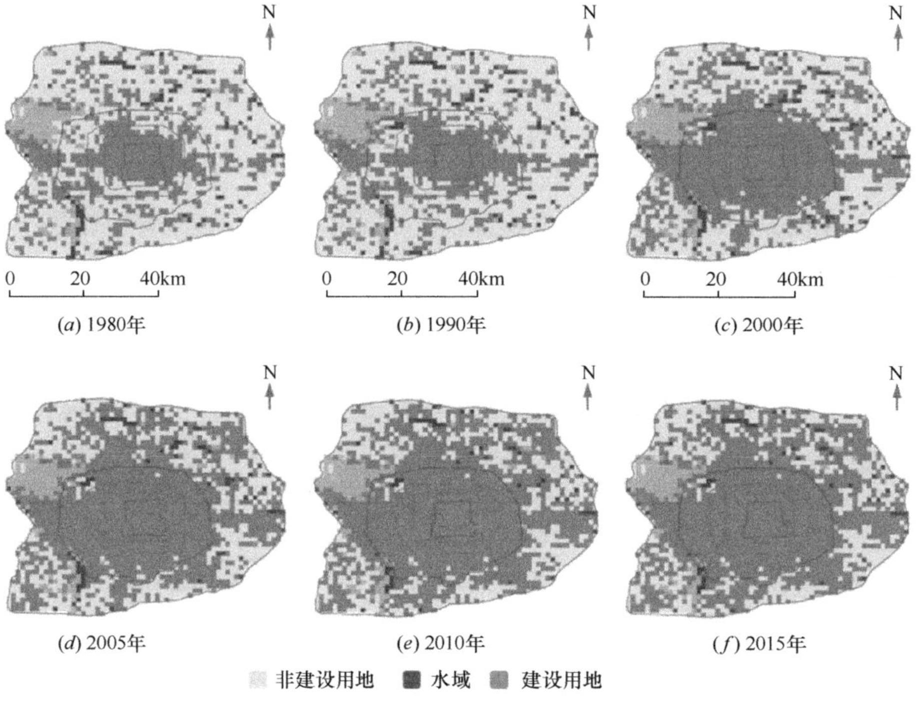

图 3-2 北京城区六环范围内土地利用情况[50]

4. 下沉式立交桥排水问题突出

北京城区有多达 90 座下沉式立交桥，立交桥低洼处道路的排水管道大多未采用“高水高排”措施以减少低洼处的汇流面积；为“低水抽排”设置的泵站，调节池只按泵机技术要求确定，其调节容积太小而不能发挥调蓄雨水的作用；泵站抽排保障措施不足导致的断电、停泵、管道堵塞等，更加重低洼处内涝灾害。对北京市四环内的 52 座泵站存在的问题进行分析发现，其主要分为 5 类：①泵站汇水面积增加，综合径流系数增大；②低水收水系统不完善；③高水系统排水标准偏低，高水系统不完善；④下游河道水位对排水管线的顶托；⑤泵站供电系统为单路供电（非积水主要原因，是泵站的不安全因素）。其中前三种情况比较普遍，见图 3-3。

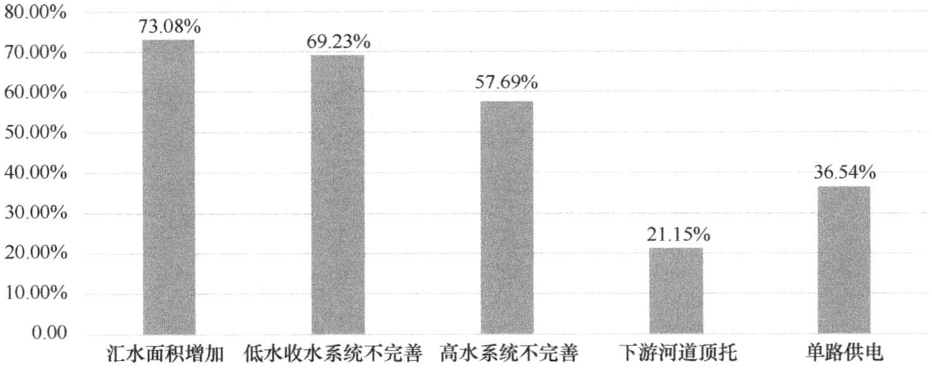

图 3-3　下沉式立交桥排水问题[51]

3.2.2　内涝防治规划策略

为解决困扰北京城市发展的“城市内涝”顽疾，北京从“7.21”事件后开始致力寻找解决之道，针对“7.21”特大暴雨时暴露的突出问题，提出如下策略：

1. 完善流域防洪减灾体系，消除城区中小河道排水不畅造成的积水问题

首先，制定《关于加快推进中小河道水利工程建设提高防洪能力的实施意见（2012—2015）》，计划在 4 年内建设完善流域防洪减灾体系，城内六区及重点区域的河道按 20～50 年一遇设防，新城及重点镇域范围的河道按 10～20 年一遇设防，其他地区河道的防洪标准达到 10 年一遇。开展以中小河道治理、水毁工程修复为重点的改善工程措施，提高河道防洪排水能力。优先解决城区排水不畅、山区防汛隐患和堵点等问题，保障河道畅通；其次，兼顾中小河道蓄水和生态功能，完善其与周边地上地下排水管道的系统性，采取清淤清障，深挖加宽，打通“断头河”等措施，形成“干流与支流连接，管道与河道连接，积水点与管道连接”的有序系统[52]。

2. 完善排水管网及设施系统，按照新的排水标准新建、扩建和改建雨水管道和设施

按照一般地区、重要地区、特别重要地区将城市排水管网设计标准分别提高到 3 年、5 年、10 年一遇，泵站的排水能力提高到 5 年一遇。同时，增加雨水收集口数量以提高地表径流的排除能力。新建排水管网按新标准进行规划设计，现状排水管网提标改造结合道路改、扩建有序开展。

3. 统筹河道系统、管道系统和雨水控制与利用系统

河道系统、管道系统建设已经较为完善，故重点完善雨水控制与利用系统，以排蓄结合取代以排为主，并与河道系统、管道系统充分衔接，形成源头减量、中途控制和末端治理的排水防涝综合体系。

3.2.3　内涝防治规划方法

北京市内涝防治规划体系在城市内涝模型的基础上，重点处理了下凹式立交桥和地铁口的地理信息和物理过程，构建了北京的城市内涝数值模型。同时，借助精细化的降水监测和预报结果，与城市内涝模型衔接，在不同降雨个例、不同的降雨和排水情景下，模拟分析北京的城市内涝积水。以“7.21”降雨和管网条件进行模拟（图 3-4），全市管网模拟结果显示，全市共形成 426 处积水点，中心城区道路积水点 63 处；城区南部积水比北部严重，东部比西部严重。

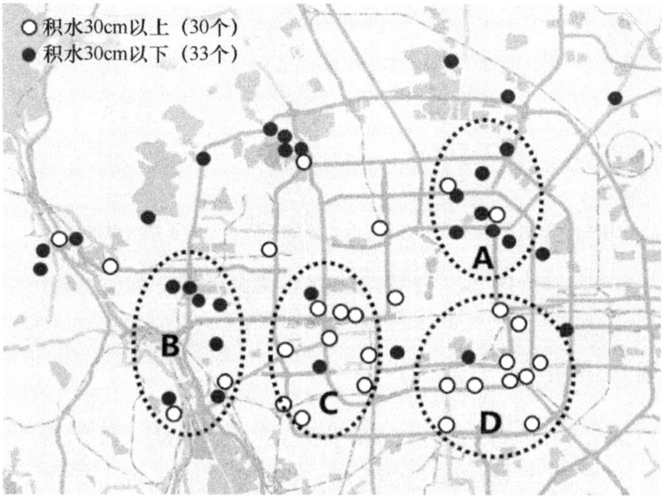

图 3-4　“7.21”北京市中心城区道路积水分布图[57]

分别模拟 2 年、10 年、50 年和 100 年一遇降雨情景下北京的城市内涝发生情形，模拟结果显示（表 3-6），2 年一遇重现期情景下，北京四环内就会产生一定的积水，以孤立的积水点为主；10 年一遇和 50 年一遇重现期下，积水深度和范围都有所加重；100 年一遇重现期下，整个五环内都出现严重的城市积水，南部出现大片积水深度超过 50cm 的区域，六环外左上角也出现一片积水深度超过 80cm 的区域，模拟结果与“7.21”降雨内涝情况比较类似。模拟结果亦显示，排水管网直径拓宽 20%并不能明显改善城市排水能力；拓宽 60%时，四环到五环之间的积水明显减弱，四环以内的大部分积水减弱；拓宽 100%时，仅在二环到四环之间还有一些较浅的积水；拓宽 140%时，六环内大部分积水消失。

“7.21”降雨北京桥区积水模拟和实况对比（单位：m）　　**表 3-6**

积水桥区	莲花桥	五路桥	复兴门桥	安华桥	广渠门桥	十里河桥	双营桥
模拟	1.77	0.65	0.61	0.62	0.67	0.69	0.64
观测	>2	0.7	0.6	0.7～0.8	2	2	2～3

续表

积水桥区	金安桥	西苑桥	丽泽桥	六里桥	正阳桥	安定门桥	东便门桥
模拟	0.41	0.05	0.34	0.48	0.78	0.19	0.66
观测	0.3	0.1	0.3	0.5	0.5	0.3	0.5
积水桥区	安贞桥	方庄桥	木樨园桥	赵公口桥	大红门桥	肖村桥	菜户营桥
模拟	0.25	0.68	0.6	0.6	0.25	1.23	0.49
观测	0.3	0.8	0.6	0.6	0.5	2	0.5

表格来源：付征垚．北方严重低洼易涝城市防涝规划方法浅谈——以北京城市副中心为例［A］．中国城市规划学会．

3.3　上海市

3.3.1　内涝情况概述

上海市地处长江三角洲东缘、太湖流域尾闾，滨江临海，地势低平，河网密布。上海市的水利与市政排水系统始建于开埠后，经历了若干历史发展阶段，在中华人民共和国成立后至 20 世纪末，结合地区特点和城市发展要求，逐步建设与实施在中心城区以“围起来，打出去”的强排为主的排水方式，在郊区依托河网水系，采取蓄排结合、缓冲自排为主的排水方式。目前，上海已形成 14 个水利片区和一个市中心区的防洪除涝片区，以水利片区为基础、226 条骨干河道为基本网架的排水除涝格局已基本形成[53]。

城市强排模式又可分为一级排水模式和二级排水模式。城市强排一级排水模式指的是雨水经管道收集后，集中由泵站提升后排入片外河网；城市强排二级排水模式指的是雨水经管道收集后，集中由泵站提升后排入片内河网，经片内排涝泵闸工程排入片外水体。缓冲式排水模式可分为城市圩区和城市自流两种排水模式[54]。城市圩区排水模式指的是雨水分散收集，采取多头就近自流排入圩内河道，通过圩内河网的调节，经圩区泵闸工程排入圩外水体，小部分独立圩区可直接排入片外大水体；城市自流排水模式指的是雨水经收集后就近排入河道，主要适用于部分地势较高或片区内河网除涝最高水位能得到控制的区域。

至 2012 年，上海市中心城区已建强排系统 221 个，服务面积约 485km^2，泵站总排水能力为 2606m^3/s；自成系统的共 10 个，服务面积约 15.16km^2，泵站总排水能力为 31m^3/s。中心城区已基本消除了低标（即设计暴雨重现期低于 1 年）系统，除局部重要区域设计暴雨重现期达到 3 年外，其他已建系统的设计暴雨重现期基本达到了 1 年。市中心道路积水问题得到明显缓解，在相同雨情下，超过 2～4 小时积水路段显著减少，保障了中心城区的排水安全。

在内涝防治方面，上海市存在以下问题：

（1）除涝能力偏低，抵御灾害性气候能力不足。目前，上海 90％左右的已建排水系统采用 1 年一遇标准，排水标准低于新修订的《室外排水设计规范（2016 年版）》要求。

同时，排水系统尚未全覆盖，排水空白区暴雨积水情况较为严重。其中，中心城区现有空白区共计 46 个，面积约 116km^2，云岭西、庙彭和虹许等 8 个雨水排水系统建设严重滞后于地区开发，逢雨积水的情况较为严重。

（2）城市开发强度高，自然蓄排条件不佳。随着上海城市化的快速推进，下垫面透水性能降低，地面径流增加，内河调蓄功能降低明显，对排水管网和河道产生了较大的压力。随着流域综合治理工程的推进，上游下泄流量加大，导致黄浦江上游水位不断抬升，严重削弱了黄浦江两翼的排涝能力。以黄浦江米市渡站为例，从 1948～1988 年，其实测最高潮位为 3.80m，该记录保持了 40 年；而 1996～2012 年的短短 17 年间，超过 3.80m 警戒水位的年最高水位达 44 次；2013 年“菲特”台风期间创造了历史最高水位记录 4.61m，出现 9 次超过 3.80m 的潮水位。

（3）河道水系结构尚不完善，除涝能力尚未达标。目前，上海市河湖水面率仍处于较低水平，特别在中心城区河面率不足 3%。河道水系结构不完善，河道间沟通能力较弱，断头河浜众多；另一方面，部分水利片区除涝工程如河道、闸泵等未按规划实施，现状除涝能力不足。

3.3.2 内涝防治规划策略

根据各水利片区不同的功能特点、薄弱环节、核心问题及内涝风险等因素，上海市因地制宜提出具有针对性、多举措并举的除涝策略。

针对中心城区建成度高、建筑密度大、水面率低的特点，在难以大幅度改变下垫面性质前提下，注重利用原有雨水管网和对峰值流量的错峰缓排，通过苏州河等深层调蓄隧道工程示范，加强对雨峰流量调蓄，在提高防汛排水能力和标准的同时，实现面源污染的同步治理[55]。

（1）径流控制：通过“蓄、渗、滞、用”等方法，控制综合径流系数。

（2）蓄排结合：通过增设调蓄管廊和部分系统总管，形成深层调蓄系统，实现外环线内 75%（165 个）的强排系统整体提标和初期雨水治理。

（3）设施改造：通过增设雨水泵站、调整系统服务范围和对部分系统总管改造，实现外环线内 16%（35 个）的强排系统标准同步提高。

（4）达标建设：按照规划新标准建设管道和泵站。

针对河网密布、水面率高、建筑密度相对较低的情况，注重水面率、绿地面积和地面高程的控制和衔接，科学规划布局，通过绿色屋顶、下凹式绿地、生物滞留池、透水铺装、增加河网槽蓄量、控制地面和水面高程等低影响开发设施及其组合措施，提高水生态系统的自然修复和防灾减灾能力，实现雨水的自然积存、自然渗透、自然净化和水的良性循环，保障城市水安全。

（1）径流控制：通过“蓄、渗、滞、用”等方法，控制综合径流系数。

（2）水面率控制和预降水位：按照规划控制郊区县河面率，同时在雨前预降河道水位，提高河网调蓄能力。

（3）排水管道达标改造：通过增设雨水泵站、增设管道等措施，实现自排地区排水系统标准提高。

3.3.3 内涝防治规划方法

1. 径流控制方法

贯彻落实海绵城市建设要求，拟定规划控制要求及措施，从源头上削减雨水峰值径流量，降低综合径流系数，提高城市排水除涝能力[56]。

(1) 内环内地区改造后的综合径流系数不能超过改造前，不增加已建排水防涝设施的额外负担；

(2) 其他地区综合径流系数，新建地区不大于0.5，已建、在建地区逐步过渡到0.5。

径流控制方法 **表3-7**

控制措施		条件	建设标准
措施1	透水性铺装	新建公共停车场、小区道路、非机动车道和广场、城市绿地	透水性铺装率≥70%
	绿地	按绿地率指标配套的绿地	绿地面积应满足绿化条例等要求 下凹面积≥50%
	屋顶	新建或改建地区屋顶	绿色屋顶率分别控制≥30%和15%
措施2	雨水源头滞留设施	硬化面积达到$2000m^2$以上项目	$30m^3$滞留设施容积/$1000m^2$硬化面积

2. 径流污染控制方法

规划根据不同排水模式特征，结合调蓄设施和污水设施布局，将本市初期雨水治理划分为调蓄服务区域、无调蓄服务区域两类区域，分别提出其规划控制标准（表3-8）。

径流污染控制方法 **表3-8**

区域		截流设施规模或控制指标	
调蓄设施服务区域	原规划1年一遇地区	22.5mm	
	原规划3年一遇地区	合流制地区10mm	分流制地区≥8.5mm
无调蓄设施区域	强排系统	日均污水量20%～50%	
	自排地区	严格执行雨污分流，注重源头控制	

(1) 旱季不溢流，有调蓄设施的地区年溢流污染发生次数少于降雨场次的10%；

(2) 溢流污水的排放要满足区域水环境的纳污能力要求；

(3) 治理后的合流制排水系统污染负荷等同分流制。

充分利用原污水厂低峰期间的空余能力进行初期雨水的处理，超过污水处理厂处理能力时，进入新建的初期雨水处理厂。

3. 排水系统提标方法

抽排地区提标系统：根据排水系统的布局，在中心片区及沿海片区等处，规划建设

59 个强排系统，服务面积 172.7km²，规划泵排规模为 1788.0m³/s。

上海市强排区及自排区分布见图 3-5。

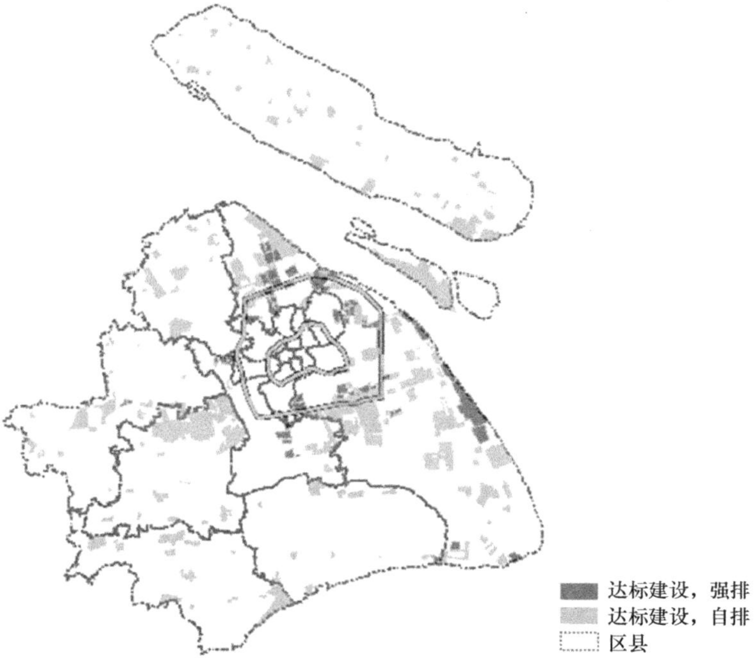

图 3-5 上海市强排区及自排区分布

图片来源：《上海市城镇雨水排水规划（2017—2035）》

调蓄提标系统：对于中心城区已建排水系统，利用苏州河、新泾港、淀浦河、桃浦河、走马塘等河道及部分道路的地下空间，通过增设调蓄设施，形成深层调蓄管廊系统，总计覆盖 165 个已建强排系统，服务面积 385.2km²（图 3-6）。

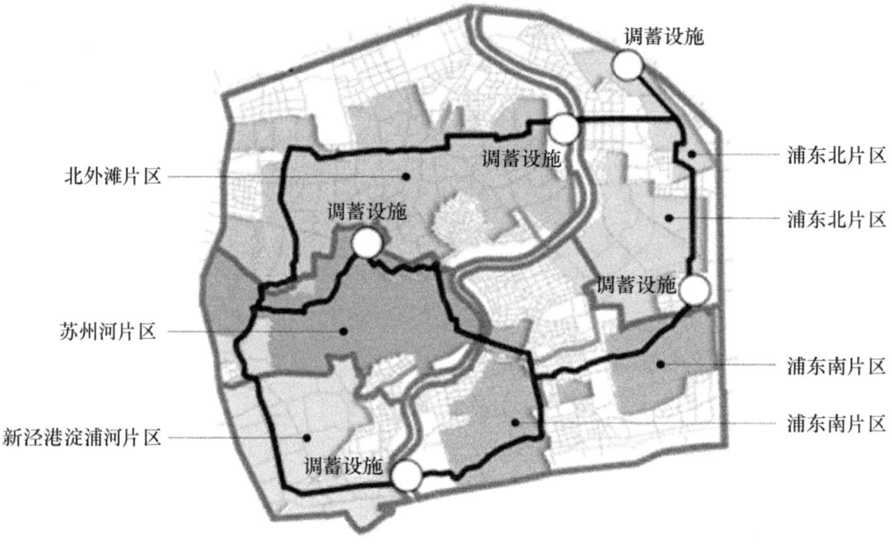

图 3-6 上海市中心城区调蓄提标系统

图片来源：《上海市城镇雨水排水规划（2017—2035）》

多系统联合提标系统：对于中心城区已建地区，且区域内有新增泵站用地的区域，根据系统需要新增或改造泵站，涉及 15 个已建强排系统，服务面积 37.5km^2，规划泵排规模为 334m^3/s。结合中心城区污水处理厂功能调整相应的排放系统，涉及范围覆盖周边 8 个已建强排系统，服务面积 20km^2，规划泵排规模为 213m^3/s。

自排地区提标系统：根据 226 条骨干河道布局规划和全市河湖水面率为 10.5%的控制要求，推进河网水系和除涝设施的达标建设。在具体地块规划和建设中，优化城市分区和建设项目选址，做到"分块控制"和"块内调蓄"，将不透水面积分散布置，同时合理布局雨水滞留设施，控制和减少峰值径流的排放量（图 3-7）。

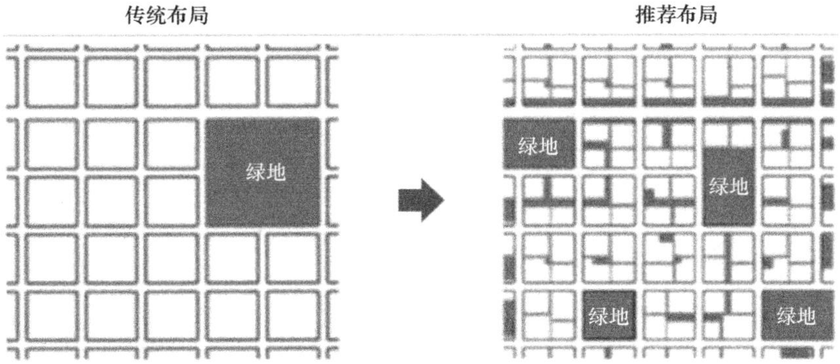

图 3-7　建设用地布局调整示意图

图片来源：《上海市城镇雨水排水规划（2017—2035）》

4. 竖向控制方法

一般地区控制要求：按照各水利片区在设计暴雨重现期下的规划最高控制水位，推荐按照最不利点排水压差 0.8m 控制自排地区竖向标高，规划各地块地面高程控制应从河边向地块中央逐步抬高地面高程。

重要地区控制要求：从强化城市生命线的角度出发，根据地块的功能用途，将医院、学校、交通枢纽、保障性大型基础设施、主要行政中心、防涝救灾指挥机关等重要公共服务设施或机关列为重要地区，并建议在上述设施用地规划建设中酌情提高其地面标高，建议高于相邻市政道路 0.2～0.4m 以上，确保重要地区在超标准降雨时不发生瘫痪。

5. 超标暴雨应对方法

中心城区涝水行泄通道：主要依托地下深层隧道系统，在末端增设直排片外河道的防汛泵站，形成涝水行泄通道。

郊区县涝水行泄设施：推进河道水面率、水利除涝泵站的达标建设，加强预警预报，通过雨前预降河道水位、外围泵站排水等措施，形成涝水行泄通道。

苏州河调蓄管廊工程西起临新路、东至河南路，服务面积 57.9km^2，工程主要在苏州河南侧道路和苏州河底敷设长约 17km、埋深 40～60m、管径 8m 的深层调蓄管廊，同时在梦清园和竹园污水厂分别设置提升泵站和初期雨水处理厂各一座（图 3-8）。苏州河调蓄管廊工程实施后，可以将 22.5mm 的降雨量输送至调蓄管廊，待雨后利用合流一期的空余能力输送至竹园初期雨水处理厂处理后排放。根据分析，该工程对主要污染物如 COD、氨氮、TN、TP 的削减率达 90%以上。根据水力模型研究，现状合流一期截流系统可以保障在降雨强度 5mm 条件下基本无溢流入江，有效避免逢雨即黑的现象，水体感官也得到显著提升。

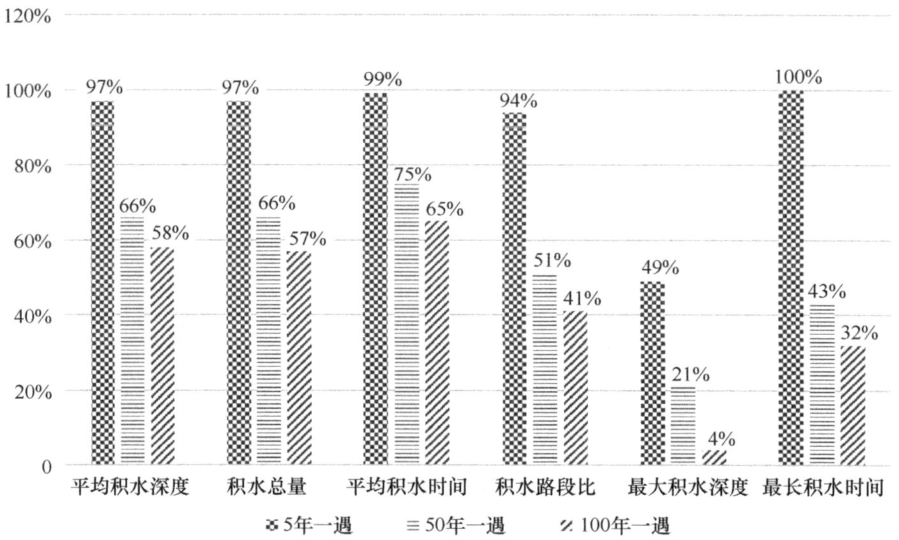

图 3-8　苏州河调蓄管廊工程积水指标削减率[57]

3.4　广州市

3.4.1　内涝情况概述

广州是改革开放以来我国城市化发展速度最快的城市之一，但由于城市化带来的一些负面影响未得到有效控制，城市内涝的发生有增加的趋势。近年来，广州几乎每年都会发生一次以上较严重的城市内涝，局部内涝更是不断。如 2010 年 5 月，受强降水影响，广州接连发生 5 次城市内涝，部分内涝区域灾情严重，市区大范围受淹，积水最深路段水深达 3m。广州城市内涝形成原因主要有以下几个方面（图 3-9）[58]：

（1）降雨强度较大。广州市地处亚热带海洋季风气候区，具有降雨强度大、降雨发生时间集中且发生频率高的特点。根据有关研究成果，广州多年平均降水量为 1736mm，发生大面积内涝的暴雨历时一般在 2 小时以内，当暴雨强度超过 30mm/h 时，广州中心城区极易发生内涝。据 60 年暴雨资料统计，广州暴雨频次有增加的趋势，20 世纪 90 年代平均每年出现暴雨天数只有 7.3 天，到 2012 年暴雨出现天数已达到 13 天。

（2）城市地势低洼处的存在。广州地处珠江三角洲的下游，部分区域四面环水，地势相对较低，城区部分地区的自然标高低于珠江防洪水位。同时，在城市改造过程中，随着周边新建筑物的建成，部分内街巷地势变得相对低洼，地面标高低于防洪标高。当遇大暴雨排水不畅时，就会在这些天然低地严重积水、引发内涝。广州强降雨引发的内涝主要发生在城市中心地区的地势低洼处，包括局部低地、立交桥底和交通隧道3种类型。由于这些低地多位于老城区，其排水系统多不健全，已有排水系统年久失修，维修和改造困难，防治的难度也大。

(3) 河涌缺乏全流域统一规划与管理。广州市河涌众多，是城市排涝的主动脉。广州几大泄洪河涌横跨多个行政区域，沿河涌污水干管、泄洪闸门和河涌拦污、防潮闸等防涝设施分属于不同的部门和行政区进行管理和调度，若遇局地暴雨，难以实现统一调度和管理，往往出现闸阀开启不及时而造成上游低洼地带水浸的情况。同时，河道上修建了大量的堰或坝，使城区河流在低水期间仍维持着一定的河流水位，用以保证河涌及沿岸水景观，但在内涝发生期间，过高的河水位极大地影响着涝水向河涌的自然排放。

(4) 外江洪水、潮水顶托。若遇持续性暴雨，珠江正处于高潮位时，内河涌洪水不能及时排向珠江而使河涌水位高涨，导致城市排水系统的洪水无法排向河涌，就会引起部分地势较低的区域出现内涝。

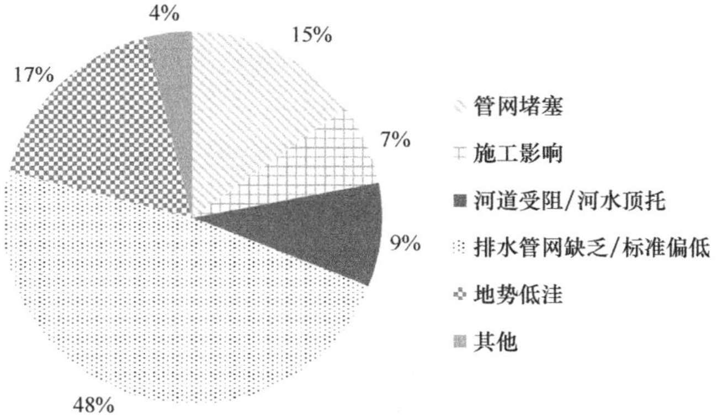

图3-9 广州市中心城区内涝积水成因分析统计图[59]

3.4.2 内涝防治规划策略

1. 排水、排涝体系有机结合与衔接

广州城市化地区的排水系统由两级排水体系组成，一级排涝系统即水利排涝系统，负责较大区域暴雨涝水的排除，将城市较大区域暴雨涝水以及市政雨水管网所汇集的涝水排到外江，主要由河涌、水闸、泵站等组成；二级排涝系统即市政排水管网系统，承担城市小区、街道等小范围的雨水排除，主要由雨水管渠、涵闸、二级泵站等组成。城市建成区地面雨水通过雨水管渠汇流到河道后，经由水利排涝系统的河道、水闸或者泵站排到外江，即一、二级排水系统共同承担暴雨带来的涝水排除任务。非城市化地区的排水通常只由水利排涝系统完成[60]。

2. 提高城市排水系统规划设计标准

市政排水标准：采用《室外排水设计标准》GB 50014 的上限标准规划设计城市雨水

管网，新建项目、新建区域和成片改造区域按 5 年一遇重现期标准建设，特别重要地区（含立交桥）按 10 年一遇重现期标准建设，其他区域随雨污分流改造和“三旧”改造等按 2～3 年一遇标准改造。

水利排涝标准：结合各分区特点、重要性及可设置排涝设施条件等，分别制定不同的排涝标准，广州各区排涝标准如表 3-9 所示。

广州各区水利排涝标准　　表 3-9

区域名称		排涝标准	备注
中心城区	广州城区和白云区	20 年一遇	
	农田和生态保护区	10 年一遇	
番禺区	城区	20 年一遇	
	农业发展区、生态文化旅游区、农田及生态保护区	10 年一遇	
南沙区	规划城建区	20 年一遇	
	沥心沙、缸瓦沙岛等农田及生态保护区	10 年一遇	人口密集的行政村，经论证可适当提高标准
花都区	规划城建区及建制镇	20 年一遇	
	鲤塘 1 涝区、2 涝区等农田及生态保护区	10 年一遇	人口密集的行政村，经论证可适当提高标准
增城市	中心城区及建制镇	20 年一遇	
	农田及生态保护区	10 年一遇	
	下游承泄区	10 年一遇	人口密集的行政村，经论证可适当提高标准
从化市	中心城区、中心镇及建制镇	20 年一遇	
	农田	10 年一遇	人口密集的行政村，经论证可适当提高标准

注：排涝标准指设计重现期内 24 小时暴雨不成灾。

一、二级排水标准衔接与匹配：一级排水系统的设计暴雨以二级排水系统设计暴雨历时 t（5～120min）的降雨总量 Pt 为峰值雨量，由此所得的 24h 的暴雨量为一级排水系统的设计暴雨，再由当地暴雨资料进行排频分析，得到该设计暴雨所处的重现期水平，即为一级排水系统的设计标准，该设计标准即为与二级排水标准匹配的设计标准。结合广州地区一级排水的排涝标准，通过实例计算，广州地区一、二级排水系统的设计标准之间的关系大致如下：市政二级排水重现期 2 年一遇大体与水利一级排涝 10 年一遇标准相对应，市政二级排水重现期 5 年一遇大体与水利一级排涝 20 年一遇相对应。各排涝区自身下垫面、调蓄空间等水文条件均有所差异，故造成一、二级排水系统设计重现期的对应关系有所不同。

3. “一主六副”七条深隧提高老城区排涝标准

规划新建临江主隧道及东濠涌、猎德涌、西濠涌、荔湾涌、驷马涌和沙基涌等六条分支隧道（图 3-10），以解决广州城区内涝问题，提高相应流域城市排水标准，由现有的 0.5～1 年一遇提高到 5～10 年一遇；基本消除“初雨污染”和“合流制溢流污染”，改善河涌水质。

图 3-10　广州市深层排水隧道规划图

图片来源：http：//roll.sohu.com/20130510/n375434824.shtml

3.4.3　内涝防治规划方法

广州市内涝防治系统率先使用了深层排水隧道作为行泄通道的方式，本部分重点介绍其深层排水隧道系统。

广州市深层隧道排水系统东濠涌试验段工程包括东濠涌深层排水隧道及新河浦渠箱两部分，其中，东濠涌深层排水隧道段北端起自东风路，南端止于珠江北岸的东濠涌补水泵站，沿线下穿地铁 1 号线和 6 号线，穿行地段位于主城区核心区域。在埋深近 40m 处修建排水隧道，这在国内排水系统领域尚属首例。

东濠涌深层排水隧道是对东濠涌浅层排水系统的补充和提升，其主要功能：一是雨季作为东濠涌流域合流溢流污水和初期雨水的调蓄和转输通道，经污水泵组提升后送到污水处理厂处理。提高全流域截污系统的截流倍数，大幅减少东濠涌流域各支涌（或渠箱）开闸次数，削减雨季东濠涌流域 70%以上的合流溢流污染；二是在大型暴雨条件下，作为雨水排涝通道行使排涝功能，经尾端排洪泵组提升后排至珠江，提高流域内合流干渠的排水标准到 10 年一遇。

东濠涌深层排水隧道工程方案是在东濠涌南段设计一条内径为 5.3m（外径为 6.0m）、长为 1.77km 深层排水隧道，隧道为避开地铁 1 号线和地铁 6 号线，埋深为地面以下

40m。在新河浦南侧设计一条管径为3000mm的截污管，汇入隧道尾段的沿江路竖井。沿线设有东风路、中山三路、玉带濠和沿江路4座入流竖井及相应的浅层连接设施。4座竖井将中北段截污管和沿线的主要合流渠箱溢流口与排水隧道相连接，其最大设计入流量依次为$31m^3/s$、$4.8m^3/s$、$4.8m^3/s$和$23m^3/s$。在隧道尾端设置大型综合泵站，包括排空泵组、排洪泵组和补水泵组，分别发挥隧道系统排空、分洪排涝和旱季东濠涌景观补水的功能，其中排洪泵组最大设计流量为$48m^3/s$。整个隧道系统的调蓄库容为$6.3\times10^4m^3$。

隧道系统在晴天或小雨时，污水通过浅层截污管道系统送到猎德污水处理厂处理，深隧系统不启动；若遇中到大雨情况，则启动深隧系统，浅层排水系统的溢流污水汇入深隧调蓄，雨后深隧调蓄的合流污水通过排空泵提升输送到污水处理厂处理，削减溢流污染；遭遇特大暴雨时，泵站的排洪泵组会自动启动，与东濠涌共同排洪，提高全流域的排水能力。

3.5 深圳市

3.5.1 内涝情况概述

深圳市属亚热带海洋性气候，降雨充沛且相对集中。随着城市化推进，城市硬化面积增加、汇水径流系数增加，在遭遇小范围、高强度暴雨时极易发生城市内涝。据统计，2000～2017年期间，深圳市共发生41起影响较大、损失较重的暴雨洪涝灾害，平均每年2次左右。2014年5月11日发生了全市平均降雨量88mm的暴雨，盐田港的降雨量更是达到136mm，深圳机场1小时降雨达到78mm，此次暴雨导致全市150处道路积水，部分路段积水深度超过1m，约20个片区发生内涝；全市约有10起因内涝引起的次生灾害，约10条河流水满泛洪，造成全市多个小区1楼被水淹，约2000辆汽车受淹。深圳市暴雨内涝造成的原因主要包括以下几个方面：

（1）多重自然因素综合影响，降雨异常频率有所增加。一是地势因素：深圳城市开发建设过程中由于缺乏城市竖向规划的指导，造成早期开发的区域地势较低，后期开发的区域地势高于早期开发的区域，易形成局部内涝[61]；二是降雨因素：深圳市多年平均降雨量1700mm以上，降雨量时空分配极不平衡，汛期降雨量约占全年降雨总量的80%以上，且多以暴雨的形式出现，极易引发洪涝灾害；三是潮位因素：深圳市内涝较为严重的区域主要位于西部沿海地区，区域内涝水排泄受珠江口潮水位的顶托。根据赤湾站和舢板洲站统计，珠江口多年平均最高潮位为2.28m，现状城市地面高程在1.5～4.5m之间。因此，暴雨与相对高潮水位遭遇时，增加了洪涝灾害发生的频率。

（2）城市建设改变水系格局，水系之间缺乏联通协调。随着深圳城市经济社会的发展、城市化进程的加快和公共设施的建设，城市的地形地貌和下垫面条件发生大幅改变，地面硬化、水面和植被减少、不透水面积扩大都使得地表径流系数增大。同时，城市的快速扩张改变了自然水系格局和行泄通道，打破原有水循环系统，阻碍涝水的调蓄和排泄（图3-11）。

图 3-11　深圳西部茅洲河入海口周边的城市化

图片来源：《深圳市排水（雨水）防涝综合规划》

1980～2012 年，深圳市土地类型结构的变化主要表现为城镇用地（包括住宅用地、工矿用地和交通用地）的迅速增加，农林用地（包括耕地、园地、林地及灌草地）总量的持续减少。深圳市城市综合径流系数由 1980 年的 0.44 直线增长为 2013 年的 0.58，较 33 年前增加了 24%。在相同强度的降雨情况下，产生的地表径流量就会增加 41%。

1980～2013 年深圳市径流系数变化一览表　　表 3-10

用地分类	1980	1988	1994	2000	2007	2013	径流系数
高密度用地	0	1.96	5.07	17.13	30.08	71.85	0.95
中低密度用地	12.35	170.39	371.78	554.88	623.53	746.85	0.85
耕地	564.44	341.6	196.44	136.1	67.97	52.73	0.35
园地	0	327.12	346.25	360.58	326.49	306.20	0.35
林地	755.94	753.62	704.47	615.6	585.16	609.81	0.35
灌草地	363.34	118.41	0	0	0	0	0.5
水域	144.74	164.08	169.16	146.47	110.18	97.44	1
湿地	26.96	34.81	15.04	10.57	22.75	10.32	1
未利用地	85.05	40.84	144.64	111.51	186.67	57.64	0.35
综合径流系数	0.44	0.47	0.51	0.55	0.56	0.58	

（3）设施建设标准尚未匹配，管网维护能力仍待提高。深圳市早期建设的部分防洪、排涝工程体系亟待完善，尤其是沿海填海区域，河道淤积及被侵占的现象十分严重，加之填海造地工程的逐步实施，恶化了防洪、排涝工程运用的边界条件，降低了工程体系的防洪、排涝能力，部分早期建设的工程体系其排水防涝能力已经不满足城市防洪减灾的要求[62]。

（4）防涝体系尚不完善，信息化管理水平急需提升。深圳市自 2004 年 6 月将分散于各部门的水污染治理设施建设和排水管理职能划入市水务局，实现了涉水事务的一体化管理。但部分区、街道一级的水务管理体制仍不明晰。同时，在深圳特区范围扩大、全市一体化发展的大背景下，原特区内外水务发展一体化也有待整合优化。现状雨水排放问题仍局限于排水的小系统内解决，尚未与区域水系结合形成大的排涝系统予以考虑。

3.5.2 内涝防治规划策略

通过对深圳市降雨、地形、土壤等本质特征的分析，结合排水防涝设施现状及存在的主要问题，规划采用"蓄、渗、净、排"等多种措施相结合，构建可持续的城市排水防涝系统。

蓄：充分利用绿地、公园、水体，建设雨水调蓄池，调蓄洪峰流量，收集蓄滞雨水。

渗：在地下水水位低、下渗条件良好的片区，加大雨水促渗，增加新建片区透水性下垫面的比例，新建道路绿地优先采用下凹式绿地，新建停车场、广场优先采用透水式地面。

净：结合河道蓝线绿地，有条件的雨水排放口地区修建人工湿地净化雨水；新建区域积极推行低影响开发建设模式，利用小型分散式控制措施，分散净化雨水径流，削减面源污染。

排：构建城市排水主干网络系统，保证涝水顺利排放，对于排涝标准较低的河道，开展河道综合整治，提升标准；对于建设年限较早、标准较低的管网，结合城市更新改造、道路改造，提升管网标准；对于受纳水体顶托严重或者排水出路不畅的地区，应积极考虑河湖水系整治和排水出路拓展。

对于前海合作区、大空港、坝光等新建城区，优先考虑从源头降低城市内涝风险，采用低影响开发建设模式源头控制雨水径流，同时，基于水力模型识别竖向不合理的区域，通过竖向调整降低内涝风险。根据规划确定的雨水管渠、泵站及附属设施规划设计标准设计雨水排水系统，并根据内涝防治标准，结合水系治理规划，合理布局内涝防治设施。

对于罗湖、福田等城市建成度较高的城区，大规模地扩大现有排水系统的排水能力难度较大，除建设成本高以外，管位空间难以保证。故其工作重点为提出易涝风险区的解决方案，采取综合措施提高整个排水系统的排水能力。

3.5.3 内涝防治规划方法

1. 城市排水（雨水）管网系统规划

（1）排水分区

深圳市自西向东分为三大水系、九大流域。珠江口水系包括深圳河、深圳湾、珠江口、茅洲河四大流域，东江水系包括观澜河、坪山河、龙岗河三大流域，粤东沿海水系包括大鹏湾、大亚湾两大流域（图 3-12）。

（2）排水管渠规划

按照规划设计标准和规划原则，结合各个流域的实际情况，主要从排水主干管渠完善、新建片区管网完善、易涝风险区管网改造等三方面着手开展排水（雨水）管网系统规划。构建城市排水管网水力模型，通过解析汇水区面积、下垫面、汇流时间、初始损失等水文参数，计算雨水径流量，通过规划模型综合计算，最终确定雨水管渠的尺寸、坡度和埋深。

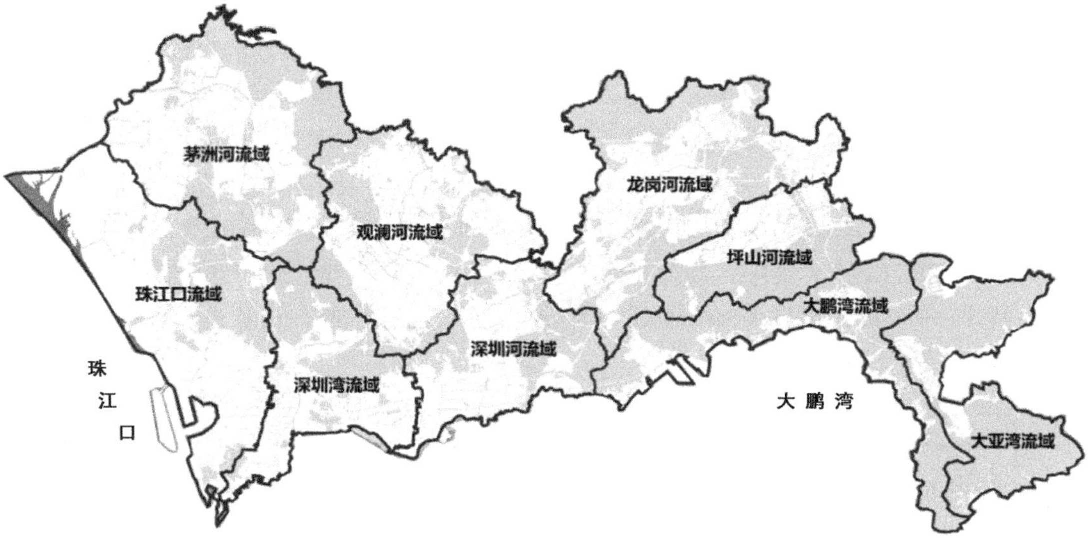

图 3-12　深圳市流域划分图

图片来源：《深圳市排水（雨水）防涝综合规划》

① 排水主干管渠完善：利用水力模型评估，设计、计算排水主干管渠，并结合易涝风险区治理，开展雨水主干管渠完善规划，保障排水主干网络系统排水能力充足，从而确立深圳市各个流域排水主干管渠系统。

② 新建片区管网完善：在确立排水干管（渠）系统布局规划基础上，采用水力模型设计新建片区管网，以管网充满度作为设计标准，计算确定雨水管网规模。

③ 易涝风险区管网完善：对于管网排水能力不足导致的易涝风险区，基于水力模型识别瓶颈管段，通过管网改造完善，减轻或消除易涝风险。

至规划末期，全市规划新建雨水管渠 2371.0km，规划改扩建雨水管渠 358.6km（表 3-11）。各个流域规划雨水管渠统计如表 3-11 所示。

深圳市规划雨水管渠统计表　　　　**表 3-11**

序号	流域名称	新建雨水管渠（km）	改扩建雨水管渠（km）
1	深圳河流域	175.5	75.7
2	深圳湾流域	116.3	77.8
3	珠江口流域	116.8	21.0
4	茅洲河流域	557.37	34.50
5	观澜河流域	427.23	42.78
6	龙岗河流域	418.1	66.7
7	坪山河流域	297.0	26.9
8	大鹏湾流域	141.6	6.5
9	大亚湾流域	121.0	6.7
合计		2371.0	358.6

（3）排水泵站

采用城市排水管网模型耦合城市二维地表模型设计计算雨水泵站的规模。对于易涝风险区，结合地势特点、防洪（潮）水位、河道水系以及城市更新等因素，经论证分析，在必要位置新建雨水泵站。对于现状泵站，从排水能力、运行调度等方面着手调查分析，并结合城市规划、城市更新、泵站用途等，对无法满足要求的泵站提出相应的改造方案。

至规划末期，全市规划雨水泵站102座，规划总设计流量达到2118.8m^3/s，新增抽排流量1270.7m^3/s。其中，新建雨水泵站38座，设计流量为882.9m^3/s，规划改造雨水泵站14座，设计流量为482.7m^3/s，保留现状泵站51座，设计流量为776.1m^3/s（表3-12）。

深圳市雨水泵站规划一览表（以深圳河流域为例）　　表3-12

序号	流域名称	泵站名称	泵站位置	改造或新建	现状流量（m^3/s）	设计流量（m^3/s）	重现期（年）	汇水面积（km^2）
1	深圳河流域	福田排涝泵站	滨河大道与福田河交叉口	扩建	3.2	4.8	5	0.28
2		桂园排涝泵站	桂园小区	扩建	2.6	4.0	5	0.065
3		滨河雨水泵站	鹿丹村	新建	—	8.0	5	0.27
4		罗雨排涝泵站	布吉河河口	扩建	48	60	50	2.65
5		罗芳雨水泵站	四季御园小区附近	新建	—	12	5	0.32

2. 城市防涝系统规划

（1）平面与竖向控制

基于MIKE Flood平台耦合水力模型和二维地表模型，实现近似真实的雨水径流流动状态模拟。通过模型运行，识别易受“客水”影响的低洼易涝地区以及城市规划竖向不合理区域，并结合城市更新规划和法定图则，提出竖向控制建议，力求从源头解决内涝风险问题，指导城市开发建设（表3-13）。

深圳市建设用地性质或竖向调整一览表（以深圳河流域为例）　　表3-13

序号	流域名称	位置	面积（万m^2）	现状高程（m）	调整建议	备注
1	深圳河流域	鹿丹村	11.2	4.0～4.5	5.0m以上	随城市更新抬高地坪高程
2		竹边新村	2.4	7.0～7.5	8.5～10m	随城市更新抬高地坪高程
3		洪湖二街住宅区	5.4	9.5～10.0	12m以上	随城市更新抬高地坪高程
4		粤宝广场及周边	9.2	18.9～20.8	21m以上	建议调整原规划地坪高程
5		布吉公园北侧地块	2.3	27.4～28.9	29m以上	建议调整原规划地坪高程

（2）城市内河水系综合治理

河道的布置应符合城市防洪和城市规划的要求，即满足区域防洪要求的前提下，与城市用地、交通网络及排水等规划相协调。顺河势维持河道走向不变，不缩窄河道，在有用地条件的情况下，尽量以拓宽河道方案为主，保证河道行洪断面，降低河道洪水位，为城市雨水顺利排放创造有利条件。

规划对 76 条河道开展综合治理，治理标准为 50～200 年一遇，治理总长度约 450km，具体工程措施详见表 3-14。

深圳市内河治理规划一览表（以深圳河流域为例） **表 3-14**

序号	流域名称	工程名称	主要建设内容	治理长度（km）	防洪标准
1	深圳河流域	沙湾河综合治理工程	防洪工程、水质改善工程、生态景观工程	4.68	100 年一遇
2		布吉河综合整治工程	截污工程、河道补水工程	9.43	100 年一遇
3		深圳河干流防洪治理达标工程	开展前期专题研究，建设分洪通道以及深圳河达标整治	—	100～200 年一遇
4		水径水综合治理工程	包括防洪工程、水质改善工程、生态景观工程	4.44	50 年一遇
5		莲塘河综合治理工程	包括防洪工程、调蓄湖工程、水质改善工程、生态景观工程	7.64	50 年一遇

（3）城市涝水行泄通道

深圳市所有的河道基本上都具备排涝功能，九大流域内主要河流水系构成了深圳市主干排涝通道。通过借助水力模型，以河流水系构筑的防涝体系为基础，对涝水的汇集路径进行分析，合理布局涝水行泄通道，就近将涝水排入河道，保证涝水的顺利排放。规划建设雨水行泄通道总长度为 216km，总设计流量达 9530m^3/s，详见表 3-15。

深圳市雨水行泄通道规划一览表（以深圳河流域为例） **表 3-15**

序号	流域名称	位置	雨水行泄通道长度（km）	截面积（m^2）	设计流量（m^3/s）
1	深圳河流域	彩田村排水暗渠	0.75	10	27.5
2		岗厦排水暗渠	1.2	7.2	16.0
3		联创路排水暗渠	0.42	10.5	49.5
4		兴业路排水暗渠	0.84	10.5	40.4
5		中兴路排水暗渠	1.12	9	51.1
6		清水河排水暗渠	2.67	42	372.0
7		布沙路排水暗渠	0.8	13.5	68.5
8		兴龙路排水暗渠	1.15	21	129.3
9		湖贝排水暗渠	1.61	13.6	58.4
10		沙放路排水暗渠	0.42	20	61.2

（4）城市雨水调蓄设施

借助水力模型，分析易涝风险区内涝原因，结合实际建设情况及相关规划，合理布局雨水调蓄设施，充分挖掘现有水系、湿地、绿地的雨水调蓄功能，构建城市雨水调蓄体系。规划建设雨水调蓄设施 97 处，其中，利用现状水体作为调蓄设施 20 处，利用现状湿地作为调蓄设施 22 处，规划建设滞洪区 12 处，规划雨水调蓄空间 13 处，规划新建雨水调蓄池 20 座（表 3-16）。

深圳市雨水调蓄设施规划一览表（以深圳河流域为例） **表 3-16**

序号	流域名称	调蓄设施名称	位置	占地面积（m^2）	设施规模（m^3）
1	深圳河流域	中心公园雨水调蓄池	中心公园南侧	300	1200
2		布心路雨水调蓄池	布心路立交绿地	240	900
3		爱国路雨水调蓄池	爱国路立交绿地	210	700
4		文化公园雨水调蓄池	罗湖文化公园	1000	3000

3.6 重庆市

3.6.1 内涝情况概述

重庆市位于四川盆地东南部平行岭谷地带，四周群山环抱，青山纵隔，城中丘陵起伏，是典型的山地城市。自然地势从南北向长江河谷倾斜，逐渐降低，由东到西地势呈波状起伏。最高点在华蓥山的祝圣堂，高程为 1508m，最低点在长江洛碛段，高程约为 160m。地貌呈现以丘陵、低山为主体的类型组合，缙云山、中梁山、铜锣山、明月山四山由南至北贯穿都市区，并与丘陵、平坝相间平行排列，构成平行岭谷式的地貌景观。都市区范围坡度大于 8°的用地占 85.51%，不适宜展开大规模的建设活动。伴随着城镇化进程的加快，城市路面硬化比例不断提高，导致不透水性地面迅速增加。自然地势与城市建设的双重作用，导致降雨汇流速度快，雨水在短时间内大量汇集排入雨水管网，排水管网负荷加重。同时，大量积水积累在地势低洼处，极易形成内涝灾害[63]。

在山地复杂地形的影响下，雨水地表径流的产生与汇集具有与平原地区不同的特征，是重庆山地城市内涝防治系统需要重点考虑的问题。在地表产流方面，坡度较大的地表使雨水落到地面后受重力在坡面方向上的分力影响，向低处流动，不能就地下渗，更容易形成径流，地块径流系数也相应增加。在汇流方面，坡地导致雨水流速加快，汇流时间缩短，洪峰到来时间相应提前，给城市排水管道造成了巨大的压力，极易诱发洪涝灾害。另外，受地形影响，径流流向不定，不会沿着既定通道排入自然水体，地势低洼处更易遭受水淹，部分雨水径流会沿着岩层中的缝隙流动，难以控制，以上都是重庆山地城市排水防涝系统建设面临的特殊问题。

3.6.2 内涝防治规划策略

山地城市排水系统一般由市政雨水管网、主排水通道和大的江河水系构成。市政雨水管网负责收集较小片区范围内的地块和市政道路上的雨水；主排水通道是沟通市政雨水管网和大的江河水系的排水通道，包括冲沟、溪流、箱涵等；大的江河水系则是雨水的最终受纳体。市政排水管网服务面积较小，且山地城市超标雨水可以由道路快速排除，江河水系地势低洼，防洪标准一般已经较高，因此，山地城市发生内涝，很多情况下是由于主排水通道排水不畅造成的[64]。行泄通道对于排水分区明显的山地城市尤为重要，既包括山脊间汇聚雨水形成的天然行泄通道，也包括为了预防洪水灾害而人为修筑的沟渠。为能迅速收集城市内雨水，在山地城市建设排洪渠是行之有效的手段，这样既能有效发挥防洪排涝的作用，同时也能减小雨水管网规模，降低建设成本。

重庆市内涝防治规划体系包括都市功能核心区和都市功能拓展区，面积共约 5473km²。与传统的排水规划不同，不仅涉及了不少新理念、新技术、新方法和更高的标准要求，还涉及多专业、多部门的协同合作，多个子系统及其统筹衔接等[65]，重点解决如下问题：①做好各专业部门的分工与协作，发挥专业部门的优势和资源的动态共享；②暴雨强度公式的修编与水力模型的构建；③根据重庆市的社会经济发展和建设实际，采用适宜的规划目标与标准；④结合重庆山地城市的地形地貌特点，充分利用现有排水管渠系统，在排水防涝过程中，兼顾雨水径流污染控制；⑤做好城市排水信息化建设与内涝灾害应急预警等非工程措施的规划。

3.6.3　内涝防治规划方法

1. 排水能力及内涝风险评估

规划采用城市雨水流域汇水区、城市雨水出水口汇水区和城市雨水管段汇水区 3 种方法，结合重庆市地形特点、长江和嘉陵江防洪堤的总体布置以及两江 20 条次级河流的分布情况、分区管理特征，将规划区划分为 72 个排水流域。

根据规范要求汇水面积超过 2km² 的地区宜采用数学模型。由于重庆市各排水分区的建设程度差异较大、规划编制周期有限等客观因素，故根据区域的重要性和现状建设情况进行建模流域的划分，具体划分原则包括：①都市功能核心区，面积约 294km²，是重庆市政治、经济、文化中心，具有全国性影响的大都市中心区，所有排水流域均采用 Info Works ICM 水力模型法；②都市功能拓展区，面积约 5179km²，是重庆市未来科教中心、物流中心、综合枢纽和对外开放重要门户，建成区面积约 655km²，处于逐步城市化阶段，已建成的重要区域采用 InfoWorks ICM 水力模型法，一般区域采用推理公式法。按照以上划分原则对重庆市 72 个流域进行技术方法选取后，37 个流域采用水力模型法，35 个流域采用推理公式法（图 3-13）。

2. 规划目标与标准的确定

规划的整体目标为由雨水的简单排除转向对自然水环境和生态系统的全面管理，“蓄、渗、净、用、排”相结合，构建完善、高效、可持续的城市排水系统，加强山洪防治和初期雨水治理，保障城市排水防涝安全，促进经济、社会、环境持续健康发展。

（1）雨水径流控制标准

原重庆市暴雨强度公式配套参数中径流系数为 0.7～0.85，而根据《室外排水设计规范（2016 年版）》要求，对综合径流系数高于 0.7 的地区应该用渗透、调蓄等措施。区域开发应充分体现低影响开发理念，除应执行规划控制的综合径流系数指标外，还应执行径流量控制指标，规定改建地区应采取措施确保改建后的径流量不得超过原有径流量。根据重庆市规划范围内地形地貌和土壤、水文特征，将规划区分为雨水管理 A 区（内环以内的 16 个流域）

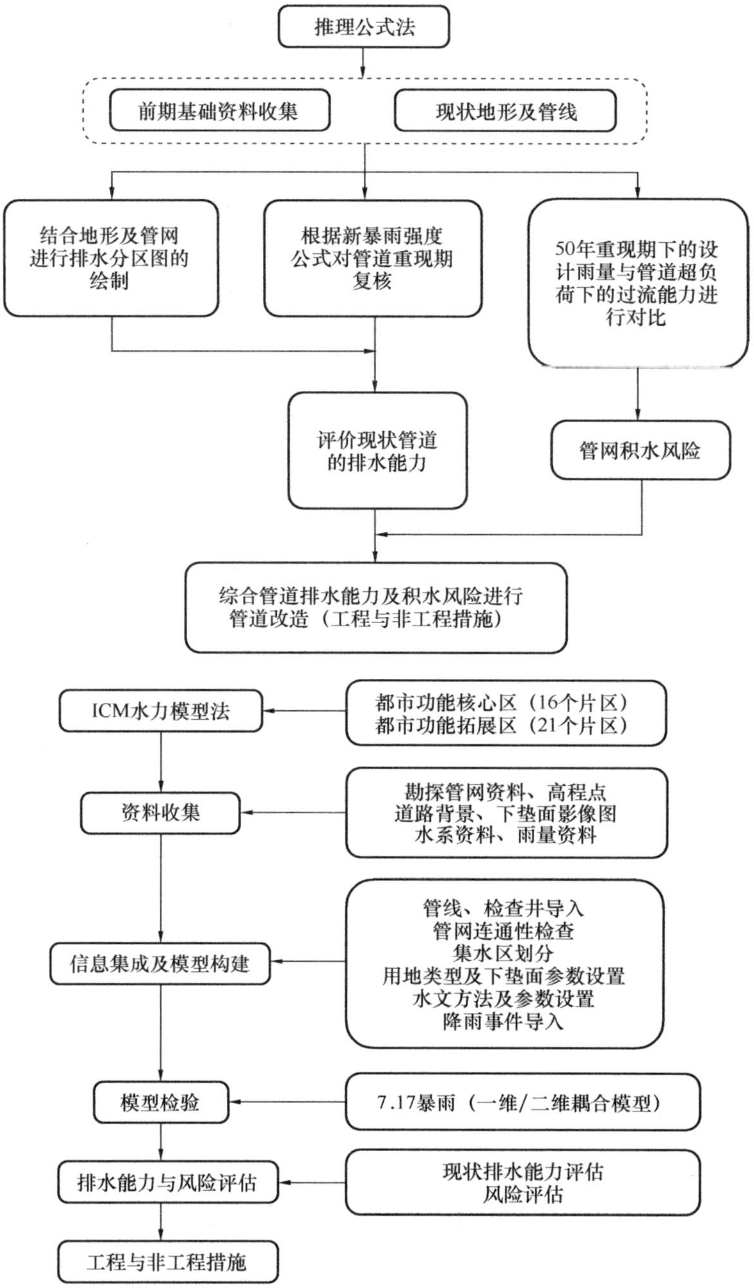

图 3-13　推理公式（上）及水力模型法（下）技术路线[66]

和雨水管理 B 区（内环以外的主城区）。不同分区径流控制标准如表 3-17 所示。

各雨水管理分区及径流控制标准一览表　　表 3-17

管理分区	A 区	B 区
综合径流系数控制指标	综合径流系数按 0.7 控制，随后续的要求，逐渐达到 0.65	综合径流系数按 0.65～0.7 控制，后续逐渐达到 0.60～0.65

续表

管理分区	A区	B区
管理目标	以径流污染截流控制，结合旧城改造区径流调蓄错峰	保护现状河湖水系，控制径流污染，保持城市开发前后 10 年一遇以下水文特征一致
径流量控制指标	3h 的 2 年一遇设计暴雨，按 10000m^2 建设用地，配套建设相当于 120m^3 有效调蓄容积的 LID 设施	3h 的 10 年一遇设计暴雨，按 10000m^2 建设用地，配套建设相当于 150m^3 有效调蓄容积的 LID 设施
控制阶段	旧城改造	新区规划

初期雨水径流污染控制标准根据《建筑与小区雨水控制及利用工程技术规范》GB 50400 的规定，初期雨水弃流量应按照建设用地实测收集雨水的污染物浓度变化曲线确定。无资料时，可采用 2～3mm 径流厚度作为屋面初期雨水弃流厚度，5～7mm 作为地面初期雨水弃流厚度。规划综合考虑小区及道路情况，初步确定重庆市主城区对初期雨水污染治理的径流厚度为 4～6mm。

（2）雨水管渠及附属设施设计标准

重庆市主城区属于特大城市中心城区范围，重现期采用 3～5 年，中心城区重要地区采用 5 年重现期，下立交、地道和下沉广场等采用 30 年重现期。

（3）城市内涝防治标准

根据《城市排水（雨水）防涝综合规划编制大纲》要求，通过采取综合措施，保证主城区能有效应对不低于 50 年一遇的暴雨。

3. 工程措施规划

城市排水防涝综合系统是由源头控制系统、排水管渠系统、涝水排放系统三个子系统构成，要实现内涝防治规划的高标准要求，应充分发挥三者在排水防涝系统中的作用，并考虑三者的有效衔接。

（1）雨水径流控制与资源利用

雨水径流量的控制主要选用合适的 LID 设施，通过下渗、滞蓄，实现出入流量错峰、削减，减轻下游系统的排水压力。结合重庆市山地城市特征，适宜的 LID 设施主要在径流源头设置下凹式绿地和透水地面。此外，由于雨水径流污染已逐渐成为水体污染的主要因素，在排水防涝过程中，应兼顾雨水径流污染控制，规划采用初期雨水收集池，收集初期雨水覆盖的面积为 1～2km^2，主要布置在雨水管线下游末端汇入河道水系处。由于雨水资源利用涉及城市水安全和水资源管理，需要在规划和政策层面确定策略及布局。

（2）排水管渠系统

主城区合流制管道所占比例较大（约为 18.74%），规划除都市功能核心区渝中半岛约 9km^2 地区仍为雨污合流制外，其余排水分区均为雨污分流制。对现状采用雨污合流的，结合城市建设与旧城改造，逐步实现雨污分流；新建地区，严格采用雨污分流制。根据 50 年重现期下内涝风险评估结果，对高风险区及中风险区的管渠进行规划，采取原位扩大管渠断面尺寸或新建管渠的措施，并将工程方案按照内涝风险评估的步骤通过模型进行模拟，将内涝风险控制在低风险及以下。此外，内涝风险评估结果显示内涝点大都集中在局部低洼区域、下凹式立交处，通过管渠规划措施难以完全解决内涝风险，规划结合内涝点积水面积及深度在适当的位置新建下凹式绿地、雨水塘等调蓄设施，以达到对内涝点的临时调蓄，降低内涝风险。

（3）城市防涝系统

一是布设涝水行泄通道。低影响雨水径流源头削减和排水管渠的提标改造措施提升了系统应对内涝风险的能力，但应对 50 年一遇的设计降雨时，部分流域还存在残余的风险区域。通过模型模拟排水管渠提标改造实施后 50 年一遇设计暴雨下的一维、二维耦合模型，分析地表积水顺着地形的汇流路径，采取规划地表涝水的行泄通道的措施，疏导积水汇入现状河道、湖库、水塘、下凹绿地、低洼广场等行洪、调蓄设施以降低区域内涝风险。涝水行泄通道应尽量保留利用原始的排涝路径，并且合理设计通道坡度与断面尺寸。

二是开展内河水系综合治理。采用推理公式法及综合瞬时单位线法计算各流域控制断面的设计洪水，结合长江和嘉陵江 50 年一遇水位推求各内河水面线，从而确定是否出现排水不畅或洪水翻堤的情况，并根据现状调查情况，确定主城区部分内河水系存在积淤严重、堤防护岸工程防洪能力不足、上游水库调蓄能力不足、因拦跨河建筑物导致壅水较严重等问题。针对各河道存在问题，制定出相应的打开河道卡口、清淤清障、箱涵改造、现有水库大坝改造等工程实施规划，增大内河水系在设计暴雨时的泄洪能力。根据《重庆市主城区防洪规划（2006—2020 年）》，主城区内的长江、嘉陵江及中小流域防洪护岸工程标准均为 50 年一遇，当遭遇防涝设计标准（50 年一遇）时，主城区内堤防设计标准也为 50 年一遇，洪水翻堤造成城市内涝的情况将不会出现。

第 4 章 国内现有法规政策和标准规范

2010 年以后，为缓解和应对日益严重的城市内涝灾害，国家从政策指引、规划编制、技术标准、设施建设等方面颁布了系列城市内涝防治相关的法规政策和标准规范，以督促和规范城市内涝防治设施的规划与建设工作。本章收集并解析了部分重要的法规政策和标准规范，以供读者参考和运用。

4.1 相关法规政策

当前，城市内涝问题已成为继人口拥挤、交通拥堵、环境污染等城市问题之后的又一大城市病。城市内涝是指强降水或连续性降水超过城市排水能力，导致城市内产生积水灾害的现象，其特征表现为发生范围广、积水时间长、对城市发展及管理的后续影响严重、生命财产损失巨大。内涝灾害已成为我国政府和社会公众普遍关注的问题。

2010 年，住房城乡建设部在全国范围内对 351 个城市开展了调研，发现在 2008～2010 年的 3 年间，全国有 62%的城市都曾发生过内涝事件，内涝发生 3 次以上的城市有 137 个。逢大雨必涝已成为很多大城市的通病。面对全球气候异常和频繁出现的暴雨，一些城市出现一定程度的内涝是可以理解的，但我国大中城市广泛、频繁受淹，明显说明现有的排水系统存在诸多问题。

2013 年 4 月，国务院正式发布了《国务院办公厅关于做好城市排水防涝设施建设工作的通知》，从国家层面对城市防涝工作提出了明确要求：2013 年汛期前，各地区要认真排查隐患点，采取临时应急措施，有效解决当前影响较大的严重积水内涝问题，避免因暴雨内涝造成人员伤亡和重大财产损失；2014 年底前，要在摸清现状基础上，编制完成城市排水防涝设施建设规划，力争用 5 年时间完成排水管网的雨污分流改造，用 10 年左右的时间，建成较为完善的城市排水防涝工程体系。

此后，国家相关部门陆续发布排水防涝相关的政策法规文件，要求编制排水防涝专项规划，建成较完善的城市排水防涝、防洪工程体系，全面提高城市排水防涝、防洪减灾能力。相关政策文件简介如表 4-1 所示。

我国内涝防治系统相关政策文件　　表 4-1

法规政策名称	主要内容	发布部门	发布时间
《国务院办公厅关于做好城市排水防涝设施建设工作的通知》（国办发〔2013〕23 号）	2013 年汛期前，各地区要认真排查隐患点，采取临时应急措施，有效解决当前影响较大的严重积水内涝问题，避免因暴雨内涝造成人员伤亡和重大财产损失；2014 年年底前，要在摸清现状基础上，编制完成城市排水防涝设施建设规划，力争用 5 年时间完成排水管网的雨污分流改造，用 10 年左右的时间，建成较为完善的城市排水防涝工程体系	国务院	2013 年 4 月

续表

法规政策名称	主要内容	发布部门	发布时间
《关于加强城市基础设施建设的意见》(国发〔2013〕36号)	加大城市管网建设和改造力度，在全面普查、摸清现状基础上，编制城市排水防涝设施规划；加快雨污分流管网改造与排水防涝设施建设，解决城市积水内涝问题；积极推行低影响开发建设模式，将建筑、小区雨水收集利用、可渗透面积、蓝线划定与保护等要求作为城市规划许可和项目建设的前置条件，因地制宜配套建设雨水滞渗、收集利用等削峰调蓄设施；加强城市河湖水系保护和管理，强化城市蓝线保护，坚决制止因城市建设非法侵占河湖水系的行为，维护其生态、排水防涝和防洪功能；完善城市防洪设施，健全预报预警、指挥调度、应急抢险等措施，到2015年，重要防洪城市达到国家规定的防洪标准；全面提高城市排水防涝、防洪减灾能力，用10年左右时间建成较完善的城市排水防涝、防洪工程体系	国务院	2013年9月
《城镇排水与污水处理条例》	要求城镇排水主管部门会同有关部门，应根据当地经济社会发展水平以及地理、气候特征，编制行政区域的城镇排水与污水处理规划，明确排水与污水处理目标与标准，排水量与排水模式排涝措施；易发生内涝的城市、镇，还应当编制城镇内涝防治专项规划，并纳入行政区域的城镇排水与污水处理规划。城镇内涝防治专项规划的编制，应当根据城镇人口与规模、降雨规律、暴雨内涝风险等因素，合理确定内涝防治目标和要求，充分利用自然生态系统，提高雨水滞渗、调蓄和排放能力	国务院	2013年10月
《关于做好暴雨强度公式修订有关工作的通知》(建城〔2014〕66号)	指出强降雨是导致城市暴雨内涝的直接原因之一，暴雨强度公式是反映降雨规律、指导城市排水防涝工程设计和相关设施建设的重要基础，暴雨强度公式的编制是公益性气象服务内容之一。通知要求各地气象部门要因地制宜、规划部署降雨观测站网，规范开展气象基础数据的采集与分析；并针对当地降雨的空间分布特征、空间变化规律和城市降雨空间分布的类型等与城市排水防涝的关系开展工作，为暴雨强度公式的编制、城市排水、排涝设计提供可靠资料和技术支撑	住房城乡建设部、中国气象局	2014年5月
《关于推进海绵城市建设的指导意见》(国办发〔2015〕75号)	要求通过海绵城市建设，综合采取“渗、滞、蓄、净、用、排”等措施，最大限度地减少城市开发建设对生态环境的影响，将70%的降雨就地消纳和利用。从2015年起，全国各城市新区、各类园区、成片开发区要全面落实海绵城市建设要求。老城区要结合城镇棚户区和城乡危房改造、老旧小区有机更新等，以解决城市内涝、雨水收集利用、黑臭水体治理为突破口，推进区域整体治理，逐步实现小雨不积水、大雨不内涝、水体不黑臭、热岛有缓解。推进海绵型建筑和相关基础设施建设。大力推进城市排水防涝设施的达标建设，加快改造和消除城市易涝点；实施雨污分流，控制初期雨水污染，排入自然水体的雨水须经过岸线净化；加快建设和改造沿岸截流干管，控制渗漏和合流制污水溢流污染。结合雨水利用、排水防涝等要求，科学布局建设雨水调蓄设施	国务院办公厅	2015年10月

续表

法规政策名称	主要内容	发布部门	发布时间
《关于加强 2016 年城市排水防涝汛前检查做好安全度汛工作的通知》（建办城函〔2016〕286 号）	要求加强领导，落实责任，加强对城市排水防涝工作组织领导，健全工作机制，落实城市排水防涝责任人。突出重点，完善机制，加强排水管网清疏、河道清淤、设施巡查养护、井盖管理和监管，提升内涝预警预判水平，落实应急预案及演练制度，加强部门联动和信息共享，落实内涝灾害报告制度。科学规划，加快建设，按照编制完成的城市排水防涝规划，制定建设计划，按照源头减排、过程控制、系统治理的要求，加快排水防涝设施建设。扎实做好汛前检查工作，对检查发现的问题和隐患要进行跟踪，实行督办制，责成各地倒排时间表，加快整改进度	住房城乡建设部办公厅	2016 年 3 月
《关于做好城市排水防涝补短板建设的通知》（建办城函〔2017〕43 号）	通知指出，国务院划定的城市排水防涝补短板范围为近年来内涝灾害严重、社会关注度高的石家庄、南京、合肥等 60 个城市，并从制订实施方案、多渠道筹措资金、保障工程质量安全等 5 方面明确了要求。通知明确，要抓紧编制完成城市排水防涝补短板实施方案。实施方案要针对城市低洼地段及人口密集区域、立交桥等道路集中汇水区域、地铁及重要市政基础设施等易涝点，逐一明确治理任务、完成时限、责任单位和责任人，并落实具体工程建设任务和投资规模。重点工程建设任务包括：地下排水管渠（管廊）、雨水源头减排工程、城市排涝除险设施、城市数字化综合信息管理平台	住房城乡建设部办公厅、国家发展改革委办公厅	2017 年 1 月
《全国城市市政基础设施建设“十三五”规划》	保障排水防涝安全，坚持自然与人工相结合、地下与地上相结合，构建“源头减排、雨水收排、排涝除险、超标应急”的城市排水防涝体系，并与城市防洪做好衔接。 加快对城市易涝点整治，使经整治的超大城市和特大城市的易涝点防涝能力达到 50 年一遇以上，大城市达 30 年一遇以上，中小城市达到 20 年一遇以上。对城市易涝点的雨水口和排水管渠进行改造，科学合理设置大型排水（雨水）管廊。在城市易涝点汇水区范围内，建设雨水滞渗、收集利用等削峰调蓄设施，增加雨水花园、下凹式绿地、植草沟，对道路、停车场和广场进行透水性改造，将区域内屋顶以及其他不透水表面上的雨水就近引入，通过雨水滞、蓄实现源头减排。对城市易涝点的排水防涝泵站进行升级改造或增设机排能力，充分利用绿地、广场、立交桥区空间建设雨水调蓄设施，配套建设雨水泵站自动控制系统和遥测遥控及预警预报系统。结合自然地形地貌、城市内河、次干道路、大型排水明渠干沟建设，建设雨洪行泄通道。根据应急预案，按需储备应急抢险移动泵车、发电机等设施设备。建设暴雨内涝监测体系，提高内涝预报预警能力	住房城乡建设部、国家发展改革委	2017 年 5 月

续表

法规政策名称	主要内容	发布部门	发布时间
《关于推进城市安全发展的意见》	完善城市高层建筑、大型综合体、综合交通枢纽、隧道桥梁、管线管廊、道路交通、轨道交通、燃气工程、排水防涝、垃圾填埋场、渣土受纳场、电力设施及电梯、大型游乐设施等的技术标准。 加强城市交通、供水、排水防涝、供热、供气和污水、污泥、垃圾处理等基础设施建设、运营过程中的安全监督管理，严格落实安全防范措施	中共中央办公厅、国务院办公厅	2018年1月
《关于加强2018年城市排水防涝工作确保安全度汛的通知》（建办城函〔2018〕143号）	要求强化城市排水防涝工作机制落实，严格责任追究，强化信息共享，加大宣传引导；认真做好城市安全度汛准备，全面开展巡查，加强管渠清疏，强化设施维护，狠抓安全管理，做好应急准备；加快推进城市排水防涝补短板工作，加快工作进度，严控工程质量，做好应对措施；扎实做好城市排水防涝汛前检查工作，围绕排水防涝工作机制建设、巡查和设施维护、应急管理、易涝点整治等进行全面自查。同时发布了《关于公布2018年全国城市排水防涝安全及重要易涝点整治责任人名单的通告》，强化排水防涝安全责任制度，切实落实排水防涝主体责任	住房城乡建设部	2018年3月
《关于做好2019年城市排水防涝工作的通知》（建办城函〔2019〕176号）	要求扎实推进城市排水防涝补短板工作，进一步完善实施方案，不断完善城市排水防涝设施建设补短板项目储备库，并及时准确报送项目进展情况。加快推进补短板项目建设，到2019年年底前，纳入国务院城市排水防涝补短板范围的60个重点城市要基本完成城市排水防涝补短板项目建设，消除易涝区段。严控工程质量，杜绝质量把关不严、管控不力、责任不落实等问题	住房城乡建设部办公厅	2019年3月

4.2 相关标准规范

总体来讲，国内城市内涝防治系统的规划建设仍处于起步、探索阶段。由于城市内涝防治系统的概念提出时间尚短，且涉及面广、综合性强，目前尚缺乏一整套适合中国国情的城市内涝防治理论体系、规划建设集成技术、实践经验以及相关政策体系作为支撑和指导，在实际的规划建设中往往表现出导向不明、目标缺失、理论缺失、唯技术论等方面问题。目前，业界对城市内涝防治系统内涵的认识尚不统一，相关技术应用也处于起步阶段，技术的本地化应用尚存在较多争议。此外，在内涝防治系统的技术选择与方案制定方面的标准规范等也比较缺乏，需要进行系统研究，以完善相关标准和规范。

近几年国家各相关部门陆续出台和修订了相关标准规范。2013 年 7 月，住房城乡建设部发布了《城市排水（雨水）防涝综合规划编制大纲》。该大纲明确了城市排水（雨水）防涝综合规划的编制框架及内容，提出了不同等级城市内涝防治标准。2016 年 6 月，住房城乡建设部再次对《室外排水设计规范》GB 50014 进行了局部修订，该修订版补充规定了推进海绵城市建设以及超大城市的雨水管渠设计重现期和内涝防治设计重现期的标准等。2017 年 1 月，住房城乡建设部发布了三部国家标准，分别为《城镇内涝防治技术规范》GB 51222、《城镇雨水调蓄工程技术规范》GB 51174 及《城市排水工程规划规范》GB 50318。

1.《城市排水（雨水）防涝综合规划编制大纲》

《城市排水（雨水）防涝综合规划编制大纲》（以下简称《编制大纲》）要求城市排水（雨水）防涝综合规划的编制内容应包括规划背景与现状概况、城市排水防涝能力与内涝风险评估、规划总论、城市雨水径流控制与资源化利用、城市排水（雨水）管网系统规划、城市防涝系统规划、近期建设规划、管理规划及保障措施。

对城市排水防涝的规划目标提出 3 项要求：一是发生城市雨水管网设计标准以内的降雨时，地面不应有明显积水；二是发生城市内涝防治标准以内的降雨时，城市不能出现内涝灾害；三是发生超过城市内涝防治标准的降雨时，城市运转基本正常，不得造成重大财产损失和人员伤亡。城市排水防涝设施的改造方案，要结合老旧小区改造、道路大修、架空线入地等项目同步实施，并对敏感地区如幼儿园、学校、医院等提出明确要求，确保在城市内涝防治标准以内不受淹。

《编制大纲》明确各地排水防涝规划编制应按要求制定对城市雨水径流量控制、源头削减以及城市初期雨水污染治理的标准，雨水管渠、泵站及附属设施规划设计标准。同时，《编制大纲》还明确了城市内涝防治标准，即通过采取综合措施，直辖市、省会城市和计划单列市（36 个大中城市）中心城区能有效应对不低于 50 年一遇的暴雨；地级城市中心城区能有效应对不低于 30 年一遇的暴雨；其他城市中心城区能有效应对不低于 20 年一遇的暴雨；对经济条件较好且暴雨内涝易发的城市可视具体情况采取更高的城市排水防涝标准。

2.《城市暴雨强度公式编制和设计暴雨雨型确定技术导则》

强降雨是导致城市暴雨内涝的直接原因之一，暴雨强度公式是反映降雨规律、指导城市室外排水防涝工程设计和相关设施建设的重要渠道。基于已有的降雨记录数据，采用数理统计的方法得到的城市暴雨量、暴雨强度、降雨历时、时间空间的分布等，是科学表达城市降雨规律的一种方法，是建立完善的城市排水防涝系统的一项关键的基础性工作。

为指导开展观测站网设置、数据采集与分析整理、暴雨强度公式制（修）订、典型降雨过程和设计雨型分析等工作，2014 年 5 月，中国气象局、住房城乡建设部联合发布《城市暴雨强度公式编制和设计暴雨雨型确定技术导则》。该导则规定了城市暴雨强度公式编制和设计暴雨雨型确定的基本要求、技术流程、原始资料和统计样本、频率计算和分布曲线、暴雨强度公式参数求解、暴雨雨型确定和适应性分析等方面的技术要求。

3.《室外排水设计规范》GB 50014

2014 年，为有效应对暴雨等极端天气引发的城市内涝灾害，加强城市排水防涝设施的建设，住房城乡建设部对《室外排水设计规范》GB 50014 进行了局部修订。该修订版对雨水管渠设计重现期、内涝防治系统设计重现期、暴雨强度公式、雨水设计流量计算方法、雨水利用设施和内涝防治设施等都进行了补充和修订。

修订版增加了我国排水工程设计应与相关专项规划相协调的补充规定，要求排水工程设计应依据城镇排水与污水处理规划，并与城市防洪、河道水系、道路交通、园林绿地、环境保护、环境卫生等专项规划和设计相协调。排水设施的设计应根据城镇规划蓝线和水面率的要求，充分利用自然蓄排水设施，并应根据用地性质规定不同地区的高程布置，满足不同地区的排水要求。

修订版增加了规定城镇内涝防治应采取工程性和非工程性相结合的综合控制措施。同时，对雨水设计流量的计算方法和适用范围做了补充规定，提出当汇水面积超过 $2km^2$ 时，宜考虑降雨在时空分布的不均匀性和管网汇流过程，采用数学模型法计算雨水设计流量；并增加了以径流量作为区域开发控制指标的规定，当地区整体改建时，对于相同的设计重现期，改建后的径流量不得超过原有径流量。

修订版提出按照城镇类型和城区类型，适当提高雨水管渠的设计重现期；并新增了内涝防治设施相关内容，对内涝防治设施的布置、规模、种类，以及采用公用设施进行雨水调蓄等都做了具体规定，提出内涝防治设施应与城镇平面规划、竖向规划和防洪规划相协调，根据当地地形特点、水文条件、气候特征、雨水管渠系统、防洪设施现状和内涝防治要求等综合分析后确定。

2016 年 6 月，住房城乡建设部再次对《室外排水设计规范》GB 50014 进行了局部修订，该修订版补充规定了推进海绵城市建设以及超大城市的雨水管渠设计重现期和内涝防治设计重现期的标准等。

2016 修订版提出，雨水管渠设计重现期，应根据汇水地区性质、城镇类型、地形特点和气候特征等因素，经技术经济比较后按规定取值，并应符合下列规定：（1）人口密集、内涝易发且经济条件较好的城镇，宜采用规定的上限；（2）新建地区应按本规定执行，既有地区应结合地区改建、道路建设等更新排水系统，并按本规定执行；（3）同一排水系统可采用不同的设计重现期。

2016 修订版提出，内涝防治设计重现期，应根据城镇类型、积水影响程度和内河水位变化等因素，经技术经济比较后按规定取值，并应符合下列规定：（1）人口密集、内涝易发且经济条件较好的城镇，宜采用规定的上限；（2）目前不具备条件的地区可分期达到标准；（3）当地面积水不满足规定要求时，应采取渗透、调蓄、设置雨洪行泄通道和内河整治等措施；（4）超过内涝设计重现期的暴雨，应采取应急措施。

4.《城镇内涝防治技术规范》GB 51222

2017 年 1 月，住房城乡建设部发布《城镇内涝防治技术规范》GB 51222。该规范是专门针对城镇内涝防治的系统性技术规范，规定了源头减排、排水管渠和排涝除险的三段式内涝防治体系，规范了新建、改建和扩建的城镇内涝防治设施的建设和运行维护。规范强制规定当地区整体改建时，对于相同的设计重现期，改建后的径流量不得超过原有径流量；同时严禁在地表污染严重的地区设置具有渗透功能的源头减排设施。

该技术规范规定超大城市、特大城市、大城市、中等城市和小城市的内涝防治设计重现期分别为 100a、50～100a、30～50a、20～30a，该标准与欧盟地区的相关标准基本接轨。内涝防治设计重现期，应根据城镇类型、积水影响程度和内河水位变化等因素，经技术经济比较后按规定取值。人口密集、内涝易发且经济条件较好的城镇，宜采用规定的上限。超过内涝防治设计重现期时，应采取应急措施。

该技术规范规定“目前不具备条件的地区可分期达到标准”。内涝防治系统是一项系统工程，对不满足内涝防治设计重现期标准的地区，应结合地区整体改建，一次规划，分期达到标准；对于城市低洼地段、人口密集区域、立交桥等道路集中汇水区域、地铁和重要市政基础设施等易涝点和易涝区，应率先达到标准。近期不达标区域应加强应急管理。

5.《城镇雨水调蓄工程技术规范》GB 51174

雨水调蓄工程作为综合解决城镇雨水问题的重要技术手段，近年来成为雨水领域新的研究热点，业内已有大量基础理论的研究和工程应用。2017 年 1 月，住房城乡建设部发布《城镇雨水调蓄工程技术规范》GB 51174，重在解决雨水调蓄工程建设过程中“无据可依、目标盲目、功效失落、投资无控”的局面，对构建城镇内涝防治标准体系，保障城镇排水安全、控制雨水径流污染、保护城镇水环境和加强雨水综合利用具有重要意义。

该技术规范是专门针对城镇雨水调蓄工程的综合性技术规范，侧重于城镇雨水径流峰值削减和径流污染控制，规定了城镇雨水调蓄工程规划和设计的基本原则，雨水调蓄水量的计算方法，对水体调蓄工程、绿地和广场调蓄工程、调蓄池以及隧道调蓄工程等设施提出具体的设计标准和运行管理要求。

该技术规范指出城镇雨水调蓄工程的建设应以城镇总体规划、海绵城市、内涝防治、排水工程等专项规划为依据，与城镇防洪、河道水系、道路交通、园林绿地、环境保护和环境卫生等专项规划和设计相协调，并应满足城镇规划蓝线和水面率的要求。

具体见表 4-2。

我国内涝防治设施相关标准规范　　　　**表 4-2**

标准规范名称	内涝防治相关内容	发布时间
《城市排水（雨水）防涝综合规划编制大纲》	明确了城市排水（雨水）防涝综合规划的编制内容及规划目标要求。规划内容应包括规划背景与现状概况、城市排水防涝能力与内涝风险评估、规划总论、城市雨水径流控制与资源化利用、城市排水（雨水）管网系统规划、城市防涝系统规划、近期建设规划、管理规划及保障措施	2013 年 6 月
《城镇内涝防治技术规范》GB 51222	专门针对城镇内涝防治的系统性技术规范，规定了源头减排、排水管渠和排涝除险的三段式内涝防治体系，规范了新建、改建和扩建的城镇内涝防治设施的建设和运行维护。规范强制规定当地区整体改建时，对于相同的设计重现期，改建后的径流量不得超过原有径流量；同时严禁在地表污染严重的地区设置具有渗透功能的源头减排设施	2017 年 1 月

续表

标准规范名称	内涝防治相关内容	发布时间
《城市排水工程规划规范》GB 50318	规定城市排水工程规划应遵循“统筹规划、合理布局、综合利用、保护环境、保障安全”的原则，满足新型城镇化和生态文明建设的要求。城市排水工程规划的主要内容应包括确定规划目标与原则，划定城市排水规划范围，确定排水体制、排水分区和排水系统布局，预测城市排水量，确定排水设施的规模与用地、雨水滞蓄空间用地、初期雨水与污水处理程度、污水再生利用和污水处理厂污泥的处理处置要求。城市建设应根据气候条件、降雨特点、下垫面情况等，因地制宜地推行低影响开发建设模式，削减雨水径流、控制径流污染、调节径流峰值、提高雨水利用率、降低内涝风险	2017年1月
《室外排水设计规范》GB 50014	新增推进海绵城市建设以及超大城市的雨水管渠设计重现期和内涝防治设计重现期的标准等内容	2016年6月
《城市暴雨强度公式编制和设计暴雨雨型确定技术导则》	规定了城市暴雨强度公式编制和设计暴雨雨型确定的基本要求、技术流程、原始资料和统计样本、频率计算和分布曲线、暴雨强度公式参数求解、暴雨雨型确定和适应性分析等方面的技术要求	2014年5月
《城市内涝风险普查技术规范》QXT441	内涝风险普查是对城市内涝隐患点、历史灾情信息、气象和水文资料及内涝防灾措施情况进行数据收集及核查，从而为城市内涝防治提供完备的基础数据。 规范规定了城市内涝风险普查的基本要求、数据内容、数据收集途径与数据核查要求	2018年1月
《海绵城市建设技术指南——低影响开发雨水系统构建（试行）》	低影响开发雨水系统的构建有利于减轻城市排水压力，完善城市排水防涝系统，保障城市排水安全。 该技术指南指出低影响开发雨水系统的构建要以安全为重，以保护人民生命财产安全和社会经济安全为出发点，综合采用工程和非工程措施提高低影响开发设施的建设质量和管理水平，消除安全隐患，增强防灾减灾能力，保障城市水安全	2014年10月
《城镇雨水调蓄工程技术规范》GB 51174	针对城镇雨水调蓄工程的综合性技术规范，规定了城镇雨水调蓄工程规划和设计的基本原则，雨水调蓄水量的计算方法，对水体调蓄工程、绿地和广场调蓄工程、调蓄池以及隧道调蓄工程等设施提出具体的设计标准和运行管理要求	2017年1月
《城市水系规划》GB 50513	要求城市水系规划编制应坚持安全性原则，充分发挥水系在城市给水、排水排涝和城市防洪中的作用，确保城市饮用水安全和防洪排涝安全；城市排水防涝与防洪工程应相互协调，避免河道顶托形成排水不畅；贯彻落实绿色发展理念和海绵城市建设要求，满足内涝灾害防治、面源污染控制及雨水资源化利用的要求	2016年1月

第 2 篇

方 法 篇

与传统的排水系统规划以管网规划为核心的方式不同，城市内涝防治设施规划是以解决城市暴雨内涝问题为目标，在进行系统分析和风险评估的基础上，建构包含源头减排系统、雨水管渠系统和排涝除险系统的综合排水体系。可见，城市内涝防治设施规划的核心是对雨水径流的利用、转输、排放的路径进行明确和布局，同时内涝防治设施的建设落地又需要衔接相关城市规划，因此，内涝防治设施规划工作具有较强的综合性和复杂性，有必要对其规划方法、工作内容、技术手段等进行探讨和研究。

本篇首先对内涝防治设施规划工作进行了剖析，明确了其规划定位、规划层次、规划原则、编制要点和成果内容等。其次，立足于内涝防治设施规划的编制过程，提出了不同阶段规划内容的编制指引，包括基础条件分析、规划标准制定、源头减排系统规划、排水管渠系统规划、排涝除险系统规划、近期建设规划和管理规划。最后，对设计暴雨研究、水文分析、排水分区划分、排水系统能力评估、内涝风险等级划分、深层排水隧道规划以及水力模型应用等主要技术方法进行了详细介绍。希望上述内容能为内涝防治设施规划编制及管理提供专业、全面的建议和指导。

第5章　城市内涝防治设施规划工作剖析

城市内涝防治系统涉及面广而复杂，使得规划引领和统筹工作显得尤为重要，既需要总体规划、详细规划、相关专项规划的支撑和最终落实；又需要在一定时间、一定区域内开展专项规划对近期建设予以系统的指导。城市内涝防治设施规划工作主要包含两个方面：一是编制不同层级的城市内涝防治设施规划，包括总体规划层次和详细规划层次；二是深入剖析其与其他规划的衔接关系，将其有效纳入现行城市规划的编制体系。本章主要介绍了城市内涝防治设施规划的工作定位、规划要求、方法创新、规划层次及与其他规划关系等内容，供相关人员学习参考。

5.1　城市内涝防治设施规划缘由

近年来，受全球气候变化影响，暴雨、局地雨岛等极端天气对社会管理、城市运行和人民群众生产生活造成了巨大影响，加之部分城市排水防涝等基础设施建设滞后、雨洪调蓄和应急管理能力不足，出现了严重的暴雨内涝灾害。为保障人民群众的生命财产安全，提高城市防灾减灾能力和安全保障水平，加强城市排水防涝设施建设，2013年3月25日，国务院办公厅印发《关于做好城市排水防涝设施建设工作的通知》（国办发〔2013〕23号），要求在2014年底前编制完成城市排水防涝设施建设规划。为落实国办发〔2013〕23号文件要求，2013年6月18日，住房城乡建设部印发《城市排水（雨水）防涝综合规划编制大纲》（建城〔2013〕98号），要求用一年时间摸清城市雨水口分布、雨水管渠设计标准等排水设施现状，构建现状排水能力和城市内涝风险评估的水力模型，完成城市排水防涝系统规划和体制机制建设等重要工作，标志着全国城市排水防涝综合规划编制工作全面展开。2013年9月6日，国务院印发《关于加强城市基础设施建设的意见》（国发〔2013〕36号），进一步要求在全面普查、摸清现状基础上，编制城市排水防涝设施规划。

在此之前，2000年12月21日建设部发布国家标准《城市排水工程规划规范》GB 50318，规定了城市排水工程规划的主要内容包括：划定城市排水范围、预测城市排水量、确定排水体制、进行排水系统布局；原则确定排水枢纽工程的位置、建设规模和用地。为体现排水防涝综合规划要求，住房城乡建设部于2017年1月21日发布修订后的《城市排水工程规划规范》GB 50318，将原规范的排水体制、排水量、系统布局、排水管渠、排水泵站、污水处理与利用等内容分别在污水系统、雨水系统及合流制排水系统中予以规定；对雨水系统进行了定义；增加了节能减排、源头径流减排、雨水综合利用、城市防涝空间控制、合流制系统改造和溢流污染控制内容。《城市排水工程规划规范》的大幅调整，体现了雨水排水系统区别于污水排水系统、内涝防治系统区别于雨水排水系统的趋势[67]。

在发布《城市排水工程规划规范》GB 50318的同时，住房和城乡建设部发布国家标准《城镇内涝防治技术规范》GB 51222，将城镇内涝防治系统定义为：用于防止和应对城镇内涝的工程性设施和非工程性措施以一定方式组合成的总体，包括雨水渗透、收集、输送、调蓄、行泄、处理和利用的自然和人工设施以及管理措施等。城镇内涝防治系统包括源头减排、排水管渠和排涝除险等工程性设施，以及应急管理等非工程性措施，并与防洪设施相衔接。《城镇内涝防治技术规范》GB 51222的发布，进一步凸显了城镇内涝防治设施的重要性。

为规范城市内涝防治规划编制工作，提高规划编制的科学性和合理性，住房城乡建设部组织新编国家标准《城市内涝防治规划标准》，并于2017年7月13日发布征求意见稿。《城市内涝防治规划标准》对以下内容进行了规定：（1）内涝防治系统中设计暴雨及径流量计算方法；（2）径流系数的校正方法；（3）调蓄空间的规划方法和计算方法；（4）道路、水系、调蓄隧道等行泄通道的规划方法和计算方法；（5）内涝风险评估的内容和技术方法；（6）绿地、广场等开敞空间用地的排水功能；（7）内涝防治的非工程措施。

由此可见，城市内涝防治设施规划是城市规划体系中不可或缺的重要组成部分，编制科学合理、落地实施性好的城市内涝防治设施规划具有十分重要的意义。

5.2　城市内涝防治设施规划工作定位

5.2.1　我国城乡规划工作体系

1. 城乡规划分类

根据《中华人民共和国城乡规划法》，城乡规划是以促进城乡经济社会全面协调可持续发展为根本任务、促进土地科学使用为基础、促进人居环境根本改善为目的，涵盖城乡居民点的空间布局规划，包括城镇体系规划、城市规划、镇规划、乡规划和村庄规划。其中城市规划、镇规划可分为总体规划和详细规划，详细规划又可分为控制性详细规划和修建性详细规划。此外，可在总体规划编制过程中或在总体规划基础上进行专项规划编制（图5-1）。

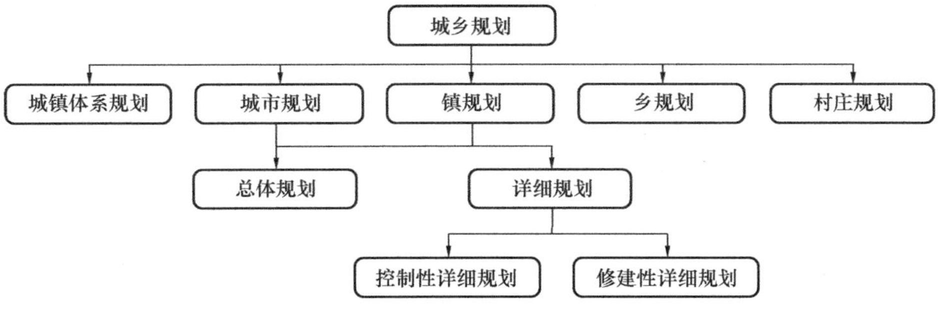

图5-1　我国城乡规划体系

（1）总体规划和分区规划

城市总体规划是指城市人民政府依据国民经济和社会发展规划以及当地的自然环境、

资源条件、历史情况、现状特点，统筹兼顾、综合部署，为确定城市的规模和发展方向，实现城市的经济和社会发展目标，合理利用城市土地，协调城市空间布局等所作的一定期限内的综合部署和具体安排。城市总体规划是城市规划编制工作的第一阶段，也是城市建设和管理的依据。

总体规划是城市政府引导和调控城乡建设的基本法定依据，是编制本级和下级专项规划、区域规划以及制定有关政策和年度计划的依据。城市（镇）总体规划的内容应当包括：城市、镇的发展布局，功能分区，用地布局，综合交通体系，禁止、限制和适宜建设的地域范围，各类专项规划等。城市（镇）总体规划的强制性内容主要包括规划区范围、规划区内建设用地规模、基础设施和公共服务设施用地、水源地和水系、基本农田和绿化用地、环境保护、自然与历史文化遗产保护以及防灾减灾等。

在城市总体规划完成后，大、中城市可根据需要编制分区规划，小城市一般不需编制分区规划。分区规划的任务是在总体规划的基础上，对城市土地利用、人口分布和公共设施、基础设施的配置做出进一步的规划安排，为详细规划和规划管理提供依据。因此，分区规划在总体规划与详细规划之间起承上启下的作用，其编制的具体要求除满足《城市规划编制办法》外，可视每个城市具体情况增加或深化。

（2）控制性详细规划和修建性详细规划

控制性详细规划是城市、镇人民政府城乡规划主管部门根据城市、镇总体规划的要求，用以控制建设用地性质、使用强度和空间环境的规划。控制性详细规划主要以对地块的使用控制和环境容量控制、建筑建造控制和城市设计引导、市政工程设施和公共服务设施的配套，以及交通活动控制和环境保护规定为主要内容，并针对不同地块、不同建设项目和不同开发过程，应用指标量化、条文规定、图则标定等方式对各控制要素进行定性、定量、定位和定界的控制和引导。控制性详细规划是城乡规划主管部门做出规划行政许可、实施规划管理的依据，并指导修建性详细规划的编制。

修建性详细规划是以城市总体规划和控制性详细规划为依据，针对城市重要地块编制，用以指导各项建筑和工程设施的设计和施工的规划设计。修建性详细规划的根本任务是按照城市总体规划及控制性详细规划的指导、控制和要求，以城市中准备实施开发建设的待建地区为对象，对其中的各项物质要素（例如建筑物的用途、面积、体型、外观形象、各级道路、广场、公园绿化以及市政基础设施等）进行统一的空间布局。

（3）专项规划

专项规划是以国民经济和社会发展特定领域为对象编制的规划，是城市（镇）总体规划的若干主要方面及重点领域的展开、深化和具体化，也是政府指导该领域发展以及审批、核准重大项目，安排政府投资和财政支出预算，制定特定领域相关政策的依据。专项规划必须符合总体规划的总体要求，并与总体规划相衔接。

城市总体规划的专项主要包括综合交通、环境保护、商业网点、医疗卫生、绿地系统、河湖水系、历史文化名城保护、地下空间、基础设施、综合防灾等。各专项规划的编制必须与城市总体规划的编制同步进行，严格按照总体规划的内容要求开展工作，各项专项规划的主要内容应纳入城市总体规划的文本、图纸和说明书，作为城市总体规划的一部分一并审核。同时，各有关行业主管部门，可以根据城市总体规划、分区规划和详细规划，单独编制有关专项规划，将城市总体规划的要求进一步细化落实。

2. 城乡规划的编制与审批要求

根据《中华人民共和国城乡规划法》和《城市规划编制办法》中的相关规定，城市总体规划由城市人民政府组织编制，按城市等级实行分级审批；城市的控制性详细规划由城市人民政府城乡规划主管部门组织编制，经本级人民政府批准后，报本级人民代表大会常务委员会和上一级人民政府备案。具体编制和审批主体要求详见表 5-1。

城乡规划的编制与审批单位　　**表 5-1**

规划阶段		编制单位	审批单位	备注
总体规划	直辖市的城市总体规划	直辖市政府	国务院	
	省、自治区政府所在地的城市以及国务院确定的城市总体规划	市政府	省、自治区政府审查同意后，报国务院审批	
	其他城市的总体规划	市政府	城市政府报省、自治区政府审批	
	县政府所在地的总体规划	县政府	上一级政府审批	
	其他镇的总体规划	镇政府	上一级政府审批	
	近期建设规划	城市、县、镇政府	报总体规划审批机关备案	根据城市总体规划、镇总体规划、土地利用总体规划和年度计划以及国民经济和社会发展规划制定
控制性详细规划	城市的控制性详细规划	城市政府城乡规划主管部门	经本级政府批准后，报本级人大常委会和上一级政府备案	根据城市总体规划的要求组织编制
	县政府所在地镇的控制性详细规划	县政府城乡规划主管部门	经县政府批准后，报本级人大常委会和上一级政府备案	根据镇总体规划的要求组织编制
	镇的控制性详细规划	镇政府	报上一级政府审批	根据镇总体规划的要求组织编制
修建性详细规划	重要地块的修建性详细规划	政府城乡规划主管部门和镇政府	城市、县政府城乡规划主管部门	应符合控制性详细规划
	一般地块的修建性详细规划	建设单位	城市、县政府城乡规划主管部门	依据控制性详细规划及城乡规划主管部门提出的规划条件

表格来源：任心欣，俞露等．海绵城市建设规划与管理［M］．北京：中国建筑工业出版社，2017.

5.2.2 规划体系的发展与要求

规划是党治国理政的重要抓手。中华人民共和国成立以来，逐步建立以发展规划（计划）为统领、以空间规划为基础、以区域规划和专项规划为支撑的国家规划体系，推动国家发展战略“落地生花”。新时代以来，规划体系加快完善、规划定位逐渐清晰、规划协调更加高效、规划合力开始显现，夯实了国家战略实施的基础[68]。

国土空间规划是国家空间发展的指南、可持续发展的空间蓝图，是各类开发保护建设活动的基本依据。建立国土空间规划体系并监督实施，将主体功能区规划、土地利用规划、城乡规划等空间规划融合为统一的国土空间规划，实现“多规合一”，强化国土空间规划对各专项规划的指导约束作用，是党中央、国务院作出的重大部署[69]。2019 年 5 月中共中央国务院发布《关于建立国土空间规划体系并监督实施的若干意见》（中发〔2019〕18 号），标志着我国国土空间规划顶层设计正式出台，同时也搭建起了国土空间规划体系的“四梁八柱”。

根据《关于建立国土空间规划体系并监督实施的若干意见》，我国国土空间规划体系总体框架可概括为“五级三类四体系”，主要内容及相关要求如下[70]：

五级，指与我国行政管理层级相对应的国家、省、市、县、乡镇，不同层级的规划体现不同空间尺度和管理深度要求。其中，国家和省级规划侧重战略性，对全国和省域国土空间格局作出全局安排，提出对下层级规划约束性要求和引导性内容；市县级规划承上启下，侧重传导性；乡镇级规划侧重实施性，实现各类管控要素精准落地。五级规划自上而下编制，落实国家战略，体现国家意志，下层级规划要符合上层级规划要求，不得违反上层级规划确定的约束性内容。

三类，指总体规划、详细规划和相关专项规划。在国家、省、市、县编制国土空间总体规划，各地结合实际编制乡镇国土空间规划。各层级的国土空间总体规划是对行政辖区范围内国土空间保护、开发、利用、修复的全局性安排，强调综合性。相关专项规划可在国家、省、市、县层级编制，强调专业性，是对特定区域（流域）、特定领域空间保护利用的安排。详细规划在市县及以下编制，强调可操作性，是对具体地块用途和强度等作出的实施性安排，是开展国土空间开发保护活动、实施国土空间用途管制、核发城乡建设项目规划许可、进行各项建设等的法定依据。总体规划与详细规划、相关专项规划之间体现“总—分关系”。国土空间总体规划是详细规划的依据、相关专项规划的基础；详细规划要依据批准的国土空间总体规划进行编制和修改；相关专项规划要遵循国土空间总体规划，不得违背总体规划强制性内容，其主要内容要纳入详细规划。

建立国土空间规划体系是系统性、整体性、重构性的改革（图 5-2），是一整套运行体系制度设计，而不只是规划成果本身，因此，新的国土空间规划体系包括运行体系四个子体系，即规划编制审批体系、实施监督体系、法规政策体系、技术标准体系。其中，规划编制审批体系和实施监督体系包括从编制、审批、实施、监测、评估、预警、考核、完善等完整闭环的规划及实施管理流程；法规政策体系和技术标准体系是两个基础支撑。

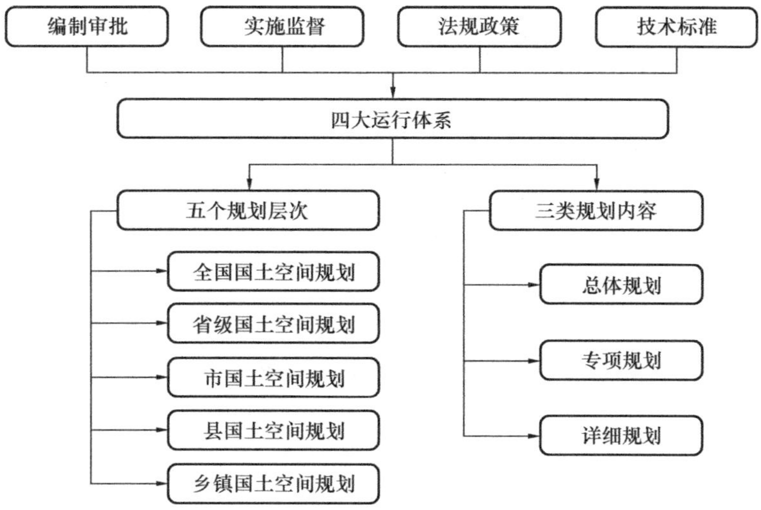

图 5-2　国土空间规划体系总体框架[70]

5.2.3　城市内涝防治设施规划定位与组成

无论是城乡规划还是国土空间规划，总体规划内容包括必须控制开发的地域、城市建设用地、城市基础设施和公共服务设施、城市历史文化遗产保护、城市防灾工程、近期建设计划等方面。城市内涝防治设施规划涉及城市排水基础设施、城市防灾工程，并与城市控制开发地域、城市建设用地相协调，是总体规划不可或缺的重要组成部分，也是城市水系统综合规划的重要内容，与城市排水、城市防洪规划形成有机整体，共同保障城市水安全（图 5-3）。

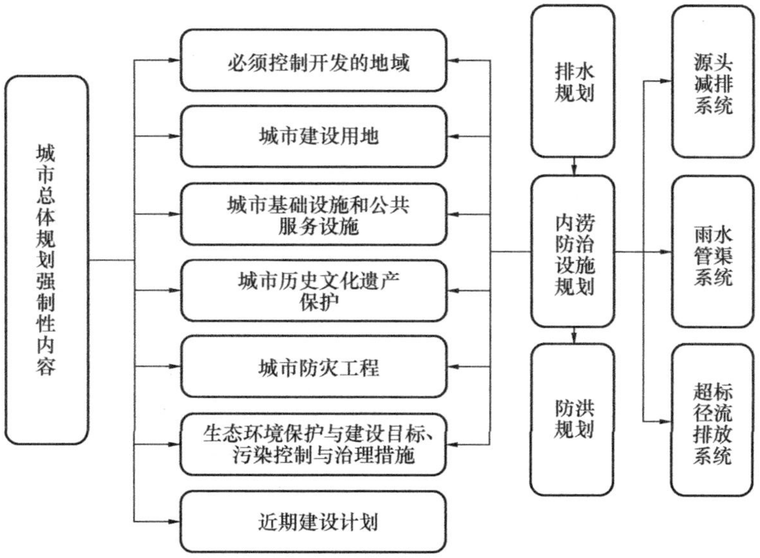

图 5-3　城市内涝防治设施规划定位

城市内涝防治系统是基于排水系统而发展起来的对暴雨进行全过程控制的雨洪管理系统，该系统由工程措施和非工程措施组成。国外经验表明城市内涝防治系统包括雨水源头控制系统、小排水系统和大排水系统等三部分，除管渠设施外，还包括超标雨水行泄通道、雨水调蓄空间和设施。其中，超标雨水行泄通道包括天然的城市地表漫流通道、小河、溪流、内河水系及开敞空间，也包括承担地表排水功能的道路和人工的地下隧道等；雨水调蓄空间和设施包括湖泊、水塘、公园绿地、人工调蓄池等自然的和人工的、地表的和地下的具有调蓄功能的空间和设施。因此，城市内涝防治设施规划包括管渠及泵站系统、调蓄空间、绿地系统和开敞空间利用、城市竖向控制、超标雨水径流行泄通道等排蓄设施的布置和规模计算；超标雨水径流行泄通道规划包括沟渠、道路、地下隧道等雨水转输系统的规划等。

5.3 城市内涝防治设施规划要求

为做好城市内涝防治设施规划，需详细调查城市自然条件和建设情况，结合现状调研评估城市内涝情况，根据国家有关标准和城市实际情况确定合理的内涝防治标准，衔接城市总体规划和相关专项规划，提出内涝防治设施布局和规模规划，并制定规划实施计划。

1. 立足城市实际条件

在对现状管网普查的基础上，建立区域地形和排水系统数据库，构建排水系统数学模型，评估现状排水设施能力和内涝风险程度，优化排水防涝工程方案，模拟选择排水防涝工程设施，并计算设施规模。

在对现有排水系统特征和功能分析的基础上，优先考虑原有水系格局的保护，对已经破坏的水体要进行恢复和修复，保持内涝防治系统格局的完整。

在对城市地形竖向和径流路径分析的基础上，应考虑保留自然排水通道作为暴雨径流路径，并保留必要的蓄滞洪区，不得在径流路径和蓄滞洪区建设永久性建筑，确需进行城市建设的，应调整径流路径和蓄滞洪区的位置，但过流能力和蓄滞总量不得减少。

2. 满足国家标准要求

城市内涝防治设施规划标准应根据城市类型、积水影响程度和内河水位变化等因素，经技术经济比较后按《室外排水设计规范》《城镇内涝防治技术规范》等规定进行取值。人口密集、内涝易发且经济条件较好的城镇，宜采用规定的设计重现期上限值（表 5-2）；目前不具备条件的地区可分期达到规划标准。

内涝防治设计重现期 **表 5-2**

城镇类型	重现期（年）	地面积水设计标准
超大城市	100	1. 居民住宅和工商业建筑的底层不进水； 2. 道路中一条车道的积水深度不超过 15cm
特大城市	50～100	
大城市	30～50	
中等城市和小城市	20～30	

表格来源：《室外排水设计规范》GB 50014（2016 版）。

3. 形成系统防治体系

规划内容：城市内涝防治设施规划包括管渠及泵站系统、调蓄空间、绿地系统和开敞空间利用、城市竖向控制、超标雨水径流行泄通道等排蓄设施的布置和规模计算。超标雨水径流行泄通道规划包括沟渠、道路、地下隧道等雨水转输系统的规划。

空间协调：城市内涝防治设施规划应与城市用地规划密切结合，用地规划应有利于雨水的控制、利用和排出，通过用地规划的平面和竖向控制达到组织径流排放的目的。规划应从城市用地及场地竖向的角度对城市总体规划提出反馈意见，对易涝区用地提出控制要求。新建地区应通过合理选址，规避内涝高风险地区的建设行为。同时，应优先考虑通过场地、道路的竖向控制，降低城市的内涝风险，预留排水设施用地和行泄通道用地，并高标准规划建设城市防涝工程体系，充分考虑地形地貌，做好排水管网和防涝系统规划。

建设管控：城市建成区应优先考虑原有排水通道、水体的恢复和疏浚，并通过增加调蓄空间、新增排水通道、降低不透水面积比例、加强泵站建设等措施，整体提升排水防涝的系统能力。用地不能满足雨水渗滞、收集利用等削峰调蓄设施建设需求的可考虑建设地下调蓄设施。新增排水通道时，应考虑下游承接能力，宜在源头增加下凹式绿地、植草沟、人工湿地、渗透塘等低影响开发设施。新建、改建、扩建城区应以不增加雨水外排水量为目标，降低暴雨径流速率和防止污染负荷增加。

标准衔接：城市排水规划、排涝除险系统规划、防洪规划应相互衔接。城市内涝防治设施规划应考虑山洪、江河等客水的影响，考虑受纳水体水位（潮位）对城市排水系统的影响，做好管渠系统、开敞空间和受纳水体设计水位的衔接，超过管网设计标准的降雨径流应确保安全排除。

监测预警：有条件的城市宜在易涝点、内涝高风险区域、重要保障地区、调蓄设施等位置设置在线监测装置，排水主干管、主要行泄通道、排水分区出口、城市内部河道等位置也应设置在线监测装置。当遭遇超过城市排水防涝系统能力的降雨时，城市应及时启动预案，进行应急管理。

5.4　规划理念转变与方法创新

随着城市内涝问题的日益突出，传统的城市排水规划已经不能满足内涝防治要求。《城镇内涝防治技术规范》的发布和《城市内涝防治规划标准》的编制，表明了做好城市内涝防治规划需要落实新的理念、运用新的方法。

5.4.1　强调源头径流控制

城镇化最突出的特征是人口、产业、物业向城市集中，导致人口密度增大、土地利用性质改变、建筑物增加、道路及排水管网建设等使下垫面不透水面积增大，改变了城市地区雨水形成条件和水文循环过程，加剧了雨洪灾害[71]。

城市快速发展造成下垫面硬化比例加大、地表产流增加，加上原有自然排水通道被占用、雨水管网排水能力不足，造成了城市内涝。据研究，在城市区域，地面经过平整、硬

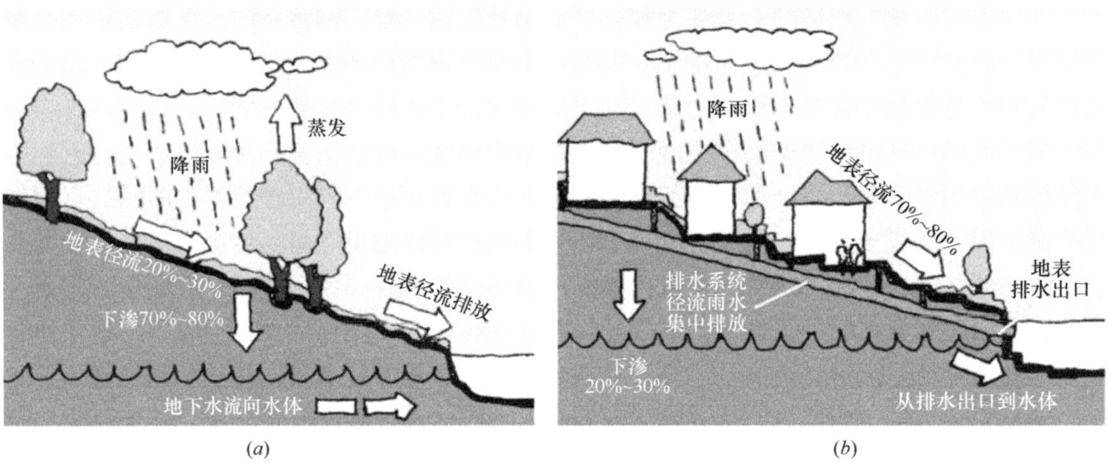

图 5-4 城市开发前后径流变化情况

(a) 开发建设前；(b) 开发建设后

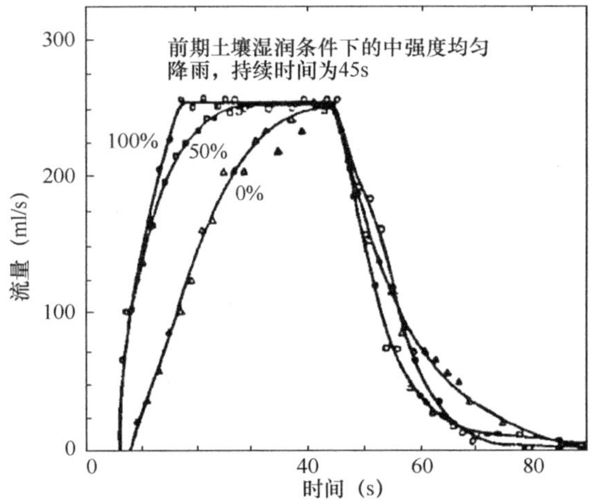

图 5-5 不同不透水面积比例下的流量过程线比较[73]

化，雨水降落到地面，很快流入地下管道或排水渠，形成地表径流的时间缩短，流速增大。Roberts 和 Klingeman 试验了不透水面积为 0、50%和 100%在相同降雨强度下流量过程线的变化，试验结果表明，随着透水面积的减少，流量过程线涨洪段变陡，峰现时间缩短，退水历时亦有所减少[72]（图 5-5）。

雨水源头径流控制设施又称低影响开发设施，是指分散的、小规模的、源头的雨水径流处理技术和设施，例如下凹式绿地、植草沟、生物滤池、雨水花园、人工湿地、可渗透路面等低影响开发设施，也包括雨水滞渗、收集利用等回用调蓄设施（图 5-6、图 5-7）。通过这些技术应用和设施建设，降低不透水面积的比例，减少城市化对自然径流过程的影响，使区域开发建设后尽量接近于开发建设前的自然水文状态，降低城市排水压力和城市面源污染。源头径流控制不仅可以控制峰值流量以减少内涝，还可以控制径流污染以保护受纳水体环境、控制雨水利用总量以实现雨水资源高效利用。应根据径流控制目的和控制地块的综合条件来确定源头径流控制标准，有条件的地区宜按开发建设后的径流影响不大于开发建设前的标准进行控制[74]。

雨水源头径流控制的目的和方式具有多样性，理想的控制目标是满足低影响开发的总体要求。美国联邦环保局 2009 年颁布的 Energy Independence and Security Actof 2007 (EISA) 第 438 条“暴雨管理技术指引”中要求采用以下两种设计标准之一：①控制 95%

图 5-6　下凹式绿地实景图

（a）荷兰海牙某居住区前下凹式绿地；（b）芝加哥某建筑下凹式绿地；

（c）德国柏林-Hufeisensiedlung 马蹄形住宅区下凹式绿地

图片来源：任心欣，俞露等．海绵城市建设规划与管理［M］．北京：中国建筑工业出版社，2017 年

图 5-7　透水铺装实景图

（a）美国五角大楼 911 纪念广场透水铺装；（b）东京新宿御苑透水铺装；

（c）美国凤凰城步行道透水铺装；（d）美国凤凰城梅萨中心透水铺装

图片来源：任心欣，俞露等．海绵城市建设规划与管理［M］．北京：中国建筑工业出版社，2017 年

的多年平均降雨场次（Retain the 95th Percentile Rainfall Event）；②采用水文模型分析，按照将水文状态恢复到开发前的状态的要求，计算出需要控制的雨水量。美国很多州采用控制 1 英寸（25.4mm）雨水作为低影响开发设计标准。当然，对雨水径流控制既包括源头控制，还包括转输过程和末端控制。《深圳市光明新区建设项目低冲击开发雨水综合利用规划设计导则》提出的标准为：2 年一遇 24h 降雨条件下，开发建设后的雨水径流总量不超过开发建设前，或年均雨水径流控制率在新建区域不低于 85%、其他区域不低于

70%，并将不同用地的综合径流系数控制作为其控制措施。《北京市雨水控制及利用工程设计规范》提出的标准为：已建城区外排雨水流量径流系数不大于0.5，新开发区域外排雨水流量径流系数不大于0.4，外排雨水峰值流量不大于市政管网接纳能力。

在总结国内外雨水管理实践经验的基础上，我国提出海绵城市建设要求，以期系统解决包括排水防涝在内的城市水问题（图5-8）。2014年10月，住房城乡建设部印发《海绵城市建设技术指南——低影响开发雨水系统构建（试行）》，要求各地结合实际，参照技术指南，积极推进海绵城市建设。2015年10月，国务院办公厅发布《国务院办公厅关于推进海绵城市建设的指导意见》（国办发〔2015〕75号），要求通过海绵城市建设，综合采取“渗、滞、蓄、净、用、排”等措施，最大限度地减少城市开发建设对生态环境的影响，将70%的降雨就地消纳和利用；到2020年，城市建成区20%以上的面积达到目标要求；到2030年，城市建成区80%以上的面积达到目标要求。

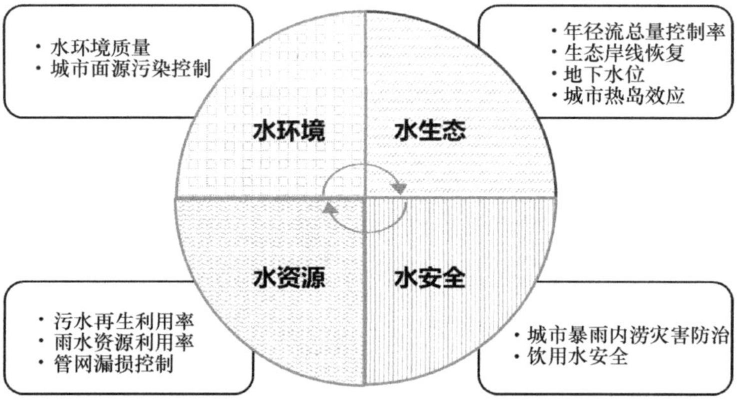

图5-8　海绵城市建设综合效益

海绵城市的提出，标志着我国新一代城市雨洪管理理念的形成，也是一种新的城市可持续发展模式。我国传统意义上的排水防涝以水量控制、径流排放为单一目标，海绵城市建设则是站在城市整体发展的高度处理和解决城市雨洪问题，以生态文明为指导思想，强调综合目标的实现，是新形势下转变城市传统建设理念、实现生态文明建设的具体举措。建设海绵城市是生态文明建设的重要内容，是实现城镇化和环境资源协调发展的重要体现，也是今后我国城市建设的重大任务之一。

通过海绵城市的系统建设，可以整合“源头减排、过程控制、末端治理”的相关工作，统筹形成低影响开发源头径流控制系统、城市排水管渠和设施系统、内涝防治系统，并与防洪防潮系统相结合，形成完善的基础设施体系，实现缓解城市内涝、削减径流污染负荷、提高雨水资源化水平、改善城市景观等多重目标，最终构建一个健康、可持续的水生态系统。

5.4.2　合理确定设计雨型

暴雨作为内涝产生的重要原因，对内涝的影响因素除雨量、雨强外，还有一个重要因子为雨型。雨型作为描述暴雨过程的概念，表现了暴雨强度在时间尺度上的分配过程，直接关系到内涝积水的最大范围和最大深度[75]。长期以来，由于城市面积较小，且对城市排水特别是防涝系统建设管理要求不高，基本不考虑城市内部范围的降雨分布特性对城市排水防涝系统的影响，降雨空间分布特性的研究基本由水利、气象部门根据城市防洪、防灾减灾等需求出发，针对江河流域等大范围区域来开展。随着国内城市经济的快速发展，城市不断扩张，根据《2016年中国城市建设统计年鉴》，我国有75个城市建成区面积超过150km^2。城市的大范围开发建设必然带来降雨空间分布的不均匀性，且由于城市热岛效应，降雨空间分布差异日趋增大[76,77]。降雨空间分布的不均匀性必然会对城市排水防涝系统造成影响，随着城市排水防涝系统建设标准越来越高，管理越来越精细化，考虑城市内部范围的降雨分布特性对城市排水防涝系统的影响是必然的发展趋势[78]。

设计暴雨雨型主要描述一场降雨事件的重现期、降雨历时、降雨深度、峰值及其位置等5个参数。在城市排水规划中，雨水管渠计算采用短历时设计暴雨；在城市防洪规划中，设计洪水计算遵循《水利水电工程设计洪水计算规范》SL 44、《水利工程水利计算规范》SL 104等有关规范的相关规定，提出主要控制断面节点的设计洪水成果，包括设计洪水流量过程线、洪（潮）水位过程线，洪峰流量、时段洪量和设计洪水地区组成等。

内涝防治设施规划需衔接传统排水规划与防洪规划，因此，排涝系统所采用的降雨条件，应保证防涝工程的设计暴雨雨型中长历时和短历时雨型的相协调。按照新编规范要求，排涝系统计算采用长历时（6～24h）降雨，相关计算设计采用24h长历时降雨。实际应用中一些中小城市的建设区和规划区范围小，降雨通常在1～2h内发生，汇流及排水时间在2～4h内，内涝及排水基本在3～6h内发生和结束，在部分山区城市和部分易涝点，内涝发生和结束的时间更短。因此，对规划范围（排水分区）的汇水时间小于6h的城区，可根据实际情况采用短历时降雨计算，并采用24h长历时降雨进行校核；汇水时间大于6h的采用6h或24h长历时降雨计算。

目前一般以暴雨强度公式以及水文手册插值法推求不同重现期、不同时间段的设计雨型。一般常用的设计雨型有芝加哥雨型、均匀雨型、Huff、Yen和Chou雨型及三角形雨型等。研究结果表明，我国雨强大致均匀的降雨所占比例较小，双峰或多峰的雨型也比较少，单峰降雨中雨峰在后部的也较少，芝加哥雨型是根据强度-历时-频率关系得出的一种不均匀雨型，目前被国内外广泛采用，故推荐芝加哥雨型作为短历时设计降雨雨型。《深圳市排水（雨水）防涝综合规划（2015年）》根据芝加哥雨型来推求2小时历时1分钟间隔、2小时历时5分钟间隔的短历时雨型，选取42场降雨的雨峰位置系数统计，结果确定将0.35作为2小时降雨过程的雨峰位置（第42分钟）。利用深圳市暴雨强度公式推求设计雨量和1分钟、5分钟的降雨时程分配，分配结果如图5-9所示。

长历时设计暴雨可按如下方法计算：（1）当城市内雨量站较多，分布较均匀，并且各站又有长期的同期资料时，对各站点雨量加权平均求出面暴雨量；（2）当城市面积较小，可用设计点暴雨量作为城市的设计面暴雨量；（3）当城市面积较大，城市内雨量站稀少，或观测系列甚短，或同期观测资料很少甚至没有，无法直接求得设计面暴雨量时，可用相应历时的设计点暴雨量和暴雨点面关系间接计算。以深圳市为例，全市共分为九大流域，分属于三个不同的雨型分区，深圳河流域、茅洲河流域、观澜河流域、珠江口流域和深圳

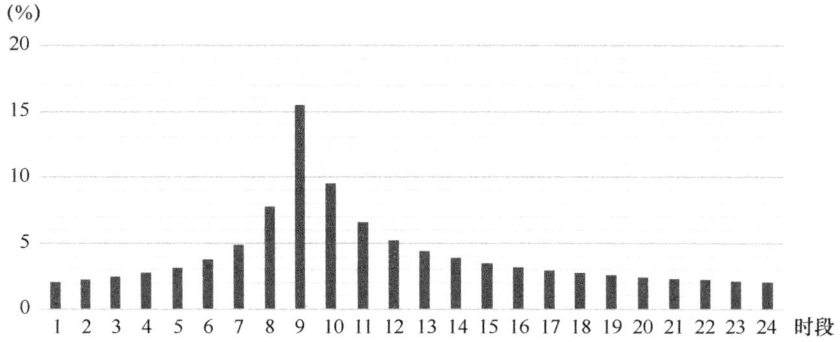

图 5-9　深圳市 2 小时历时 5 分钟间隔雨型分配比例

图片来源：《深圳市排水（雨水）防涝综合规划》

湾流域采用珠江三角洲雨型进行分配；龙岗河流域和坪山河流域采用东江中下游雨型进行分配；大鹏湾流域和大亚湾流域采用粤东沿海雨型进行分配。其中，东江中下游地区不同重现期 24 小时历时 5 分钟间隔雨型分配情况如图 5-10 和图 5-11 所示。

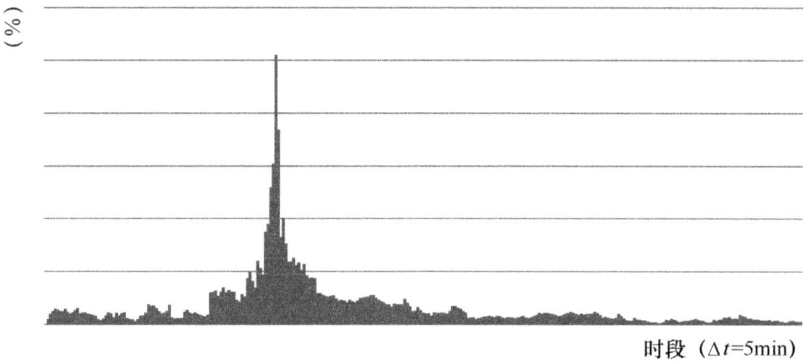

图 5-10　深圳市东江中下游地区 2～10 年重现期雨型分配比例示意图

图片来源：《深圳市排水（雨水）防涝综合规划》

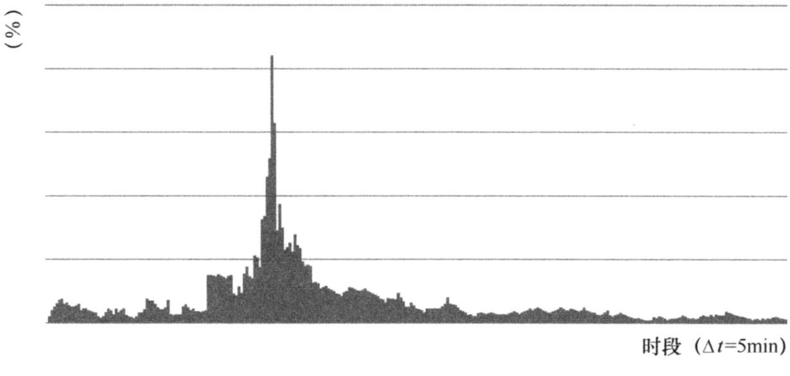

图 5-11　深圳市东江中下游地区 20～100 年重现期雨型分配比例示意图

图片来源：《深圳市排水（雨水）防涝综合规划》

根据水文计算原理，设计暴雨总历时不应小于城市汇流时间。城市汇流时间主要取决于城市下垫面特性，包括汇水面积、地面坡度、土地利用性质、河湖调蓄容积等，一般不会超过 24h，建议取城市设计暴雨总历时为 24h。控制时段选取根据当地降雨特性确定，一般以 2～4 个控制时段为宜，时段间隔过细容易导致根据典型雨型求出的设计雨型产生变形。长历时设计暴雨主要考虑河道的调蓄作用以及河道水位对管道顶托影响等因素，这些因素作用的历时比较长，因此一般选取 1h 为时间间隔，若时间间隔选择较短，则对降雨资料要求较高，部分地区很难满足资料要求。

5.4.3　科学运用模型工具

城市内涝防治规划不仅要考虑地表产汇流、管网排水能力、内涝风险评估，还要考虑与城市防洪系统的衔接，是一项复杂的系统工程。传统的计算方法将内涝防治系统的各部分单独进行分析，再由相应的边界条件进行耦合。比如，采用径流系数法、NAM 模型法、SCS 曲线法、Green-Ampt 法、超渗产流法、蓄满产流法等进行地表产流计算，采用推理公式法、等流时线法、瞬时单位线法和非线性水库法等水文学方法进行地表汇流计算，在此基础上采用水文学方法或求解一维圣维南方程进行河道演算，上述计算方法的经验性、推理性比较突出，难以反映各组成部分的动态联系。

为提高规划的科学性和准确性，可采用 SWMM、SUSTAIN、MIKE Urban、Info Works、Xp-SWMM 等集成地表径流计算和管网汇流计算的工具软件进行设计计算。在计算过程中，应正确选用设计参数；在进行现状管网风险分析时，应对相关参数进行率定以保证模型模拟结果的可靠性[79]。

常用模型工具对比　　　　**表 5-3**

模型	EPA-SWMM	SUSTAIN	MIKE Urban	Info Works	Xp-SWMM
水力学	动力波模型-求解圣维南方程组，分析管网水流状态，用于系统的设计与优化	动力波模型-求解圣维南方程组，分析管网水流状态，用于系统的设计与优化	动力波模型-求解圣维南方程组，分析管网水流状态，用于系统的设计与优化	动力波模型-求解圣维南方程组，分析管网水流状态，用于系统的设计与优化	动力波模型-求解圣维南方程组，分析管网水流状态，用于系统的设计与优化
水文模拟	使用地下水渗透模型模拟地下水层对渗透流的影响，能评价任何基础设施	使用地下水渗透模型模拟地下水层对渗透流的影响，使用非线性水库模型模拟坡面漫流	能够最为接近真实物理过程的模拟入流和渗透过程，能评价任何基础设施	包括多种产汇流模型，包括但不限于固定径流系数，Horton，Green-Ampt，SCS 等产流（径流量）模型，以及 Wallingford，Large Catch 等汇流模型	使用地下水渗透模型模拟地下水对地表水的影响，能评价任何基础设施，如泵站、闸门、堰等
低影响开发	已开发并升级低影响开发模块，具备模拟各种类型低影响开发设施	内嵌 EPA-SWMM5.0 模型中的低影响开发模块	内嵌 EPA-SWMM5.0 版本模型低影响开发模块	包括水文和水动力的模拟方法，可以在集水区中批量设置，也可以详细模拟单个的低影响开发设施，辅助设计	内嵌 EPA-SWMM 模型中的低影响开发模块

续表

模型	EPA-SWMM	SUSTAIN	MIKE Urban	Info Works	Xp-SWMM
计算能力	可进行单场降雨和连续性降雨模拟，模型计算稳定，运行速度较快	考虑了计算复杂性和实用性的平衡，综合运用了EPA-SWMM、HSPF的运算法则，并集成了乔治王子郡的BMP模型	具有Mouse和EPA-SWMM两个计算引擎，无法进行连续性降雨模拟，运行时间较长且不稳定	使用可变步长的稳定的计算引擎，许多附带的图形和报告组件，包括提示和数据管理工具 能够并行计算，利用独立显卡，支持多任务、多电脑、远程计算，可以利用硬件提升计算速度	使用EPA-SWMM计算引擎，运行时间较长且不像其他软件那样稳定
校核能力	提供模拟和监测数据导入和导出功能，方便模型参数率定和校核	长期的校核和丰富数据有助于提高模型的精度和准确度	长期的校核和丰富数据有助于提高模型的精度和准确度	流量和流速通过预测和观测曲线被调整匹配	可以确定哪些参数影响暴雨时间并且可以调整这些参数，不能模拟和生成降雨曲线
使用容易度	模型界面简单，且提供详细的操作手册以及案例，便于技术人员使用	需要在良好掌握ArcGIS基础上才能使用软件	界面较为复杂，需要在良好掌握ArcGIS基础上才能使用软件，需要接受软件培训	需要在良好掌握ArcGIS基础上才能使用软件，软件模块众多，需要接受培训	原理与EPA-SWMM一致，可采用EPA-SWMM用户手册，但需要良好掌握ArcGIS操作
推广难易程度	开源软件，方便推广使用	开源软件，方便推广使用	商业软件，需要购买使用	商业软件，需要购买使用	商业软件，需要购买使用

表格来源：任心欣，俞露，等．海绵城市建设规划与管理［M］．北京：中国建筑工业出版社，2017年。

在利用模型进行模拟计算时，会产生大量模拟计算结果，这些计算结果通常以复杂数据形式存储，只有对这些复杂数据进行可视化显示，才能方便用户对模拟结果进行直观的理解和分析（图5-12）。地理信息系统（GIS）技术的发展为城市排水管网模拟可视化提供了强有力的技术支持。进入20世纪90年代后，排水管网模型与GIS技术的集成开发成为模型分析和应用的研究热点，城市排水管网模型软件整合GIS及图形预处理和后加工模块，加强了模型的输入和输出功能，图形化的功能不仅极大地提高了模型建立与模拟分析的工作效率，而且降低了模型使用和操作的难度，大幅度提高了模型的易用性和实用性。

随着排水管网模拟技术的不断完善，其应用的范围越来越广，不仅可以用于城市现状管网排水能力的现状诊断，也可用于排水管网规划方案的评估优化。利用模型可以评估低影响开发措施对城市雨洪和面源污染的控制效果，可以动态模拟不同降雨情况下的地表积水范围和深度，评估城市内涝风险，为城市的排水管理、内涝预警、防汛应急、运行调度提供决策依据和技术支持。

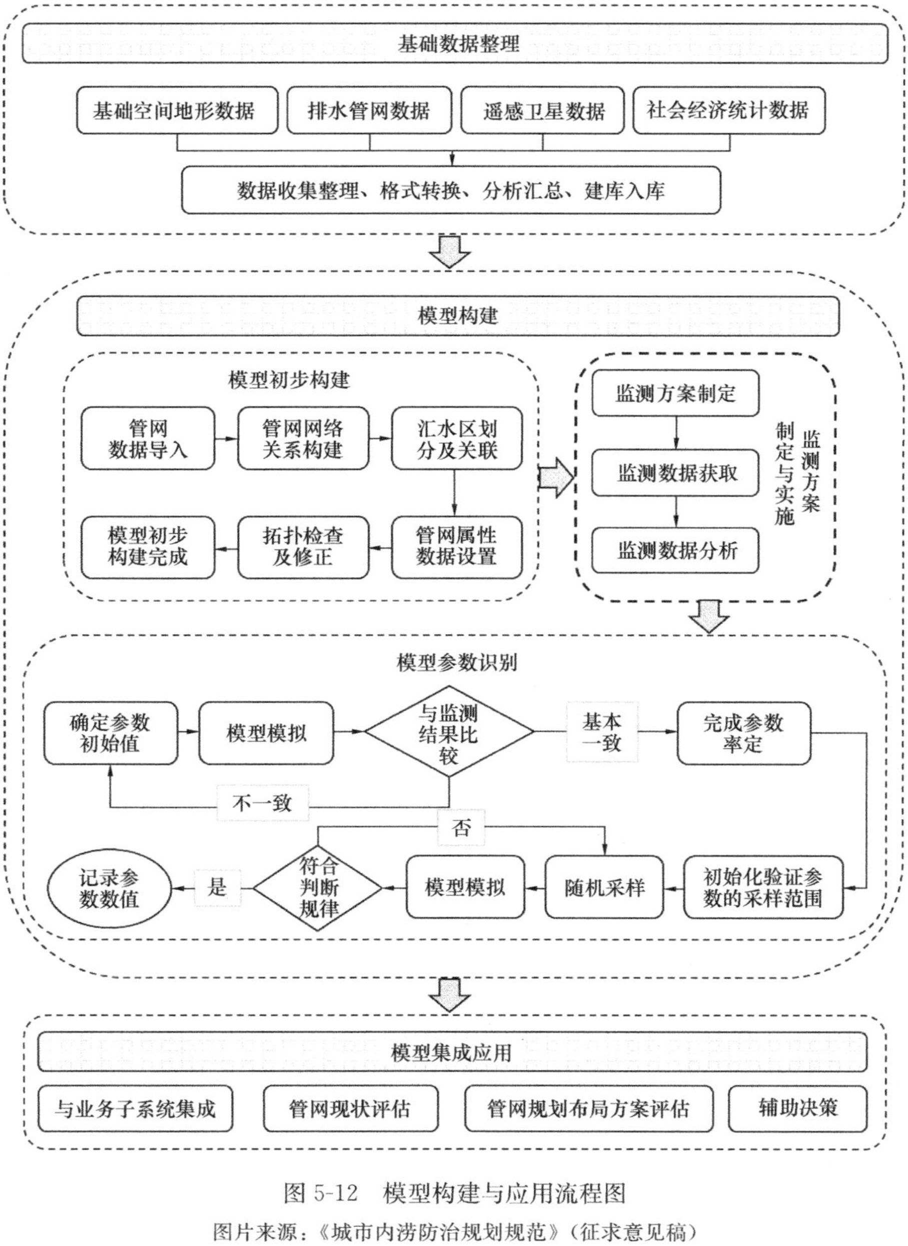

图 5-12　模型构建与应用流程图

图片来源：《城市内涝防治规划规范》（征求意见稿）

5.4.4　重视非工程措施

城市内涝防治设施规划的非工程措施是指除工程措施之外的其他措施诸如法律、行政、经济、技术与教育等方面。城市内涝防治系统是由工程设施和非工程措施共同组成的。任何工程设施都只能满足一定标准的降雨重现期的要求，发生超过这个标准的降雨都会对排水防涝系统乃至城市造成影响，甚至形成内涝灾害，因此，必须辅之日常管理和应急管理等非工程措施，才能发挥最大的效益，有效应对各类极端气候降雨。

1. 日常管理措施

日常管理措施包括城市内涝在线监测系统、排水管渠和泵站、雨水口等日常维护管理。城市内涝防治设施规划应对调蓄设施、行泄通道、开敞空间等防涝用地提出明确的规划管控要求；对排水设施日常维护和管理提出要求；对内涝防治系统的应急保障提出要求；同时，应提出城市易涝点、易涝区和重点防护区的监测方案。另一方面，城市内涝设施防治规划的实施需要长期有计划持续推进，需有资金投入且得到相关法规的保障。除遵循国家颁布的相关法规之外，城市应根据自己的实际情况编制具有法规效力的城市雨水管理办法，由城市人民代表大会常务委员会审议通过，颁布执行。

（1）制度建设。城镇内涝防治系统运行维护应建立运行管理制度、岗位操作制度、设施设备维护制度和事故应急预案。其中运行管理制度应包含汛期和非汛期运行、维护、管理和调度等内容。对于在降雨期间和非降雨期间承担不同功能的多功能内涝防治设施，应制定不同运行模式相互切换的管理制度。

（2）维护管理。各项内涝防治设施应有专人运行和维护管理，各岗位运行操作和维护人员应经培训后持证上岗。对调蓄池、隧道调蓄工程内部设施的运行维护操作，应按现行国家标准《城镇雨水调蓄工程技术规范》GB 51174 和现行行业标准《城镇排水管道维护安全技术规程》CJJ 6 的有关安全规定执行。

（3）运行调度。城镇内河水位应统一调度，暴雨前，应预先降低城镇内河水位；暴雨后，一般地区应在 24h 内将内河水位排至设计水位以下，重要地区可根据需要将内河涝水排除时间缩短；有条件的地区可将在排除时间内最高水位控制在设计水位以下。城镇河道上设置的水闸和橡胶坝等设施在暴雨期间应处于排涝状态；当河道水位高于设计高水位时，应关闭连通的水闸，采用强排措施。

（4）设施修复。暴雨前、暴雨期间和暴雨后，应及时清理和疏通城镇道路雨水口、排水管道和排放口；当遭遇内涝灾害后，应按照原标准或规划标准对毁坏的内涝防治设施进行修复或重建。

2. 应急管理措施

应急管理措施包括应急预案、预警预报机制、应急处置等措施。城市内涝防治规划的编制，涉及市政、水利、环保、园林、交通、电力、气象等众多相关部门，同时城市排水系统与河湖水系的规划，可能涉及多个行政区。为了保证内涝防治规划的科学合理性，相关部门与相关区域应建立内涝防治规划协调机制，针对规划编制中的利害冲突，进行统筹规划，规划成果应体现多部门综合协调、应急联动的统筹安排，并提出城市内涝预警预报等应急信息化平台的建设方案。

（1）城镇内涝防治应急管理体系应包括城镇内涝防治应急管理系统、应急系统和评价系统。

（2）城镇内涝防治预警系统应建设城镇内涝防治数字信息平台，整合城镇排水数值模拟、地理信息系统、雨量监测、气象监测预报、内涝实时模拟系统、内涝防治应急系统、信息发布系统、实时道路监测系统和交通管制发布系统等。

(3) 城镇内涝防治应急系统应包括源头减排设施、排水管渠设施和排涝除险设施的事故应急以及超过内涝防治设计重现期情况下的应急，应建立应急联动管理和应急预案，并应由内涝防治设施管理单位共同参与、分工协作，并应符合下列规定：

1) 当周边发生污染事故，污染物质汇流入具有渗透功能的源头减排设施并可能影响地下水时，应及时启动应急预案，清除污染源和污染土壤，修复地下水；

2) 当排水泵站等排水管渠设施和排涝泵站等排涝除险设施发生突然失电等事故时，应及时启动应急预案，采取立即检查抢修、防止泵站自身受淹、启动临时发电设施和启动移动排涝泵车等措施；

3) 当城镇河道堤防（墙）等排涝除险设施发生损坏和倒塌等事故时，应及时启动应急预案，采取立即检查抢修、临时加固、临时堆筑围堰和防水挡板等措施；

4) 当降雨超过内涝防治设计重现期情况时，应及时启动应急预案，按照统一应急调度指令执行应急抢救，疏散危险区域人员。

(4) 城镇内涝防治评价系统应建立内涝防治评价体系，对内涝防治预警系统、内涝防治应急系统和内涝防治设施运行效果进行综合评价，并提出改进建议。

(5) 城市人民政府应成立应急管理组织机构，明确部门职责分工，协调做好排水防涝应急管理工作。

5.5　规划层次

城市内涝防治设施规划可以分为总体规划和详细规划两个层次，其相互关系是逐层深化、逐层完善的，是上层次指导下层次的关系，即总体规划层次是详细规划层次的依据，起指导作用；详细规划层次是对总体规划层次的深化、落实和完善。同时下层次规划也可对上层次规划不合理的部分进行调整，从而使内涝防治设施规划更具合理性、科学性和可操作性。

1. 总体规划层次

总体规划层次的内涝防治规划可在城市总体规划或分区规划中直接作为子课题进行编制，也可以在城市总体规划或分区规划编制完成后，在其指导下单独进行编制。考虑到城市内涝防治设施的系统性和整体性，总体规划层次城市内涝防治设施规划一般在市级或县级行政区范围内进行编制。

其主要任务是在城市总体层面提出构建内涝防治系统的思路、规划标准、重要设施布局和近期建设重点等内容。通过在城市层面对历史内涝点、现状排水防涝设施进行评估和分析，确定城市中内涝风险区的等级、范围、规模和成因；明确城市的源头径流控制标准、雨水管渠设计重现期、内涝防治设计重现期等相关标准；提出包括源头减排系统、排水管渠系统、排涝除险系统的规划措施和相关专项规划衔接的建议；明确近期需要重点解决的内涝风险区域和相关建设任务，并提出规划保障措施和实施建议，是指导规划区城市内涝防治设施建设和管理的纲领性文件。

2. 详细规划层次

详细规划层次的内涝防治规划一般是在总体规划层次内涝防治规划的指导下，针对面积小于100km^{2}的行政区、城市重点地区或特殊要求地区（内涝严重的区域）进行详细内涝防治方案的编制。如果缺乏上位的总体规划层次内涝防治设施规划，也可直接单独编制。

其主要任务是在总体层面规划对内涝防治系统要求的基础上，基于更加精细的管网、地形、内涝情况等资料，对现状排水防涝设施进行更为细致的评估，确定规划范围的内涝成因；结合上层次规划确定的规划范围内城市源头径流控制标准、雨水管渠设计重现期、内涝防治设计重现期等相关标准，对源头减排系统、排水管渠系统、排涝除险系统进行详细研究，提出内涝防治设施具体的空间布局、规模、投资和建设计划，并与法定的详细规划和相关专业规划进行衔接，明确近期解决内涝风险所涉及的相关建设任务，是规划区内涝防治设施设计的直接依据。

5.6 与其他规划之间的关系

城市内涝防治系统主要承担内涝防治标准以内降雨产生的地表径流下渗、储存、转输和排放的功能，其设施具有使用频率低、使用时间短的特点，其用地性质具有兼容性，故需做好城市内涝防治设施规划与其他相关规划的衔接，充分发挥国土空间功能，实现多重目标。同时，城市内涝防治设施规划应考虑山洪、江河等客水的影响，考虑受纳水体水位（潮位）对城市排水系统的影响，做好管渠系统、开敞空间和受纳水体设计水位的相互衔接。

5.6.1 与各层次城市规划的关系

城市规划是城市发展的导向标，是其他所有专业规划开展的基础。在城市规划过程中，应对城市内涝防治给予足够重视，落实内涝防治标准和设施布局。城市规划的各个阶段都涉及内涝防治内容，均需采用新的规划理念，拓展规划思路，将雨水管理纳入规划（表5-4）。

各层次城市规划中与内涝防治相关内容汇总表 **表5-4**

规划层次	编制原则	主要内容	控制方法
总体规划	保障城市安全可持续发展	用地布局、水系或绿色廊道控制、重大基础设施布局	城市建设控制、水循环系统构建
控制性详细规划	协调城市开发建设与市政基础设施承载力	市政基础设施配套及建设要求	低影响开发、增加控制雨水排放的指标及要求
修建性详细规划	雨水综合利用	雨水利用设施、排水管道计算布局	雨水调蓄、下渗等工程措施

1. 与总体规划的关系

（1）做好内涝防治设施用地控制

城市用地规划是城市总体规划的核心内容，城市建设用地的布局及开发量直接决定着城市的空间形态，影响城市整体经济发展水平，同时也决定着包括内涝防治设施在内的城市基础设施的布局。因此，应做好城市用地规划，对城市内涝防治设施的系统性、整体性、科学性影响巨大。城市建设用地的确定应进行系统评估，综合考量自然生态、历史沿革、经济发展等一系列因素，引导城市良性发展，自然生长，以增强城市适应自然、应对灾害的能力。

1）在城市用地布局之前首先要进行城市用地适用性评价。从环境限制条件入手，充分保护自然资源，确定城市的空间形态，控制城市开发建设量。

2）对于城市现状水域、湿地等应严格划定生态红线，予以保护。

3）城市用地的自然环境条件分析是城市规划的基础性工作。通过对城市自然条件的分析，依据自然生态承载力的要求，划分禁止、限制和适宜建设的区域范围，严格控制，引导城市开发。

4）城市排水系统应作为自然环境条件之一纳入适用性评价系统，应注重对城市水系统的保护和利用，避开不良排水区域，例如：生态湿地应划为禁建区，低洼区域应划为限建区。

（2）构建良性城市水循环系统

保护城市生态系统，恢复健康水循环是当今城市排水应做出的积极应对。水循环系统包括雨水的降落、蒸发、入渗、汇聚、排除等过程，健康水循环即从城市规划建设界面上保障水循环的客观“载体”——可渗透性土壤、绿地、池塘沟渠、河流水系等的客观存在以及健康发展，在此基础上进行城市建设。城市总体规划中首先应构建城市生态基础设施，形成生态环境良性发展的格局；其次要给城市生态留有空间，建设生态廊道，形成完整的城市水系统和城市绿地系统。

1）保护城市水系统，增加水面率指标

河、湖、池、塘、渠、湿地等都是区域水系的组成部分，共同构成了城市地表水系统。城市规划过程中充分整合城市水系，保留天然洼地、池塘、湿地等，保护原有的水网格局，划定水域的保护区，构建完整、生态的城市水系。

由于水面率与城市的自然条件、经济发展水平、水环境现状、防洪排涝、区域水资源现状、土地综合价值等密切相关，因而水面率的确定也是复杂的系统工程，应结合城市的具体情况，进行定性定量分析，选取效益最大化的优化指标。

2）城市绿地系统规划

城市径流增加的主要原因是下垫面的变化，阻断了雨水的下渗通道，进而造成地下水位下降、地面沉降等一系列问题。与其他建设用地相比较，城市绿地对于地下水下渗贡献巨大。

构建完整的城市绿地系统，不仅对城市景观、生态具有重要意义，同样对城市径流量控制和径流污染控制具有重要意义，在很大程度上影响着城市的地下水循环。

（3）确定城市排水管控目标及策略

1）确定城市排水管理目标

在城市总体规划阶段明确提出雨水管理、生态排水的理念，通过经济技术指标分析，确定城市雨水径流控制目标。对新建区域雨水排放进行控制，对老城区雨水调蓄等提出改造要求。

2）确定排水系统方案

尊重城市原有的地形地貌，结合水系、山体等自然要素划分排水分区。根据经济社会发展情况、气候、气象水文、受纳水体、地形条件等资料进行布局，确定城市雨洪管理目标、雨水径流控制方式，综合确定排水系统构建方式。

3）提出各专业规划的协调要求

由于内涝防治设施与城市水系、道路、竖向、绿地系统等专业规划息息相关，总体规划阶段应对各相关专业规划提出协调雨水排放、综合利用的要求，对各专项规划进行引导，贯彻排水理念。

2. 与详细规划的关系

（1）落实总体规划内涝防治要求

控制性详细规划是地块开发的法定依据，通过强制性指标和指导性指标来控制地块的开发与建设，是对地块开发建设的直接管理依据。在用地规划方面，应依据城市总体规划等上位规划，严格遵循保护水系及自然生态的原则，引导城市建设；从生态可行性角度进行城市用地开发强度的校核，遵循生态规划的原则，集约利用土地，完善城市功能。

修建性详细规划是实现规划控制的重要环节，主要内容是场地与建筑设计，包括建筑的摆布、场地利用等，内涝防治部分主要涉及雨水分区、管线排布、调蓄设施设置等内容。

详细规划阶段，除了确定雨水管道、设施的建设规划，还应对雨水径流控制提出具体的控制指标，对于城市排水通道的设计、雨水集蓄利用、城市绿地的设计、城市透水地面建设等要有明确的控制指标及建设措施。

（2）明确地块径流控制指标

详细规划应尊重原有的自然环境，尽量保持原有地形、植被特征，同时应实现地块内雨水控制，采用增加可渗透地面、雨水调蓄池、下凹式绿地、屋顶花园等措施，实现源头控制、过程调蓄。为实现这个目标，在常规用地指标控制的基础上，应增加雨水径流控制指标，与绿地率、容积率、建筑密度等指标一同作为城市土地开发利用的约束条件。

1）明确综合径流系数控制指标

小区的开发，应体现低影响开发的理念，不应由市政设施的不断扩建与之适应，而应在小区内进行源头控制。为此，《室外排水设计规范》明确，应严格执行规划控制的综合径流系数（表 5-5、表 5-6），综合径流系数高于 0.7 的地区应采用渗透、调蓄等措施；同时，对不同地面种类的径流系数和不同地区的综合径流系数做出了规定（综合径流系数按地面种类加权平均计算，并核实地面种类的组成和比例）。

不同地面种类的径流系数　　表 5-5

地面类型	Ψ
各种屋面、混凝土或沥青路面	0.85～0.95
大块石铺砌路面或沥青表面的各种碎石路面	0.55～0.65
级配碎石路面	0.40～0.50
干砌砖石或碎石路面	0.35～0.40
非铺砌路面	0.25～0.35
公园或绿地	0.10～0.20

表格来源：李晓．城市规划视角下的综合排雨水系统研究［D］．天津：天津大学，2016.

不同地区的综合径流系数　　表 5-6

区域情况	Ψ
城镇建筑密集区	0.60～0.70
城镇建筑较密集区	0.45～0.60
城镇建筑稀疏区	0.20～0.45

表格来源：《室外排水设计规范》GB 50014（2016 版）。

2）明确年径流总量控制率和设计降雨量

年径流总量控制率是指根据多年日降雨量统计数据分析计算，通过自然和人工强化的渗透、储存、蒸发（腾）等方式，场地内累计全年得到控制的雨量占全年总降雨量的百分比；设计降雨量是指为实现一定的年径流总量控制目标（年径流总量控制率），用于确定低影响开发设施设计规模的降雨量控制值。

年径流总量控制率及其对应的设计降雨量值的确定，是通过统计学方法获得的。根据规划区具有代表性的气象站资料数据，选取至少近 30 年（反映长期的降雨规律和近年气候的变化）日降雨（不包括降雪）资料，扣除小于等于 2mm 的降雨事件的降雨量，将降雨量日值按雨量由小到大进行排序，统计小于某一降雨量的降雨总量（小于该降雨量的按真实雨量计算出降雨总量，大于该降雨量的按该降雨量计算出降雨总量，两者累计总和）在总降雨量中的比率，此比率即年径流总量控制率，对应的降雨量（日值）即为设计降雨量。

在城市规划过程中，根据国家和地方有关要求，综合考虑开发前水文本底特征、径流污染控制、土壤渗透性、老城区改造难度等因素，确定区域及区内不同用地类型的海绵城市径流总量控制目标、设计降雨量。

3）确定雨水径流调蓄容积

径流系数和年径流总量控制率的计算，是按照地面种类进行加权计算，在实际的土地开发建设中，传统的用地控制指标中，仅仅按照地面种类很难准确计算地块的实际径流，例如利用城市公共绿地进行地下停车场建设，其实际径流与传统绿地的径流存在很大差别。同时对于大多沿海城市来说，地下水位普遍较高，地面的实际渗透条件较差，单纯依靠径流系数控制不足以应对超标降雨。在这种情况下，“调蓄容积”成为控制、减缓雨水洪峰流量的重要指标。

调蓄容积的确定，应落实区域径流控制目标，对城市的自然条件、气候条件、经济社会发展水平、城市定位等进行综合考量，确定建设模式及调蓄技术，进而确定调蓄池容积。

5.6.2 与海绵城市规划的关系

海绵城市规划重点是基于降水和地质等条件，识别并完善自然与人工的水系统，优化循环路径和机制，因地制宜地确定清晰系统的海绵城市控制要求与建设内容。从空间尺度和广义上来讲，海绵城市可以划分为“小海绵”“中海绵”“大海绵”。“小海绵”对应源头控制，是指低影响开发措施，主要针对频繁发生的小雨事件。“中海绵”对应小排水系统、大排水系统，主要是指通过管网泵站、地下深隧工程和大型调蓄工程等灰色设施使雨水排放或滞蓄，一般可应对中大雨事件，该措施能有效地缓解城市内涝，但具体使用时需与周边的河湖水位联合运行。“大海绵”则是指把城市周边的乡村、农田、河湖湿地纳入海绵城市建设范畴，通过恢复城郊乡村农田、河湖湿地的蓄洪、滞洪功能，使城市的内涝或渍水有地可排。

从设施建设角度来看，绿色基础设施对应“小海绵”，可减少暴雨径流量、延迟暴雨径流峰现时间、有效去除径流污染物、补充地下水及改善城市“热岛”效应，从而起到改善水质、减缓洪涝的作用。灰色基础设施对应“中海绵”，强调的是尽快将通过绿色设施处理后的径流排到蓝色设施中，在绿色设施和蓝色设施之间起到很好的衔接作用，发挥承上启下作用。蓝色基础设施对应“大海绵”，强调的是天然河湖的调蓄作用，利用河湖调蓄能力充分发挥河网水系这个最大海绵体的巨大调蓄功能，优先考虑利用自然力量蓄排水的理念，从而起到调控水量的作用。无论是源头减排系统，还是排水管渠系统和超标洪水排放系统，都是内涝防治系统的重要组成部分，绿色基础设施、灰色基础设施、蓝色基础设施也都是内涝防治设施，海绵城市源头减排效果是内涝防治设施规划的边界条件，内涝防治设施规划反过来也可以对源头减排效果提出要求，并在海绵城市规划中进行落实。综上所述，内涝防治设施规划与海绵城市规划的关系如图5-13所示。

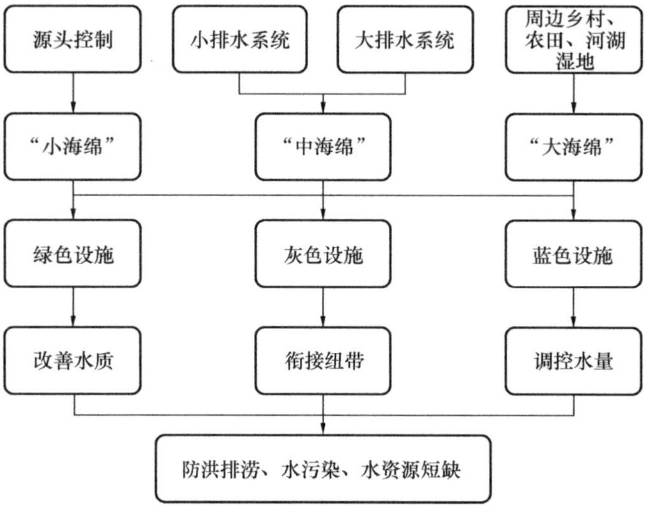

图5-13 城市内涝防治体系与海绵城市建设关系[80]

5.6.3 与排水管网规划的关系

城市排水设施是城市不可缺少的基础设施，是处理和排除城市污水和雨水的设施系统，在城市水环境、水安全体系中扮演着重要角色。城市排水设施包括：接纳、输送城市排水的管网、泵站、沟渠，起调蓄功能的湖塘、河道以及污水处理厂、污泥处理处置及相关设施，其中，城市排水管网是城市排水设施重要的组成部分，排水管渠一旦出现故障，就会引起一系列的问题，影响整个城市的正常运转，对城市公共安全造成危害[81]。传统的管渠排水系统又称为小排水系统，一般包括雨水管渠、调节池、排水泵站等传统设施。小排水系统是城市内涝防治设施的重要组成部分，其与由地表通道、地下大型排放设施、地面的安全泛洪区域和调蓄设施等组成的大排水系统共同构成城市内涝防治系统[82]。小排水系统主要担负重现期为1～10年范围暴雨的安全排放，大排水系统主要为应对超过小排水系统设计标准的超标暴雨或极端天气特大暴雨，保证城市和住区的正常运行。在进行城市内涝防治设施规划时，需做好设计标准与相关设施的衔接：

（1）暴雨强度公式。我国在20世纪80年代以前，排水系统设计重现期较低，部分城市降雨资料观测年限较少，城市暴雨强度公式采用年多个样法的较多。尽管年多个样法可涵盖低重现期，但采用年最大值法更适合以年为重现期的周期性水文气象规律的表达，还可使统计样本的随机性、独立性较好，发达国家均推荐年最大值法。2014年5月，住房城乡建设部、中国气象局印发《关于做好暴雨强度公式修订有关工作的通知》（建城〔2014〕66号），推荐采用年最大值法编制暴雨强度公式。因此，城市内涝防治设施规划需解决如何应用和衔接新公式与传统的排水管网系统，如何解决年最大值法新公式在同样重现期（主要小重现期范围）下的暴雨强度可能小于原公式的问题并调整到新的排水设计标准上去。

（2）排水能力计算。在城市排水规划中，排水管渠应以重力流为主，宜顺坡敷设，在雨水管渠设计重现期范围内，排水能力一般按重力流进行计算；在城市内涝防治设施规划中，按内涝防治设计重现期校核排水管渠的排水能力时，应按压力流进行计算。

（3）相关设施衔接。排水管渠设施除应满足管渠设计重现期标准外，尚应和城市内涝防治系统中的其他设施相协调，满足内涝防治要求，比如，雨水口的设置除满足《室外排水设计规范》相关要求外，需考虑雨水的汇集和过流能力。

5.6.4 与城市防洪规划的关系

城市洪水一般指的是由于自然因素（主要是强降雨）引起的城市河流、湖泊或水库等水位上涨造成淹水危害的现象，而城市内涝指的是强降雨或连续性降雨超过城镇排水能力，导致城镇地面产生积水灾害的现象。在很长的一段时间，在我国大部分城市，城市防洪与排水防涝分别属于水利和市政两个行业，在学术研究上，两者也分别属于水利学科和城市给水排水学科。市政部门负责将城区雨水收集到雨水管网并排放至内河、湖泊，或直接排入行洪河道；水利部门则负责保证设计标准以内的洪水不会翻越堤防对城市安全造成影响。为保证城市防洪排涝安全，两个部门各有自己的设计标准和工程体系，城市内涝防治设计标准主要计算区域内暴雨所产生的城市“涝水”，城市防洪标准不仅涉及区域暴雨产生的城市“内涝”，还包括江河上游地区及城市外围产生的“客水”[83]。

城市洪水和城市内涝之间存在相互影响、相互制约、相互叠加的关系，主要表现在：行洪河道洪水水位高，则涝水难以排出；而城市排涝能力强，则会增加行洪河道的洪水流量，抬高河道水位，加大防洪压力和洪水泛滥的可能性；当出现流域性洪水灾害时，城市尤其是平原地区城市通常已积涝成灾。

因此，城市防洪规划需与排水防涝规划进行协调，处理好“防外洪”与“排内涝”之间的关系，重点是合理确定不同区域、不同河道的防洪、排水防涝设计标准，合理确定排水管渠出口标高、泵站运行水位、调蓄设施运行水位及河道防洪水位关系，保障各项设施有效运行，保证城市防洪排涝安全，把超标洪涝灾害对城市的损失降到最低。

5.6.5 与城市水系规划的关系

城市水系有河道、沟渠、池塘、洼地、水库、湿地等多种形态，纵横交错，构成一个整体，可以包括自然形成的及人工开挖的水体及水景构筑物。城市水系是最主要的雨水径流行泄通道，也可为雨水提供消纳空间。城市水系规划应结合城市内涝防治要求，系统做好水系的保护、改造和新建，确保雨水径流顺畅排放；同时，应按照蓄排平衡的原则，合理规划水系的汛限水位和洪水位，并通过合理调度，为涝水提供足够的调蓄空间，保障城市防洪排涝安全。

1. 提升水网密度，划定蓝线保护水系

城市水系既可以作为雨水排泄通道，承接管道雨水排放，又具有调蓄功能，实现雨水的错峰排放，是城市排涝系统的重要基础，在城市排水中发挥着重要作用。城市水系规划应在充分尊重自然的基础上，因势利导，建设顺应自然的排水网络，有效控制洪涝灾害。

城市的快速扩张，往往会逐渐占用原有的水系，导致河道支离破碎，湖泊、水库面积不断缩小，水系原本的排涝能力大大降低。因此，在城市水系规划中应科学划定水系蓝线，将水系与周边具有重要行泄、滞蓄、净化功能的空间纳入管控，从而有效保护水系的调蓄及行泄功能。

2. 维护和恢复河道的自然形态

城市水系生态功能的实现要求维持河道的自然形态，保证其与大气、微生物、水生动植物等和谐共生的条件，确保生态功能的完整性。因此，必须要遵循城市河道河床生态化、城市河道形态蜿蜒化、城市河道水流连续化三个原则，保证河道生态功能、保护生物多样性、增强调蓄作用、保持水流自然性，以实现河道的低影响开发，使之更好地辅助于城市排水[84]。生态河道实景见图 5-14。

3. 水系疏浚和联络沟通

城市的人类活动，使得河道沉积物大量增加，必须定期对河道进行疏浚，确保河道的过水断面满足设计要求。同时城市的水系应是一个相互联通的整体，可实现水体循环。开展水系疏浚和清淤工作一方面可实现增强水体对污染物的承接降解能力，另一方面可实现河道排水的综合调度，提高水系的排水蓄水能力。

5.6.6 与城市道路及竖向规划的关系

城市道路是雨水径流产生的重要场所，也是超标雨水径流行泄的重要通道。因此，道路规划一方面要按照现有的人行道入渗、下凹式桥区设置调蓄池的设计方式进行设计，根据海绵城市建设要求及控制目标，削减地表径流；另一方面，要在满足道路交通安全等基

图 5-14　生态河道实景图

(*a*) 日本京都鸭川生态河道；(*b*) 德国慕尼黑 Isar 河；

(*c*) 美国伊利诺伊大学香槟分校生态河道；(*d*) 新加坡碧山公园加冷河生态河道

图片来源：任心欣，俞露．海绵城市建设规划与管理［M］．北京：中国建筑工业出版社，2017

本功能的基础上，合理设计道路标高和附属设施，满足雨水行泄要求。在城市建设区，竖向规划确定地面标高，从而改变雨水径流的汇集范围和排放路径，对城市内涝防治产生重要影响；做好内涝防治设施规划与竖向规划的相互协调，就是要根据雨水行泄和调蓄要求，合理确定排水分区的主要坡向、坡度范围，识别并保留城市低洼区、潜在湿地区域，形成雨水径流排放有序、滞蓄有度的竖向设计。

1. 提高道路低洼地的排水防涝能力

城市中的低洼地是城市内涝的高发区，如城市下沉广场、下凹式立交桥、敞口式地下通道、地下车库等，一旦发生超标降雨，将是首先形成积水的区域。由于此类区域的排水，基本依靠提升泵站，往往是排水安全隐患点，一旦形成雨水倒灌，将造成难以估量的损失。对于这些特殊的重要交通节点，一方面应提高其排水系统设计标准，运用水利模型分析等技术手段，提高其排水能力；另一方面，应配建雨水调蓄设施，以应对超标降雨及设备故障，全面提升其防涝抗灾能力。

2. 推广生态排水系统

城市硬化道路的径流系数高达 0.95，导致雨水难以下渗，严重影响了雨水的自然循环过程。故道路设计时应尽量选用透水材料进行建设，人行道、停车场和广场等宜采用可渗透性铺装。新建项目硬化地面中可渗水地面面积不宜低于 40%，有条件的现状地区应对已建硬化地面逐步进行透水性铺装改建。同时为对雨水径流进行控制，可与道路绿化结合，通过设置下凹式绿地、开放式植草沟等设施对雨水径流进行滞留和净化。

3. 优化竖向规划

城市竖向规划是指城乡建设用地内，为满足规划区道路交通、排水防涝、建筑布置、

(a) (b) (c) (d)

图 5-15　城市自然排水设施实景图

(a) 德国 Wolfsburg-Allerpark-排水设施；(b) 美国波特兰城市排水设施；

(c) 广东湛江南国花园旱溪；(d) 新加坡排水渠

图片来源：任心欣，俞露等．海绵城市建设规划与管理［M］．北京：中国建筑工业出版社，2017

城乡环境景观、综合防灾和经济效益等方面的综合要求，对自然地形进行利用、改造，从确定坡度、控制高程和平衡土石方等方面进行的规划[85]。竖向规划与内涝防治关系十分紧密，竖向规划若没有充分考虑防涝需求，十分容易造成内涝灾害，例如城市中有不少低洼小区、低洼道路、下凹式立交桥等，这些低洼区域不仅向外排水困难，而且周边地势高的地区客水大量汇入，汛期经常发生严重积水。因此，竖向规划应与排水系统相协调，基于内涝防治思想开展城市竖向规划，借助内涝风险模拟评估与分析，在城市规划阶段，提出竖向控制要求，可以最大程度避免或减少日后的城市内涝风险[86]。

《城乡建设用地竖向规划规范》CJJ 83 明确规定，城市用地竖向规划应满足下列要求：(1) 各项工程建设场地及工程管线敷设的高程要求；(2) 城市道路、交通运输、广场的技术要求；(3) 用地地面排水及城市防洪、排涝的要求。

城市竖向规划设计时，应该首先考虑区域开发前的自然地面坡向条件，以尽可能保留自然的顺水流方向。城市排水应与之结合，合理确定城市雨水自排区和强排区，并尽量减少强排区的面积。对于水网密布的平原城市，地形条件较差，更应当充分利用城市道路竖向，结合水系布局，提高雨水径流排放及控制能力。

5.6.7　与绿地规划的关系

城市绿地作为城市透水下垫面的主要组成部分，既可发挥雨水源头控制作用，又可作为雨水滞蓄消纳空间，在城市内涝防治中发挥着重要作用。因此，城市内涝防治设施规划应在保障绿地系统为居民提供游憩场地和美化城市等功能的基础上，统筹考虑绿地系统对自身及周边雨水径流的整体控制，因地制宜规划雨水径流路径，合理设置涝水调蓄空间，实现绿地系统的复合功能。

1. 推广建设下凹式绿地

下凹式绿地具有狭义和广义之分，狭义的下凹式绿地指低于周边铺砌地面或道路在200mm以内的绿地；广义的下凹式绿地泛指具有一定的调蓄容积，且可用于调蓄和净化径流雨水的绿地。

下凹式绿地可广泛应用于城市建筑与小区、道路、绿地和广场内。通过建设下凹式绿地，将绿地自身径流与周边硬化地面的径流同时滞留在绿地中，实现加大雨水入渗量、补充地下水、控制城市面源污染、削减暴雨洪峰流量、调节区域气候、减少绿地浇灌次数、节约绿地用水量等综合效益。

对于土壤渗透性一般或较差的绿地，可在下凹式绿地内建设辅助渗透设施，如渗沟、渗渠等，使其同样达到消纳绿地本身和外部不透水地面雨水径流的效果。对于径流污染严重、设施底部渗透面距离季节性最高地下水位或岩石层小于1m及距离建筑物基础小于3m（水平距离）的区域，应采取必要的措施防止次生灾害的发生。

2. 建设功能型绿地

功能型绿地可结合区域绿地的布局方式、地形地势、排水管网等，选择不同的布局方式，一般可分为集中式布局和分散式布局两类。集中式布局是指在城市排水主干管下游开辟较大规模的蓄洪功能绿地，集中蓄滞汇水区域内的雨水径流；分散式布局是指在城市各排水支干管汇流区域内分别开辟功能型绿地，分别对各个小范围汇水区域的雨水径流进行蓄滞。绿地系统规划中应充分考虑城市绿地布局，建设具有蓄滞雨洪作用的功能型绿地。

目前，国内已有学者针对雨洪安全开展功能型绿地量化分析，计算各类典型下垫面条件区块范围内消纳不同强度与历时的降雨超出管网排水能力的降雨量所需要的蓄洪功能绿地规模，即蓄洪功能绿地可储水的平均深度以及对应得到的功能绿地面积占其所在区块绿地总面积的比例数值。以北京市为例，在绿地率较低、建筑密度偏高的旧城区，取平均储水深度500mm，有效应对5年一遇强度降雨，所需功能型绿地占总绿地比例应大于30%[87]。

第 6 章 城市内涝防治设施规划方法总论

本章在《城市排水（雨水）防涝综合规划编制大纲》的基础上，结合编写组在城市内涝防治设施规划编制方面的实践经验，全面介绍内涝防治设施规划编制的相关要求，重点提出并深入阐述了总体规划层次和详细规划层次的成果内容要求以及专题研究内容要求，使读者能够较快地了解城市内涝防治设施规划应包含的规划目标、核心成果和工作内容等。

6.1 指导思想及基本原则

6.1.1 指导思想

以科学发展观为指导，以保障群众的生命财产安全为根本出发点，建立完善的城市内涝防治体系，全面提高抗御洪涝灾害的能力，降低灾害的整体风险，为建设生产发展、生活富裕、生态良好的和谐社会提供水安全保障。

6.1.2 基本原则

1. 统筹兼顾，安全可靠

城市内涝防治设施规划与建设是一项系统性工程，应当综合考虑从源头到末端的全过程控制和管理，需要整体把握、统筹协调以及多专业、多领域的配合联动。因此，城市内涝防治系统的构建除了重视传统意义上的工程技术手段外，还要特别强调与各个相关规划的紧密结合，在城市总体规划的指导下，充分认识城市道路和竖向规划、城市排水系统规划、城市水系规划、城市绿地系统规划、城市雨水利用工程规划、城市生态环境保护规划、城市综合防灾规划、城市地下空间规划对城市内涝防治的重要作用，坚持防洪安全第一的原则，切实做好与相关专业规划相衔接。注重规划与工程之间的反馈与校核，从而切实提高城市排水防涝能力，保障水安全、保护水环境、恢复水生态、营造水文化，有效改善城市整体人居环境，实现社会效益、经济效益、生态效益的有机统一。

2. 重点突出，手段多元

在全盘考虑整个系统的基础上，城市内涝防治设施规划应当重点关注影响居民生活、威胁公共安全的严重内涝积水区域（例如下穿通道、低洼易涝点等），通过多项技术的综合运用、综合性治理方案的编制以及建设项目和时序的合理安排，坚持整体规划、分期建设的原则，做到主次分明、先后有序，率先解决矛盾突出点，并在城市排水防涝为主的基础上兼顾城市初期雨水的面源污染治理，消除不良影响。

3. 理念先行，技术支撑

城市内涝防治设施规划应当强调理念和技术的重要性，学习借鉴国内外的有益经验，切实围绕整体思路要求，根据规划区内的地形条件、用地性质、开发强度等状况，以现代规划理念为先导、先进技术手段为支撑，按照“低影响开发（LID）”建设要求，因地制宜地采取蓄、渗、滞、排等多种措施，借助经过鉴定的、行之有效的新技术、新工艺、新材料、新设备，进行多方案比较，并通过全面论证，将提高区域防洪防涝能力与改善区域生态环境有机结合，有效实现生态排水和综合排水相结合。

4. 因地制宜，近远结合

城市内涝防治设施规划在高标准建设城市排水管、渠、泵站等基础设施的同时，还要充分考虑城市的地形地貌、自然降雨、开发建设、河湖水系等本底特征，充分利用现状湖泊、沟塘、河道、湿地等调蓄水体，做到排蓄结合；充分利用干沟、干渠、河道及道路排水，建设地表涝水行洪通道；同时利用好湖泊、公园、湿地、绿地等防涝资源。在做好长远规划，谋划“百年大计”的同时，近期要解决好重点内涝地区和地段的防涝问题，适应城市快速发展的需要[88]。

5. 注重管理，建管并重

城市内涝防治设施规划在提高城市内涝防治设施建设标准的同时，应强化对排水防涝设施的管理和维护，持续完善应对极端降雨天气的应急体系。此外，还应建立城市排水防涝数字信息化管控平台，实现日常管理、运行调度、灾情预判和辅助决策，从而提高城市排水防涝设施规划、建设、管理和应急水平。

6.2　规划目标及工作内容

6.2.1　规划目标

城市内涝防治设施规划的工作目标为：以高标准的城市内涝防治系统防止城市洪涝灾害，以制度化的灾害应急机制减轻城市洪涝灾害，并逐步建立“制度完善、机制健全、手段先进、措施到位”的管理体系，为城市发展提供安全保障[89]。具体目标如下：

（1）当发生城市雨水管网设计标准以内的降雨时，城市地面不应有明显积水；

（2）当发生城市内涝防治标准以内的降雨时，有效应对，城市不出现较大的内涝灾害；

（3）当发生超过城市内涝防治标准，且不超过防洪（潮）设计标准的降雨时，应急抢险能力充分发挥，城市运转基本正常。

6.2.2　工作内容

城市内涝防治设施规划需要系统考虑从源头到末端的全过程雨水控制和管理，与道路、绿地、竖向、水系、景观、防洪等相关专项规划充分衔接，重点针对源头减排系统、排水管渠系统、排涝除险系统三大方面开展编制工作。城市内涝防治设施规划的工作内容应包括：(1) 城市排水防涝现状及问题分析；(2) 城市排水防涝能力与内涝风险评估；(3) 规划总论；(4) 源头减排系统规划；(5) 排水管渠系统规划；(6) 排涝除险系统规划；(7) 近期建设规划；(8) 管理规划；(9) 保障措施。

6.2.3 编制依据

(1) 主要法律法规：包括《中华人民共和国城乡规划法》、《中华人民共和国环境保护法》、《中华人民共和国水污染防治法》、《中华人民共和国水法》、《中华人民共和国防洪法》、《中华人民共和国河道管理条例》、《中华人民共和国防汛条例》、《国务院办公厅关于做好城市排水防涝设施建设工作的通知》(国办发〔2013〕23 号)、《住房城乡建设部关于印发城市排水（雨水）防涝综合规划编制大纲的通知》(建城〔2013〕98 号)、《关于加强城市基础设施建设的意见》(国发〔2013〕36 号)、《住房城乡建设部办公厅 国家发展改革委办公厅关于做好城市排水防涝补短板建设的通知》(建办城函〔2017〕43 号)、《住房城乡建设部办公厅关于做好 2019 年城市排水防涝工作的通知》(建办城函〔2019〕176 号）等。

(2) 主要规范标准：包括《城镇内涝防治技术规范》GB 51222、《防洪标准》GB 50201、《城市防洪工程设计规范》GB/T 50805、《城镇雨水调蓄工程技术规范》GB 51174、《堤防工程设计规范》GB 50286、《海堤工程设计规范》SL 435、《水利工程水利计算规范》SL 104、《水利水电工程设计洪水计算规范》SL 44、《水利水电工程水文计算规范》SL 278、《地表水环境质量标准》GB 3838、《城市排水工程规划规范》GB 50318、《室外排水设计规范》GB 50014、《城市工程管线综合规划规范》GB 50289、《泵站设计规范》GB 50265、《城市水系规划导则》SL 431、《城市水系规划规范》GB 50513、《海绵城市建设技术指南——低影响开发雨水系统构建（试行)》、《城市暴雨强度公式编制和设计暴雨雨型确定技术导则》等。

(3) 主要技术文件：包括城市总体规划、详细规划、专项规划，比如排水专项规划、绿地专项规划、水系专项规划、道路专项规划、竖向规划等。

6.3 现状调研及资料收集

现状调研主要针对当地自然气候条件（降雨情况)、地形地貌、排水分区、河湖水系及湿地情况、历史内涝、城市排水设施建设等情况展开，以分析城市竖向、低洼地、内涝风险、市政管网、园林绿地等城市内涝防治系统规划建设影响因素及存在的主要问题。

部门访谈是现状调研和获取资料的重要手段之一，城市内涝防治工作涉及部门众多，主要包括水务部门、发改部门、规划部门、城管部门、气象部门等。由于各城市的部门设置和职能分工不同，需要针对具体情况确定合适的调研部门和调研内容，主要部门的调研内容可参考如下：

1. 水务部门调研

(1) 城市排水防涝设施的建设情况，包括排水管网、调蓄设施、泵站、闸门等设施的现状信息和建设计划，以及排水防涝设施在运行过程中存在的主要问题等。

（2）城市水系的相关情况，包括水系分布、防洪潮标准、设计水位、近期河道治理情况和计划等。

（3）城市历史内涝点的相关资料，包括内涝程度、内涝区分布、成因分析等信息，已经开展或计划开展的内涝整治工程等。

（4）海绵城市建设相关的内容，包括建设目标、指标控制、LID设施分布、典型海绵项目等。

（5）城市排水防涝工作的相关管理机构、工作机制、应急预案等信息，以及排水防涝信息化建设的内容。

（6）对城市内涝防治设施规划编制的相关诉求和建议。

2. 规划部门调研

（1）城市现状与规划用地情况，城市更新、旧城改造的相关计划。

（2）城市总体规划、详细规划以及相关专业规划中对城市内涝系统的要求和设施布局情况。

（3）城市道路、绿地、竖向、海绵城市的现状与规划情况。

（4）城市生态红线、蓝线、绿线的规划和布局情况。

（5）对城市排水设施的优化提升规划和改造计划。

（6）对城市内涝防治设施规划编制的相关诉求和建议。

3. 发改部门调研

（1）近期政府对内涝防治设施相关的项目安排和投资计划，是否将内涝防治设施建设相关工作纳入国民经济和社会发展计划。

（2）内涝防治设施的投资定额或投资标准的相关要求文件。

（3）关于内涝防治设施建设项目审批指南，在项目建议书、可行性研究报告等审查审批过程中加强对内涝防治设施投资的专项审查的举措的意见。

4. 气象部门调研

（1）城市近30年的日降雨数据，典型年（平水年、枯水年、丰水年）逐分钟（或5分钟）降雨数据。

（2）城市暴雨强度公式和设计暴雨雨型。

（3）城市暴雨等灾害性天气的监测、预报和应急制度。

城市内涝防治设施规划需要收集的资料包括自然地理、降雨、水文、排水防涝设施及相关规划等内容，需要收集的主要资料如表6-1所示。

资料收集清单及部门　　**表6-1**

资料类型	资料内容	收集部门
自然地理	地形图（带高程信息的矢量图）	规划部门
	遥感影像图	规划部门
	现状及规划用地图	规划部门

续表

资料类型	资料内容	收集部门
降雨	城市近30年的日降雨数据，典型年（平水年、枯水年、丰水年）逐分钟（或5分钟）降雨数据	气象部门
	暴雨强度公式	气象部门
	设计暴雨雨型	气象部门
水文情况	内涝点分布、积水范围、积水深度、积水时间、内涝成因、损失情况等	水务部门、交通部门、城管部门、街道办等
	城市河道相关资料，包括水系分布、防洪潮标准、设计水位等	水务部门
	水库（湖泊）的分布情况、防洪工程建设情况、主要使用功能、保护要求等	水务部门
排水防涝设施	现状雨水管渠图（GIS或CAD数据）	水务部门、规划部门
	现状雨水泵站的数量、位置、规模及运行情况	水务部门、规划部门
	现状雨水调蓄设施位置、规模及运行情况	水务部门、城管部门
	河道闸门、拦水坝等设施的位置、规模及调度情况	水务部门
	海堤建设情况	海洋部门、水务部门
相关规划资料	规划区已有的城市总体规划、分区规划、详细规划	规划部门
	城市道路交通规划	规划部门、交通部门
	海绵城市规划	规划部门、水务部门
	水系规划、蓝线规划	规划部门、水务部门
	防洪排涝规划	规划部门、水务部门
	绿地规划	规划部门、城管部门
	竖向规划	规划部门
	其他相关雨水规划	规划部门、水务部门
	城市更新及重大基础设施近期建设计划	规划部门、交通部门、水务部门、发改部门
社会经济文化	近3年统计年鉴	统计部门
	地方经济发展规划	发改部门

6.4 总体规划层次成果内容要求

6.4.1 成果组成

成果应包含文本、图集、说明书和专题研究报告四部分，其中专题研究报告可根据实际要求选做。同时为了方便使用，可考虑在图集中选取重要规划成果图纸，与文本一起装订形成规划成果简本。

文本应表达成果的主要结论，明确规划管理需要控制的内容，文字表述应简练清晰。

说明书宜参照《城市排水（雨水）防涝综合规划编制大纲》的内容要求完成，同时可在此基础上进行调整和补充。具体内容见6.4.2节和6.4.4节。

成果形式应包括纸质文件和相应的电子数据文件。电子文件应符合城市规划主管部门有关规划成果电子报批和管理的格式要求。其中文本、说明书、专题研究报告正文应采用word格式；图集中涉及系统和管线的图纸应采用dwg或dxf格式。

6.4.2　文本内容要求

总体规划层次城市内涝防治设施规划文本内容的具体要求为：

（1）规划总论：包括规划依据、规划原则、规划范围、规划期限、规划目标等内容。

（2）现状与评估：包括水系、排水分区、城市排水设施、城市防涝设施、内涝及成因、设计暴雨雨型、下垫面解析、现状排水能力评估、内涝风险评估与区划等。

（3）规划标准与思路：确定分区和分类用地的雨水径流控制标准；确定雨水管渠、泵站及附属设施设计标准，以及设计重现期区域划分；确定城市内涝防治标准，与防洪标准衔接，同时明确规划思路等内容。

（4）源头减排系统规划：明确径流量控制、径流污染控制和雨水资源化利用的目标和实施策略，以及相应的配套机制。

（5）排水管渠系统规划：明确城市排水体制、排水分区、排水管渠、排水泵站及其他附属设施。

（6）排涝除险系统规划：包括平面与竖向控制、城市内河水系综合治理、城市涝水行泄通道、城市雨水调蓄设施与城市防洪设施的衔接。

（7）近期建设规划：明确近期内涝整治的目标、范围和年度实施计划与投资。

（8）管理规划：包括体制机制、信息化建设、应急管理。

（9）保障措施：包括建设用地、资金筹措等内容。

（10）附件：近期建设任务与投资列表，以及规划附图。

6.4.3　图纸内容要求

总体规划层次的城市内涝防治设施规划图纸应包括城市现状排水设施图、城市现状排水系统排水能力评估图、城市内涝风险区划图、城市排水分区规划图、城市排水管渠及泵站规划图、城市雨水行泄通道规划图等，规划图纸具体表达内容要求如表6-2所示。

城市内涝设施防治规划图纸要求　　表6-2

图纸编号	图纸名称	表达内容要求	备注
1	城市区位图	城市位置、周围城市位置、距离其他主要城市的关系	可引用城市总体规划中的图
2	城市用地规划图	用地性质、用地范围、主要地名、主要方向、街道名、标注中心区、风景名胜区、文物古迹和历史地段的范围	可引用城市总体规划中的图

续表

图纸编号	图纸名称	表达内容要求	备注
3	城市现状水系图	描述城市内部收纳水体（包括河、湖、塘、湿地等）基本情况，如长度、河底标高、断面、防洪水位、流域面积等以及城市现状雨水排放口信息	
4	城市道路规划图	城市主次干道交叉点及变坡点的道路标高	
5	城市排水分区图	城市排水分区，每个排水分区的面积，最终排水出路等	
6	城市现状排水设施图	城市排水管网的空间分布及管网性质、各管段长度、管径、管内底标高、流向、设计标准、泵站的位置和流量及设计重现期等内容	人城市和特大城市可以只表现到干管，中小城市需表现到支管
7	城市现状内涝防治系统布局图	能影响到城市排水与内涝防治的水工设施，比如城市调蓄设施和蓄滞空间分布、容量	
8	城市现状易涝点分布图	城市易涝点的空间分布	
9	城市现状排水系统排水能力评估图	各管段的实际排水能力，最好用重现期表示，包括小于1年，1～2年，2～3年，3～5年和大于5年一遇，并标识出低于国家标准的管段	
10	城市内涝风险区划图	城市内涝高、中、低风险区的空间分布情况	
11	城市排水分区规划图	城市排水分区、各分区的面积及排入的受纳水体	至少划分至二级排水分区
12	雨水管渠设计重现期分区规划图	中心城区、特别重要地区等不同雨水管渠设计重现期的范围	
13	城市排水管渠及泵站规划图	管网布局、管网长度、管径、管内底标高、流向、出水口的标高，注意区分表达新建管渠、雨污合流改造管渠、原有雨水管渠扩建，城市泵站的名称、位置、设计流量	大城市和特大城市可以只表现到干管，中小城市需表现到支管。可根据需要，用多张图纸来表达
14	城市低影响开发重点区域布局图	城市低影响开发重点区域的名称、范围、面积	
15	规划建设用地性质调整建议图	对规划新建地区内涝风险较高地区，提出调整建议	
16	城市内河治理规划图	规划需要治理的内河名称、位置、长度等	
17	城市雨水行泄通道规划图	城市大型雨水行泄通道的位置、长度、截面尺寸、过流能力、服务范围等信息	
18	城市雨水调蓄规划图	雨水调蓄空间与调蓄设施的位置、占地面积、设施规模、主要用途、服务范围等信息	

续表

图纸编号	图纸名称	表达内容要求	备注
19	近期内涝整治范围图	近期需要开展的内涝整治的范围	
20	超标暴雨应急预案图	标识超标暴雨下需要实施交通管制的路段，现状和规划的避难场所，各级防汛物资仓库等	

以上图纸为总体规划层次城市内涝防治设施规划的基本要求，在规划编制过程中，可结合各城市的实际情况对规划图纸进行优化和调整，可通过更多的图纸形式表达规划成果。

6.4.4　说明书内容要求

总体规划层次的城市内涝防治设施规划说明书内容的具体要求为：

1. 城市排水防涝现状及问题分析

城市水系：城市内河（不承担流域性防洪功能的河流）、湖泊、坑塘、湿地等水体的几何特征、标高及设计水位等基本情况。城市区域内承担流域防洪功能的受纳水体的几何特征、设计水（潮）位和流量等基本情况。

城市雨水排水分区：城市排水分区情况，每个排水分区的面积，最终排水出路等。

历史内涝：描述近 10 年城市积水情况，包括积水深度、范围等，以及内涝灾害造成的人员伤亡和直接、间接经济损失。

城市排水设施：城市现有排水主干管（渠）长度、管材、管径、管内底标高、流向、建设年限、设计标准、雨水管道和合流制管网情况及城市雨水管渠的运行情况，城市排水泵站位置、设计流量、设计标准、服务范围、建设年限及运行情况。以上内容可参照表 6-3～表 6-5 进行信息的统计和填写。

现状城市市政管渠系统统计表　　**表 6-3**

流域名称	现状建成区面积（km^2）	雨污合流管网长度（km）	雨水管网长度（km）	合流制排水明渠长度（km）	雨水明渠长度（km）

现状城市排水管网设计重现期统计表　　**表 6-4**

小于 1 年一遇管网长度（km）	1～3 年一遇管网长度（包括 1，不包括 3）（km）	3～5 年一遇管网长度（包括 3，不包括 5）（km）	大于 5 年一遇管网长度（包括 5）（km）

现状城市排水泵站统计表　　**表 6-5**

泵站名称	泵站位置	泵站性质（雨水泵站或雨污合流泵站）	服务范围（km^2）	设计重现期（年）	设计流量（m^3/s）

城市内涝防治设施：城市雨水调蓄设施和蓄滞空间分布及容量情况。

问题及成因分析：从体制、机制、规划、建设、管理等方面，分析城市内涝防治系统存在的问题以及内涝发生的原因。

2. 城市排水能力与内涝风险评估

降雨规律分析与下垫面解析：按照《室外排水设计规范》GB 50014 的要求，对暴雨强度公式进行评估。简述原有暴雨强度公式的编制时间、方法及适用性。根据降雨统计资料，建立步长为 5 分钟的短历时（一般为 2～3h）和长历时（24h）设计降雨雨型，长历时降雨应做好与水利部门设计降雨的衔接。对城市地表类型进行解析，按照水体、草地、树林、裸土、道路、广场、屋顶和小区内铺装等类型进行分类，也可根据当地实际情况，选择分类类型，下垫面解析成果应做成矢量图块，供后续雨水系统建模备用。

城市现状排水防涝系统能力评估：分析城市雨水主干管（渠）的覆盖程度、城市各排水分区内的管渠达标率（各排水分区内满足设计标准的雨水管渠总长度与该排水分区内雨水管渠总长度的比值）、城市雨水泵站的达标情况（满足设计标准的雨水泵站排水能力与全市泵站总排水能力的比值）。在排水防涝设施普查的基础上，建议使用水力模型对城市现有雨水主干管网和泵站等设施进行评估，分析实际排水能力。可参考表 6-6 进行填写。

现状排水管网排水能力评估　　表 6-6

经评估排水能力小于 1 年一遇的管网（km）	经评估排水能力 1～2 年一遇的管网（包括 1 不包括 2）（km）	经评估排水能力 2～3 年一遇的管网（包括 2 不包括 3）（km）	经评估排水能力 3～5 年一遇的管网（包括 3 不包括 5）（km）	经评估排水能力大于等于 5 年一遇的管网（km）

建议使用水力模型进行城市内涝风险评估。通过计算机模拟获得雨水径流的流态、水位变化、积水范围和淹没时间等信息，采用单一指标或者多个指标叠加，综合评估城市内涝灾害的危险性。结合城市区域重要性和敏感性，对城市内涝风险等级进行划分。基础资料或手段不完善的城市，也可采用历史水灾法进行评价。可参考表 6-7 进行填写。

城市内涝风险评估　　表 6-7

流域名称	城市现状易涝点个数（个）	内涝高风险区面积（km^2）	内涝中风险区面积（km^2）	内涝低风险区面积（km^2）

3. 规划标准

（1）雨水径流控制标准

根据低影响开发的要求，结合城市地形地貌、气象水文、社会经济发展情况，合理确定城市雨水径流量控制、源头削减的标准以及城市初期雨水污染治理的标准。

城市开发建设过程中应最大程度减少对城市原有水系统和水环境的影响，新建地区综合径流系数的确定应以不对水生态造成严重影响为原则，一般宜按照综合径流系数不超过 0.5 进行控制；旧城改造后的综合径流系数不能超过改造前，不能增加既有排水防涝设施的额外负担。

（2）雨水管渠、泵站及附属设施规划设计标准

城市管渠和泵站的设计标准、径流系数等设计参数应根据《室外排水设计规范》GB 50014 的要求确定。其中，径流系数应按照不考虑雨水控制设施情况下的规范规定取值，以保障系统运行安全。

（3）城市内涝防治标准

通过采取综合措施，直辖市、省会城市和计划单列市（36 个大中城市）中心城区能有效应对不低于 50 年一遇的暴雨；地级城市中心城区能有效应对不低于 30 年一遇的暴雨；其他城市中心城区能有效应对不低于 20 年一遇的暴雨；对经济条件较好，且暴雨内涝易发的城市可视具体情况采取更高的城市排水防涝标准。

4. 源头减排系统规划

（1）明确城市源头减排系统实施路径。针对城市的地理区位、自然条件、城市建设等因素，提出城市推广低影响开发的实施路径；基于不同尺度的城市建设区，构建不同的雨水径流污染控制系统；根据当地水资源禀赋条件，确定雨水资源化利用的用途、方式和措施。

（2）结合城市重点开发建设片区，确定近期低影响开发的重点区域。

（3）结合规划、建设等主管部门的主要职能，提出城市低影响开发在规划编制审查、建设项目审查审批等环节的配套机制。

5. 排水管渠系统规划

（1）排水体制

对现状采用雨污合流的，应结合城市建设与旧城改造计划，加快雨污分流改造。暂时不具备改造条件的，应加大截流倍数。

对于雨污分流地区，应根据初期雨水污染控制的要求，采取截流措施，将截流的初期雨水进行达标处理。

（2）排水分区

根据城市地形地貌和河流水系等，合理划定城市的排水分区；建成区面积较大的城市，可根据本地实际将排水分区进一步细化为次一级的排水子分区（排水系统）。

（3）排水管渠

结合城市地形水系和已有管网情况，合理布局城市排水管渠。充分考虑与城市防洪设施和内涝防治设施的衔接，确保排水通畅。

根据城市现状排水能力的评估结果，对不能满足设计标准的管网，结合城市旧城改造的时序和安排，提出改造方案。

（4）排水泵站及其他附属设施

结合排水管网布局，合理设置排水泵站；对设计标准偏低的泵站提出改造方案和时序。有条件的地区，应结合泵站或其他相关排水设施设置雨量自动观测设施。

6. 排涝除险系统规划

（1）平面与竖向控制

结合城市内涝风险评估的结果，优先考虑从源头降低城市内涝风险，提出用地性质和

场地竖向调整的建议。

(2) 城市内河水系综合治理

根据城市排水和内涝防治标准，提出需要治理的内河名称、位置、长度等；在汛期时应该使水系保持低水位，为城市排水防涝预留必要的调蓄容量。

(3) 城市防涝设施布局

合理布局涝水行泄通道。行泄通道布局应优先考虑地表的排水干沟、干渠以及道路排水；对于建设地表涝水行泄通道确有困难的地区，在充分论证的基础上，可考虑选择深层排水隧道措施。

城市雨水调蓄设施：优先利用城市湿地、公园、下凹式绿地和下沉式广场等，作为雨水调蓄空间；也可设置雨水调蓄专用设施。

(4) 与城市防洪设施的衔接

统筹考虑防洪水位和雨水排放口标高，保障在最不利条件下不出现顶托，确保城市排水通畅。

7. 近期建设规划

根据规划要求，明确近期需要重点整治的内涝风险区，梳理管渠、泵站、闸阀、调蓄构筑物等排水防涝设施及内河水系综合治理的近期建设任务。

8. 管理规划与实施保障

提出机制体制、信息化建设、超标暴雨应急方案、应急管理等相关管理规划与实施保障的内容。

6.5 详细规划层次成果内容要求

6.5.1 成果组成

成果应包含文本、图集和说明书三部分，同时为了方便使用，可考虑在图集中选取重要规划成果图纸，与文本一起装订形成规划成果简本。

文本应表达成果的主要结论，明确规划管理需要控制的内容，文字表述应简练清晰。说明书宜参照《城市排水（雨水）防涝综合规划编制大纲》的内容要求完成，同时可在此基础上进行调整和补充。具体内容要求见 6.5.2 节和 6.5.4 节。

成果形式应包括纸质文件和相应的电子数据文件。电子文件应符合城市规划主管部门有关规划成果电子报批和管理的格式要求。其中文本、说明书正文应采用 Word 格式；图集中涉及系统和管线的图纸应采用 Dwg 或 Dxf 格式。

6.5.2 文本内容要求

详细规划层次城市内涝防治设施规划文本内容的具体要求为：

(1) 规划总论：包括规划依据、规划原则、规划范围、规划期限、规划目标等内容。

（2）现状与评估：包括城市排水防涝设施评估、内涝及成因分析、涉及的上下游水系和排水分区、下垫面解析、现状排水能力评估等。

（3）规划标准与思路：明确规划范围内上层次规划确定的雨水径流控制标准，雨水管渠、泵站及附属设施设计标准，城市内涝防治标准，与涉及河道的防洪标准衔接等；针对历史内涝点和内涝风险区，提出内涝整治的规划思路和技术路线。

（4）源头减排系统规划：提出针对分类用地或单个地块的径流总量控制指标要求，明确径流总量控制指标的管控方式和实施策略，针对下凹式绿地、透水铺装、绿色屋顶、雨水花园等新建或改造低影响开发设施提出具体的空间布局、规模和投资。

（5）排水管渠系统规划：明确需要新建和改造排水管渠、排水泵站及其他附属设施的布局、规模等内容。

（6）排涝除险系统规划：明确低洼地的竖向控制要求，明确雨水行泄通道和调蓄设施的规划布局、规模等内容，提出与涉及河道的防洪衔接等内容。

（7）近期建设规划：明确近期内涝整治的建设任务和实施计划。

（8）管理与保障措施：包括建设用地、资金筹措、应急管理等内容。

（9）附件：近期建设任务与投资列表，以及规划附图。

6.5.3　图纸内容要求

详细规划层次的城市内涝防治设施规划图纸应包括城市现状排水设施图、城市现状排水系统排水能力评估图、低影响开发设施规划图、城市排水管渠及泵站规划图、城市雨水行泄通道规划图等，规划图纸具体表达内容要求如表 6-8 所示。

城市内涝设施防治规划图纸要求　　　　**表 6-8**

图纸编号	图纸名称	表达内容要求	备注
1	规划范围	规划区的范围、在城市或流域中的区位等	
2	用地规划图	用地性质、主要地名、街道名、标注中心区、风景名胜区、文物古迹和历史地段的范围	可引用控制性详细规划中的规划用地图
3	现状水系图	描述规划范围内收纳水体（包括河、湖、塘、湿地等）基本情况，如长度、河底标高、断面、防洪水位、流域面积以及城市现状雨水排放口信息等	
4	城市道路规划图	规划范围内城市主次干道交叉点及变坡点的道路标高	
5	现状排水分区图	规划范围涉及的排水分区，每个排水分区的面积，最终排水出路等	划分至三级排水分区
6	现状排水设施图	排水管网的空间分布及管网性质、各管段长度、管径、管内底标高、流向、设计标准、泵站的位置和流量及设计重现期等内容	需细化至支管
7	现状内涝防治系统布局图	规划范围内能影响到排水与内涝防治的水工设施，比如城市调蓄设施和蓄滞空间分布、容量	
8	现状易涝点分布图	城市易涝点的空间分布	

续表

图纸编号	图纸名称	表达内容要求	备注
9	现状排水系统排水能力评估图	各管段的实际排水能力，最好用重现期表示，包括小于1年、1～2年、2～3年、3～5年和大于5年一遇，并标识出低于国家标准的管段	
10	内涝风险评估图	规划区内涝高、中、低风险区的空间分布情况	应在总体规划层次内涝风险评估成果的基础上，进一步细化
11	规划水系图	描述规划后的水系分布，重点表达水系的位置、长度、防洪标准、防洪潮水位等信息	
12	排水管渠及泵站规划图	管网布局、管网长度、管径、管内底标高、流向、出水口的标高，注意区分表达新建管渠、雨污合流改造管渠、原有雨水管渠扩建，排水泵站的名称、位置、设计流量，城市规划排水管渠的重现期	需细化至支管。可根据需要，用多张图纸来表达
13	低影响开发设施单元布局图	城市下凹式绿地、植草沟、人工湿地、可渗透地面、透水性停车场和广场的布局，城市现有硬化路面的改造路段与方案，注意标明将现状绿地改为下凹式绿地的位置和范围	此处可根据需要，用多张图纸来表达
14	低洼地建设用地性质或竖向调整建议图	对位于自然低洼地的规划新建地区或城市更新改造地区，提出调整建议	
15	雨水行泄通道规划图	城市大型雨水行泄通道的位置、长度、截面尺寸、过流能力、服务范围等信息	
16	雨水调蓄规划图	雨水调蓄空间与调蓄设施的位置、占地面积、设施规模、主要用途、服务范围等信息	
17	内涝风险区整治方案规划图	针对内涝点或内涝风险区，制定详细的内涝整治方案，表达源头减排、排水管渠、排涝除险等内涝整治措施的布局、规模等	多张图表达，每个内涝点或多个内涝点出一张图
18	近期建设任务分布图	近期需要开展的建设工程分布	

以上图纸为详细规划层面城市内涝防治设施规划的基本要求，在规划编制过程中，可结合规划区的实际情况对规划图纸进行优化和调整，可通过更多的图纸形式表达规划成果。

6.5.4 说明书内容要求

详细规划层面的城市内涝防治设施规划说明书内容的具体要求为：

1. 城市排水防涝现状及问题分析

历史内涝：对规划区的历史内涝点和内涝风险进行详细调研和解析，明确每个历史内涝点积水深度、范围、退水时间等，分析其内涝成因，必要时可借助水力模型辅助分析。

雨水排水分区：规划范围涉及的排水分区情况，每个排水分区的面积，最终排水出路等。

城市排水设施：城市现有排水管渠长度、管材、管径、管内底标高、流向、建设年限、设计标准、雨水管道和合流制管网情况及城市雨水管渠的运行情况，城市排水泵站位置、设计流量、设计标准、服务范围、建设年限及运行情况。以上内容同样可参照表 6-3～表 6-5 进行信息的统计和填写。

内涝防治设施：城市雨水调蓄设施和蓄滞空间分布及容量情况。

城市水系：规划范围内城市内河（不承担流域性防洪功能的河流）、湖泊、坑塘、湿地等水体的几何特征、标高、设计水位及城市雨水排放口分布等基本情况。规划区上下游涉及的承担流域防洪功能的受纳水体的几何特征、设计水（潮）位和流量等基本情况。

2. 城市排水能力评估

下垫面解析：对城市地表类型进行解析，按照水体、草地、树林、裸土、道路、广场、屋顶和小区内铺装等类型进行分类，也可根据当地实际情况，选择分类类型，下垫面解析成果应做成矢量图块，供后续雨水系统建模备用。

城市现状排水防涝系统能力评估：分析规划区内雨水管渠的覆盖程度、各排水分区内的管渠达标率（各排水分区内满足设计标准的雨水管渠总长度与该排水分区内雨水管渠总长度的比值）、城市雨水泵站的达标情况（满足设计标准的雨水泵站排水能力与全市泵站总排水能力的比值）。在排水防涝设施普查的基础上，建议使用水力模型对城市现有雨水排水管网和泵站等设施进行评估，分析实际排水能力。同样可参考表 6-6 进行填写。

3. 规划标准

对相关上层次规划进行解读，包括城市总体规划、总体规划层面的内涝防治设施规划、海绵城市专项规划、排水专项规划等，明确规划范围的雨水径流控制标准，雨水管渠、泵站及附属设施设计标准，城市内涝防治标准，与涉及河道的防洪标准衔接等。

4. 源头减排系统规划

（1）径流量控制

根据径流控制要求，提出径流控制的方法、措施及相应设施的布局。对控制性详细规划提出径流控制要求，作为城市土地开发利用的约束条件，明确单位土地开发面积的雨水蓄滞量、透水地面面积比例和绿地率等。

根据城市低影响开发（LID）的要求，合理布局下凹式绿地、植草沟、人工湿地、可渗透地面、透水性停车场和广场，充分利用绿地、广场等公共空间蓄滞雨水。

除因雨水下渗可能造成次生破坏的湿陷性黄土地区外，其他地区应明确新建城区的控制措施，确保新建城区的硬化地面中，可渗透地面面积不低于 40%；明确城市现有硬化路面的改造路段与方案。

（2）径流污染控制

根据城市初期雨水的污染变化规律和分布情况，分析初期雨水对城市水环境污染的贡献率；按照城市水环境污染物总量控制的要求，确定初期雨水截流总量；通过方案比选确定初期雨水截流和处理设施规模与布局。

（3）雨水资源化利用

根据当地水资源禀赋条件，确定雨水资源化利用的用途、方式和措施。

5. 排水管渠系统规划

（1）排水分区

根据规划区地形地貌和河流水系等，以及历史内涝的成因，合理划定排水分区，明确雨水径流的排向和受纳水体。

（2）排水管渠

结合内涝成因分析、城市地形水系和已有管网情况，根据城市现状排水能力的评估结果，对不能满足设计标准的管网，结合城市旧城改造的时序和安排，提出改造方案。同时，根据排水需求，提出需要新建的雨水管网路由、规模等内容。

（3）排水泵站及其他附属设施

结合排水管网布局，合理设置排水泵站；对设计标准偏低的泵站提出改造方案和时序。有条件的地区，应结合泵站或其他相关排水设施设置雨量自动观测设施。

6. 排涝除险系统规划

（1）平面与竖向控制

结合内涝成因分析，对处于自然低洼地的内涝区域，优先考虑从源头降低城市内涝风险，提出用地性质和场地竖向调整的建议，包括调整的范围、标高等内容。

（2）城市防涝设施布局

城市涝水行泄通道：推荐使用水力模型，对涝水的汇集路径进行分析，结合城市竖向和受纳水体分布以及城市内涝防治标准，合理布局涝水行泄通道。行泄通道布局应优先考虑地表的排水干沟、干渠以及道路排水；对于建设地表涝水行泄通道确有困难的地区，在充分论证的基础上，可考虑选择深层排水隧道措施。

城市雨水调蓄设施：优先利用城市湿地、公园、下凹式绿地和下沉式广场等，作为雨水调蓄空间；也可设置雨水调蓄专用设施。

（3）城市内河水系综合治理

根据城市排水和内涝防治标准，对规划区涉及的城市内河，提出河道清淤、拓宽、建设生态缓坡和雨洪蓄滞空间等综合治理方案以及水位调控方案，在汛期时应该使水系保持低水位，为城市排水防涝预留必要的调蓄容量。

7. 内涝风险区整治方案

针对近期需要重点解决的历史内涝点或内涝风险区，制定详细的内涝整治方案，提出需要采取的具体内涝整治措施，包括源头减排、排水管渠、排涝除险等各项工程措施的布局、规模、投资等内容。

8. 近期建设规划

根据近期内涝风险整治的要求，梳理管渠、泵站、闸阀、调蓄构筑物等排水防涝设施及内河水系综合治理的近期建设任务。

9. 管理规划与实施保障

提出机制体制、超标暴雨应急方案、应急管理等相关管理规划与实施保障的内容。

6.6　专题研究内容要求

在城市内涝防治设施规划编制过程中，为保障规划方案的科学性和准确性，需要对一些城市自然本底条件、城市内涝现状、规划标准等基础性内容和关键技术问题进行专题研究，专题研究的成果和结论将支撑规划方案的编制。专题研究的主题可根据城市自身的情况，以解决实际问题为目的进行选取，专题研究主题主要包括内涝点调查、降雨雨型、规划标准、近期建设计划等方面，具体如表 6-9 所示。专题研究主要在总体规划层次进行设置，详细规划层次一般情况下不设置专题研究，有特殊研究需求的情况除外。

城市内涝防治设施规划专题研究概况　　表 6-9

专题名称	设置条件
历史内涝调查与成因分析专题研究	通过收集各类资料，明确规划区内涝灾害的基本情况并进行成因分析，是规划方案制定的重要基础工作。总体规划层面和详细规划层面的内涝防治设施规划均应设置该专题研究
城市设计暴雨雨型专题研究	设计雨型是内涝模型的重要边界条件，是内涝防治设施规划编制的重要基础性资料。对于总体规划层面，尤其是缺乏设计雨型的城市编制内涝防治设施规划，必须设置该专题研究
城市内涝防治规划标准专题研究	内涝防治设施规划相较于传统的排水系统规划，在规划标准方面更加复杂和丰富。如果相关政府部门、设计单位对规划标准的设置存在一定争议，建议设置该专题进行深入研究
城市防洪设施及水系规划专题研究	内涝防治设施规划将排水和防洪两个专业综合到一个平台进行统筹规划，其关键内容是河道防洪潮水位与排水管网的衔接与耦合。在有条件的情况下，建议开展该专题研究，明确河道的防洪设计水面线
深层排水隧道本地适用性专题研究	深层排水隧道是解决城市内涝灾害的一种重要工程措施，但目前在国内仍存在一定的争议。如果规划方案中需要设置深层排水隧道作为排涝除险的工程措施之一，建议开展该专题研究，明确深层排水隧道设置的必要性和适用性
近期建设计划专题研究	近期建设计划是对短期内建设目标、发展布局和主要建设项目所做的安排，是落实内涝防治设施规划的重要步骤。如果政府部门需要有较为明确和细致的近期工程措施安排，以指导具体的内涝整治工程项目，建议设置该专题研究

6.6.1　历史内涝调查与成因分析专题研究

历史内涝的调查分析是城市内涝防治设施规划编制的重要基础，是科学编制规划方案、准确解决城市内涝风险的关键所在，因此城市内涝防治设施规划均应开展历史内涝调查与成因分析专题研究，用以保障规划的合理性和可操作性。

采用问题导向与目标导向相结合的技术方法，以行政分区基本单元——街道为调查对象，对历史内涝点进行调查和分析（图 6-1）。

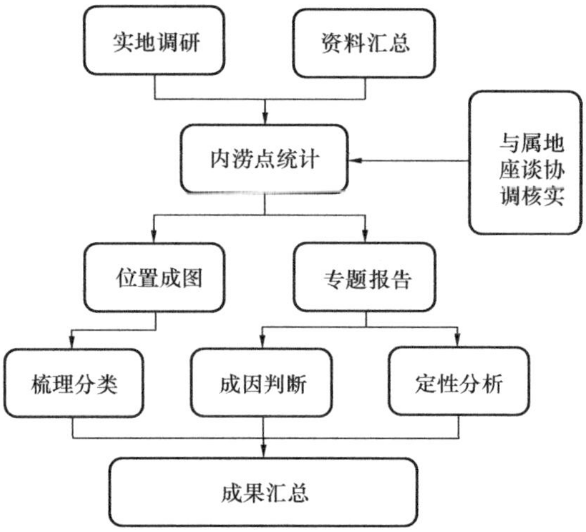

图 6-1　历史内涝调查技术路线

1. 评判标准

考虑到受涝影响和区域特征，历史内涝调查与分析需要根据规划区域实际情况制定合适的内涝标准（积水深度、积水时间、积水面积等）。历史内涝情况的调查可以从易涝区和积水点（或内涝点）两个角度进行分析评价，相应类别与定义如表 6-10 所示。

内涝评判标准类别与定义　　表 6-10

编号	类别		定义
1	易涝区	定义	地势低于 50 年一遇设计洪潮水位的天然低洼地或城市开发产生的局部人为洼地，排涝设施不完善造成相对集中区域积涝，则该类区域为易涝区
2		标准	积水深度大于等于 30cm，积水时间大于等于 30min，积水面积大于等于 $1000m^2$
3	积水点（或内涝点）	定义	仅因排水能力不足的问题，导致局部短时积水，该类区域为积水点，以道路积水为主
4		标准	积水深度大于等于 15cm，积水时间大于等于 30min，以道路为例积水长度大于等于 50m

2. 内涝点（或积水点）调查

历史内涝点调查采用实地调查与历史资料分析相结合的方式，可分为总体层面和分区层面两个部分。其中，总体层面主要分析城市内涝灾害的整体情况，包括重大内涝灾害所发生的年份、降雨情况、受涝范围、受灾情况（人员伤亡、基础设施损坏、经济损失等情况）；分区层面主要按照行政区或流域范围调查具体的历史内涝点情况，调查内容包括内涝位置、面积、深度、受涝时间等信息，形成历史内涝点情况统计一张表和一张图，如表 6-11所示，作为后期内涝风险区划定、规划方案制定的支撑成果。

历史内涝点情况统计表（以深圳市某区为例）　　　　**表 6-11**

编号	位置	最大受涝面积（m^2）	最大受涝水深（m）	最大受涝时间（h）
LHJ1	泥岗路与红岗路交界处	2000	0.6	1
LHJ2	泥岗路宝岗立交路段	1000	1	1

3. 内涝成因分析

内涝点成因分析思路主要基于四个区分：感潮区与非感潮区的区分、山洪水与城市涝水的区分、建成区与新建城区的区分和旧排水标准与新排水标准的区分。

（1）感潮区与非感潮区的区分

内涝点调查分析应考虑感潮区和非感潮区的不同特性，部分感潮区域地势甚至低于设计潮位，涝水受潮位影响长时间难以排除，从而引导针对性治理对策的制定。

（2）山洪水与城市涝水的区分

针对城区及其他保护对象，山洪为外水，涝水为内水，现状内涝点中部分形成原因为未能分离上游山洪，导致区域排水系统超载，形成内涝，针对此类内涝点，应考虑通过外部工程措施确保发生设计标准暴雨时山洪行泄通道畅通，合理分离外水和内水的可能性，保证排水系统合理布局。

（3）建成区与新建城区的区分

建成区已按规划落实，内涝多是系统问题，需要采取措施解决否则逢雨即涝，而新建城区排水系统建设和城市建设不同步，内涝区域随排水系统建设和完善不断变化。对这两种内涝点加以分类，可以避免后期的重复建设工作，避免造成工程投资浪费。

4. 旧排水标准与新排水标准的区分

已建成的排水系统大部分依据上一版本甚至更早的《室外排水设计规范》，2016 年新版规范及《城镇内涝防治技术规范》GB 51222 对雨水管渠设计标准和城市内涝防治标准提出了更高的要求。对因标准提高而导致原满足排水要求的区域变成了内涝点或内涝风险区，应充分考虑采用低影响开发、排涝除险等综合措施解决内涝问题。

6.6.2　城市设计暴雨雨型专题研究

基于历史降雨记录资料，采用数理分析方法，科学表达城市暴雨特征，是城市内涝防治设施规划的一项关键的基础性工作。通常，设计雨型是指不同降雨历时内的暴雨强度随时间变化的特征，以不同降雨历时的降雨过程线表达。设计雨型描绘了暴雨的降雨过程，对洪水径流曲线与调蓄计算均有重要的影响。

设计暴雨雨型通常包括短历时设计雨型和长历时设计雨型。短历时设计雨型主要用于确定设计暴雨的时间变化过程，设计时长一般为 1～2h，主要特征包括雨峰类型、雨峰位置、雨量分布；长历时设计雨型主要用于整个城市排涝系统，特别是包含排涝河道的系统设计，对于城市区域一般选择 24h 作为长历时的雨型统计时段。

目前较为常用的确定设计暴雨雨型的方法共有四种，分别为同频率分析法、芝加哥法、Pilgrim & Cordery 法和模糊识别法。具体方法可参考 8.1 章节。

6.6.3 城市内涝防治规划标准专题研究

规划标准的设定，是一个城市规划的核心所在，影响到规划方案制定、设施规模计算、建设任务制定等重要内容。城市内涝防治设施规划相较于传统的排水管网规划，在规划体系结构和内容方面更具综合性，涉及源头低影响开发、排水管渠、排涝除险、防洪衔接等诸多方面，具体需要明确的规划标准包括源头径流控制标准、雨水管渠设计重现期、内涝灾害标准、内涝防治设计重现期、与防洪潮标准衔接等，从而导致在规划标准的设定方面更加复杂和多专业化。

近年来，为应对城市基础设施和水系统规划建设方面的新诉求、新需要，我国在海绵城市、排水防涝、城市防洪等方面新出台和修订了多项国家标准和规范，这些标准和规范与城市内涝防治系统均有较大的关联性。同时，为与国际先进的雨水综合管理理念相对接，也引入了一些国外常用的技术标准。因此，建议开展城市内涝防治设施规划标准专题研究，针对规划区的自然本底条件、城市规模、历史内涝情况等因素，合理确定城市内涝防治系统涉及的各项规划标准，为规划方案的制定夯实基础。具体研究内容可参考 7.2 章节。

6.6.4 城市防洪设施及水系规划专题研究

城市内涝防治设施规划首次将城市排水和城市防洪两个专业综合到一个平台进行统筹规划，构建了包含源头减排、过程传输、末端排放的内涝防治系统有机整体。因此，在此过程中，需要对城市防洪系统和排涝系统的衔接进行专题研究，详细确定排水防涝系统与防洪（潮）系统的耦合边界条件，使传统技术体系中原本割裂的两个系统进行统一。

本专题的研究任务是整合现状和规划防洪设施及水系资料，推算设计重现期下，典型降雨过程中各雨水干管接入城市水系处的河道水位过程线，以确定排涝系统与防洪系统的耦合边界。工作内容包括以下两个方面：

1. 河道整治规划

整合相关河道整治项目，提出为达到防洪目标，需进行的河道整治工程。

2. 河道水面线成果

对于河道整治规划，提出各河道的设计水面线，为接入河道的设计雨水管网提供对应边界条件。河道设计水面线成果应包括相对应的一张表和一张图，如表 6-12 所示。

河道设计水面线成果表（以深圳市某流域为例）　　表 6-12

河流名称	计算断面	桩号	汇水面积（km^2）	设计洪水位（m）	
				$P=2\%$	$P=10\%$
油松河	河口	0+000	19.23	50.5	49.07
	新一代酒店	2+300	14.64	56.64	55.58
	牛咀水汇入口	4+885	8.09	66.81	65.46

续表

河流名称	计算断面	桩号	汇水面积（km^2）	设计洪水位（m）	
				P=2%	P=10%
坂田河	河口	0+000	17.13	50.50	49.07
	梅观高速	2+000	15.62	58.36	57.57
	布龙公路断面	2+910	13.63	61.20	60.19

6.6.5 深层排水隧道本地适用性专题研究

随着城市的快速发展，原有排水系统所承受的压力逐渐增大，早期建设的排水系统已难以满足当前城市的需求，甚至影响城市的安全和正常运行，尤其是一些城市的中心城区和老城区，存在严重的洪涝和合流制溢流（CSO）污染问题，为了解决洪涝及合流制溢流污染等雨洪问题，国内外城市纷纷投入巨资对原有排水系统进行改造完善。但是，受空间条件、拆迁困难、交通影响、施工周期、资金等诸多因素的制约，排水系统全面升级改造的难度巨大，尤其是在老城区或中心城区。由于排水隧道可迅速、灵活、高效地缓解城市局部洪涝及合流制溢流污染问题，且用地所受限制小，不占用宝贵的土地资源，避免了城市地面或浅层地下空间各种因素的影响，也不影响市政管道的布置，所以，排水隧道工程作为一种有效的大规模雨洪控制措施受到极大关注，在一些发达国家城市得到一定程度的应用。由于雨洪控制隧道多建于深层地下，故也称为深层隧道或深隧[90]。

近年来，随着城市内涝问题的日趋严重，部分城市考虑建设深层排水隧道来解决城市涝水排放问题，但深层排水隧道目前在国内仍存在一定的争议。在城市内涝防治设施规划中，需要针对城市的自然条件、城市建设、内涝情况进行专题研究，初步判断深层排水隧道在本地建设的适用性和必要性，为规划方案中的行泄通道布局提供技术支撑。深层排水隧道专题研究的内容可参考 8.6 章节。

6.6.6 近期建设计划专题研究

城市内涝防治设施规划中的近期建设规划是根据整体规划的要求及方案，结合城市规划范畴内的城市总体规划、近期建设规划与实施计划，确定近期建设目标、内容和实施部署，是对短期内建设目标、发展布局和主要建设项目所做的安排，是落实内涝防治设施规划的重要步骤，是城市近期内涝防治建设项目安排的有力依据。

近期建设计划专题研究应结合政府近期建设计划、内涝风险区的严重性和紧迫性、内涝点受淹的严重程度等因素，按照先急后缓、先易后难的原则，合理确定城市内涝防治近期建设任务。近期整治项目特点可概括为：

（1）内涝严重，但外围管网完善，仅通过内部清淤或管网完善便可解决。

（2）内涝严重，外围管网不完善，但道路改造在近期改造计划内，仅通过清淤或管网完善可解决。

（3）内涝点外围和内部管网均不完善，且道路不在近期改造计划内，但受淹范围大、经济损失大、社会影响大。

为保证近期建设任务的实现，还需在专题研究中进一步明确强化组织机构与管理、政策、资金、技术、法制、社会参与等多项保障措施，建议如下：

（1）城市内涝防治设施建设涉及面广，要求各职能部门相互配合，有序安排，协同实施。

（2）城市内涝防治设施建设应与城市建设、城市改造、防洪水系工程建设同步推进。

（3）按照突出重点、分步实施的原则，建议尽快开展关系防洪布局调整的重点项目及重点片区的易涝整治项目，按高、中、低风险顺序分年度逐步完成各流域易涝片区整治项目。

第7章　城市内涝防治设施规划编制指引

《城市排水（雨水）防涝综合规划编制大纲》（建城〔2013〕98号）对内涝防治设施规划提出了总体上的编制要求，本章主要结合编写组的实际编制研究，对城市内涝防治设施规划中的基础条件分析、规划标准制定、源头减排系统规划、排水管渠系统规划、排涝除险系统规划、近期建设规划和管理规划提出了更为细化、详尽的编制指引，以供读者参考。

7.1　基础条件分析

城市内涝防治设施规划的编制，应当综合考虑从源头到末端的全过程控制和管理，需要整体把握、统筹协调以及多专业、多领域的配合联动。现状基础条件分析是城市内涝防治设施规划的前提，根据住房城乡建设部《城市排水（雨水）防涝综合规划编制大纲》等文件要求，结合内涝防治设施规划编制对基础条件的实际需求，现状基础条件分析主要分为规划背景、现状及问题分析、成因分析三部分。

7.1.1　规划背景

规划背景主要研究城市与内涝防治设施相关的基本情况，从区位条件、地形地貌、地质水文、社会经济、相关规划等层面论述规划区域的现状条件，主要包括以下内容：

（1）区位条件：分析规划区本身具有的条件、特点、属性等，主要涉及城市定位、在区域的位置、周边重要交通廊道等。

（2）社会经济概况：主要内容是对规划区域的行政区划、人口和经济、城市建设等进行阐述。

（3）地形地貌：分析提取反映地形地貌的特征要素，找出地形地貌的空间分布特征。分析主要以数字高程模型（Digital Elevation Model，DEM）为基础，提取反映地形的最高峰、坡度、坡向、盆域等因子。对于滨海城市，还应对海岸线、海域等进行描述。

（4）地质水文：对规划区的整体气候、水文、地质、河道水系等作概括性描述，包括历史气候分析、极端气候情况、水文站点数据、气象站点数据、土壤分布、水系情况等。

（5）上位规划解读：对上层次城市规划、市政规划、道路规划、水系规划、绿地规划等相关规划中，涉及城市规划用地、排水系统、水系、绿地等与城市内涝防治设施内容相关的指标和要求进行分析和解读。其中最重要的上位规划为城市总体规划或分区规划，通过分析可确定其包括雨水设计重现期、内涝防治标准、雨水泵站系统标准、水资源利用率目标、防洪防潮标准等目标，原则上城市内涝防治设施规划不应低于上位规划的有关规划目标要求。

7.1.2 现状及问题分析

城市内涝防治设施不仅包括现有城镇排水设施，还包括雨水渗透、转输等源头减排设施和城镇水体、调蓄隧道、雨水行泄通道等排涝除险设施。各项内涝防治设施的建设应充分考虑当地的气候特征、水文条件、地形特点等，结合现有排水设施的运行状况，统筹规划，合理确定内涝防治系统的设计标准。现状及问题分析主要研究当前内涝防治系统现状运行情况及存在的不足，主要包括以下内容：

1. 降雨分析

降雨分析是科学编制内涝防治设施规划的基础，需要对历史降雨、暴雨强度公式、长短历时设计雨型分别进行分析说明。

（1）整体降雨情况

收集历史降雨数据资料，进行统计分析，分析各类型降雨的年度变化和灾害情况（图 7-1）。建议收集近 30 年日降雨数据、近 10 年小时降雨数据、典型年分钟降雨数据等。

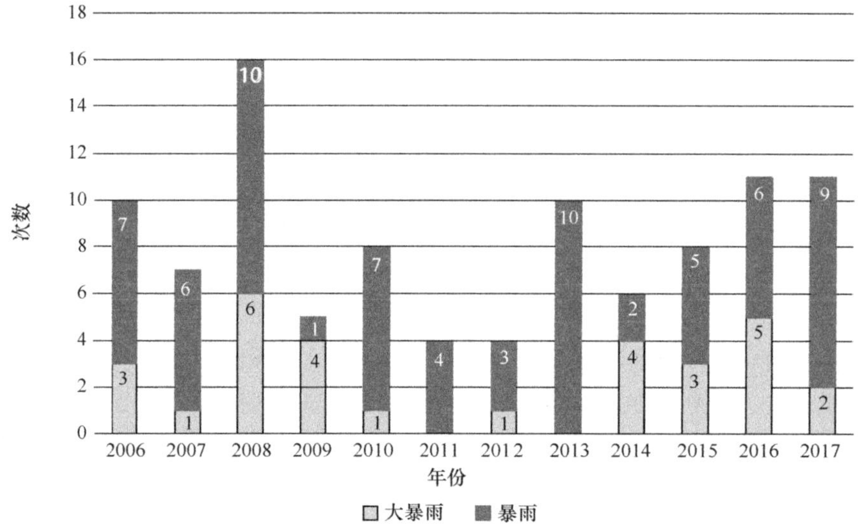

图 7-1 历史降雨统计（以深圳市为例）

（2）设计暴雨雨型

可参考 6.6.2 章节“城市设计暴雨雨型专题研究”的内容和结论，说明城市长短历时设计暴雨雨型的基本情况，为水力模型的模拟提供输入条件。

（3）暴雨强度公式

基于独立降雨事件的概念之上，其特性是每场独立降雨过程的降雨量、降雨历时、降雨强度等，该统计参数对于城市雨水排除设施的设计具有指导意义。

2. 城市水系

城市水系是城市排水系统的出路，完善的内涝防治系统需要城市水系的支撑（表 7-1）。内涝防治设施规划中城市水系分析需要从水系的分布、防洪标准、水位数据、治理工程等方面进行阐述。

城市水系情况统计表（以深圳市茅洲河流域为例）　　　　**表7-1**

编号	河流名称	河流等级	流域面积（km^2）	规划标准设计洪水重现期（年）	河道总长（km）
1	茅洲河	干流	344.23	100/200	61.38
2	石岩河	一级支流	44.71	50	11.5
3	玉田河	一级支流	6.28	50	5.42
4	鹅颈水	二级支流	22.28	50	11.28
5	东坑水	一级支流	10.03	50	10.32

3. 排水分区

排水分区划分通常是指根据城市的地形、水系、水文和行政区划等因素，把规划区域划分成若干个不同的排水分区。考虑到不同水文、地形特点，排水分区一般可以按照“自大到小、逐步递进”的原则分为干流流域、支流流域、城市管网排水分区和雨水管段排水分区共四个层级。其中，流域排水分区为一级排水分区，支流排水分区为二级排水分区，城市排水分区为三级排水分区，是城市内涝防治设施建设需要重点关注的排水分区。雨水管段排水分区为每段管段所服务的汇水范围，其划分相对简单，主要是在三级排水分区基础上，根据就近排放原则和地形坡度进行划分。

三个层级排水分区特点　　　　**表7-2**

编号	分区级别	分区特点
1	一级排水分区	主要根据城市地形地貌和河流水系，以分水线为界限划分，其雨水通常排入区域河流或海洋，反映雨水总体流向，对应不同内涝防治系统设计标准
2	二级排水分区	主要根据流域排水分区和流域支流，以分水线为界限划分，其雨水排入流域干流，对应不同内涝防治系统设计标准，某些城市在划分排水分区时，可能不存在此类排水分区
3	三级排水分区	排水管渠规划设计重点关注的分区，主要以雨水出水口为终点提取雨水管网系统，并结合地形坡度进行划分，对应不同雨水管渠设计标准

各排水分区内排水系统通常为相对独立的网络系统，且不互相重叠，其面积通常不超过$2km^2$。此外，当降雨径流超过管网排水能力时，形成地表漫流，原有的汇水分区将会发生变化，雨水径流将从一个排水分区漫流至另一个排水分区，所以城市管网排水分区划分时可以根据地形适度合并多个出水口的汇水区，但面积不宜过大。排水分区具体划分方法可详见8.3章节“排水分区划分”。

4. 下垫面解析

下垫面解析是分析城市降雨径流路径的基础。依据《城市排水（雨水）防涝综合规划编制大纲》要求，并结合规划区域的实际情况，可以将下垫面分为绿地、水体、屋面、路面、裸土和铺装六类（表7-3）。

不同下垫面分类　　表 7-3

编号	下垫面类型	包含内容
1	绿地	林地、公共绿地、街头绿地等
2	水体	水库、水塘、河流等
3	屋面	建筑物屋面
4	路面	城市道路路面
5	裸土	未开发的自然裸露地表
6	铺装	道路人行道铺装、广场、停车场、小区内铺装等

通常，通过对比下垫面解析结果与卫星影像图可以判别下垫面解析结果是否准确。当下垫面解析结果与现状卫星影像图匹配度高时，说明下垫面解析结果良好，能较好地反映真实城市地表类型构成，如图 7-2 所示。

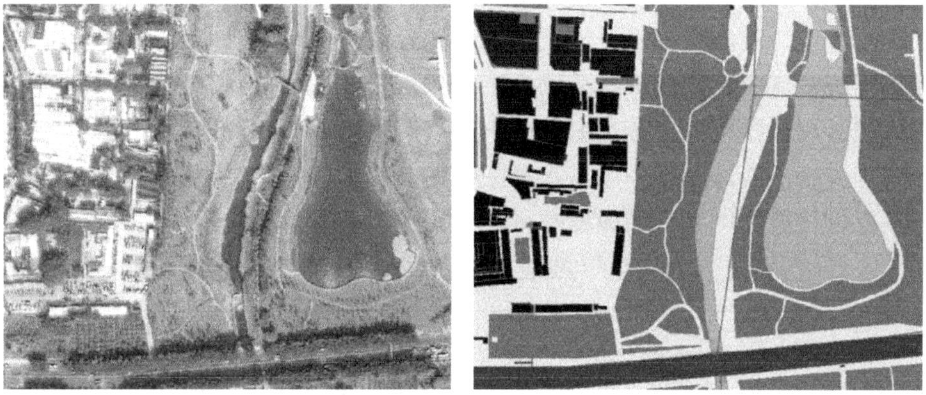

图 7-2　下垫面解析结果与卫星影像对比图

下垫面解析源数据可选择采用中科院地理空间数据云平台作为数据来源，数据采用 NASA 的 Landsat 遥感平台。以深圳市某区为例，使用 ENVI 进行监督分类，现状下垫面除天然区域的植被所占面积高达 29.68km^2 之外，建成区下垫面类型中所占面积最大者为屋面，为 19.02km^2，其次是铺装和路面，分别为 15.15km^2 和 7.95km^2，水体面积为 6.86km^2（表 7-4）。

下垫面解析结果（以深圳市某区为例）　　表 7-4

某区	屋面	水体	路面	绿地	铺装	裸土	总计
面积（km^2）	19.02	6.86	7.95	29.68	15.15	0	78.66
占比	24.18%	8.72%	10.11%	37.73%	19.26%	0.00%	100%

5. 排水及内涝防治设施

排水及内涝防治设施现状及问题分析的主要任务是在梳理清楚规划区域排水体制、管网系统的基础上，针对内涝防治设施现状进行详细阐述，包括雨水泵站、水闸、雨水调蓄池及城市雨水蓄滞空间等。

（1）城市雨水管渠的覆盖程度分析

基于城市雨水管渠 GIS、CAD 数据等统计规划区域的雨水管渠覆盖程度（表 7-5）。管渠覆盖程度数据可以为判断片区管网建设是否滞后、是否不合理提供参考。

深圳市各流域雨水管渠覆盖程度一览表　　表 7-5

序号	流域名称	建成区面积（km^2）	排水管渠总长（km）	覆盖率（km/km^2）
1	深圳河流域	93.0	802.8	8.6
2	深圳湾流域	95.1	873.3	9.2
3	珠江口水系流域	148.4	932.1	6.3
4	茅洲河流域	234.6	1002.4	4.3
5	观澜河流域	181.0	555.4	3.1

（2）城市各排水分区内的管渠达标率分析

基于水力模型对城市雨水管渠排水能力进行评估，得到各排水分区内的管渠达标率（表 7-6）。该数据可以为判断片区管网建设存在的问题、是否需要改扩建等提供参考。

深圳市各流域管渠达标率一览表　　表 7-6

序号	流域名称	排水管渠总长（km）	满足设计标准的雨水管渠总长度（km）	达标率（%）
1	深圳河流域	802.8	500.9	62.4
2	深圳湾流域	873.3	575.0	65.8
3	珠江口水系流域	932.1	431.5	46.3
4	茅洲河流域	1002.4	546.84	54.65
5	观澜河流域	555.4	120.6	21.7

（3）城市现状雨水泵站情况

对规划区内的现状雨水泵站进行统计分区，明确各泵站的设计流量、设计重现期、汇水面积等信息（表 7-7）。该数据可以为片区泵站建设存在的问题、是否需要改扩建等提供参考。

雨水泵站达标情况一览表（以深圳河湾流域为例）　　表 7-7

<table>
<tr><th>序号</th><th>流域名称</th><th>泵站名称</th><th>泵站位置</th><th>设计流量（m³/s）</th><th>设计重现期（年）</th><th>汇水区面积（km²）</th></tr>
<tr><td>1</td><td rowspan="2">深圳河流域</td><td>滨河雨水泵站</td><td>鹿丹村</td><td>8</td><td>5</td><td>0.27</td></tr>
<tr><td>2</td><td>罗芳雨水泵站</td><td>四季御园小区附近</td><td>12</td><td>5</td><td>0.32</td></tr>
<tr><td>3</td><td rowspan="4">深圳湾流域</td><td>上白石泵站</td><td>深南大道一沙河东路交界处</td><td>10</td><td>5</td><td>0.7</td></tr>
<tr><td>4</td><td>中心区泵站</td><td>深南大道新洲路交界处</td><td>18</td><td>5</td><td>1.04</td></tr>
<tr><td>5</td><td>沙尾村泵站</td><td>新洲路全海花园旁公共绿地</td><td>2</td><td>5</td><td>0.18</td></tr>
<tr><td>6</td><td>下白石泵站</td><td>白石路-华侨城人工湖旁绿地内</td><td>10</td><td>5</td><td>0.48</td></tr>
</table>

7.1.3 成因分析

城市内涝灾害的形成通常有多种原因，包括技术问题、设计问题、意识和管理问题。具体可以归纳为自然原因和人为原因两大类。开展城市内涝防治工作需结合规划区地形和城市建设情况特点，根据当地历史数据情况，结合水力模型等技术手段，科学、合理地进行内涝成因分析。

(1) 自然原因：降雨分布不均、不透水面积比例加大、城市热岛效应愈发明显、降雨异常频率增加等（表 7-8）。

城市内涝自然成因分析总结表 **表 7-8**

编号	原因	原因分析
1	降雨强度大，范围集中	受内涝危害的地区一般是在降雨强度大、排水速率慢的地区，在城市发展过程中，由于人类的建设以及生产活动，地表变成了坚硬的水泥路面，在一次特大集中降雨中会因为地表水不能及时排出短时间内所产生的大量积水，从而引起城区内涝的情景时常发生
2	城区地表硬化率高	在城区建设过程中，城区化加快，使得城区建筑密度增大，在降雨冲刷的过程中，由于这些硬化地表的抗蚀性比土质地表强，不易受到雨水冲刷而发生变化，也不易发生分解，在城区降雨时，硬化的地表有利于迅速形成积水，排水不通畅时易造成城区内涝
3	城区部分区域地势低，易积水	由于不同城区建立在不同的地形上，且在地势较高的地区不易出现积水，在地势较低的地区容易形成内涝，所以城区在建设时选择什么类型的地形地貌非常重要，如果选择在低洼地或是滞洪区，那么降雨积水的可能性会非常大

(2) 人为原因：通常包括排水管渠设计标准偏低、城市排水管网建设落后、维护管理不到位、设计思想陈旧、缺乏新技术的开发和应用等（表 7-9）。

城市内涝人为成因分析总结表 **表 7-9**

编号	原因	原因分析
1	江河湖泊面积不断缩小，蓄洪能力差	由于现在城区用地需求量大，城市建设对城区土地过度的开发，对城区河湖水系进行大规模的填埋，往往造成水系构造的严重破坏
2	城市建设改变水系格局，整体规划缺乏统筹协调	由于排水防涝工程通常处于附属配套地位，各类规划与城市排水防涝要求缺乏充分的统筹协调，对于低洼易涝地区的用地性质和场地标高缺乏严格控制，盲目的填河造田、占用调蓄水体、压缩水系过水断面，导致形成建设用地高程性和功能性受涝。另外城市开发建设导致不透水面积扩大，蓄滞洪区减少，地表下渗量和补给地下水量减少，同时导致径流量和洪峰流量加大，洪峰流量提前出现
3	设施建设标准尚未匹配，管网维护能力仍待提高	排水管网属于地下隐蔽工程，广大民众对排水管网系统的维护意识相对淡薄，排水出口堵塞的现象时有发生，有些建筑工地未经沉淀的泥浆、砂石块都直接倾倒在下水道检查井内，人为破坏现象较为严重。同时，市政排水设施的维护经费往往不足，人力、设备都比较缺乏，被堵塞和破坏的排水设施不能及时检修清通，进一步加剧雨天排水不畅的问题

续表

编号	原因	原因分析
4	防涝体系尚不完善，信息化管理水平急需提升	① 管网资料不完整，利用效率低——建设时间长的管网数据不完整、不准确；管网信息化不够系统，各种格式的数据并存，变化数据不能及时更新并统一存储。 ② 缺少长期定量化的动态数据——没有定量掌握管网运行动态及负荷空间分布；不能进行雨天管网流量及溢流原因分析；不能进行管网运行情况的快速报警与预警；缺少进行优化调度科学分析的数据基础。 ③ 分散、不系统的评估模式——不能快速识别排水管网的上下游网络连接特征；模型技术没有有效应用，无法进行排水流域的系统评估；不能科学回答管网联通、布局优化、泵站调控、厂网联控、流域调度等工程措施对管网系统的动态影响

7.2 规划标准制定

7.2.1 源头径流控制标准

源头径流控制包括径流总量控制、峰值流量控制和径流污染控制。城市内涝防治系统源头径流控制以峰值削减为主，兼顾径流污染控制和雨水综合利用，规划时应根据不同的目的选择相应的规划标准。通过分析规划区域对雨水源头径流控制的需求，包括规划区域的区位条件、现状场地条件、用地类别、受纳水体特征和水资源供需状况等，分区、分级确定源头径流控制目标。

2013年12月12日，习近平总书记在《中央城镇化工作会议》的讲话中提出："提升城市排水系统时要优先考虑把有限的雨水留下来，优先考虑更多利用自然力量排水，建设自然积存、自然渗透、自然净化的海绵城市。"2015年10月，国务院办公厅发布《国务院办公厅关于推进海绵城市建设的指导意见》(国办发〔2015〕75号)，要求通过海绵城市建设，综合采取"渗、滞、蓄、净、用、排"等措施，最大限度地减少城市开发建设对生态环境的影响，将70%的降雨就地消纳和利用。海绵城市的提出，标志着我国新一代城市雨洪管理理念的形成，也是一种新的城市可持续发展模式。我国传统意义上的排水防涝以水量控制、径流排放为单一目标；海绵城市建设则是站在城市整体发展的高度处理城市雨洪问题，以生态文明为指导思想，强调综合目标的实现，是新形势下转变城市传统建设理念、实现生态文明的具体举措。城市内涝防治设施规划的源头径流控制，应当与海绵城市建设进行充分地衔接与协调，落实海绵城市建设在源头径流控制方面的指标要求[91]。

1. 径流控制总体目标

城市径流总量控制目标可以根据《海绵城市建设技术指南——低影响开发雨水系统构建（试行）》中给出的方法进行确定。理想状态下，径流总量控制目标应以开发建设后径流排放量接近开发建设前自然地貌时的径流排放量为标准。自然地貌往往按照绿地考虑，一般情况下，绿地的年径流总量外排率为15%～20%（相当于年雨量径流系数为0.15～

0.20)，因此，借鉴发达国家实践经验，年径流总量控制率最佳为80%～85%。这一目标主要通过控制频率较高的中、小降雨事件来实现。

各地在确定年径流总量控制率时，需要综合考虑多方面因素。一方面，开发建设前的径流排放量与地表类型、土壤性质、地形地貌、植被覆盖率等因素有关，应通过分析综合确定开发前的径流排放量，并据此确定适宜的年径流总量控制率；另一方面，要考虑当地水资源禀赋情况、降雨规律、开发强度、低影响开发设施的利用效率以及经济发展水平等因素；此外，具体到某个地块或建设项目的开发，要结合本区域建筑密度、绿地率及土地利用布局等因素确定。因此，综合考虑以上因素基础上，当不具备径流控制的空间条件或者经济成本过高时，可选择较低的年径流总量控制目标。同时，从维持区域水环境良性循环角度出发，径流总量控制目标也不是越高越好，雨水的过量收集、减排会导致原有水体的萎缩或影响水系统的良性循环；从经济合理性角度出发，当年径流总量控制率超过一定值时，投资效益会急剧下降，造成设施规模过大、投资浪费的问题。

我国地域辽阔，气候特征、土壤地质等天然条件和经济条件差异较大，径流总量控制目标也不同。在雨水资源化利用需求较大的西部干旱半干旱地区，以及有特殊排水防涝要求的区域，可根据经济发展条件适当提高径流总量控制目标；对于广西、广东及海南等部分沿海地区，由于极端暴雨较多导致设计降雨量统计值偏差较大，造成投资效益及低影响开发设施利用效率不高，可适当降低径流总量控制目标。《海绵城市建设技术指南——低影响开发雨水系统构建（试行）》将我国大陆地区大致分为五个区，并给出了各区年径流总量控制率 α 的最低和最高限值，即Ⅰ区（$85\%\leqslant\alpha\leqslant90\%$）、Ⅱ区（$80\%\leqslant\alpha\leqslant85\%$）、Ⅲ区（$75\%\leqslant\alpha\leqslant85\%$）、Ⅳ区（$70\%\leqslant\alpha\leqslant85\%$）、Ⅴ区（$60\%\leqslant\alpha\leqslant85\%$）。各地应参照此限值，因地制宜地确定本地区径流总量控制目标[92]。

2. 径流控制分区目标

在编制城市总体规划或分区规划时，可按照远期建设开发后的径流量不大于现状值的目标，维持流域现状综合径流系数，通过预测和试算下垫面可能发生的变化，分解制定各分区的分类用地径流系数控制目标（表7-10）。

各流域综合径流系数控制目标（以深圳市为例）　　表7-10

类别	行政分区	流域名称	综合径流系数控制目标
第一类	罗湖区、福田区、南山区、龙华区	深圳湾流域、观澜河流域、深圳河流域	≤0.50
第二类	光明区、宝安区、龙岗区	茅洲河流域、珠江口水系流域、龙岗河流域	≤0.45
第三类	坪山区、大鹏新区、盐田区	坪山河流域、大鹏湾流域、大亚湾流域	≤0.35～0.40

3. 径流控制分类用地目标

在未系统分解控制指标的地区，可以分类综合径流系数作为地块的控制目标（表7-11）；并应注意开展雨水径流控制的地区，不应降低雨水管（渠）、泵站的设计标准[93]。

建设项目分类及低影响开发目标（以深圳市为例）　　表 7-11

用地性质（类别代码）		用地类型	综合径流系数
大类	中类		
R	R1，R2，R3	一类、二类、三类居住用地	≤0.4～0.45
	R4	四类居住用地（原农村居民住宅形成的屋村用地）	≤0.50～0.55
C	C1（C5 参照公园类执行）	商业服务业用地	≤0.45～0.50
GIC	GIC1，GIC2，GIC5，GIC7	公共管理与服务设施用地	≤040～0.45
M	M0，M1	新型产业用地、普通工业用地	≤0.45～0.50
W	W0，W1	物流仓储用地	≤0.50
S	S2	城市道路用地	≤0.60
	S1，S3，S4	交通设施用地	≤0.40
G	G1，C5	公园绿地	≤0.10
	G4	广场用地	≤0.20～0.30

7.2.2　雨水管渠设计重现期

雨水管渠设计重现期，应根据汇水地区性质、城镇类型、地形特点和气候特征等因素，经技术经济比较后按表 7-12 规定取值。

雨水管渠设计重现期（年）　　表 7-12

城镇类型	中心城区	非中心城区	特别重要地区	中心城区地下通道和下沉式广场等
超大城市和特大城市	3～5	2～3	5～10	30～50
大城市	2～5	2～3	5～10	20～30
中等城市和小城市	2～3	2～3	3～5	10～20

注：1. 表中所列设计重现期，均为年最大值法。雨水管渠应按重力流、满管流计算。
2. 超大城市指城区常住人口在 1000 万以上的城市；特大城市指城区常住人口 500 万以上 1000 万以下的城市；大城市指城区常住人口 100 万以上 500 万以下的城市；中等城市指城区常住人口 50 万以上 100 万以下的城市；小城市指城区常住人口在 50 万以下的城市（以上包括本数，以下不包括本数）。
3. 考虑到部分区域，如交通枢纽、口岸等可能不在中心城区内，因此将“中心城区的重要地区”替换为“特别重要地区”。

同时应符合下列规定：（1）人口密集、内涝易发且经济条件较好的城镇，宜采用规定的上限。（2）新建地区应按规定执行，既有地区应结合地区改建、道路建设等更新排水系统，并按规定执行。（3）同一雨水管（渠）排水分区可采用不同的设计重现期，下游雨水管渠设计标准不应小于上游雨水管渠。（4）低洼易淹、排水困难等内涝风险区，经评估可适当提高排水管渠设计标准。（5）地形坡度大、生态用地丰富等非内涝风险区，可经评估适当降低排水管渠设计标准，但不得低于 2 年。（6）生态保护区（山区）雨水应高水高排，汇入城市水体，减少对城市建成区的影响。

对于城区类型，建议按照以下原则进行划分：

（1）中心城区：城市总体规划中确定的中心城区范围，以及市域范围的副中心、组团中心等区域划为中心城区范围。

（2）特别重要地区：市行政中心、交通枢纽（高铁、机场、火车站、市客运站）、口岸。

（3）非中心城区：除中心城区、特别重要地区之外的其他区域。

7.2.3 内涝防治设计重现期

内涝防治设计重现期是指用于进行城镇内涝防治系统设计的暴雨重现期，使地面、道路等地区的积水深度不超过一定的标准。内涝防治设计重现期应根据城镇类型、积水影响程度和内河水位变化等因素，经技术经济比选后按表 7-13 的规定取值，内涝防治设计重现期大于雨水管渠设计重现期。城市排水管渠设施应按照当地内涝防治设计重现期的要求，对排水管渠设施在较强降雨情况下的排水能力进行校核。如果校核结果不能满足内涝防治设计重现期要求，应对系统中的源头减排设施、排水管渠设施和排涝除险设施进行调整。排水管渠设施调整措施包括优化排水路径、扩大管径和建设管渠调蓄设施等[94]。

内涝防治设计重现期 表 7-13

城镇类型	重现期（年）	地面积水设计标准
超大城市	100	1. 居民住宅和工商业建筑物的底层不进水 2. 道路中一条车道的积水深度不超过 15cm
特大城市	50～100	
大城市	30～50	
中等城市和小城市	20～30	

同时应符合下列规定：①人口密集、内涝易发且经济条件较好的城镇，宜采用规定的上限；②目前不具备条件的地区可分期达到标准；③当地面积水不满足上表的要求时，应采取渗透、调蓄、设置雨洪行泄通道和内河整治等措施；④超过内涝设计重现期的暴雨，应采取应急措施。

对于地面积水设计标准，发达国家和我国部分城市已有类似的规定，如美国丹佛市规定，当降雨强度不超过 10 年一遇时，非主干道路（Collector）中央的积水深度不应超过 15cm，主干道路和高速公路的中央不应有积水；当降雨强度为 100 年一遇时，非主干道路中央的积水深度不应超过 30cm，主干道路和高速公路中央不应有积水。上海市关于市政道路积水的标准是路边积水深度大于 15cm（即与道路侧石齐平），或道路中心积水时间大于 1h，积水范围超过 $50m^2$。深圳市从积水时间和积水深度两方面综合明确积水标准，积水时间超过 30min，积水深度超过 0.15m，或下凹桥区，积水时间超过 30min，积水深度超过 0.27m。

7.2.4 与防洪标准的衔接

城市内涝防治设施规划将市政和水利两个专业在内涝防治系统中进行统一，即将城市防洪与排水防涝两个系统进行衔接，形成地表径流传输、调蓄与排放的整体系统。该系统的关键是内涝标准与防洪标准如何进行合理衔接，本书以中国香港地区和深圳市为例进行说明。

1. 香港地区

香港渠务署发布的《雨水排水手册》中对暴雨和潮位的遭遇进行了规定，即应采用高重现期暴雨衔接低重现期潮位，或低重现期暴雨衔接高重现期潮位，具体如表7-14所示。

香港地区暴雨与潮位重现期的衔接 **表7-14**

洪水水位重现期	情景Ⅰ	情景Ⅱ
200年一遇	200年一遇暴雨+10年一遇潮位	10年一遇暴雨+200年一遇潮位
100年一遇	100年一遇暴雨+10年一遇潮位	10年一遇暴雨+100年一遇潮位
50年一遇	50年一遇暴雨+10年一遇潮位	10年一遇暴雨+50年一遇潮位
10年一遇	10年一遇暴雨+2年一遇潮位	2年一遇暴雨+10年一遇潮位
5年一遇	5年一遇暴雨+2年一遇潮位	2年一遇暴雨+5年一遇潮位
2年一遇	2年一遇暴雨+2年一遇潮位	—

2. 深圳市

根据深圳市洪潮遭遇的组合的频率分析，衔接标准如下：

非感潮河段地区采用同频率衔接，即50年一遇降雨遭遇河道50年一遇防洪水位设计内涝防治设施；感潮河段地区采用不同频率衔接，即50年一遇降雨遭遇20年一遇潮位设计内涝防治设施。

对于部分河道防洪标准较低区域，则采用20年一遇降雨遭遇20年一遇洪水位（或20年一遇潮水位）设计内涝防治设施。

7.3 源头减排系统规划

7.3.1 工作任务

低影响开发理念起源于20世纪90年代的美国，其基本原理是通过分散的、小规模的源头控制设施来实现对降雨所产生的径流和污染的控制，使区域开发建设后尽量接近于开发建设前的自然水文状态。作为城市建设与自然有机结合的新型开发模式，低影响开发可有效提高城市防洪排涝能力，缓解城市面源污染、提高水资源综合利用，是生态文明在城市规划建设中的具体体现。

7.3.2 规划原则

1. 重点发展的区域规模化、系统化推广

选择城市集中新建区域或集中更新区域为低影响开发重点区域。为便于引导建设项目的低影响开发规划和设计，推荐重点低影响开发区域推广落实建设项目低影响开发控制指标值。

2. 一定规模的新建项目和城市改造项目中重点引导控制

一定规模的新建项目或城市更新改造项目也应按照低影响开发理念进行建设。符合下列规定之一的新建、改建建设项目应配套建设相应规模的低影响开发工程或设施：

（1）列入政府投资计划的政府投资建设项目；

（2）其他建筑面积超过 2 万 m^2 的建设项目。

不符合上款规定的新建建设项目，但具备低影响开发建设条件的，也可参照执行。

特殊污染源地区（地面易累积污染物的化工厂、制药厂、金属冶炼加工厂、传染病医院、油气库、加油加气站等）新建、改建、扩建建设项目如需建设雨水综合利用设施的，应开展环境影响评价，避免对地下水造成污染；陡坡坍塌和滑坡灾害易发的危险场所、对居住环境以及自然环境易造成危害的场所、其他有安全隐患场所不宜采用低影响开发理念。

3. 低影响开发设施本土化

根据城市特点，因地制宜推广高效益、低维护度、低成本的低影响开发设施。综合考虑低影响开发技术的适用性和城市的本土特征，筛选适宜的低影响开发技术。

7.3.3 规划编制要点及内容

1. 径流量控制

应结合水环境现状、水文地质条件等特点，合理选择其中一项或多项目标作为规划控制目标。鉴于径流污染控制目标、雨水资源化利用目标大多可通过径流总量控制实现，各地低影响开发雨水系统构建可选择径流总量控制作为首要的规划控制目标。

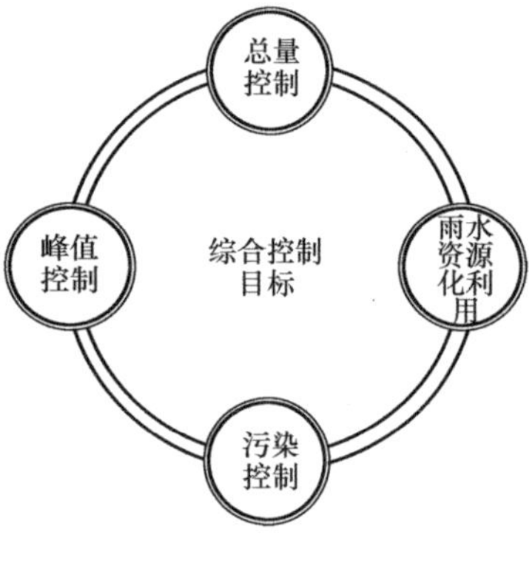

图 7-3 低影响开发控制目标示意图

2. 径流污染控制

径流污染控制，即通过工程措施对雨水径流中的污染物进行削减，减轻排入城市河湖的面源污染。通常来讲，一场降雨的全过程径流均不同程度地受到污染，其中初期雨水污染相对比较严重，中后期径流相对污染较轻。限于雨水净化设施的处理规模，一定重现期的全过程降雨径流不可能全部处理，通常主要针对初期污染较严重的少量雨水进行收集和处理，以减轻排入城市河湖的污染物。在处理设施规模充裕或有雨水滞蓄设施时，可根据滞蓄设施规模，对一定量的中后期雨水径流进行净化处理[95]。

基于不同尺度的城市建设区，可构建不同的径流污染控制系统。对于新建建筑与小区，可主要采用低影响开发设施控制径流污染；对于已建成区，可结合调蓄设施对初期雨水进行滞蓄，控制雨水排放时间，实现雨水的生态净化。

（1）新建建筑与小区径流污染控制

对于新建建筑与小区，可主要采用低影响开发设施控制径流污染（图 7-4）。低影响

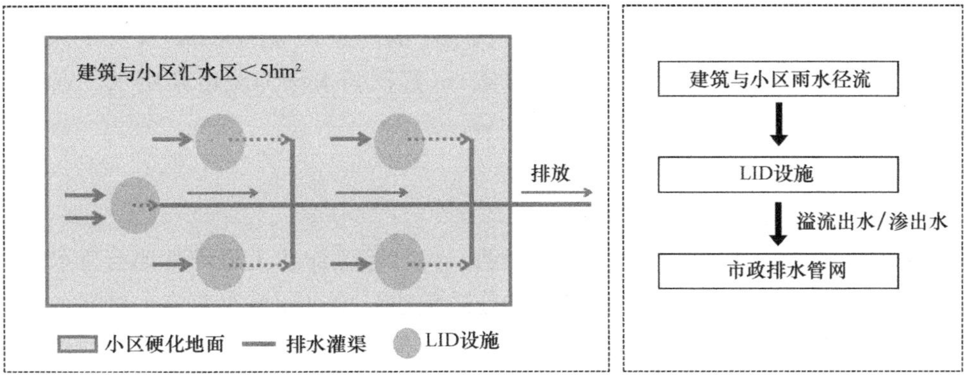

图 7-4　建筑与小区径流污染控制示意图

开发设施在进行雨水径流量削减的同时，可有效去除径流污染物。该种方法低影响开发设施控制的雨水汇水范围一般宜小于 $5hm^2$。

（2）现状建成区径流污染控制

对于现状建成区，可主要结合公园、河湖水体、河湖蓝线内用地、湿地滞洪区等建设雨水滞蓄设施，进入其中的雨水径流在调蓄的同时，通过控制雨水排放时间，实现雨水的沉淀和生态净化。雨水滞蓄设施控制的汇水范围一般以 $10\sim100hm^2$ 为宜（图 7-5）。

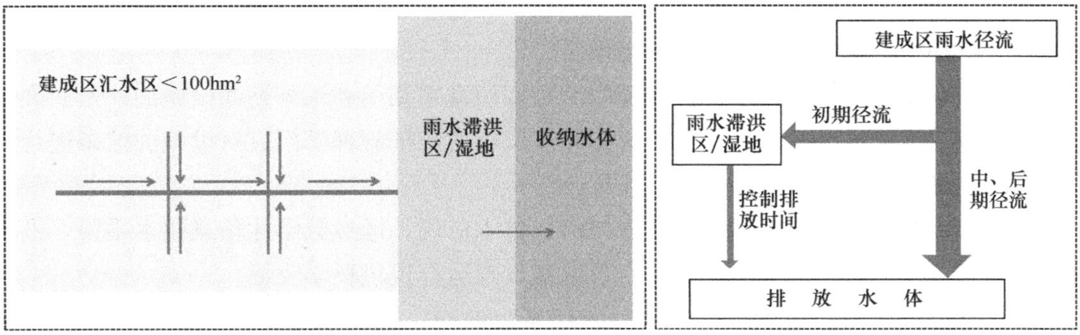

图 7-5　现状建成区径流污染控制示意图

3. 雨水资源化利用

针对生态控制区产水稳定且水质好的特点，生态控制区雨水资源化策略为："在注重防洪安全前提下，以收集、滞留雨洪资源为主，增加饮用水资源，增加城市杂用水资源，增加生态景观、农业用水资源，全面改善水生态环境"。生态控制区雨水资源化利用策略和手段如下：

（1）按流域雨洪利用潜力开发利用山区雨洪，增加本地水资源。

（2）除开发雨洪资源外，充分利用已建水库，将山区雨洪资源用作城市杂用水、农业用水、河流生态景观用水等，缓解水资源紧张矛盾。

（3）生态控制线内的主要河流，结合流域综合整治及湿地建设，在保证防洪安全的前提下，建设多功能湿地滞洪区和生态景观蓮水设施，兼顾面源污染控制、防洪与河流雨洪资源利用。

（4）生态区内可结合截洪沟、排洪区，在不影响防洪安全的基础上，利用低洼地区、小山塘建设雨洪利用设施（地表或地下蓄水池），蓄积雨水作为城市杂用水、农业用水和生态用水。

4. 源头减排系统实施措施

（1）对建设项目开展排水影响评估

对城市开发建设项目，尤其是供电、交通、供水等生命线工程和其他与排水防涝紧密相关的建设项目，进行必要的排水影响评估是避免建设项目随意改变排水格局、破坏原有排水防涝系统、确保项目排水防涝安全的前提，也是提高城市自身构成系统内部应对洪涝灾害能力的有效途径。因此，有必要开展城市开发建设项目的排水影响评估，以起到指导城市建设项目排水防涝安全管理的作用。

（2）制定全市性低影响开发导则或开展相关研究

制定低影响开发导则或指引是引导建设项目开展低影响开发建设的有效手段，以引导低影响开发的建设。

（3）加强低影响开发设施的维护、管理和宣传

公共项目的低影响开发设施由城市道路、排水、园林等相关部门按照职责分工负责维护监管。其他低影响开发雨水设施，由该设施的所有者或其委托方负责维护管理。建立健全低影响开发设施的维护管理制度和操作规程，配备专职管理人员和相应的监测手段，并对管理人员和操作人员加强专业技术培训。

低影响开发雨水设施的维护管理部门应做好雨季来临前和雨季期间设施的检修和维护管理，保障设施正常、安全运行。低影响开发设施的维护管理部门宜对设施的效果进行监测和评估，确保设施的功能得以正常发挥。

加强低影响开发设施数据库的建立与信息技术应用，通过数字化信息技术手段，进行科学规划、设计，并为低影响开发雨水系统建设与运行提供科学支撑。

加强宣传教育和引导，提高公众对海绵城市建设、低影响开发、绿色建筑、城市节水、水生态修复、内涝防治等工作中雨水控制与利用重要性的认识，鼓励公众积极参与低影响开发设施的建设、运行和维护。

7.4 排水管渠系统规划

7.4.1 工作任务

排水（雨水）管渠系统规划是内涝防治设施规划中的重要组成部分，至少应开展以下工作：根据城市排水系统建设条件，确定排水体制、暴雨设计重现期；根据暴雨设计重现期、暴雨强度公式、城市竖向等，确定雨水排放量、划分雨水排放区域；根据道路布局、城市竖向等，布局雨水管渠、确定雨水泵站位置及规模，并落实相关用地及确定建设要求[96]。

7.4.2 规划原则

1. 高标准

排水（雨水）管渠规划设计应根据汇水地区性质、城镇类型、地形特点和气候特征等因素，经技术经济比较后按《室外排水设计规范》表3.2.4规定取值。人口密集、内涝易发、经济条件好、新建、改建排水系统建设宜采用规定上限执行，采取高标准规划建设排水（雨水）管渠。

2. 系统性

系统考虑从源头至末端的全过程雨水控制和管理，明确排水（雨水）管渠系统，保证城镇内涝防治系统的整体性。

另外，排水（雨水）管渠系统应尽量利用地形，高水高排、低水低排，优先考虑重力自流排放，合理划分排水分区，以排水分区为单元形成雨水排放系统。保证系统的独立性，将城市内雨洪分流，尽量避免山洪进入城市排水系统。

3. 先进性

在按照高标准规划建设排水（雨水）管渠的同时，预留城市发展或弹性空间，为城市内涝防治预留容量或行泄通道；另外，采用先进的规划理念和技术手段，衔接“蓄、滞、渗、净、用、排”的海绵城市建设理念，并通过水力模型辅助规划评估与优化。

4. 协调性

充分尊重地形、水系、既有管网系统，合理规划排水管渠，就近分散排放。

排水管渠设施除应满足雨水管渠设计重现期标准外，尚应和城市内涝防治系统中的其他设施相协调，做好与源头减排系统、排涝除险系统的充分衔接，确保满足内涝防治的要求；另外，还需做好与道路、绿化、竖向、水系、景观、防洪等相关专项规划的衔接工作，保障水安全、保护水环境、恢复水生态、营造水文化，提升城市人居环境。

7.4.3 规划编制内容及要点

在《城市排水（雨水）防涝综合规划编制大纲》的基础上，依据排水防涝相关政策规定、标准规范等，充分结合既有排水（雨水）防涝规划编制经验，确定城市内涝防治设施规划中排水管渠系统规划主要包含以下内容：

1. 排水（雨水）管渠系统规划思路

依据城市排水（雨水）管渠规划目标与指标，针对现状问题和需求，结合城市分期建设时序、综合整治、城市更新（旧改）、城市道路新建及改扩建工程等建设计划，因地制宜确定城市排水（雨水）管渠建设的实施路径。

总体思路应坚持问题导向和目标导向，技术路线因地制宜、思路清晰，充分体现与源头减排系统和排涝除险系统衔接，充分考虑城市防涝体系布局。老城区以问题为导向，重点解决城市内涝，结合海绵城市建设开展雨水收集利用与调蓄等工程措施；城市新区、各类园区、成片开发区以目标为导向，在海绵城市建设系统指导下按规划标准落实排水（雨水）管渠系统建设。

2. 确定排水体制与分区

根据城市总体规划确定城市规模、用地方案，结合城市现状排水体制及管渠系统建设规模，系统地从环境保护、工程造价、维护管理等方面合理确定城市近、远期排水体制。对于新建区域，根据城市或区域总体规划、污水布局规划确定排水体制，结合受纳水体保护目标，需按照完全分流制排水体制进行规划，并从建设、管理层面严格保证分流制的落实，杜绝雨污混流、错接乱排等问题。部分旧城或旧村等雨污合流地区，结合城市建设与城市更新计划、管道建设条件等，对现状合流管道逐步改造，规划远期实现完全分流制排水。

根据城市河流及水域分布，结合地形分区、竖向规划、排水管网布置等，综合确定城市排水（雨水）系统分区。城市排水（雨水）管渠系统的服务范围除规划范围外，还应包括其上游汇流区域。排水（雨水）系统分区可在一级支流层面（二级排水分区）的基础上，以雨水排放口为依据细分至三级排水分区。

3. 确定排水主干管渠系统布局

根据城市规划用地方案、规划排水体制，按照“高水高排、低水低排、雨洪分流”等原则，充分利用现状雨水管渠、水体，以排水分区为单元确定排水主干管渠的系统布局方案。总体规划层次管渠系统可以城市总体规划确定的主次干路布局排水管渠，明确管渠的布局、坡向、管径等要求；详细规划层次管渠系统需以城市支路细化排水管渠布局，明确管渠的布局、坡向、管径、控制性埋深、敷设方式等要求。

对于新建管渠，按规划标准的重现期设计管道，对于不满足设计标准的现状管渠，应结合地区改建、涝区治理、道路建设等工程进行逐步改造；对于以管网改造为主的易涝风险区防治规划，优先采用减小汇水面积、截流、新增排水通道的方式进行。

排水（雨水）管渠在进行平面布局后，需开展雨水管渠的设计流量及控制标高计算。目前雨水设计流量通常采用推理公式计算，在综合考虑地区下垫面情况后明确径流系数，合理确定集水时间、重现期标准进行计算，根据设计流量以满管流确定雨水管渠断面；排水（雨水）管渠汇水分区面积超过 $2km^2$ 时，宜考虑降雨在时空分布的不均匀性和管网汇流过程，采用数学模型法进行计算与模拟。根据规划竖向及现状地形，综合考虑排水管渠上下游竖向衔接，逐段确定排水管渠控制标高。具体见图 7-6。

4. 确定排水设施布局、规模和用地要求

结合城市排水主干管渠系统布局方案、地形竖向、易涝风险区、易涝点分布、受纳水体影响等情况，根据汇水分区面积及涝水规模，通过数学计算或数学模型模拟，合理确定雨水泵站位置、规模等，并衔接控制性详细规划进行落实，保证排水设施的用地及建设空间。

对于易涝风险区，结合地势特点、防洪（潮）水位、河道水系以及城市更新等因素，经论证分析，在必要位置新建雨水泵站。对于现状雨水泵站，从排水能力、运行调度等方面进行调查分析，并结合城市规划、城市更新、泵站用途等，对无法满足要求的泵站提出相应的改造方案，确定改扩建规模。

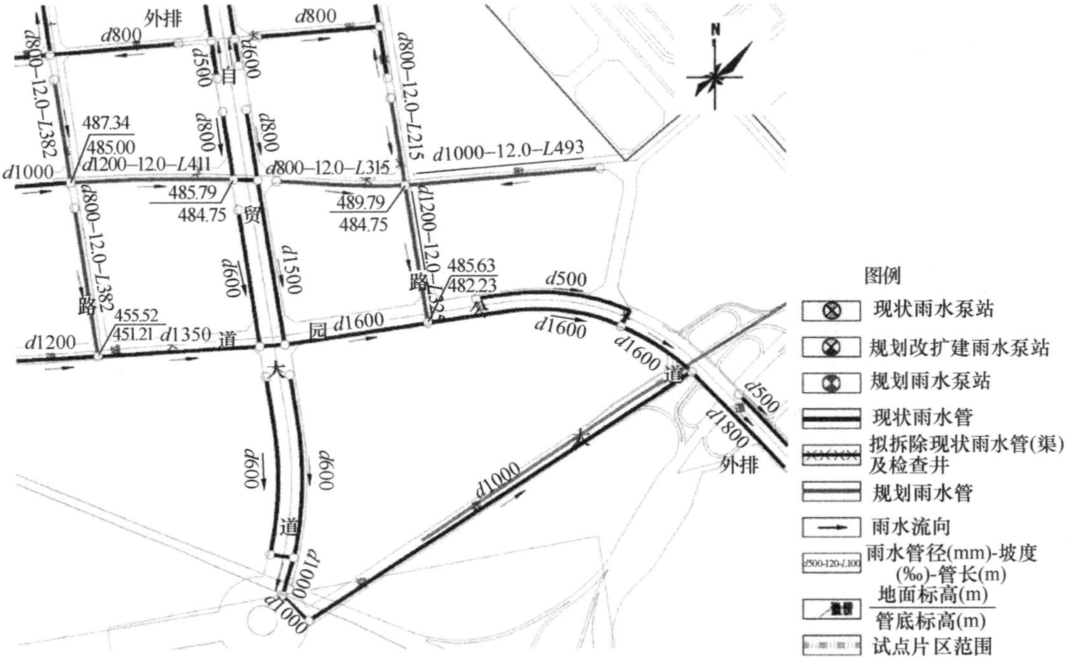

图 7-6 排水管网规划图纸表达示例图

图片来源：《西咸新区空港新城基础设施优化提升规划研究》

5. 提出相关专项规划衔接的建议

衔接总体层面的海绵城市、城市竖向、道路交通、水系规划、防洪潮等相关规划，将规划成果要点反馈给相关专项规划，并通过后续对各专项规划的进一步细化，确保排水管渠系统建设的协调推进。

提出与控制性详细规划、城市道路、海绵城市、水系统等详细层面的相关规划的衔接建议。结合规划区域的特点，从自然海绵布局和保护详细规划、河道整治详细规划、污水系统详细规划、雨水资源化利用规划、内涝点整治规划等方面进行详细规划层面衔接。

7.5 排涝除险系统规划

7.5.1 工作任务

排涝除险系统主要用于解决超出源头减排系统和排水管渠系统能力的雨水控制问题，因此一般又称“大排水系统”，是指应对超过地下管渠（小排水系统）设计标准的一套蓄排措施，是满足城镇内涝防治设计重现期标准的重要保障[97]。排涝除险系统规划内容主要包括：

（1）提出城市竖向规划控制的建议；

（2）开展城市内河整治；

（3）规划排涝设施的空间布局与建设规模，包括调蓄池、涝水行泄通道等。

7.5.2 规划原则

排涝除险系统的规划应在城镇总体规划的框架下，合理确定设施的空间布局与建设规模，统筹规划源头减排设施、排水管渠设施和排涝除险设施，以共同达到当地内涝防治设计重现期标准。由于我国过去缺乏对排涝除险系统的考虑和要求，多数城市在开发建设过程中都没有考虑建设排涝除险系统，这也是导致城市内涝严重的重要因素之一。新的规范给出明确要求后，在综合规划中如何合理构建大排水系统就成为一个关键问题。

对于大多数城市建成区而言，现状排水系统已经成形，城市竖向、空间格局等大都已经固定，要在此基础上重新构建排涝除险系统往往面临实施困难、用地不足、投资过大等问题。因此，在城市建成区规划排涝除险系统的规划原则包括如下：

（1）问题导向，有的放矢。在已建城区不宜盲目按照防涝标准进行大范围改造，而应首先评估主要的现状内涝点、范围及危害程度，明确存在积水内涝问题的区域。在内涝问题严重的区域优先建设排涝除险系统，以弥补现有排水系统的能力不足，解决内涝积水问题。对历史上不存在内涝情况以及经过模型模拟不存在内涝风险的区域，可暂不开展排涝除险系统建设或改造。

（2）因地制宜，系统治理。排涝除险系统的建设应当根据实际情况综合考虑多种措施，合理构建源头控制、中途和终端控制相结合的内涝防治系统方案。在条件允许的情况下，综合考虑道路竖向、绿地大小和空间分布，通过适当的改造，建设地上多功能调蓄设施或行泄通道。若条件不允许或地面改造工程的难度和代价太大，可针对重点区域选择高水截流、局部建设地下大型调节设施等方式。

（3）统筹规划，合理布局。对新建城市或区域而言，构建排涝除险系统具有良好的条件，适宜按照规范标准构建完整的排涝除险系统。将排涝除险系统的规划与各级城市规划相融合，结合当地降雨特点、地形特点和内涝风险分布情况等，注重排涝除险系统和周边场地竖向和排水管网系统的衔接，开展统筹规划和合理布局。

7.5.3 规划编制内容及要点

1. 城市竖向控制

《城乡建设用地竖向规划规范》CJJ 83 对城市用竖向规划的概念界定为："城市开发建设地区（或地段），为满足道路交通、地面排水、建筑布置和城市景观等方面的综合要求，对自然地形进行利用、改造，确定坡度、控制高程和平衡土石方等而进行的规划设计。"城市竖向规划与内涝防治关系十分紧密，竖向规划若没有充分考虑防涝需求，则容易造成内涝隐患，例如城市中有不少低洼小区、低洼道路、下凹式立交桥等，不仅向外排水困难，而且周边地势高的地区客水大量汇入，汛期经常发生严重积水。城市竖向规划是城市规划建设的重要组成部分，是实现城市建设工程技术合理、造价经济、景观美好的重要手段；同时，城市竖向对河流水系的流向、雨水径流的排除、雨水管渠系统的布设具有重要作用。因此，合理地控制城市用地竖向高程，是规避内涝风险、防治城市内涝的有效手段之一，是从源头上降低城市内涝风险的有效方法之一。

基于内涝防治思想开展城市竖向规划，主要步骤包括初步设计和方案优化。在初步设计阶段，首先结合城市总体规划、控制性规划和城市更新规划等，对场地的竖向要求的边界条件进行明确。然后通过现场调研，了解现状保留的建构筑物（如工业遗产保护区建筑）和河湖洪水位等情况，在基本保留原地形地势的前提下，制定竖向设计方案以满足与已建或在建道路衔接、与铁路相交、市政管道覆土、环境景观、道路交通以及土石方平衡等要求，初步确定道路变坡点和交会路口控制标高，以及各个场地的地表高程。

在方案优化阶段，主要结合内涝风险模拟评估结果对初步竖向设计方案进行修改完善。按初步方案形成原始数字高程地形（Digital Elevation Model，DEM）数据，构建地表漫流水力模型，在不同重现期降雨量中扣除初期损失量和相应管道排除量以后，便可以概化模拟不同情景下的内涝积水风险。当模拟结果显示场地或道路存在严重积水点时，需要对地面排水不畅的区域，以及易受“客水”影响的低洼易涝区进行识别，并对初步竖向方案进行针对性的优化调整，直到整体满足内涝防治所需的地面径流排放要求，确定最终方案。如图 7-7 所示。

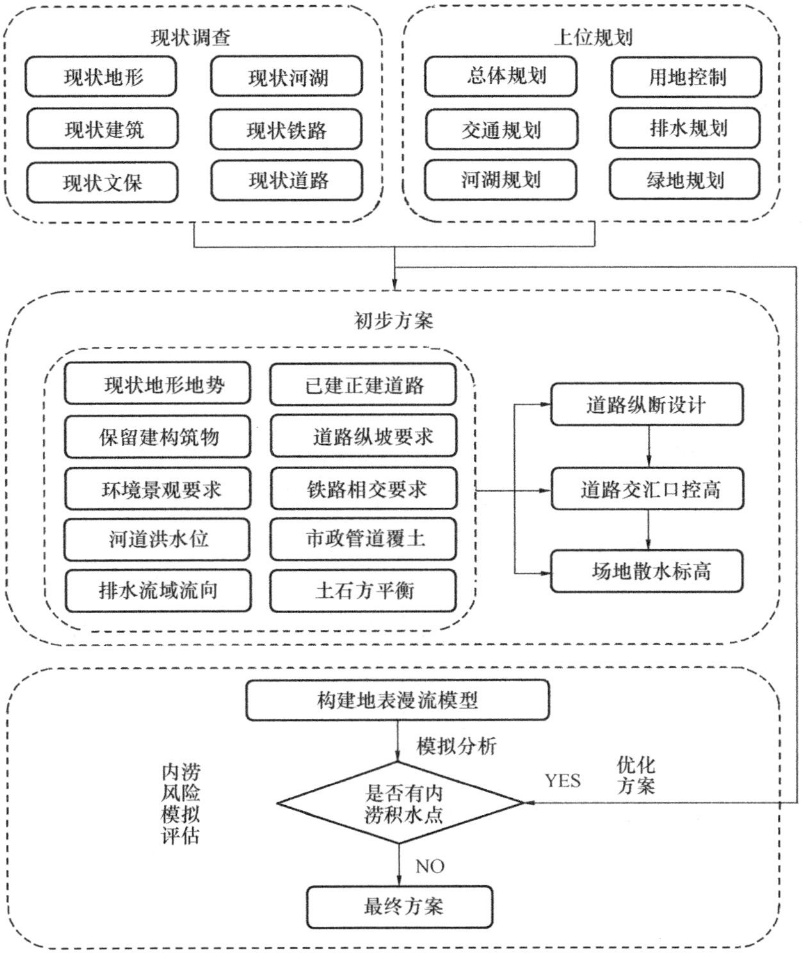

图 7-7　以内涝防治为导向的城市竖向规划技术路径[98]

2. 城市河道整治

城市河道包括城市内河和过境河道。城镇内河的主要功能是汇集、接纳和储存城镇区域的雨水，并将其排放至城镇过境河流中；城镇过境河流承担接纳外排境内雨水和转输上游来水的双重功能。河道是城市内涝防治系统的重要环节，是雨水的重要出路和受纳体，因此具有至关重要的作用。

传统上，我国的河道规划设计以城镇防洪排涝标准为主要依据，缺乏与市政排水系统的有效协调和衔接，两者在设计暴雨和暴雨参数推求时的选样方法等方面均有较大差异。市政排水关注的是地面积水的排除速度，各级排水管渠的管径主要取决于短历时暴雨强度。而河道排涝，更关注长历时（一般为24～72h）的降雨总量，并根据河道应承担的调蓄容积确定河道和相关排涝设施的规模。

在规划中，应按城镇内涝防治设计标准，对规划范围内河道进行统一规划，确定其在城镇内涝防治中的定位。在河道规划和具体整治的过程中，要充分尊重河道天然或历史形成的岸线，减少人为的裁弯取直、覆盖等措施，尽量保留河涌蜿蜒的状态。应根据城镇内涝防治设计标准，对河道的过流能力进行校核，内河应满足城镇内涝防治设计标准中的雨水调蓄、输送和排放要求，过境河道应具备洪水期排除设计标准条件下内涝防治设计水量的能力。当内涝防治系统运行时，应对河道的水位、水量进行校核，不能满足标准要求时，应采用河道拓宽、清淤疏浚等各种措施，使其达到内涝防治设计标准。

3. 排涝设施

（1）调蓄设施

雨水调蓄设施是解决内涝防治问题的有效措施之一，具有良好的技术适应性。内涝削峰雨水调蓄池可以用于调节储蓄洪峰径流，从而削减在城市内涝防控中的洪峰径流量，缓解下游排水管网的排水压力，发挥控制城市内涝风险的作用。

广义的雨水调蓄设施是指所有具有雨水调蓄功能的工程，包括水体调蓄工程、绿地广场调蓄工程、调蓄池和隧道调蓄工程等[99]。水体调蓄是指河道、湖泊、池塘、湿地等天然或人工水体本身具有较大的容积，因此，在不影响其平时功能的条件下，充分利用水体对雨水径流的调节能力，发挥其降低城镇内涝灾害的作用（作为饮用水源或承担流域防洪任务的水库除外）；绿地广场调蓄是指利用城市绿地和广场作为雨水调蓄空间，用于排涝除险的绿地主要用来接纳周边汇水区域在排水管渠设施超载情况下的溢流雨水，充当“可受淹”设施；调蓄池一般指通过工程项目建设的专用雨水调蓄池，其构建方式包括地上式、地下式和半地下式等。下沉式广场平时作为休闲活动场所，在雨天则可作为雨水调蓄设施；隧道调蓄工程是指埋设于地下空间的大型排水隧道，又称深层排水隧道，一般适用于现有浅层排水系统改造困难的情况。隧道调蓄工程可以实现多方面的功能，包括提高排水标准和内涝防治标准、集中输送污水控制初期雨水和合流制溢流污染等。

在排涝除险系统规划中设置雨水调蓄池可以进行雨水径流洪峰削减，即将内涝控制标准设计降雨条件下超出管网排水能力的雨水引入调蓄池。在降雨强度降低后，将这部分雨水通过排水泵或者采取重力流的方式排入下游管道，在规定的时间内将调蓄池的雨水排空，为后面可能出现的雨水调蓄提供空间。通过调蓄池的削减洪峰流量作用，可以降低下游雨水干管的排水压力，间接提升管网的设计排水能力，进而提高区域的排水标准和防涝能力，减少内涝灾害。

对于洪峰削减雨水调蓄池容积的计算方式一般包括推理公式法和模型法，在具体规划设计中可根据基础资料和实际情况进行选择。

1）推理公式法

国内计算雨水调蓄池采用的脱过系数法推理公式如下：

$$V=\left[-\left(\frac{0.65}{n^{1.2}}+\frac{b}{t}\cdot\frac{0.5}{n+0.2}+1.10\right)\lg(\alpha+0.3)+\frac{0.215}{n^{0.15}}\right]\cdot Q\cdot t \tag{7-1}$$

式中　V——调蓄池有效容积（m^3）；

α——为脱过系数，取值为调蓄池下游设计流量与上游设计流量之比；

Q——为调蓄池上游设计流量（m^3/min）；

b，n——为暴雨强度公式参数；

t——为降雨历时（min）。

推理公式法的计算结果较为合理而安全，主要适用于重力流系统中的调蓄池容积计算。

2）模型法

通过采用构建排水系统水力模型的方式获得调蓄池上下游流量过程线，从而确定系统所需调蓄容量。计算方法可表达如下：

$$V=\int_0^T[Q_i(t)-Q_o(t)]\mathrm{d}t \tag{7-2}$$

式中　V——调蓄池有效容积（m^3）；

t——降雨历时（min）；

T——调蓄时间（min）；

$Q_i(t)$——入流流量（m^3/s）；

$Q_o(t)$——出流流量（m^3/s）。

运用模型法进行调蓄池的容积确定，在模型搭建前期工作较为繁琐，需调查许多排水管网的相关基础数据，但是此法普适性很高，适用于各种雨型。

（2）行泄通道

《城镇内涝防治技术规范》GB 51222 指出，路面出现大量雨水漫流时，道路表面构成排水通道，汇集雨水通过地表漫流排入自然或人工渠道、调蓄设施，城镇易涝区域可选取部分道路作为排涝除险的行泄通道。行泄通道主要以河流水系为防涝体系基础，以排水干沟、明渠、暗渠、深隧等作为排水通道。其主要作用为结合城市竖向、水系布局，将超标雨水就近引入河道中，避免内涝灾害发生。设计形式可包括道路、明渠等，主要依靠道路和场地竖向规划设计得以实现。通过雨水行泄通道的设置，可以使超标降雨的地面径流通过行泄通道快速进入下游受纳水体，并提供一定的雨水调蓄空间。

城镇排水系统下游管渠担负的流量较大，下游地区发生内涝的风险大，宜在城镇排水系统下游选取合适路段作为行泄通道。道路行泄通道设计应综合考虑周边用地的高程、漫流情况下的人行和车行、周边敷设的市政管线的影响，避免行泄通道的设计造成其他系统的损失。行泄通道积水深度若超出行车安全最大深度时需封闭道路，保障城市安全，行泄通道不应选择城镇交通主干道，同时也不应选择在城镇重要区域。对于城镇易积水地区，根据以往统计情况，宜规划新建或改建行泄通道，以辅助排除易积水地区雨水，减小内涝风险。作为行泄通道的城镇道路及其附属设施应设置警示标志和积水深度标尺。鉴于地表漫流系统的复杂性，作为行泄通道的道路排水系统宜采用数学模型法校核积水深度和积水时间。

雨水行泄通道的设计应根据内涝防治设计标准要求，通过水文、水力计算得出，并应综合考虑源头减排系统、排水管渠系统，以及下游的防洪系统在设计暴雨情景下的相互衔接。雨水行泄通道的设计技术路线如图 7-8 所示。当汇水面积较大，地形、相关子系统较为复杂时，宜综合采用模型模拟方法进行设计。

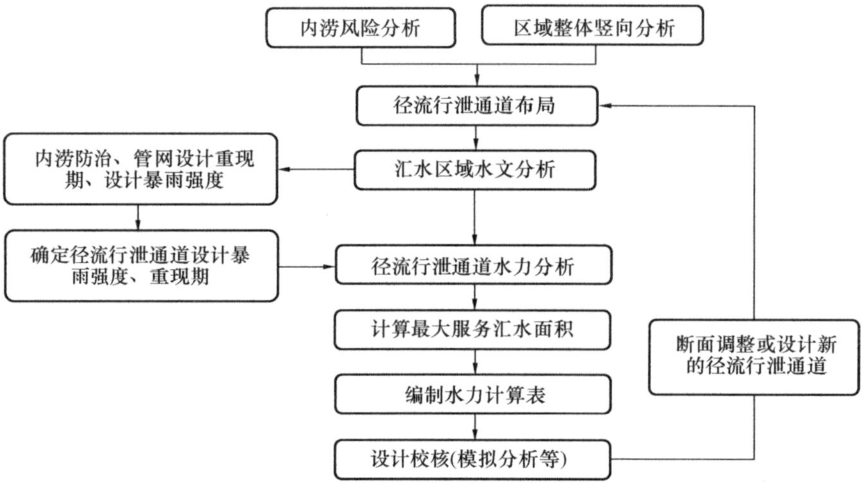

图 7-8　行泄通道设计方法图[100]

需注意的是，道路路面作为径流行泄通道时，应保证行人、行车交通安全，可采取两种方式进行设置。一种是道路路面排水应满足一定的流速、水深等要求，目前国内规范建议采用道路积水深度标准，规定道路中一条车道的积水深度不超过 15cm，即进行道路径流行泄通道水力计算时，最大水深不应超过 15cm；另一种是对道路进行交通管制，在一定的时间内禁止行人、车辆的进入，将道路完全作为行泄通道进行使用。

7.6　近期建设规划

7.6.1　工作任务

近期建设规划的主要任务是在确定的城市近期发展方向、规模和空间布局条件下，明确近期工作目标与重点，结合问题导向与目标导向制定详细的内涝点治理、排水

（雨水）管渠、雨水泵站、内河水系治理等内涝防治建设时序与年度计划，生成近期建设项目库，并进行必要的投资估算，以供城市人民政府、主管部门制定具体建设实施计划。

7.6.2　编制原则

1. 规划衔接：衔接内涝防治与城市发展近期建设规划

近期建设规划内容与城市的近期建设规划密切相连，需协调衔接两者的关系，根据城市近期发展重点，确定内涝防治设施近期建设重点，确保内涝防治设施有效支撑城市近期发展。

2. 远近协调：协调处理近期建设规划与远期整体规划

做好内涝防治近期建设规划与整体规划的协调衔接，既不能简单地把远期系统按时空分割，也不能仅考虑近远两个规划期，要有分期逐步实施的理念，尽量将工程建设的周期和时序对接在规划过程中。

3. 关注现状：分析设施运行现状和系统薄弱环节

编制近期建设规划时，须特别重视对内涝防治设施的现状工作能力、可靠性、运营效能的评估，有效识别现状积水内涝的高风险区域、内涝防治系统的薄弱环节等，以此作为确定近期建设项目的重要依据。

4. 问题导向：以现状问题为导向，确定近期建设重点

重点关注城市现状积水内涝问题，以问题为导向确定内涝防治设施近期建设重点。深入剖析现状积水内涝原因，在内涝防治设施规划的系统指导下，整合城市近期建设内容，制定现状积水内涝点整治措施，并统计相应工程量、开展投资估算。

7.6.3　规划编制内容及要点

1. 近期建设范围与期限

近期建设规划范围依据城市总体规划中确定的近期建设范围，并结合城市内涝区的整治、高风险区域的提升改造等予以适当调整确定，一般包含以下区域：

（1）城市总体规划确定的近期重点发展片区；

（2）结合政府投资计划，开展现状内涝点整治、易涝风险区整治的区域；

（3）城市近期建设规划确定的近期即将开发建设的区域。

根据《城乡规划法》（2008）、《城市规划编制办法》（2006）相关规定，近期建设规划的规划期限为 5 年，原则上与城市总体规划、城市近期建设规划、城市国民经济和社会发展计划的年限一致，其规划期限一般为规划期限的前 5 年，且随综合规划、专项规划进行滚动修编。

2. 近期建设目标

根据国务院、住房城乡建设部、各省级政府发布的城市排水防涝设施建设工作要求，结合城市的实际情况，制定内涝防治设施近期建设规划目标。

近期发展建设目标以目标导向和问题导向进行确定。目标导向主要是围绕城市总体规划、近期规划、城市国民经济和社会发展5年规划以及海绵城市等国家城市发展的方针政策的内容进行确定。问题导向主要是在排水防涝规划、建设实施评价、现状问题分析、专题研究等内容的基础上，围绕现状易涝点、现状排水管渠排水能力分析、易涝高风险区分布等方面进行确定。

近期建设目标的制定应重点考虑老旧管渠及易涝区域管渠提标改造、雨污分流、高风险区整治等现状问题的解决，从完善系统和提高标准两个方面入手，着力系统打造源头控制、雨水排水、内涝防治三大系统，推进河道防洪达标、泵站排涝、雨水管网改造、雨水调蓄池、低影响开发设施等五大类工程建设，着手建设城市排水防涝信息化管控平台、完善排水防涝工程体系和管理体系，全面提升城市防洪排涝和应对强降雨的能力，切实保障人民群众生命财产和城市安全。

3. 近期建设项目梳理

根据收集基础资料开展相关规划内容的梳理与汇总，作为城市内涝防治近期建设规划项目库制定的依据。

(1) 梳理城市近期建设规划中的重点发展地区，尤其是政府在规划期内需安排重点推进的、对城市的近中期发展具有战略性影响的地区，一般为新建区域。应根据其发展用地规模、道路建设计划、地区重要性和实施计划制定相应的源头减排设施、排水管渠设施、防涝除险系统等内涝防治近期规划内容与计划。

(2) 梳理城市五年建设计划、近期城市更新项目计划、综合整治片区及地块等内容。根据其分布情况，结合排水防涝设施规划方案以及项目、工程实施周期等因素制定相应的内涝防治近期改造计划。

(3) 根据城市内涝的严重性和紧迫性，结合各内涝点具体情况，并根据各内涝点受淹的严重程度，将规划确定的内涝整治项目按照先急后缓、先易后难的原则，分期进行整治，优先整治重点片区内的易涝区域及高风险区，其次整治中风险区，最后整治低风险易涝区。

(4) 梳理城市交通、道路网建设与改扩建工程计划。

(5) 梳理相关规划中近期重点建设内容，主要包括防洪工程、河道综合整治工程、排水管网改造计划等，使之与相关规划内容系统衔接，并尽可能避免出现项目交叉及投资计划重复下达等情况。

4. 制定近期重点建设项目库及计划

近期重点建设项目一般分为两种类型：一类是根据目标导向，结合近期建设目标，政府应优先建设的项目；另一类是根据问题导向，近期内需完善、改造的建设项目。

近期重点建设项目库主要包括现状管网泵站改造、新建排水管渠、新建泵站、新建雨水调蓄设施、城市内河水系综合治理、新建城市大型涝水行泄通道、落实低影响开发工程措施、信息化管理建设任务与投资估算等8项内容。需对以上内容从流域、规模、工程量、投资等方面进行统计与引导，从而制定近期建设项目库，并按照年度资金投放、建设周期、工程紧急程度等因素制定年度建设计划，保证近期建设项目的实施。近期重点建设项目库及计划可按照表7-15～表7-21进行统计和填写。

现状管网泵站改造计划表　　**表 7-15**

现状管网改造（性质不变）			泵站改造			雨污分流改造			
现状管网改造（km）	管网改造单价（万元/km）	管网改造投资（万元）	改造泵站数量（个）	新增流量（m^3/s）	泵站改造投资（万元）	雨污分流改造面积（km^2）	雨污分流改造管网长度（km）	雨污分流改造单价（万元/km）	雨污分流改造投资（万元）

规划新建排水管渠　　**表 7-16**

现状人口（万人）	5 年内新增人口（万人）	5 年内新增用地面积（km^2）	新建雨水管网总长度（km）	新建雨水管渠单价（万元/km）	新建雨水管网投资（万元）

规划新建泵站　　**表 7-17**

泵站名称	泵站位置	设计流量（m^3/s）	设计重现期（年）	汇水区面积（km^2）	泵站投资（万元）

规划新建雨水调蓄设施　　**表 7-18**

新建调蓄设施位置	占地面积（m^2）	设施规模（m^3）	单价（万元/m^3）	调蓄设施投资（万元）

城市内河水系综合治理　　**表 7-19**

城市内河治理长度（km）	单价（万元/km）	河道治理投资（万元）

规划新建城市大型涝水行泄通道　　**表 7-20**

城市大型涝水行泄通道长度（km）	截面积（m^2）	设计流量（m^3/s）	单价（万元/km）	投资（万元）

落实低影响开发（LID）工程措施　　表 7-21

新建下凹式绿地（m^2）	新建下凹式绿地投资（万元）	新建人工湿地（m^2）	新建人工湿地投资（万元）	现状可渗透地面（m^2）	新增可渗透地面（m^2）	可渗透地面改造投资（万元）	新增透水性广场面积（m^2）	透水性广场投资（万元）	新增透水性停车场（m^2）	透水性停车场投资（万元）

7.7 管理规划

7.7.1 机制体制

鉴于排水防涝现状尚不能适应城市经济社会发展的要求，应按照《国务院办公厅关于做好城市排水防涝设施建设工作的通知》（国办发〔2013〕23 号）要求，建立有利于城市排水防涝统一管理的体制机制，城市排水主管部门要加强统筹，做好城市排水防涝规划、设施建设和相关工作，确保规划的要求全面落实到建设和运行管理上，构建符合城市化进程的排水防涝管理体制。

加快构建完善、高效的城市排水防涝工作体系，完善城市排水防涝管理机构，对中心城区、城市新区和城市更新地区实施统一规划、统一建设、统一监管，防止出现职责不清、条块分割的多头管理现象，努力提高城市排水防涝工作的整体性和协调性。

建立健全和完善水政执法各项规章制度，加强执法保障。抓好培训，加大对水政执法人员的培训教育。做好执法装备的更新换代及补充配套，提高执法实效。加强宣传，建立长效宣传机制，营造执法氛围。规范自由裁量权，确保处罚公平公正。建立全市水政执法联席会议制度，加强与相关部门协作，协调解决水政执法中的重大问题。

理顺排水管理体制，健全市、区、街道三级高效排水管理组织体系，建立统一领导、职责明确、运转协调、执行顺畅、监督有力的水政执法工作机制。将排水管理权限适度下移，充分发挥区级及街道水务主管部门的积极性，明确市、区、街道对排水监管职能。建立以排水许可为基础的排水管理制度，加强对经营性排水户的日常监管和长效管理。推进排水管网市场化和专业化运营。加强排水设施专业管理，一方面强化专业技术培训；另一方面建立排水管网信息管理系统，实现科学高效管理。

7.7.2 信息化建设

按照住房城乡建设部《城市排水防涝设施普查数据采集与管理技术导则（试行）》，结合现状普查，积极建立城市排水管网的地理信息系统，加强普查数据的采集与管理，确保数据的系统性、完整性和准确性，数据标准和质量应满足构建水力模型的需求，并为建立城市排水防涝的数字信息化管控平台创造条件，实现日常管理、运行调度、灾情预判和辅助决策，并根据城市建设情况，动态更新，提高城市排水防涝设施规划、建设、管理和应急水平。

加强三防信息化建设，完善三防指挥决策系统，提高三防决策支持能力和信息化水平。加强三防办公设施建设。强化三防非工程措施建设。建立洪水预测预报模型，提高城市暴雨预报准确率。做好雨情、水情自动测报系统建设，健全防汛指挥系统，努力实现从洪水控制向洪水管理转变。发挥各级三防办职能作用，强化部门联动与密切协作，提高三防组织指挥和决策能力。督促相关部门加大对道路工程、地铁工程、填海工程、开山项目等大型在建工程的监管力度。加强城市河流的管理，落实小型排涝泵站日常运行维护的管理责任主体，继续开展内涝整治工程的后续管理工作，提高行业管理水平。

加快城市防汛视频监控、雨情水情遥测和指挥调度信息系统建设，整合数字城管、数字市政、交警路况监控等资源，全面提升城市防汛指挥调度、应急管理的信息化、自动化水平，提高防汛应急工作效率。对于气象部门发布的极端灾害天气预报，以及有关部门发布的重要汛情、险情，广电、通信、人防、城管等部门和有关企业要主动配合，利用广播、电视、短信、显示屏幕等设施和资源，快速、无偿地发布相关信息。要建立完善信息互通共享机制，上游水利部门要于汛期前研究明确辖区提闸泄洪方案，并及时通报当地及下游水利、环保和渔政等相关部门，确保汛期环境安全。实现日常管理、运行调度、灾情预判和辅助决策，提高城市排水防涝设施规划、建设、管理和应急水平。

7.7.3 超标暴雨应急方案

超标暴雨，即降雨频率超过内涝防治标准但小于防洪标准的暴雨。有效应对超标暴雨，保证城市运转正常以及人民群众生命财产安全是城市内涝防治系统的一大目标。

超标暴雨应急预案的制定措施包括（表7-22），采用数学模型模拟超标暴雨，识别超标暴雨情况下内涝风险区的分布，提出实施交通管制建议；充分发挥现状防汛物资仓库的作用，调用防汛物资，防治内涝灾害；充分利用社区中心、学校、福利设施等公共设施规划建设室内应急避难场所，保障人民群众生命安全。采取以上手段措施，综合调度，有效应对超标暴雨，保障城市运转基本正常，不造成重大财产损失和人员伤亡，确保经济社会持续健康协调发展。

超标暴雨应急措施统计表 **表7-22**

序号	流域名称	超标暴雨			物资仓库				应急避难所		
		易涝区（个）	交通管制道路（段）	总长度（m）	数量（个）	市级（个）	区级（个）	街道级（个）	现状（个）	规划（个）	合计（个）

7.7.4 应急管理

1. 强化应急管理，明确组织分工

三防指挥部主要职责是：统一组织、指挥城市防汛抢险救灾工作；负责处置暴雨、洪

涝等重大突发灾害事件，组织成员单位及各有关部门做好应急准备工作；及时向市委、市政府报告事件及处置情况，协调指挥各方面力量处置相关的重大突发事件；参与特大突发事件的处置工作。三防指挥部通常由市政府常务副市长担任总指挥。成员单位及成员需包括：各级人民政府、警备区、武警指挥部、发改部门、财政部门、规划国土部门、环保部门、交通运输部门、教育部门、公安部门、民政部门、文体旅游部门、住房城乡建设部门、水务部门、城管部门、供电及通信部门、气象部门、应急部门等相关部门，各成员单位的负责人担任指挥部领导成员。

三防指挥部成员单位和部门按照表 7-23 所述职责分工，各司其职、各负其责，共同做好防汛工作。

应急管理机构职责分工表　　表 7-23

序号	部门名称	职责分工
1	应急管理部门	统筹指导各部门应对内涝灾害的突发事件和综合防灾减灾救灾工作，统筹建立应急预案体系和制度；综合研判突发事件发展态势并提出应对建议，协助政府负责同志组织灾害应急处置工作
2	各级人民政府	协助三防指挥部做好辖区内的防汛、抢险救灾及灾后重建工作
3	警备区、武警指挥部	负责组织协调武警和民兵预备役的抢险救灾工作。根据三防指挥部的要求，组织军队和武警部队及民兵预备役参加重大抢险救灾行动，协助地方人民政府转移危险地区群众
4	发改部门	负责抢险救灾物资、器材及抢险救灾队伍所需经费的立项
5	财政部门	负责筹措抢险救灾及灾后恢复所必需的费用。负责制订与管理抢险救灾物资、器材及灾民生活必需品的储备、调配，组织实施救灾物资与器材的供应
6	规划国土部门	负责地质灾害的监测、防御，在容易引起山泥倾泻、山体滑坡、泥石流的危险地带划出警戒区域、挂出警戒标志，及时疏散危险地带的人员与财产
7	卫生健康部门	负责组织医疗卫生突击救护队伍，负责伤病人员救护及灾区的卫生防疫
8	环保部门	负责内涝灾害和抢险救灾中的水源水质保障
9	交通运输部门	负责抢修毁损道路，调度抢险救灾车、船及航空器，运送抢险救灾物资
10	教育部门	负责学校的防汛工作，协调有关部门做好灾后校舍恢复或重建，对师生进行防灾减灾应急知识的宣传教育
11	公安部门	负责稳定社会秩序，指挥灾民的疏散、撤退和陆地的突击救生
12	民政部门	负责灾民的安置及救灾生活品的发放，核定和报告灾情
13	文体旅游部门	负责组织协调有关单位和部门做好旅游景区的防汛工作；组织救护和转移因暴雨滞留在景区内的游客和工作人员
14	住房城乡建设部门	负责建安行业的抢险救灾、维修以及临时建筑物的安全，并协助危险区域居民安全撤离
15	水务部门	负责供水及水务工程的运行及抢修、疏通排洪河道及排水、排污管网
16	城管部门	负责已交付使用的市政工程的抢险、维修以及广告牌的安全，负责或责令有关单位在危险地带或危险建筑物附近划出警戒区域、挂出警戒标志并组织警戒，及时组织疏散、转移该危险地区的人员、财产

续表

序号	部门名称	职责分工
17	供电及通信部门	负责防汛及抢险救灾期间的供电、电信、无线电、移动电话的通畅，及时抢修损坏的供电、电信设施
18	气象部门	负责做好暴雨等灾害性天气的监测、预报及预警信号的发布，及时向三防指挥部提供降雨信息

2. 提高响应速度，加强部门联动

抗洪抢险救灾工作按分级管理原则，由各级人民政府和三防指挥机构负责组织实施。洪水灾害或险情事发地的政府和三防指挥机构，应在第一时间对事件采取紧急措施，防止事态及其危害进一步扩大。同时，根据事件的性质和危害程度，及时报告上级三防指挥机构。

进入汛期，市、区三防机构需实行 24 小时值班制度，全程跟踪雨情、水情、工情、险情、灾情。市三防指挥部根据不同预警启动相应级别的应急响应程序（表 7-24）。

暴雨灾害部门联动和社会响应表　　**表 7-24**

灾害等级	Ⅲ级 较大事件 暴雨黄色预警信号	Ⅱ级 重大事件 暴雨橙色预警信号	Ⅰ级 特别重大事件 暴雨红色预警信号
公安部门	加强对重点地区、重点场所、重点人群、重要物资设备的保护	组织警力，随时准备投入抢险救灾工作；限制高速公路车流车速，及时处置因暴雨引起的交通事故	负责灾害事件发生地的治安救助工作；必要时封闭高速公路、实行道路警戒和交通管制
教育部门	提示学校做好防雨准备、暂停室外教学活动		督察学校保护已经抵达学校的学生安全
建设部门	督促施工单位根据暴雨等级，严格按照施工安全的法律、法规、规范、标准、规程做好防暴雨工作		
城管部门	组织检查公共场所积水情况和因暴雨造成的水毁设施，并配合及时修复		
农林渔业部门	组织种植业主抢收成熟瓜果和防护低洼地带的作物		
水务部门	通知各水库、河道、泵站等管理单位做好防洪准备，疏通排水管道，避免或减缓强降雨造成的道路积水	组织对各水库、河道、泵站、排水设施等的安全巡查	及时排除因洪水造成的险情
民政部门			开放紧急避难场所；为进场人员提供必要的防护措施；组织转移、安置、慰问灾民
公路部门	在危险路段设立醒目的警示标志	负责组织、指挥、协调抢修因灾害损坏的公路交通设施	组织、指挥、协调修复因受灾中断的公路、桥梁及隧道

续表

灾害等级	Ⅲ级 较大事件 暴雨黄色预警信号	Ⅱ级 重大事件 暴雨橙色预警信号	Ⅰ级 特别重大事件 暴雨红色预警信号
卫生部门			组织调度卫生技术力量，抢救受灾伤病员，做好防疫工作，防止和控制灾区疫情、疾病的发生、传播和蔓延
交通部门	会同交警部门规划应急交通管制线路，确保气象灾害时间发生时陆、海、空交通安全通畅	组织运送救援人员、受灾人员、救援设备、救灾物资等	组织、指挥、协调修复受灾中断的国道、省道及内河航道及其他受损坏的重要交通设施
旅游部门		督促、协助旅游景点疏散游客	协助做好受灾旅游景点的救灾工作
国土房产部门	通知地质灾害易发点安全责任人员	组织人员重点巡查地质灾害易发点，采取防护措施	对已发生的地质灾害组织人员抢救
安监部门	通知安委会各成员单位做好防暴雨的安全工作	督促高危行业、企业落实防暴雨工作	参与、协调事故的抢险、救灾工作
贸工部门	负责救灾款物的筹集和储备		
各区政府	启动相应应急预案，组织区内灾害防御、救援工作		
各街道办事处	通知居住在低洼地带、各类危旧住房、厂房、工棚、临时建筑的人员注意可能出现的水浸、房屋漏雨等情况，并组织检查安全隐患	撤离辖区范围山边、河边窝棚内的临时居住人员；会同有关部门，加强对危坡、危墙、危房的监测	对居住在确有安全隐患的各类危旧住房、厂房、工棚、临时建筑的人员，尤其是临近山坡的临时建筑中的人员组织撤离并安置
武警部队			进入紧急抢险救灾状态，对灾害现场实施救援
市民	注意收听、收看媒体传播的暴雨信息，及时了解暴雨动态；不要到暴雨发生的地区游玩或到海滩游泳；不要驾船出海	调整出行计划，尽量减少外出，尽快回家；关闭门窗，以免雨水进入室内	户外人员尽量寻找安全地带躲雨，并要注意防止雷电袭击；危险建筑物内的人员需要撤离
学校	做好防雨准备、暂停户外活动		收到停课通知后保护好在校学生的安全
社区	及时收听有关暴雨信息，并通知该区住户	关注暴雨最新动态，检查该区各项防雨情况	组织力量对区内出现的灾情进行救援

续表

灾害等级	Ⅲ级 较大事件 暴雨黄色预警信号	Ⅱ级 重大事件 暴雨橙色预警信号	Ⅰ级 特别重大事件 暴雨红色预警信号
建筑工地	及时收听有关暴雨信息，做好防雨工作	停止户外作业	
机场港口	发送预警信息到所有进港航班，并向全体辖区范围航班、船只通报		港口船舶全部停航，机场封闭，妥善安置滞留旅客
供电、供水、燃气等基础设施单位	及时收听、收看暴雨信息	关注暴雨最新动态，采取必要措施避免设施损坏	迅速调集力量，组织抢修损毁设施

第8章　城市内涝防治设施规划主要技术方法

本章主要对城市内涝防治设施规划编制中涉及的一些主要技术方法，包括设计暴雨研究、水文分析、排水分区划分、排水系统能力评估、内涝风险评估与等级划分、深层排水隧道规划等进行分析和阐述，使读者对一些关键技术环节、需重点研究和关注的问题有更加清晰的认识，使规划成果更为科学、合理。

8.1　城市设计暴雨研究

8.1.1　研究目的和对象

设计雨型是指典型降雨事件中，降雨量随时间的变化过程。对当地雨型的分析研究是科学开展城市内涝防治设施规划的前提之一，城市降雨强度、降雨历时和降雨间隔时间对城市暴雨控制设施的规划、设计具有重要影响，并涉及城市内涝预警与防治，以及相关工程的经济最优化问题。然而我国很多城市目前仍然缺少相关设计暴雨资料，或者已有资料不能充分满足城市内涝防治设施规划编制的要求。

2014年5月，中国气象局与住房城乡建设部联合发布《城市暴雨强度公式编制和设计暴雨雨型确定技术导则》，要求各地住房城乡建设、气象部门开展合作，修订城市暴雨强度公式和设计暴雨雨型，加快开展城市内涝预警与防治工作。城市设计暴雨研究的目的就是根据城市多年的连续降雨资料，归纳实际降雨过程，建立城市暴雨雨型，为城市暴雨径流控制设施的设计提供依据。

设计雨型根据设计历时的不同，主要可分为短历时暴雨雨型和长历时暴雨雨型。短历时暴雨雨型常采用芝加哥雨型推求，这也是《城市暴雨强度公式编制和设计暴雨雨型确定技术导则》推荐的方法。芝加哥雨型是在暴雨强度公式的基础上，统计综合雨峰位置系数，最终确定设计暴雨的时间变化过程。国内在进行长历时暴雨雨型研究时，常采用同频率分析法，这种方法是在同一重现期条件下选择多场降雨，按照出现次数最多的情况确定各段雨量的比例，因为选择的降雨场次较多，相比传统的采用典型暴雨进行频率放大得出雨型的方法，弥补了偶然性较大的不足。

传统上，我国的河道防洪排涝与市政排水系统的规划设计之间缺乏有效协调和衔接。一般而言，市政排水关注的是地面积水的排除速度，各级排水管渠的管径主要取决于短历时（一般为3h以内）暴雨强度。而河道防洪排涝更关注长历时（一般为24h或更多）的降雨总量。两者在设计暴雨和暴雨参数推求时的选样方法等方面均有较大差异。为了在城市内涝防治设施规划中统筹考虑河道系统和市政排水系统，有必要在设计暴雨的历时长度、最小间隔时间等方面兼顾二者的需要[101]。

8.1.2 降雨资料的收集

推求设计暴雨雨型的降雨量资料一般分为日降雨量、时降雨量和分钟降雨量。日降雨量以每天的降雨记录为依据，资料易得，在实际工程中，可将日降雨量作为设计基准。时降雨量可以提供更精确的设计依据，但是资料整理和计算的时间与复杂度大为提高，资料一般也难以获得。随着水文自动化的广泛普及和雨量监测能力的提高，可通过自记纸数字化资料得到分钟降雨量。

8.1.3 降雨资料的三性分析

降雨量资料的统计分析是推求设计暴雨雨型的基础，决定设计暴雨雨型的精度和可靠性。因此，必须对资料系列的可靠性、一致性及代表性进行分析和审查。

1. 可靠性

基础资料的可靠性，是指所引用的基本资料、数据、时期等均需满足两条要求：一是可靠；二是适应研究目标及内容的精度要求。基础资料必须具有足够的可靠性，能保证成果的合理性。

2. 一致性

资料系列的一致性，是指所用的资料系列必须是在同一自然条件下产生的或是同一种类型的水文因素，不能混合统计不同性质的、各种条件下产生的资料系列。影响系列一致性主要有两类现象：一是人类活动的影响；二是不同气象成因的影响。

3. 代表性

水文系列的代表性，反映了系列代表总体统计特征的程度。一般应首先进行资料可靠性和系列一致性分析，然后进行样本的代表性分析。

8.1.4 次暴雨过程的划分

为了获得选样资料的时段最大雨量，首要的工作是从自记雨量资料中获取次暴雨过程的降雨资料。在自然条件下，一场暴雨可能是连绵不断持续降雨的过程，也可能是断断续续的间断性降雨过程，如何划分暴雨场次成为一个问题。从水文角度考虑，如果间隔时间很短，降雨在物理成因上应当一致，应当可以作为一次降雨过程；如果间隔时间较长，就应划分为数次暴雨。但是无雨间隔时间多长才能划分为两次暴雨，往往受人为主观因素和统计时段的影响。

每一场降雨均可看成一次独立事件。因此暴雨划分的首要任务是降雨事件的确立，具体方法为：依据一个规定的最小降雨间隔时间定义该降雨间隔内无雨或降雨量小于某给定值则区分间隔前后为两场降雨，将一系列连续的降雨资料划分成若干独立场次。

最小降雨间隔时间的确定取决于实际应用，Adams BJ 等人[102]分别按照 5min、10min、15min、30min、60min、120min、180min、360min、720min 的降雨事件间隔划分降雨场次，对每一组降雨事件均求出降雨特性参数的平均值、标准偏差以及变差系数，观察最小降雨间隔时间与降雨统计特性参数值的关系，发现最小降雨间隔时间取值小于

1h，降雨特性参数的取值过分依赖于降雨场次划分过程，实用性不强；最小降雨间隔时间取值在 1～6 小时范围内，特性参数的变差系数取值均在 1.0～1.5 之间且随最小降雨间隔时间的增大取值趋于一致，适于实际应用。具体见图 8-1。

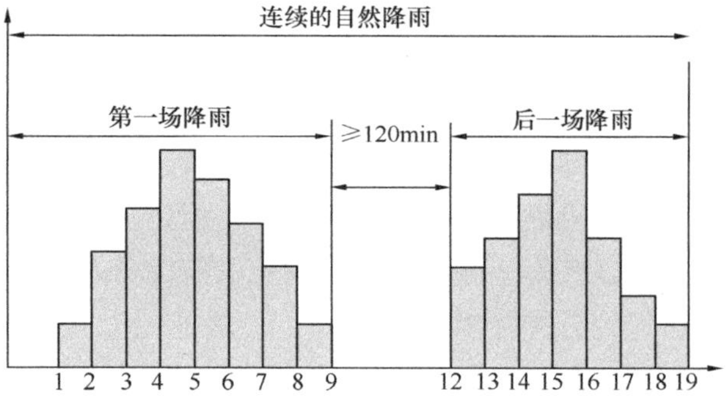

图 8-1　次暴雨划分示意图

图片来源：《深圳市排水（雨水）防涝综合规划》专题之《深圳市城市设计暴雨雨型分析研究》

8.1.5　选样方法

1. 选样的概念

我国当前对暴雨资料的选样方法主要有年最大值法、年多个样法、超定量法等三种，其基本概念如下：

（1）年最大值法：每年选取一个时段雨量最大值，n 年资料可选出容量为 n 项年极值样本系列。

（2）年多个样法：每年选取最大的 k（一般 6～8）次暴雨的时段雨量值，由 n 年资料得出容量为 nk 项样本系列。

（3）超定量法：考虑到各年出现的大暴雨的次数是不同的，根据当地暴雨的特性，选取一个下限值，每年超过此限的次暴雨均被选取。《室外排水设计标准》GB 50014 作了如下详细规定：在编制暴雨强度公式时至少有 10 年以上自动雨量记录，按降雨历时每年选择 6～8 个最大值，然后不论年次，将每个历时子样按大小次序排列，再从中选择年数最大值的 3～4 倍，作为统计的基础资料。

2. 各选样的特点及其应用

年最大值法是在每年各历时暴雨资料中挑选最大的一组雨量，即在 N 年资料中选用 N 组最大值。用这样的选样方法不论大雨或者小雨年，每年都有一个资料被选入。该法选样简单，独立性强，对于推求高重现期的暴雨强度优点较多。

年多个样法是每年按规定个数取样，但有的年份取出的多为小雨量，而有的年份取不到较大雨量。这种方法需要很多资料，统计工作量大。在小重现期部分比较真实地反映了暴雨的统计特征，可以获得重现期小于 1 年的暴雨。

一般认为，年最大值法所需降雨量资料在 30 年以上，而年多个样法则需要 10 年以上，资料年份越长越好。另外，水文计算中，采用年最大值法取样，用适线法估计总体参数时，得到的成果往往具有抽样误差，为了减少抽样误差，应尽量增大样本容量，以扩大样本系列的代表性。水文计算中有关规范规定，资料 30 年以上，可以用年最大值法[103]。

我国在 20 世纪 80 年代以前，排水系统设计重现期较低，如 0.25a、0.33a、0.5a。部分城市降雨资料观测年限较少，城市暴雨强度公式采用年多个样法的较多。尽管年多个样法可涵盖低重现期，但采用年最大值法更适合以年为重现期的周期性水文气象规律的表达，还可使统计样本的随机性、独立性较好。另外，我国城市排水系统的设计重现期已趋于提高到 2 年以上，此重现期下发达国家均推荐年最大值法。

国外早年用超定量法取样，近 30 年来已一致选用年最大值法，并且提出统计资料年限不能过短也不宜过长，通常在 30 年左右。统计年限过短易造成代表性不够；统计年限过长，陈旧的降雨数据往往不能真实地反映城市化进程，不适合现代城市排水设计的需要。

综上，建议在资料年数不长（不超过 30 年）或需要计算小于 1 年重现期的情况下，采用年多个值法，否则采用年最大值法。

8.1.6　频率分析

管道排水设计和河道排涝设计都是从设计暴雨推求设计最大集水流量，不管采取什么方法，都必须从设计净雨推求。

数理统计学有很多类型的分布曲线，选用哪种类型曲线用于设计净雨推求，由该曲线的形状与降雨量的分布规律是否吻合决定。在我国水文频率计算过程中，*P*-Ⅲ型分布曲线作为首选线型得到了广泛应用。以 *P*-Ⅲ型分布模型的应用为例，过程如下。

1. 函数表达式

P-Ⅲ型分布的概率密度函数为：

$$f(x)=\frac{\beta^{\alpha}}{\Gamma(\alpha)}(x-b)^{\alpha-1}e^{-\beta(x-b)}\ (b\leqslant x\leqslant\infty) \tag{8-1}$$

式中，$\Gamma(\alpha)$ 为伽马函数；α、$\beta>0$。

三个原始参数 α、β、b 经适当换算，可以用 3 个统计参数 $\overline{x}$、C_V、C_s 表示：

$$\alpha=\frac{4}{C_S^2} \tag{8-2}$$

$$\beta=\frac{2}{\overline{x}C_V C_S} \tag{8-3}$$

$$b=\overline{x}\left(1-\frac{2C_V}{C_S}\right) \tag{8-4}$$

式中：C_V——离差系数；

C_s——变差系数；

$\overline{x}$——为均值。

这 3 个统计参数可以通过矩法进行初步确定。

$$\overline{x}=1/n\sum x_i \tag{8-5}$$

$$C_V=\sqrt{\frac{\sum(k_i-1)^2}{n-1}} \tag{8-6}$$

$$C_S=\frac{\sum(k_i-1)^3}{(n-3)C_V^3} \tag{8-7}$$

将这些待定参数用统计参数表示代入 *P*-Ⅲ型曲线的方程式中，则方程式可以写成：

$$y=f(\overline{x},C_V,C_S,x) \tag{8-8}$$

P-Ⅲ型概率密度函数确定后，给一个 x 值，可以计算一个 y 值，从而可以绘出概率密

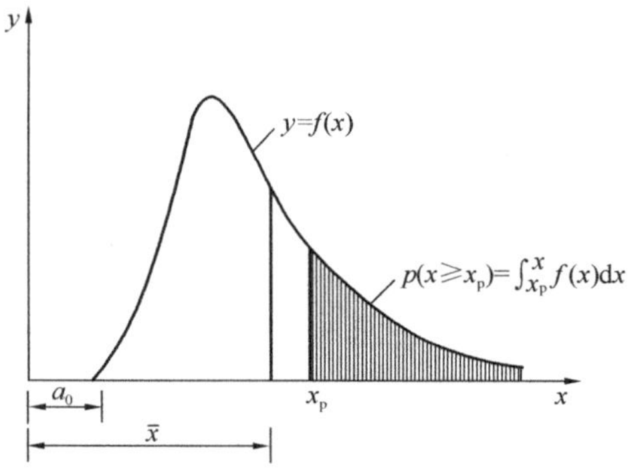

图 8-2　P-Ⅲ型密度曲线

图片来源：《深圳市排水（雨水）防涝综合规划》专题之《深圳市城市设计暴雨雨型分析研究》

度曲线，见图 8-2。

在频率分析计算中，需要绘制理论频率曲线，即根据指定的频率求相应的特征值 x_p，它可以通过下列积分求得：

$$P(x \geqslant x_p) = \frac{\beta^{\alpha}}{\Gamma(\alpha)}\int_{x_p}^{\infty}(x-b)^{\alpha-1}e^{-\beta(x-b)}\mathrm{d}x \tag{8-9}$$

随机变量标准化的形式为

$$\Phi = \frac{x-\bar{x}}{\bar{x}C_V} \tag{8-10}$$

式中 Φ 为离均系数。则 $x=\bar{x}(1+\Phi C_V)$，$\mathrm{d}x=\bar{x}C_V\mathrm{d}\Phi$，将 x 和 $\mathrm{d}x$ 带入式（8-9）中，化简后得

$$P = \frac{2^{\alpha}C_S^{1-2\alpha}}{\Gamma(\alpha)}\int_{\Phi}^{\infty}(C_S\Phi+2)^{\alpha-1}\mathrm{e}^{-\frac{2(C_S\Phi+2)}{C_S^2}}\mathrm{d}\Phi \tag{8-11}$$

2. Φ 值计算的常规方法

式（8-11）中的被积函数只含有一个待定参数 C_s，因为其他两个参数和 C_V 都包含在 Φ 中，其相应计算的关键在于解决 Φ 值的大小。因而只要假定一个 C_s 值，便可从式（8-11）通过积分求出 P 与 Φ 之间的关系，假定不同的 C_s，得出相应的 P-Φ 关系，可以制成 P-Ⅲ型曲线离均系数 Φ 值表。

在频率计算时，先由已知的 C_s 查 Φ 值表得出不同频率 P 的离均系数 ΦP 值，然后将 ΦP 及已知的 C_V 代入式（8-12），即可求出对应于频率 P 的特征值 x_p 即相应雨强的大小。

$$x_p = (\Phi_p C_V + 1)\bar{x} \tag{8-12}$$

3. 曲线调整

水文频率计算的目的是选配一条与经验点配合较好的理论频率曲线，确定合适的参数作为总体参数的估计值，以推求设计频率的水文特征值，作为工程规划设计的依据。

根据实测资料和经验频率公式可以绘制出一条经验频率曲线，由 P-Ⅲ型频率密度曲线积分，可以绘制出一条理论频率曲线。由于统计参数的误差，两者不一定配合得好，必须通过试算来确定合适的统计参数，这种方法叫适线法。目前常用的适线法有两种：试错适线法和三点适线法。通常绘制理论频率曲线使用的适线法（试错适线法）的基本步骤如下：

（1）将审核完毕的水文资料按递减顺序排列，利用经验频率公式计算出各随机变量的经验频率，并点绘于海森几率格纸上。

（2）根据公式（8-5）～式（8-7）计算统计参数 $\bar{x}$，C_V，C_s。

（3）根据初始的 C_s 计算值对其进行调整。C_s 对理论频率曲线的影响可以概括为：随着 C_s 的增大，理论频率曲线的上段曲率变陡，中段曲率变大，下段曲率变平缓。

(4) 根据新调的 C_s 值再查离均系数 Φ 值表，计算理论频率曲线纵坐标，绘制理论频率曲线。

(5) 观察理论频率曲线是否符合经验点的分布趋势，若基本符合点群分布趋势，则统计参数即为对总体的估计值，可以从图上查出设计频率的水文特征值。否则，根据统计参数对频率曲线的影响，在标准误差范围内调整统计参数重新适线。

适线应遵循的原则如下：

(1) 尽可能照顾点群的趋势，使频率曲线通过点群的中心。由于2小时雨型的设计重现期在2～20年之间，24小时雨型的设计重现期在10～100年之间，所以应多考虑上部和中部点据；

(2) 应分析经验点据的精度，使曲线尽量地接近或通过比较可靠的点据；

(3) 对特大值，经验频率精度较差，适线时，不宜机械地通过这些点据，而使频率曲线脱离点群；但也不能为照顾点群趋势使曲线离开特大值太远，应考虑特大值的可能误差范围，以便调整频率曲线；

(4) 在调整 C_s 时，应注意以下两点：一是根据经验点调整每一个历时相应的 C_s 值，直至使该 C_s 值下的理论频率曲线与子样点群适合，记下最终的 C_s 大小，记录相应的 C_s/C_v 值；二是将所有9个历时的曲线进行整体调整，使 C_s/C_V 值尽可能地接近于某一个值，以成为一簇曲线。

8.1.7 设计暴雨历时

降雨历时是选择雨型推求方法的重要参数，故有必要确定设计暴雨历时的长短。

1. 城市管道排水系统

对于管道排水系统，一般采用暴雨公式推求设计雨强，设计历时等于汇水面积的汇流时间，即汇水区域最远点流到设计断面所需时间，其数值等于该点流动路线上的地面汇流时间与管道汇流时间之和。管道暴雨设计历时等于汇流时间（t_c），说明流量过程线随着降雨的持续不断而线性增加，直到全部面积参与汇流（全面汇流），径流保持恒定，直到降雨停止后，径流会减小。

如果降雨在 t_c 时停止，那么流量过程线就是一个底为 $2t_c$ 的三角形。对于任何所选择的重现期，降雨强度随着降雨历时增加而减小，相反暴雨历时短则强度增加，在某种意义上，一般可用下式表示：

$$i=\frac{a}{(b+t_d)^c} \tag{8-13}$$

式中 i——平均降雨强度（mm/min）；

t_d——降雨历时（min）；

a,b,c——常数。

因此，可以导致产生最大径流的暴雨历时应尽量短，但是这要以达到全面为条件，也就是在产生最大径流强度时有（图8-3）：

$$t_c=t_d \tag{8-14}$$

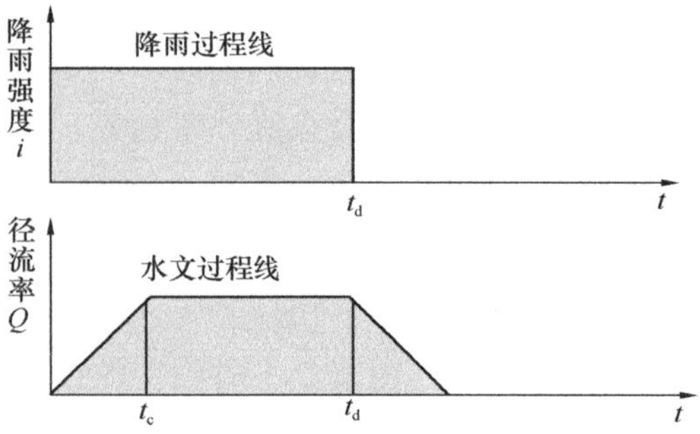

图 8-3 降雨和径流与时间关系图
图片来源：《深圳市排水（雨水）防涝综合规划》专题之《深圳市城市设计暴雨雨型分析研究》

当 $t_c = t_d$ 时，将发生最大雨水流量。所以设计中通常用汇水面积最远点雨水流到设计断面时的集水时间作为设计降雨历时。城市中心区由于区域小、汇流快，故侧重于峰值流量的推求，根据《城镇内涝防治技术规范》GB 51222，一般不超过 3h。

对于内涝防治和防洪体系，所需的降雨历时比管道确定峰值流量的降雨历时要长，设计时宜采用长历时雨型。美国、日本等国在内涝防治和防洪体系计算时一般取 24 小时。根据《城镇内涝防治技术规范》GB 51222，为了满足内涝防治设计的要求，并考虑到我国目前的实际情况，规定降雨历时可选用 3～24h。

2. 城市排涝河道

坡度较大的单一河道，汇流时间可以简单地按河道长度除以河道平均流速得出。河道平均流速可根据河道特征按曼宁公式计算。由于河道具有调蓄作用，实际汇流时间较曼宁公式计算出的数值大一些。

对于平原河网，河道汇流时间与河道长度、河网调蓄库容、水闸和泵站调度方式、河道泵站的排水能力、汇水区域的产流量及产流过程均有密切关系。对于城市区域，一般不会超过 24h。

8.1.8 暴雨雨型设计

在进行城市内涝防治设施设计时，需要输入设计流量。短历时暴雨雨型在排水管道系统计算机模型建立时是必需的。研究雨水调蓄系统时，还需要用雨型进行设计校核。通常设计流量可以通过对一系列观测的流量进行频率分析得到。然而，城市地区实际工程中，现场一般很少有连续的流量观测资料。在这种情况下，可利用雨量资料来推求设计流量，有两种方法：一是频率分析法，根据多年雨量资料，经降雨径流模型转换成多年流量过程，再作频率分析得到设计流量；二是设计暴雨方法，先对雨量资料做频率分析，得到一定历时的设计雨量，再确定一种设计雨型，得到设计暴雨过程，并由降雨径流模型转换成设计流量[104]。

频率分析法需要模拟大量的降雨径流过程，工作量大，一般不可能在设计中应用。设计暴雨方法极大地降低了径流分析的复杂度，因此被工程师广泛使用。设计暴雨方法需要确定设计雨型，若设计雨型不合适，会引起很大误差。

常用的降雨量时程分布（即雨型）有：均匀雨型、Keifer & Chu 雨型（芝加哥雨型）、SCS 雨型、Huff 雨型、Pilgrim & Cordery 雨型、Yen 和 Chow 雨型（三角形雨型）、同频率分析方法（“长包短”）等。

1. 短历时设计暴雨雨型

短历时暴雨雨型主要用于确定设计暴雨的时间变化过程。可从雨峰类型、雨峰位置、雨量分布三方面理解短历时暴雨雨型的特征。

2. 小时设计暴雨雨型

国外常用的推求方法有 SCS 雨型。SCS 雨型共分为 4 种类型（Ⅰ、ⅠA、Ⅱ和Ⅲ），见表 8-1。每一种类型适用于美国对应类型区域，如类型Ⅰ代表具有海洋性气候的地区，类型Ⅱ代表通常由夏季雷阵雨造成小集水区很高径流流速的地区。目前国内还没有 SCS 雨型，其应用推广存在一定困难，市政排水部门应尽快对全国的降雨量资料进行统计分析，并尽快研究制定全国 24h 雨量分配。

SCS 降雨时程分布数据表　　**表 8-1**

时段（h）	Ⅰ	ⅠA	Ⅱ	Ⅲ
0	0	0	0	0
1	0.017	0.02	0.011	0.01
2	0.035	0.05	0.022	0.02
3	0.054	0.082	0.035	0.031
4	0.076	0.116	0.048	0.043
5	0.1	0.156	0.063	0.057
6	0.125	0.206	0.08	0.072
7	0.156	0.268	0.099	0.091
8	0.194	0.425	0.12	0.114
9	0.254	0.52	0.147	0.146
10	0.515	0.577	0.181	0.189
11	0.625	0.642	0.235	0.25
12	0.684	0.664	0.663	0.5
13	0.732	0.701	0.772	0.75
14	0.77	0.736	0.82	0.811
15	0.802	0.769	0.854	0.854
16	0.832	0.801	0.88	0.886
17	0.86	0.831	0.902	0.91
18	0.886	0.859	0.921	0.928
19	0.91	0.887	0.938	0.943
20	0.932	0.913	0.952	0.957
21	0.952	0.937	0.965	0.969
22	0.97	0.959	0.977	0.981
23	0.986	0.98	0.989	0.991
24	1	1	1	1

8.2 水文分析

8.2.1 分析内容

内涝防治设施规划中水文分析的主要内容是利用水文分析工具提取地表水流径流模型的水流方向、汇流累积量、水流长度、河流网络（包括河流网络的分级等）及对研究区的流域进行分割等。ArcGIS 中水文分析工具主要包括水流地表模拟过程中的水流方向确定、洼地填充、水流累计矩阵生成、河流网络生成以及流域分割等 11 个工具（表 8-2），主要作用是模拟地表水形成径流的过程，并利用这一模拟过程实现河流位置、出水口、汇水范围的提取。

ArcGIS 水文分析工具一览表 **表 8-2**

序号	工具名称	描　述
1	盆域分析	创建描述所有流域盆地的栅格
2	填洼	通过填充表面栅格中的汇来移除数据中小缺陷
3	流量	创建每个像元素累积流量的栅格，可选择性应用权重系数
4	流向	创建从每个像元到其最陡下坡相邻点的流向的栅格
5	水流长度	计算沿每个像元素的流路径的上游（或下游）距离或加权距离
6	汇	创建识别所有汇或内流水系区域的栅格
7	捕捉倾泻点	将倾泻点捕捉到指定范围内累计流量最大的像元
8	河流连接	向各交汇点之间的栅格线状网络的各部分分配唯一值
9	河网分级	为表示线状网络分支的栅格线段指定数值顺序
10	栅格河网矢量化	将表示线状网络的栅格转换为表示线状网络的要素
11	分水岭	确定栅格中一组像元之上的汇流区域

8.2.2 分析方法

采用 ArcGIS 进行水文分析的流程如图 8-4 所示，主要步骤包括数字高程地形图（Digital Elevation Model，DEM）生成、水流方向分析、洼地计算与填充、汇流累积量、水流长度、提取河流网络、河流连接生成、河网分级、流域分析等。

1. 数字高程地形图生成

数字高程地形图是一种连续的栅格数据，每一个栅格代表一个矩形范围，而每个栅格用不同的灰度值表示其高程值。在利用数字高程地形图进行河流网络提取和流域分析时，要限制最小区域的集水区（即形成河流的最小汇水面积）。

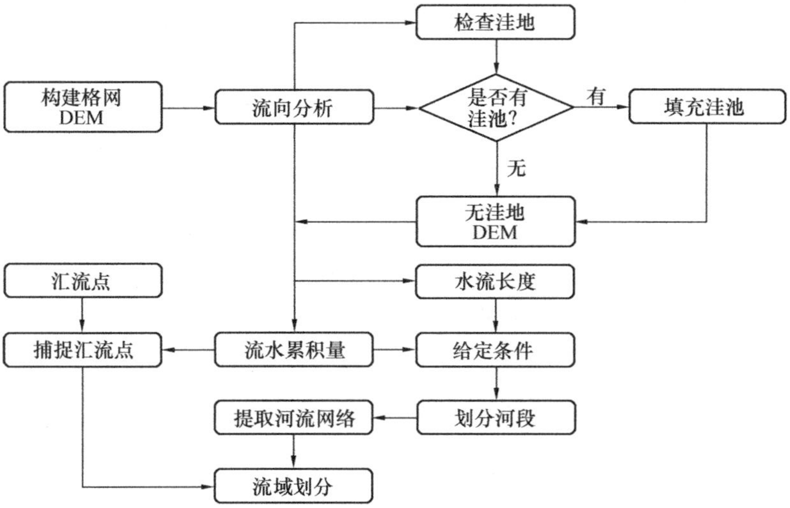

图 8-4 水文分析流程示意图

2. 水流方向分析

水流方向是指水流离开每一个栅格单元时的指向。ArcGIS 中利用最大距离权落差（D8 算法）来计算水流方向，通过将中心栅格的 8 个邻域栅格编码，水流方向便可由其中的某一值来确定。

3. 洼地计算与填充

数字高程地形图表面一般是比较光滑的，但由于内插计算及实际地形（如喀斯特地貌）差异，使得 DEM 表面可能存在一些凹陷的洼地区域。这些洼地区域会在水流流向计算时产生错误方向。因此，在进行水流方向计算之前应先对原始 DEM 数据进行洼地填充，得到无洼地的数字高程地形图，再利用无洼地的数字高程地形图重新进行水流方向分析。

4. 汇流累积量分析

在地表径流模拟过程中，汇流累积量是基于水流方向数据计算而来的。对每一个栅格来说，其汇流累积量的大小代表着其上游有多少个栅格的水流最终汇流经过该栅格。汇流累积的数值越大，该区域越易形成地表径流。从原理上可以看出，如果将流量栅格上的某一点作为出水口，那么所有流向该点像元的集合便构成了一个最小的汇水区域。

5. 水流长度分析

水流长度通常是指在地面上一点沿水流方向到其流向起点（终点）间的最大地面距离在水平面上的投影长度。目前水流长度的分析方式主要有两种：一种是顺流计算（Downstream）；一种是逆流计算（Upstream）。顺流计算是计算地面上每一点沿水流方向到该点所在流域出水口最大地面距离的水平投影；逆流计算是计算地面上每一点沿水流方向到其流向起点间的最大地面距离的水平投影。

6. 提取河流网络

目前常用的河流网络提取方法是采用地表径流漫流模型计算。首先是在无洼地的数字高程地形图上利用最大坡降方法得到每一个栅格的水流方向；其次利用水流方向栅格数据计算出每一个栅格在水流方向上累积的栅格数，即汇流累积量；当汇流累积量达到一定值的时候，就会产生地表水流，所有汇流累积量大于临界数值的栅格就是潜在的水流路径，由这些水流路径构成了河流网络。

7. 河流连接生成

河流连接（Stream Link）主要记录河流网络中一些节点之间的连接信息和河流网络的结构信息。通过提取河流连接可以得到每一个河网弧段的起始点和终止点，也可以得到该节点汇水区域的出水点。出水点的确定为进一步划分流域提供了必要条件。

8. 河网分级

河网分级是对一个线性的河流网络以数字标识的形式划分级别。不同级别的河网所代表的汇流累积量不同，级别越高，汇流累积量越大，一般是主流，而那些级别较低的河网则是支流。在 ArcGIS 的水文分析中，提供两种常用的河网分级方法：Strahler 分级法和 Shreve 分级法。Strahler 分级法是将所有河网弧段中没有支流的河网弧段定为第 1 级，两个 1 级河网弧段汇流成的河网弧段定为第 2 级，如此下去分别为第 3 级、第 4 级，一直到河网出水口。Shreve 分级法中第 1 级河网的定义与 Strahler 分级法相同，所不同的是以后的分级，对于以后更高级别的河网弧段，其级别的定义为其汇入河网弧段的级别之和。

9. 流域分析

流域又称汇水区域，是指流经其中的水流和其他物质从同一个出水口排出从而形成一个集中的汇水区域。出水口（或出水点）即流域内水流的出口，是整个流域的最低处。流域间的分界线即为分水岭，分水岭所包围的区域面积为流域面积。

8.3 排水分区划分

随着城市不断地发展，城市建成区规模不断扩大，排水管渠、排水泵站、受纳水体等城市排水设施数量不断增加，城市排水系统变得复杂。通过合理划分排水分区可以有效梳理各类城市排水设施，理清排水设施服务边界，合理组织城市排水系统，保证城市排水安全。

8.3.1 排水分区分类

排水分区划分是考虑城市的地形、水系、水文和行政区划等因素，把一个地区划分成若干个不同排水分区。考虑到水文、地形特点，排水分区一般按“自大到小、逐步递进”的原则分为干流流域、支流流域、城市管网排水分区和雨水管段排水分区。

流域排水分区为一级排水分区，主要根据城市地形地貌和河流水系，以分水线为界限划分，其雨水通常排入区域河流或海洋，反映雨水总体流向，对应不同内涝防治系统设计标准。

支流排水分区为二级排水分区，主要根据流域排水分区和流域支流，以分水线为界限划分，其雨水排入流域干流，对应不同内涝防治系统设计标准，某些城市可能不存在该类排水分区。

城市排水分区为三级排水分区，是城市内涝防治设施建设需要重点关注的排水分区，主要以雨水出水口为终点提取雨水管网系统，并结合地形坡度进行划分，对应不同雨水管渠设计标准。各排水分区内排水系统自成相对独立的网络系统，且不互相重叠，其面积通常不超过 $2km^2$。值得注意的是，当降雨径流超过管网排水能力时，形成地表漫流，原有的汇水分区将会发生变化，雨水径流将从一个汇水分区漫流至另一个汇水分区。所以城市管网排水分区可以根据地形适度合并多个排水分区，但面积不宜过大。

8.3.2　排水分区划分方法

在划分方法上，流域排水分区和支流排水分区的划分主要基于数字高程地形图，采用 ArcGIS 水文分析工具提取分水线和汇水路径，实现自然地形的自动分割。城市排水分区的划分主要以雨水管网系统和地形坡度为基础，地势平坦的地区，按就近排放原则采用等分角线法或梯形法进行划分，地形坡度较大的地区，按地面雨水径流水流方向进行划分。雨水管段排水分区主要采用泰森（Theissen）多边形工具自动划分管段或检查井的服务范围，再对地形坡度较大的位置进行人工修正。在不采用计算机模型的情况下，亦可以用等分角线法或梯形法进行划分。

以深圳市为例，结合上述排水分区划分技术和方法，划分排水分区。

1. 流域排水分区

深圳市河流分布受沿海山脉和丘陵地貌影响，多以海岸山脉和羊台山为主要分水岭。全市共有流域面积大于 $1km^2$ 的河流 310 条，是区域排洪与排水的重要通道。根据河流的位置、流向，结合地形特征，可将深圳市市域划分为九大流域分区，如图 8-5 所示。

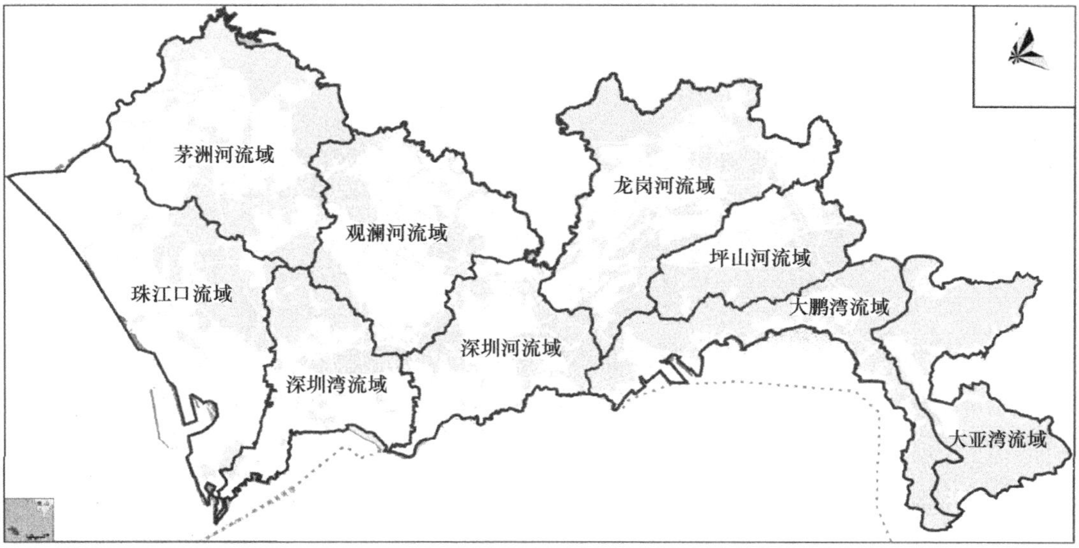

图 8-5　深圳市九大流域排水分区图

图片来源：《深圳市排水（雨水）防涝综合规划》

其中，深圳河流域、深圳湾流域、珠江口流域和茅洲河流域四大流域属于珠江口水系。区域内河流流入珠江口伶仃洋，主要有深圳河、大沙河、茅洲河及直接入海河涌。

观澜河流域、坪山河流域和龙岗河流域三大流域属于东江水系。区内河流发源于海岸山脉北麓，流入东江中下游，主要有观澜河、坪山河、龙岗河等河涌。

大鹏湾和大亚湾两大流域属于粤东沿海水系。区内河流发源于海岸山脉南麓，流入大鹏湾和大亚湾，主要有盐田河、葵涌河、王母河、东涌河等。

2. 支流排水分区

以深圳市深圳湾流域为例，说明支流排水分区的划分。

深圳湾流域地势北高南低，主要的河流水系为大沙河、新洲河、凤塘河、小沙河以及后海河，流向均为自北向南流。根据河流水系流向、地表高程、规划排水管渠系统，将流域划分为 7 个支流排水分区，分别为：大沙河片区、新洲河片区、凤塘河片区、华侨城片区、后海片区、蛇口片区以及直接排海片区等 7 个片区，各个片区内水系、排水管渠系统相对独立，最终排入深圳湾（距离海岸线较近的为直接排海片区，图 8-6 中未标出）。

3. 城市排水分区

在支流排水分区基础上，以雨水排放口或泵站汇水范围划分城市排水分区。以深圳市深圳湾的后海片区为例，该支流排水分区被划分为 11 个城市排水分区，如图 8-7 所示。

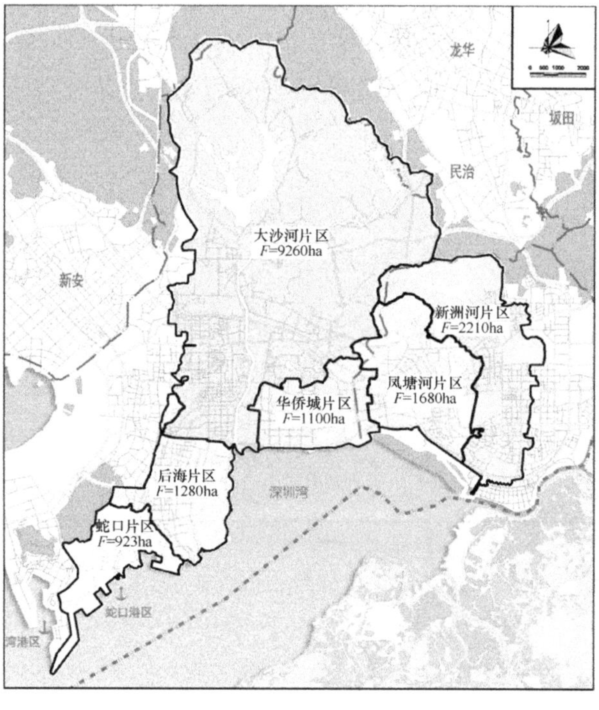

图 8-6　深圳湾流域支流排水分区划分图

图片来源：《深圳市排水（雨水）防涝综合规划》

图 8-7　深圳湾流域后海片区城市排水分区划分图

图片来源：《深圳市排水（雨水）防涝综合规划》

8.4　排水系统能力评估

8.4.1　评估目的

城市排水系统能力评估是对城市雨水排水管网和泵站等设施进行评估，分析其实际排水能力，主要评估内容包括：

（1）城市雨水管渠的覆盖程度。

（2）城市各排水分区内的管渠达标率（各排水分区内满足设计标准的雨水管渠总长度与该排水分区内雨水管渠总长度的比值）。

（3）城市雨水泵站的达标情况（满足设计标准的雨水泵站排水能力与泵站总排水能力的比值）。

（4）按照住房城乡建设部《城市排水防涝设施普查数据采集与管理技术导则》和《城镇排水管道检测与评估技术规程》CJJ 181 等国家有关标准规范的要求，对城市排水管渠现状的评估情况。

排水系统能力评估在实际应用中可针对现状条件和规划条件下的排水系统工况分别建立模型，开展排水能力评估。现状模型主要功能是用于排水系统现状排水能力的评估，并为内涝风险评估和应急管理措施提供依据。规划模型是在排水系统现状模型的基础上进行修改而成，包括下垫面和用地性质的改变、地表高程的改变和新增及改建的排水系统等。

规划模型的主要功能是模拟规划实施后产汇流参数、排水设施等条件的变化，评估规划条件下排水系统获得的改善程度和可能面临的问题。

8.4.2 评估方法

1. 评估工具

城市排水系统能力评估应在排水管渠及设施进行现状调查的基础上，采用水力模型对城市现状排水管网及设施等进行评估，分析实际城市排水系统的排水能力。城市排水系统能力评估常用的水力模型软件包括：MIKE Flood、InfoWorks ICM、SWMM 等。

2. 基础数据

排水系统能力评估模型构建的主要工作包括：梳理排水管线、解析下垫面、划分汇水分区、输入降雨过程和排水口水位边界条件等。模型中需要输入的基础数据包括降雨过程数据、地表高程数据、排水管网及设施数据、河道数据、排水口水位边界条件数据等。

（1）降雨过程数据

通过对城市多年气象降雨资料进行整理和分析，结合城市暴雨强度公式以及芝加哥降雨过程线法，建立 1 年一遇、2 年一遇、3 年一遇、5 年一遇等不同重现期下的设计雨型。在排水系统能力评估中一般采用短历时典型降雨作为水力模型的输入条件，降雨历时可取 0.5h、1.0h、2.0h、3.0h 等，一般不大于 3.0h。设计降雨的雨峰系数根据当地降雨统计资料选取，无资料时可取 0.35 或 0.40，降雨时间间隔可取 1min 或 5min。

（2）地表高程数据

地表高程数据主要来自物探与遥感技术获取的设计范围内的地形高程点数据。每个高程点的主要数据包括空间坐标和高程数据。以地形高程点为基础，生成 10m×10m 大小单元网格用于二维地表模型的制作。

（3）排水管网及设施数据

排水管网及设施数据主要来自排水管网普查勘探数据和运营单位提供的排水管网及设施运行数据。其中，排水管道信息主要包括编码、类型、尺寸、材质、起始管道标高、末端管道标高、坡度、敷设日期、单位、长度等；排水管道节点信息主要包括编码、类型、内底标高、地面标高等；排水泵站信息主要包括位置、设计重现期、设计流量、服务范围、启泵/停泵水位等。

（4）河道数据

河道数据可通过工程设计资料、实地勘测等不同途径获取，主要包括河道长度、平面位置、河道比降、典型横截面位置、典型横截面尺寸、河道设计水位等。此外，其他相关数据还包括河道上的水工建筑物信息、调度规则，以及上下游水体的水位边界信息等。

此外，模型中输入的其他基础数据还包括流域内用地类型、地表面积、子汇水区域宽度、地表坡度、曼宁粗糙系数、入渗率等。

3. 评估标准

在排水系统能力评估中一般以排水管道检查井是否溢流作为排水管道排水能力是否达标的评估标准，即管道水头线是否超过地面线，具体计算如下式。

$$\delta = H - W \tag{8-15}$$

式中：H——管网节点水头（m）；

W——地面高程（m）。

通过计算各检查井处的 δ 值，可判断与其相连管道的排水能力。当 $\delta \leqslant 0$ 时，排水管道检查井处水头线低于地面线，则表示与其相连管道排水能力满足相应设计重现期要求；当 $\delta > 0$ 时，排水管道检查井处水头线高于地面线，则表示与其相连管道排水能力不满足相应设计重现期要求。

同时，还可借助模型工具，通过计算排水管渠内的水流状态，进一步分析排水管渠排水能力。我国城市雨水排水系统设计时，排水管渠内流态按满管均匀流考虑，计算设计流量时的水力坡度等于管底坡度，如图 8-8（*b*）所示。重力流管渠中，形成压力流但尚未溢出地面形成涝水的水力状态分为 2 种：第 1 种是管渠的水力坡度小于管底坡度，如图 8-8（*c*）所示，根据水力学原理，该种状态表明管道已充满，水力坡度小于等于管道坡度，管道排水能力未达到设计降雨的重现期标准，且管道的排水能力主要受到下游管道顶托的限制；第 2 种是管渠的水力坡度大于管底坡度，如图 8-8（*d*）所示，此时管道排水能力未达到设计降雨的重现期标准，且管道的排水能力受自身管径的限制。这两种状态都被视为“超载状态”，在评估中，若管道出现“超载”状态，则视为该段雨水管道的排水能力不能满足相应重现期标准[105]。

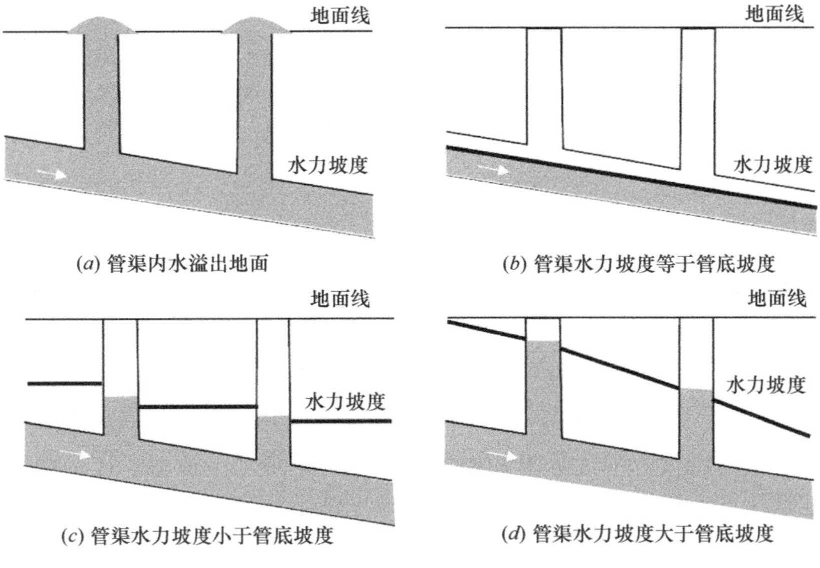

(*a*) 管渠内水溢出地面　(*b*) 管渠水力坡度等于管底坡度
(*c*) 管渠水力坡度小于管底坡度　(*d*) 管渠水力坡度大于管底坡度

图 8-8　排水能力标准示意图

此外，还可以排水管渠的最大充满度为依据，判断排水能力。在一定重现期标准的降雨模拟情景结果中，若排水管渠的最大充满度小于 1，则认为该排水管渠排水能力大于相应重现期标准；若排水管渠的最大充满度等于 1，则认为该排水管渠排水能力小于等于相应重现期标准[106]（图 8-9）。

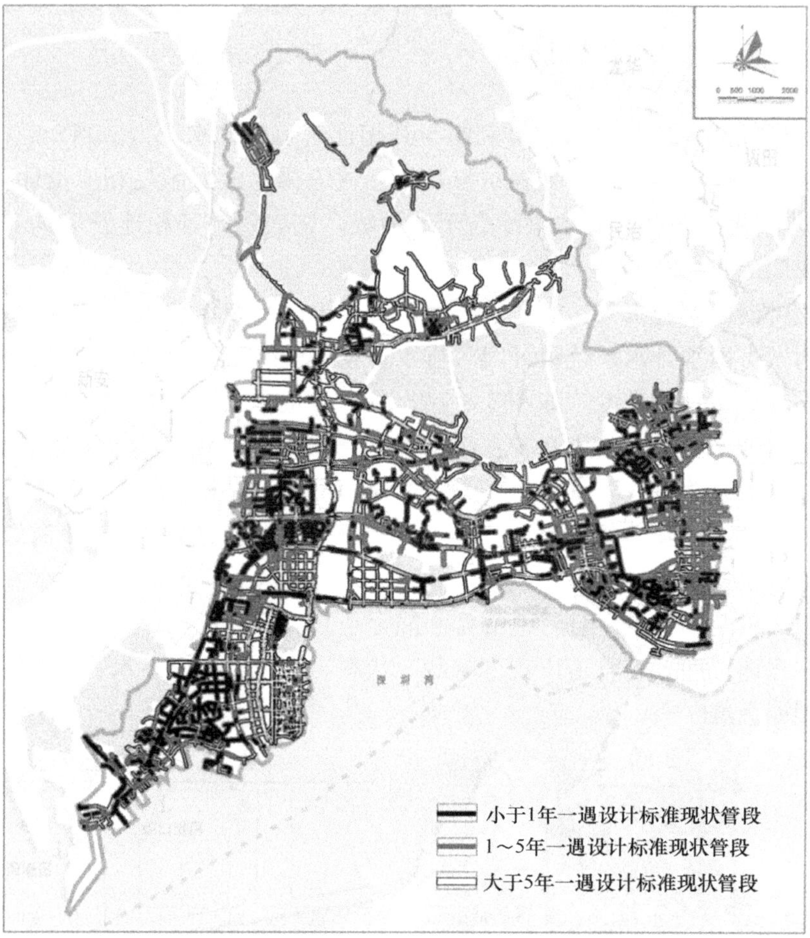

图 8-9　管道排水能力评估结果示意图

8.5　内涝风险评估与等级划分

改革开放以来，我国城市化进程加快，城市规模不断扩大。暴雨内涝已经变成现在城市突出问题之一。由于城市内涝造成的经济损失和社会影响较大，目前大家越来越重视城市内涝的防治工作。内涝风险评估主要识别现状城市积水灾害情况，评估及验证规划设计方案是否能够解决城市内涝问题。城市内涝风险评估是城市内涝防治的基础，也是当前研究热点。

8.5.1　内涝风险评估方法

在城市暴雨内涝防灾减灾的工作中，灾害预防工作尤为重要，而内涝风险评估是灾害预防的重要手段之一。研究内涝形成过程和机理，预测和评估城市内涝灾害风险，可为防洪救灾规范化、科学化决策管理提供科学依据。内涝风险评估方法通常可分为历史灾情数理统计法、指标体系法和水文水力模型法三种。

历史灾情数理统计法主要是针对洪涝灾害发生次数、受灾面积、成灾面积、受灾人口、直接经济损失等历史灾害数据进行统计分析，从中找出一定的规律，然后根据影响因素建立发生概率统计模型，从而对内涝灾害造成的损失进行评估，主要从暴雨重现期、内涝范围和相关财产损失率之间建立联系[107]。数理统计法相比其他方法思路清晰、计算简单、需要的基础数据较少，不用详细的地理空间数据。但是，由于是概率统计，需要大量的历史灾情数据来统计分析。目前大部分城市开展的有关城市内涝情况的监测和统计工作相对较少，导致基础数据缺乏，且该方法评估仅是区域性风险评估，不能反映其空间差异，不适合小尺度评估，故在应用上具有一定局限性。另外，风险是未来潜在发生的可能性，用历史资料预测未来灾害风险发生的概率，可能无法获得精确的结果。

指标体系法是根据灾害的特点，凭经验选取适合的指标体系，然后通过数理方法对各原始指标进行处理，最后得到灾害风险的评价体系。比如通过人员伤亡状况、城市经济财产损失情况、社会环境损失情况等相关指标分析，对城市内涝风险进行评估。该方法的理论基础是认为洪涝灾害是致灾因子、孕灾环境和承灾体的综合函数，侧重于指标的选取和权重方法的优化，可以宏观反映区域风险状况，在我国灾害风险分析与评估中应用最为广泛。但是评估指标在选取时受到现状数据的可收集性影响，可能出现“以点代面”的现象，不能完全反映灾害风险的空间分布，评估结果可能有一定的片面性。

水文水力模型法是目前内涝风险评估中常用的一种方法。基于水文水力学模型的内涝灾害风险评估是通过成熟的水文和水力学模型或根据区域特征构建的水文水动力模型，模拟不同暴雨情境下的灾害情景。水文水力模型法可通过计算机模拟获得雨水径流的液态、水位变化、积水范围和淹没时间等信息，采用单一指标或多个指标叠加，综合评估城市内涝灾害的危险性。结合城市区域重要性和敏感性，对城市进行内涝风险等级划分。通过水文水力模型模拟确定城市内涝风险范围及其程度，指导城市内涝防治，合理布局内涝防治工程。通常水文水力学模型与仿真的方法基于明确的物理机理，能够模拟内涝成灾过程，并能很好地反映城市河道闸门、桥梁、涵洞、蓄滞洪区等人为干预的影响，具有较好的适用性，但其对数据量要求较大，计算较为复杂，如何在数据可获得性、计算复杂性和评估精度之间取得平衡是今后研究中急需解决的问题[108]。

评估结果可形成城市内涝风险评估表，如表 8-3 所示。

城市内涝风险评估表　　**表 8-3**

城市现状易涝点个数（个）	内涝高风险区面积（km^2）	内涝中风险区面积（km^2）	内涝低风险区面积（km^2）

8.5.2　内涝风险等级划分

1. 内涝灾害标准

《室外排水设计规范》（2016 版）中提出城市内涝地面积水设计标准为居民住宅和商工业建筑物的底层不进水；道路中一条车道的积水深度不超过 15cm（指靠近路拱处的车

道上最深积水深度；当路面积水深度超过 15cm 时，车道可能因机动车熄火而完全中断）。各地方应根据不同地区的实际情况，从积水时间和积水深度两方面综合考虑，明确适应该地区的内涝灾害标准。

以深圳市为例，内涝灾害标准为：①道路积水时间超过 30min，积水深度超过 0.15m；或②在下凹桥区，积水时间超过 30min，积水深度超过 0.27m。当情况满足上述条件之一时，可判定为形成内涝灾害，否则为可接受的积水，不构成灾害。

2. 内涝风险等级划分

根据风险管理理论，灾害风险评估包括致灾因子危险性评估、承灾体易损性评估以及潜在损失评估，最终计算出风险值大小[109]。目前，针对城市内涝风险评估等级划分的研究还比较少，本书主要介绍采用水文水力模型模拟法进行城市内涝风险评估等级划分。

采用模型评估不同设计重现期下的内涝事故后果等级。内涝事故后果等级综合考虑积水深度、内涝区域重要性及敏感性等因素，根据不同的权重，加权得到内涝事故后果，事故后果等级采用式（8-16）进行计算。针对不同重现期的降雨，采用计算机数学模型进行模拟评估分析，确定不同设计情境下城市内涝风险区域，通过 ArcGIS 空间分析功能，计算并划分城市内涝高、中、低风险区[110]。

$$Z = A \cdot WA + B \cdot WB \tag{8-16}$$

式中：Z——事故后果等级，分级结果见表 8-6；

A——区间值，取值结果见表 8-4；

W——权重，取值结果见表 8-5。

由式（8-16）的计算结果，根据下表，得到 5 年、10 年、20 年、50 年、100 年一遇 5 个设计重现期下的事故后果等级分布。

区间值取值表 **表 8-4**

分值	100%	75%	50%	25%
积水深度（A）	≥50cm	40～50cm	27～40cm	15～27cm
区域敏感性（B）	下立交桥、低洼区、地铁口、地下广场、展馆、学校、民政	生态/城建交界区、政府、交通干道、城市商业区、重要民生市政设施	一般地区	生态较多的地区

权重取值表 **表 8-5**

内容	权重（W）
积水深度（A）	50
区域重要性（B）	50
合计	100

事故后果分级表 **表 8-6**

后果等级	小	中等	严重	重大
Z	≤10	10～50	50～70	70～100

内涝风险是内涝事故后果（Z）与事故频率（P）的函数，详见式（8-17）。内涝风险等级的划分根据不同设计重现期下该函数计算值，取最大值，根据分值最大值所在区间确定内涝点的内涝风险等级，详见表8-7。

$$R = \max(P \times Z_i) \tag{8-17}$$

式中：R——内涝风险等级；

P——设计重现期；

Z_i——不同设计重现期下事故后果等级分值。

内涝风险等级划分　　表8-7

R=max（$P\times Z_i$）	后果等级（Z_i）	小	中等	严重	重大
事故频率（P）		10	50	70	100
100年	1	10	50	70	100
50年	2	20	100	140	200
20年	3	30	150	210	300
10年	4	40	200	280	400
5年	5	50	250	350	500

注：表中，深灰色区域分值表示高风险区，灰色区域分值表示中风险区，浅灰色区域分值表示低风险区。

8.6　深层排水隧道规划方法

8.6.1　深层排水隧道经验借鉴

根据世界范围内典型城市深层排水隧道案例的不完全统计，深层排水隧道的埋深大约在15～107m范围内。在发达国家，污染控制隧道的应用更为广泛，在已建设和规划建设的隧道中，径流污染控制隧道约占76.5%。隧道规模和耗资巨大，每个隧道工程因建设场地、地质条件、施工方法和地下水位等特征的不同，其投入的建设费用差异也很大，调查研究结果显示，隧道方案的造价在0.5～7.3亿元/km之间，平均造价为2.7亿元/km。虽然投资费用高昂，但隧道在实现洪涝控制和CSO控制的目标上具有显著效果[111]。

国外雨水隧道应用案例中具有代表性的主要有美国奥斯汀沃勒河排洪隧道、日本大阪排洪隧道、澳大利亚悉尼存储隧道等[112]。表8-8列举了国内外具有代表性的雨洪控制隧道的控制目标、设计方案、控制效果等。

国内外深层排水隧道情况表　　表8-8

名称	控制目标	设计方案	控制效果
澳大利亚悉尼存储隧道	控制潮湿天气悉尼北部港湾的溢流次数，减少未经处理的污水进入悉尼港湾	在悉尼北部四个主要溢流口建立一个隧道系统收集和存储溢流，在暴雨期间，提供一个暂时的分流存储，隧道直径为3.8～6.6m，长度为16km，深度为40～100m	隧道减少溢流的次数，从年平均16次减少到年平均2次

续表

名称	控制目标	设计方案	控制效果
美国芝加哥深隧	为保护密歇根湖不受未经处理的污水污染，改善地区的河流和小溪的水质，并为洪水提供一个出口，控制合流制溢流污染	建设3个水库、201km输水隧道，采用泵站抽排；设计贮水能力为1.68亿m^3，其中隧道的贮水能力为1.14亿m^3	已经收集9.52亿kg的悬浮物，消除640个溢流点
美国奥斯汀沃勒河排洪隧道	把沃勒河的洪水径流转移，减少对滑铁卢公园下游企业的风险；控制雨季洪水，直接削减河道洪峰流量，间接防治城区内涝	沿着沃勒河修建贯穿第一至第十二街道深层隧道，长度大约为1706.9m，隧道直径为7.9m/6.7m/6.1m，隧道深度为18.3～21.3m，坡度为0.6%	将重现期为100年一遇的洪水转移至下游水体
马来西亚吉隆坡"精明隧道"	防治巴生河河段洪涝灾害引起的周边城区受淹，交通拥堵	隧道由最底层的永久排水层和双层高速公路三层构成。总长12.7km，最底层隧道长为9.7km，将上游洪水转移至旁路隧道临时储存后排入郊外下游水库，隧道内部直径为11.83m；高速公路隧道总长为4km	有效实现吉隆坡地区防洪减灾的目标
日本大阪排洪隧道	应对城区内涝问题	主要包括：Tennoji-Benten雨污隧道、Tosabori-Tsumor雨污隧道、Benten泵站、Naniwa Grand泄洪道(Floodway)、Yodo泄洪隧道	有效应对重现期为10年一遇的暴雨
波士顿CSO存储隧道	以控制径流污染为目的，收集超过截流管道截流能力而产生的合流制溢流污水	隧道长度为3.38km，隧道直径为5.18m，隧道能存储7.18万m^3的合流制溢流和雨水	基本消除了溢流进入南波士顿海岸的所有的CSO污染，溢流次数减少到每5年溢流1次
亚特兰大深层存储隧道	收集、传递、存储CSO溢流雨水	西部地区隧道长度大约为13.68km，隧道直径为7.92m，存储至少66.9万m^3暴雨径流溢流	年均溢流次数减少到4次
港岛西雨水排放隧道	减少山洪引起的内涝带来的严重影响和经济损失	沿主径流垂直方向布置雨水排放隧道，采用直接排放式，主隧道长度为11km，隧道直径为6.25～7.25m；有34个入口设施	有效应对重现期为50年一遇的暴雨
上海苏州河南岸调蓄隧道	CSO控制，提高苏州河水质量，恢复水系环境生态功能	隧道直径为6.3m，隧道长度为3000m，建于－20m以下	溢流次数降低到5次/年，年溢流量由1600万m^3减少至367万m^3；减少COD_{cr}污染负荷4188t，削减率约96.9%

续表

名称	控制目标	设计方案	控制效果
广州东濠涌试点隧道	解决东濠涌水污染问题以及流域内涝灾害	建立150km的浅层排水系统、3.85km的河道系统和1.7km的深隧系统；排水隧道长度为1.77km，内径为5.3m，调蓄容积约有6.3万m^3	5年一遇的降雨，较严重的水浸点由29个减少至17个；每年可减少向珠江排放COD污染物达200t以上

8.6.2 应用原则和条件

根据功能和控制目的，深层隧道可分为3类，分别是污染控制、洪涝控制以及多功能控制。以污染控制为目的的隧道也称为存储隧道，多应用于老城区合流制溢流区域，部分延伸到新城区，主要收集超过截流管道截流能力而产生的合流制溢流污水，少数情况下兼顾收集分流制雨水径流，如悉尼的存储隧道；以洪涝控制为目的的隧道根据场地、径流排放及运行条件，具体又可分为防涝隧道和排洪隧道，前者主要收集、调蓄超过现有排水管道或泵站排水能力的径流雨水，后者主要截流、接纳上游洪水或超过河道输送能力的洪水并排放，下游出路一般为河流或其他受纳水体，如大阪防涝隧道和港岛西雨水排放隧道；多功能隧道则兼顾实现洪涝控制、污染控制或交通等多种功能[113]。如吉隆坡的“精明隧道”将高速公路隧道与排洪隧道进行组合设计，实现洪涝控制与交通功能的结合，而芝加哥为了解决合流制溢流污染和内涝问题，分别在城市河道下方及地表修建深层隧道和大型调蓄设施。

深层隧道需针对城市自身所面临的问题，同时结合城市建设情况和经济条件等因素综合考虑，主要应用原则和应用条件如下：

1. 应用原则

(1) 综合性原则。针对城市存在的洪涝、污染等不同雨洪问题提出具有针对性的隧道控制方案，准确评价方案的效益。依据城市水系分布、地势等特点科学设计隧道路线和隧道规模、运行方式以及与原有排水系统的衔接关系，以提高城市雨洪管理的经济性、合理性和高效性。

(2) 节能低碳原则。优先采用重力排水，节省泵站提升排水能源消耗，如港岛西雨水排放隧道，基于香港地形特点，利用自身竖向条件重力排水，节省能耗。

(3) 浅层排水与深层隧道相结合原则。深隧的建设要以浅层排水系统的改造为前提，结合浅层改造，提高排洪能力，减少积水，同时，深隧建成后，可有效减少初雨和溢流污染。

(4) 新建隧道与原有系统合理衔接。新建隧道与原有系统（检查井、排水干管和支管、溢流口等）和配套设施（竖井、污水厂、泵站）进行合理衔接，以最大程度地缓解洪涝和污染。

(5) 发挥隧道的多功能作用。通过合理的设计和调整运行方式，实现深层隧道洪涝控制、污染控制、交通等多种功能的兼顾，如吉隆坡的“精明隧道”，根据实际情况选择多功能结合的隧道方案，实现洪涝缓解、雨水径流污染与合流制溢流污染控制及水环境改善等综合效益。

2. 应用条件

(1) 适宜在较大范围内存在严重的洪涝或CSO污染问题时采用。

(2) 积水区域多而密集，水涝频繁且积水量大，河道泄洪能力不足并且其他方案难以实施或快速见效的区域。

(3) 溢流口较多且密集，在每个溢流口建设分散的CSO调蓄池会造成较多的空间需求、溢流水量大，溢流污染严重的区域。

(4) 空间条件允许，隧道施工对地铁、电线、天然气管道以及给水排水管道等现有设施无影响，并可避免在桥梁、大型建筑物基础下方修建隧道。

(5) 具备有利的自然和社会条件，如有大量的资金支持、严谨的科研和技术支撑。

8.6.3 投资费用及效益分析

(1) 投资费用：根据现有案例的不完全统计，由于结构、直径、埋深、地质条件和施工方法等因素的不同影响，隧道方案的造价在0.5～7.3亿元/km之间，平均造价为2.7亿元/km。国内外典型案例的投资比较总结如表8-9所示。

国内外典型深隧投资情况表 **表8-9**

国家	年代	直径（m）	长度（km）	埋深（m）	总价（亿元）
悉尼北部	1998～2001	3.8～6.6	16	40～100	28.5
美国芝加哥	1980～2006	2.44～10.1	176.1	46～107	
沃勒河	2010～2014	6.1～7.9	1.707	18～21	6.1254
吉隆坡	2003～2007	11.83	12.7	—	
南波士顿	—	5.18	3.38	—	9.1
亚特兰大西部	—	7.92	13.68	—	
港岛西	—	6.25～7.25	11	—	207
上海苏州河南岸	—	6.3	3	20	1.05
广州东濠涌	—	5.3	1.77	—	4.5

注：表中“—”代表暂未查到隧道的年限、埋深和投资，此表供对比参考使用。

(2) 效益分析：一是污染物减排效益。以调蓄-处理为核心的雨水隧道，能够起到削减合流污水水质和水量峰值，在最大限度截流污染物的同时，减轻污水处理设施的负荷。隧道可截留超过80%的雨水和溢流污染物；二是提高防洪标准减少经济损失。深层隧道建设可以在很大程度上提高区域的排水和防洪标准，解决上游来洪和改善积水点的效果明显，是应对超过管网设计标准雨水的一项有效措施，能够有效减少内涝及山洪灾害造成的经济损失；三是改善城市生态环境。在城市地表空间有限的条件下，隧道调蓄和转输大暴雨径流时，可以有效防止河道的冲刷和水土流失，减少对河道的径流污染，有利于改善城市水环境和生态环境。

8.6.4　运行维护

由于隧道内水体流速偏低往往会产生淤积的现象，若深层排水隧道发生淤积而不及时清理，不仅会造成隧道系统堵塞，影响整个隧道系统的正常运行，而且会对水体造成极大伤害。为了减少隧道内的锈蚀、沉积，应对隧道进行经常性的冲洗。常用的清洗方法有两种，分别为基于电能清洗方法和基于水力清洗方法。电能清洗方法包括高压水射流技术、真空吸泥车、绞车清淤法、通沟机清淤法、清淤球清淤法；水力清洗方法包括拦蓄冲洗门法和水冲刷清淤法。

各种清淤方法均有各自的优势、适用范围及劣势。高压水射流清淤法在自动化程度和清淤效果上具有一定优势，但其设备和运行成本过高，并且很难在大管径管道中应用；绞车清淤法适用的管道管径范围较广，但需要人工下井，易危害工人健康和生命安全；水冲刷清淤法要求管道本身必须有一定的污水流量，淤积物不宜过多（20%左右），且不能有像石头砖块这样的大块障碍物，适用范围大为受限；通沟机清淤法要求管壁光滑、规则且淤积物不能太多，在城市大管径排水管道中难以得到应用；清淤球法是一种预防性管道清淤，当排水管道具有一定的淤积程度后该法就无法应用；拦蓄冲洗门法在国内外的应用还较少，对于大管径排水管道的实际清淤效果还有待考证。

第9章　水力模型的应用

《城镇内涝防治技术规范》GB 51222 规定："当汇水面积大于 $2km^2$ 时，应考虑区域降雨和地面渗透性能的时空分布的不均匀性和管网汇流过程等因素，采用数学模型法确定雨水设计流量，并校核内涝防治设计重现期下地面的积水深度等要素。"在内涝防治设施规划中，数学模型可用于模拟城市降雨的产流、汇流等一系列水文和水力过程，通常又称水力模型。内涝防治水力模型是对城市内涝防治系统的合理抽象与概化。通过水力模型，能在各种设定情景下，模拟地表产流汇流规律、排水管网运行特征、地表积水状况等，分析城市内涝防治系统的运行规律，为管网排水能力评估、内涝风险评估和规划方案校核等任务提供重要的技术手段。在实际工程应用中，只有熟悉模型的相关计算原理，把握其结构和参数含义，才能正确使用模型，对模拟结果做出合理的分析与判断，从而为决策提供科学依据。本章重点阐述了常用模型、模型原理、模型实际构建与应用案例等，以供专业人士参考。

9.1　模型概述

9.1.1　模型发展历程

早期的计算机管网水力模型起源于 20 世纪 70 年代，典型的模型软件包括美国环保署支持开发的 SWMM 模型、伊利诺斯城市排水区域模拟模型（Illinois Urban Drainage Area Simulator，ILLUDAS）、美国陆军工程兵团水文工程中心开发的储存处理和漫流模型（Storage Treatment Overflow Runoff Model，STORM）等。研究者对城市排水系统模拟模型的开发和深入研究为后来城市排水管网模型软件的开发奠定了良好的理论基础。

进入 20 世纪 90 年代后，水力模型与 GIS 技术的集成逐步成为对排水管网专业化分析和数字化管理的研究和应用热点，城市排水管网模型软件中开始整合 GIS 及图形预处理和后加工模块，从而大大加强了模型的输入和输出功能。虽然排水管网模型的内部结构和理论基础基本保持不变，预处理与后处理加工模块的开发也不影响模型的计算过程和模拟结果，但图形化的功能提高了模型建模与模拟分析的工作效率，降低了模型使用和操作的难度，大幅度提高了模型的易用性和实用性。

进入 21 世纪后，计算机、通信和网络等技术的革新进一步加快了水力模型的发展，模型开始采用更加直观的图形界面，操作也更加简洁方便。在此期间涌现的代表性模型包括国外的 DHI MIKE 系列和 InfoWorks 系列模型，以及中国的数字排水（Digital Water）、鸿业暴雨排水及低影响开发模拟系统等模型软件。与此同时，更多集成仿真模拟技术、动态监控技术的城市排水管网模拟软件也开始应用于实际排水管网的建模分析和运营管理。

9.1.2　常用模型简介

1. EPA SWMM 模型

EPA SWMM（Storm Water Management Model）模型是世界上研究最深入、应用最成熟的城市水文模型之一。SWMM 是动态的降雨径流模拟模型，包含了水文、水力、水质模块，主要用于规划和设计阶段。它具备模拟城市降雨径流运动过程（包括地面径流和排水系统中的水流、雨洪的调蓄处理过程）和 BOD、COD、总磷、总氮等 8 种污染物的迁移扩散过程等功能。该模型把每个子流域概化成透水地面、有滞蓄库容的不透水地面和无滞蓄库容的不透水地面三个部分，利用下渗扣损法或 SCS 法进行产流计算，坡面汇流采用非线性水库法，管网汇流部分提供了恒定流演算、运动波演算和动力波演算 3 种方法。SMWW 模型的基本结构如图 9-1 所示。

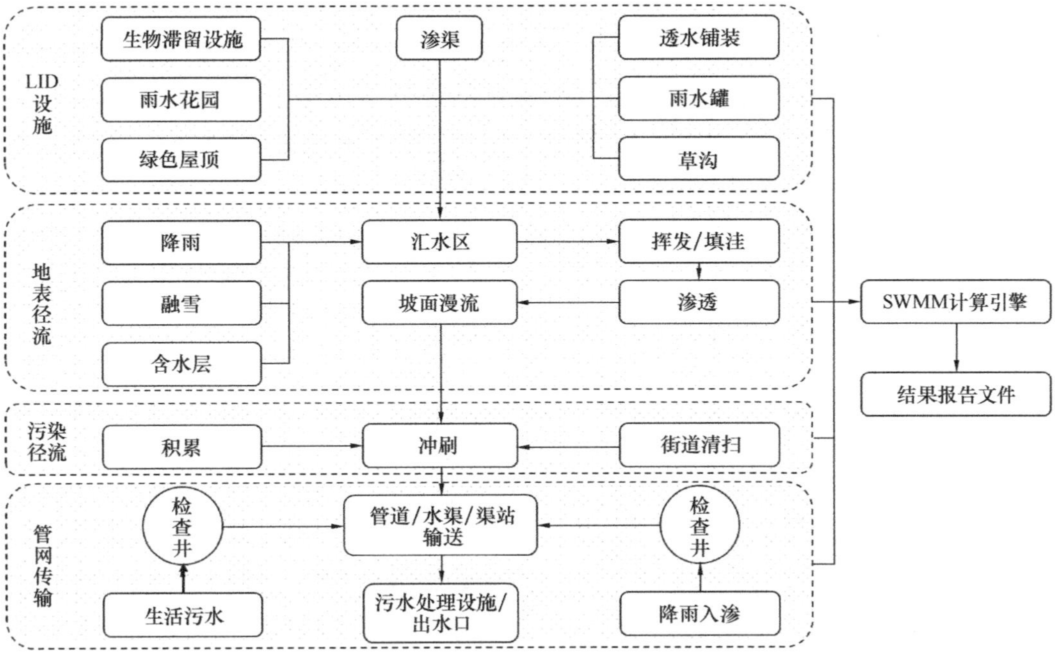

图 9-1　SWMM 模型基本结构示意图

最早的 SWMM 模型是由美国环境保护署（EPA）资助，由梅特卡夫-埃迪公司(M&E)、佛罗里达大学（UF）、美国水资源公司（WRE）等联合开发的。1975 年、1981 年相继发布了第二版和第三版，1988 年 EPA 公有的微机版本 SWMM4.0 发布。经过十几年的发展，SWMM 的功能不断扩充，陆续开发了几个核心的水文水力计算模块：径流（RUNOFF）模块、输送（TRANSPORT）模块、扩展输送（EXTRAN）模块和蓄存处理（STORAGE/TREATMENT）模块。同时，SWMM 模型还包括多个服务模块，譬如统计（STATISTICS）模块、绘图（GRAPH）模块、联合（COMBINE）模块、降雨（RAIN）模块、温度（TEMP）模块、执行模块等。2004 年 5 月发布了 SWMM5.0。

该版本是由美国EPA下属的供水与水资源部和CDM工程咨询公司合作完成。将此前SWMM中的RUNOFF、TRANSPORT、EXTRAN和STORAGE等模块集成于一体，并具有统一的界面。

SWMM5.0版本之后增加了对LID/BMPs支持，成为世界上最主要的低影响开发设施计算模型，它将LID/BMPs作为单独子汇水区，适用于小地块的LID模拟，也可以将单个或多个LID设施混合置于同一个子汇水区内作为子汇水区的一部分，取代等量的子汇水区内的非LID面积，在这种方式下，无法明确指定LID设施的服务区域及处置路径，主要适用于较大区域的LID集成技术及雨洪控制效果模拟。LID设施位置和面积确定后，设定具体参数，低影响开发设施被分解为表层、路面层、土壤层、蓄水层、暗渠层5个层次，并以此概化各类LID设施，模拟过程中执行含湿量平衡，跟踪水在每个LID层之间的移动和存储。5.1版本目前支持生物滞留设施、雨水花园、绿色屋顶、渗渠、透水铺装、雨水罐、草沟7种预定义设施，原则上也可以通过改变参数模拟其他类型的设施。计算完成后，SWMM的状态报告包含了LID性能总结，说明每一子汇水面积内每一个LID设施控制的总体水量平衡，水量平衡的组件包括总进流量、渗入、蒸发、地表径流、暗渠，以及初始和最终蓄水容积。可见，SWMM不仅能模拟城镇尺度下低影响开发设施对海绵城市径流量、径流峰值及水质的影响，也能评估单体LID设施的性能。

目前发布的最新版为2018年8月发布的SWMM 5.1.013（https：//www.epa.gov/water-research /storm-water-management-model-swmm），该版本对模型的稳定性和LID设施的计算做了进一步的优化。

2. MIKE模型

MIKE是丹麦水力学研究所（DHI）推出的用于城市及流域水环境综合治理的一系列水文水力以及水质模型。其中在城市内涝防治中常用的模型组件包括MIKE Urban排水管网模型、MIKE 11河道模型与MIKE 21二维模型。

（1）MIKE Urban（排水管网系统模型）

MIKE Urban是一款综合性的排水管网设计管理模拟软件，集成了GIS、SWMM以及MOUSE模型，包括MOUSE、SWMM两个引擎。主要功能包括模拟城市污水管网和雨水管网、降雨径流/下渗、满管和非满管、实时监控、地理信息系统连接、降雨数据库连接、受纳水体连接等，主要应用于计算排水管网负荷、合流制污水管网溢流、管网沉积物等。

MIKE Urban具备分析LID/BMPs的能力，能够在模型之间实现很好的对接，对于排水系统在雨季的运行工况，以及在模拟合流制排水管网的溢流污染方面有很高的精确性，可以针对不同工况下的溢流污染情况进行预测，为缓解溢流污染提供优化策略（图9-2）。其特点和优势主要有以下几点：①能够对同时拥有合流制、分流制排水系统的混合排水系统进行水力和水质两方面的精确模拟，而且可以对雨水系统、污水系统及合流制系统分别进行标注；②在雨水系统的模拟方面体现出较大优势，可以准确模拟不同类型的降雨工况下，排水系统的运行情况。从降雨的产生、形成径流、汇流入检查井、管网中输送、直到末端进入污水厂的整个过程。同时还可以准确模拟地表污染物的累积和冲刷过程。在地表径流模型中，充分考虑了各个汇水区不同地表特性的影响；③可实现与 ArcGIS 的友好对接，所需数据可以通过 GIS 进行管理并直接导入，大大减少了排水系统模型建立的工作量；④通用性很强，模拟时间自由，可以模拟单场降雨，也可以对长期的季节性降雨变化情况进行模拟，对汇水区的范围限制小；⑤在对水质模拟时，可以考虑附着在固体悬浮物表面的污染物以及溶解态污染物，且对于污染物来源，可以考虑地表累积和管网中的沉积影响，更符合真实水流情况；⑥可以实现与其他 MIKE 系列软件的耦合模拟，建立地面高程模型模拟 2D 水淹情况，还可以充分考虑建筑物、河流等对水流产生的影响，并能输出可视化程度高的三维模拟结果。

（2）MIKE 21（二维模型）

MIKE 21 是丹麦水力研究所开发的平面二维数学模型，曾经在丹麦、埃及、澳大利亚、泰国及中国香港、中国台湾等国家和地区得到成功应用，在平面二维自由表面流数值模拟方面具有强大的功能，可用于仿真模拟城市内涝积水演进过程。

目前该软件应用发展很快，在一些大型工程中被广泛使用，特别是 MIKE 21 与 MIKE Urban 进行耦合模拟，建立一维排水管网模型和二维地面雨洪模型，从整个系统的角度对城市内涝积水进行模拟分析。MIKE 21 能够充分考虑建筑物、河流等对水流产生的影响，并输出可视化程度更高的二维模拟结果。高级图形用户界面与高效的计算引擎的结合使得 MIKE 21 在世界范围内成为城市内涝分析必不可少的重要工具。MIKE 21 在进行雨洪模拟分析中具有以下特点：①用户界面友好，属于集成的 Windows 图形界面；②具有强大的前、后处理功能。在前处理方面，能根据地形资料进行计算网格的划分；在后处理方面具有强大的分析功能，如流场动态演示及动画制作、计算断面流量、实测与计算过程的验证、不同方案的比较等；③多种计算网格、模块及许可选择确保用户根据自身需求来选择模型；④可以进行热启动，当用户因各种原因需暂时中断 MIKE 21 模型时，只要在上次计算时设置了热启动文件，再次开始计算时将热启动文件调入便可继续计算，极大地方便了计算时间有限制的用户；⑤能进行干、湿节点和干、湿单元的设置，能较方便地进行滩地水流的模拟；⑥具有功能强大的卡片设置功能，可以进行多种控制性结构的设置，如桥墩、堰、闸、涵洞等；⑦可广泛地应用于二维水力学现象的研究，包括潮汐、水流、风暴潮、传热、盐流、水质、波浪紊动、湖震、防浪堤布置、船运、泥沙侵蚀、输移和沉积等。

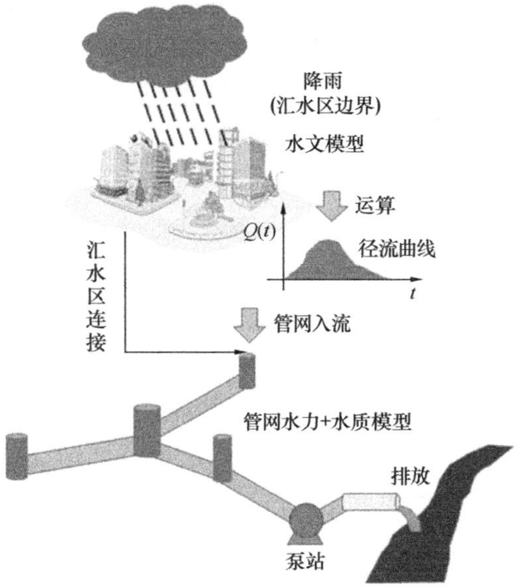

图 9-2　MIKE Urban 排水系统模型原理图

3. InfoWorks ICM

InfoWorks ICM是Wallingford软件公司开发的城市排水系统模型。早期的版本以WALLRUS作为水力计算基础，采用MOSQITO管道模型模拟污染物。1998年，用Hydroworks QM模型取代了早期的WALLRUS和MOSQITO集成到InfoWorks ICM中。

InfoWorks ICM可以仿真模拟城市水文循环，进行管网局限性分析和方案优化。产流模块包括固定比例径流模型、Wallingford固定径流模型、新英国径流模型、SCS曲线、Green-Ampt模型、Horton模型、固定渗透模型。汇流模块包括双线性水库模型、大型贡献面积径流模型、SPRINT径流模型、Deshordes径流模型、SWMM径流模型。

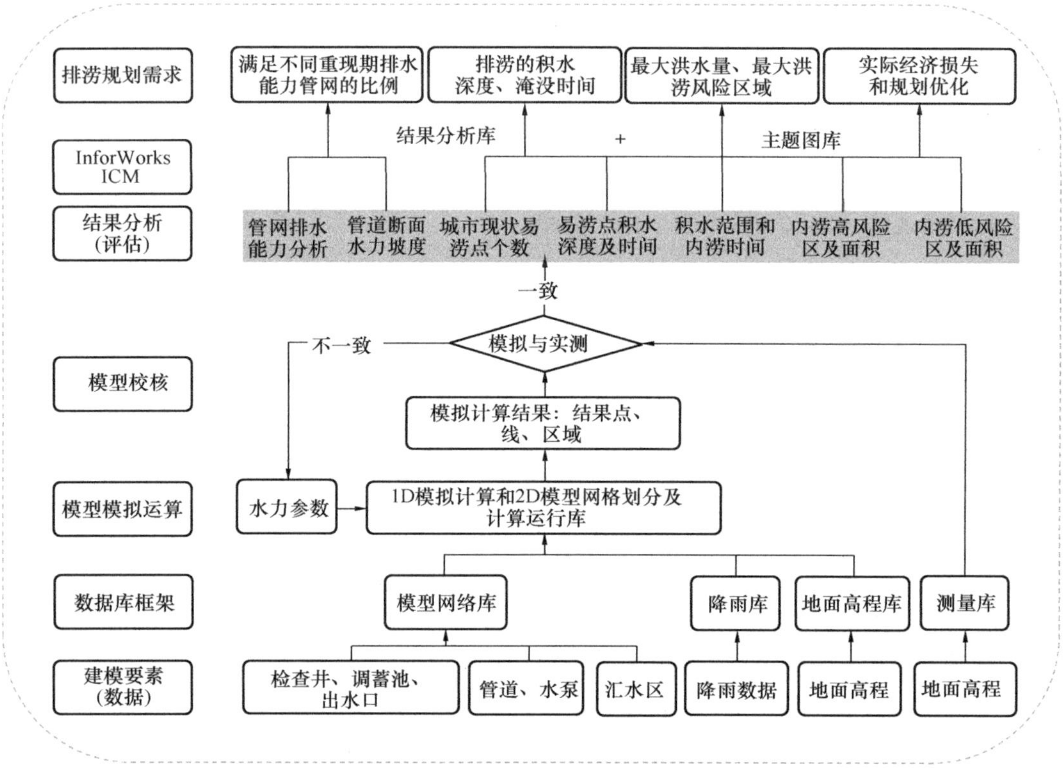

图9-3 InfoWorks ICM模型结构示意图

4. MUSIC模型

MUSIC（Model for Urban Stormwater Improvement Conceptualization）模型由澳大利亚政府水服务机构、eWater和Monash University为澳大利亚水敏感城市（WSUD）开发。模型将流域分解成一系列由排水渠道相连的节点，包含一系列源节点的子流域，默认的源节点按土地利用分为城市、农业、森林3种类型，可以快速地模拟池塘、植物、下渗缓冲区、沉积区、污染物沉淀池、湿地以及洼地等暴雨控制设施，提供完整的LID/BMPs支持。

MUSIC模型针对澳大利亚各城市和郡县的不同气候、土壤和建设状况建立专用的基础数据库，提供完善的水敏感城市建设导则，计算低影响开发设施的经济效益。模型界面友好，适合于非研究机构的实践分析和水管理部门进行效益预测核算。由于基础数据不同，MUSIC模型目前在国内还没有得到应用，但其开发模式值得国内城市主管部门和设计单位的借鉴。

9.2　模型原理

在选择水力模型时，根据研究目的和内容的不同，可以选择一维模型或二维模型，或者将二者进行耦合。一般而言，一维管网模型是将水文学中的产汇流理论与水力学方法相结合，可模拟城市地面产汇流过程及雨水在排水管网或河道中的运动情况。二维模型是基于二维浅水方程模拟水流在地面或水陆交界区域的漫流和淹没过程。采用一维和二维的耦合模型可以同时模拟排水管网、明渠河道、各种水工构筑物或排水系统附属构筑物以及二维坡面流，适用于流域洪水和城市洪涝等的模拟研究，可详细提供洪水演进过程中各水力要素值的变化情况。下面以SWMM（典型的一维模型）和MIKE系列软件（包括一维、二维及耦合模型）为例对水力模型的基本原理和构成进行介绍。

9.2.1　SWMM模型

SWMM模型是典型的排水管网模型，由产流模型、汇流模型和管网水动力模型组成，能够进行城市地区雨水的水量和水质模拟计算。

1. SWMM产流模型

（1）子流域概化

在模型中，所研究的汇水区域首先需要被划分为若干个汇水子流域，根据子流域的特点分别计算径流过程，再通过流量演算方法汇总各子流域的出流（图9-4）。

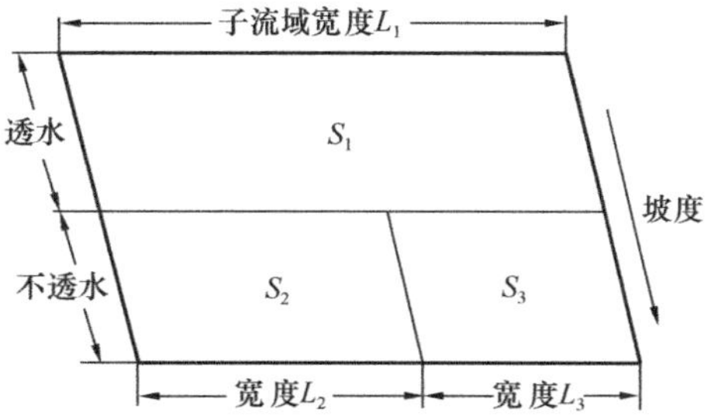

图9-4　汇水子区域概化图

图片来源：SWMM模型操作手册

每个汇水子区域又包括洼蓄透水面积S_1、洼蓄不透水面积S_2、无洼蓄不透水面积S_3三部分区域。其中，S_1的宽度等于整个汇水子区域的宽度L_1，而S_2、S_3的宽度L_2、L_3与它们各自的面积占总不透水面积的比例成正比。即有：

$$L_2 = \frac{S_2}{S_2 + S_3} L_1 ; L_3 = \frac{S_3}{S_2 + S_3} L_1 \tag{9-1}$$

（2）产流模型

在模型中，上述三类地表的径流量分别进行计算，然后通过面积加权平均获得汇水子区域的径流出流过程线。

对于无洼蓄不透水面积，降雨量除地面蒸发外基本上都转化为径流量，当降雨强度大于蒸发量时即形成径流。因此，其产流量计算公式为：

$$R_1 = P - E \tag{9-2}$$

式中 R_1——有洼蓄量的不透水地表的产水量（mm）；

P——降雨量（mm）；

E——蒸发量（mm）。

对于有洼蓄不透水面积，降雨量首先满足地面最大洼蓄量后，即开始形成径流。因此，其产流量计算公式为：

$$R_2 = P - D \tag{9-3}$$

式中 R_2——有洼蓄量的不透水地表的产水量（mm）；

P——降雨量（mm）；

D——洼蓄量（mm）。

对于透水面积，降雨量首先满足地表面入渗需求，当雨强超过入渗强度时，地面开始积水，至其洼地最大滞水量时，即形成地表径流。其产流量计算式为：

$$R_3 = (i - f) \cdot \Delta t \tag{9-4}$$

式中 R_3——透水地表的产水量（mm）；

i——降雨强度（mm/s）；

f——入渗强度（mm/s）；

Δt——降雨历时（s）。

因此，在相同条件下，无洼蓄的不透水面积、有洼蓄的不透水面积和透水面积依次形成径流。每个汇水子区域根据所划分的三部分地表类型分别进行非线性水库模型径流演算，三种不同下垫面类型的径流出流相加即可获得该汇水子区域的径流出流过程线。

（3）下渗模型

在SWMM模型中，提供了Horton模型、Green-Ampt模型和Curve Number模型三种下渗模型来对透水地表的产流进行计算。三种模型描述的入渗机理各不相同，Horton模型主要描述下渗率随降雨时间变化的关系，不反映土壤饱和带与未饱和带的下垫面情况。Green-Ampt模型则假设土壤层中存在急剧变化的土壤干湿界面，即非饱和土壤带与饱和土壤带界面，充分的降雨入渗将使下垫面经历由不饱和到饱和的变化过程。Curve Number模型将下渗过程分为土壤未饱和阶段和土壤饱和阶段两个阶段分别进行计算。Curve Number下渗模型根据反映流域特征的综合参数进行入渗计算，反映的是流域下垫面情况和前期土壤含水量状况对降雨产流的影响，而并不反映降雨过程、降雨强度对产流的影响，适合于大流域的产汇流计算。

Horton模型是由R. E. Horton于1933年提出的一个经验模型，它描述了入渗率由最大值随时间呈指数级下降至最小值的下渗过程。该模型需要确定研究区域的最大下渗率、最小下渗率、入渗衰减系数、使完全饱和土壤恢复到干旱状态的时间以及最大下渗量等参数。

$$f = f_\infty + (f_0 - f_\infty)\,\mathrm{e}^{-kt} \tag{9-5}$$

式中 f——下渗率（mm/h）；

f_∞——稳定下渗率（mm/s）；

f_0——初始下渗率（mm/s）；

t——降雨历时（s）；

k——下渗衰减系数。

Green-Ampt 模型是 Green-Ampt 于 1911 年提出的一种物理模型，其物理基础是多孔介质水流的达西定理。该模型的入渗深度方程为：

$$F=\frac{K_s S_w(\theta_s-\theta_i)}{i-K_s} \tag{9-6}$$

式中　θ_s——饱和时以体积计的水分含量；

θ_i——初始时以体积计的水分含量；

S_w——浸润面土壤的吸水能力；

i——降雨强度（mm/h）；

K_s——饱和水力传导率。

该模型是美国水土保持局提出的一个经验模型，该法通过计算土壤吸收水分的能力来进行降雨扣损。通过实地观测发现，土壤的蓄水能力与曲线值（Curve Number，CN）密切相关。CN 是根据日降雨量与径流量记录进行经验确定的，与土壤类型、土地用途、植被和土壤初始饱和度（土壤前期条件）等因素相关。

2. SWMM 地表汇流模型

汇流过程是指将各分区净雨汇集到出口控制断面或直接排入河道的过程。地表径流模拟采用非线性水库模型（图 9-5），由连续方程和曼宁方程联立求解。模型需要输入每个排水小区的面积、宽度、坡度、透水地表和不透水地表的曼宁糙率，不透水地表的百分比，无洼蓄能力的不透水地表所占的百分比，透水地表和不透水地表的洼蓄量。地表径流由三种类型的地面产生，由非线性水库模型模拟。

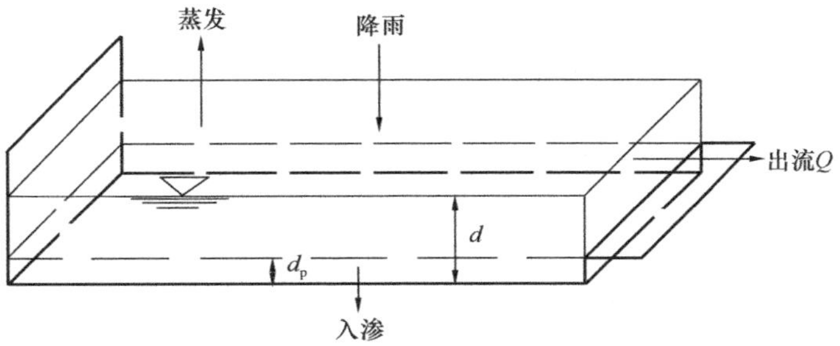

图 9-5　非线性水库模型示意图

图片来源：SWMM 模型操作手册

对于某一个汇水区，非线性水库模型的连续性方程为库容变化量＝入流量－出流量，即：

$$\frac{\mathrm{d}v}{\mathrm{d}t}=A\frac{\mathrm{d}d}{\mathrm{d}t}=A\cdot i^{*}-q \tag{9-7}$$

式中　v——汇水区库容水量（m^3）；

d——水深（m）；

A——汇水区面积（m^2）；

i^*——净雨强度（mm/s）；

q——出流率（m^3/s）。

出流量 Q 可以使用曼宁公式计算：

$$Q = W \frac{1}{n} (d - d_p)^{5/3} S^{1/2} \tag{9-8}$$

式中 W——汇水区宽度（m）；

n——曼宁粗糙系数；

d——水深（m）；

d_p——滞蓄水深（m）；

S——汇水区坡度。

当曼宁公式采用英制单位时，式（9-8）改为下式。其中 1.49 是曼宁公式中英制与公制单位换算系数。

$$Q = W \frac{1.49}{n} (d - d_p)^{5/3} S^{1/2} \tag{9-9}$$

将出流公式代入非线性水库模型可得：

$$\frac{\mathrm{d}d}{\mathrm{d}t} = i^* - \frac{Q}{A} = i^* - \frac{W}{A \cdot n} (d - d_p)^{\frac{5}{3}} S^{\frac{1}{2}} = i^* - WCON (d - d_p)^{\frac{5}{3}} S^{\frac{1}{2}} \tag{9-10}$$

式中，$WCON = \frac{W}{A \cdot n}$；其他参数同前。

非线性水库求解的最终目标是计算得到汇水区出流流量随时间变化的过程。由上式知，只要求出每个计算时刻的水深 d，即可通过曼宁公式计算得到汇水区的出流过程线。对上式进行有限差分近似，即

$$\frac{\mathrm{d}d}{\mathrm{d}t} = \frac{d_2 - d_1}{\Delta t} \tag{9-11}$$

式中 d_1——前一计算时刻水深（m）；

d_2——当前计算时刻水深（m）；

Δt——计算时间步长（s）。

在具体求解中，净雨强度值在时间步长内取均值，出流中水深由前一时刻水深 d_1 与当前时刻水深 d_2 取平均获得，即：

$$\frac{d_2 - d_1}{\Delta t} = i^* - WCON (d - d_p)^{\frac{5}{3}} S^{\frac{1}{2}} \tag{9-12}$$

该式对于某个计算时刻只是一个含有一个未知数 d_2 的非线性方程，可以使用数值方法求出数值解。

3. 管网水动力模型

（1）管网演进求解控制方程

节点流量连续性方程：

$$\Sigma Q_t = 0 \tag{9-13}$$

式中 ΣQ_t——t 时刻进入节点的净流量（入流－出流）。

节点水头方程：

$$H_{t+\Delta t}=H_t+\frac{0.5(\Sigma Q_t+\Sigma Q_{t+\Delta t})\cdot \Delta t}{(A_{store}+\Sigma A_s)_{t+\Delta t}} \tag{9-14}$$

式中　H_t、$H_{t+\Delta t}$——分别为 t 时刻和 $t+\Delta t$ 时刻的节点水头；

ΣQ_t、$\Sigma Q_{t+\Delta t}$——分别为 t 时刻和 $t+\Delta t$ 时刻进入节点的净流量（入流一出流）；

Δt——计算时间步长；

A_{store}——节点自身表面积；

ΣA_s——与节点相连的对节点蓄水水头起作用的管段表面积（该管段表面积计算方法为SWMM自定义的处理方式）。管段流量方程是对一维圣维南方程组进行有限差分处理，得到如下管段流量计算式：

$$Q_{t+\Delta t}=\frac{1}{1+\frac{g\cdot n^2\cdot \Delta t\cdot |\bar{v}|}{R^{4/3}}}\left[Q_t+2\bar{v}\cdot(\bar{A}-A_t)+\bar{v}^2\frac{A_2-A_1}{L}\Delta t-g\bar{A}\frac{H_2-H_1}{L}\Delta t\right] \tag{9-15}$$

式中　Q_t、$Q_{t+\Delta t}$——分别为 t 时刻和 $t+\Delta t$ 时刻的管段流量；

$\bar{v}$——管段平均流速；

$\bar{A}$——管段断面平均过流面积；

A_t——t 时刻的管段断面过流面积；

A_1、A_2——分别为管段上、下游节点处管道断面面积；

H_1、H_2——分别为管段上、下游节点处水头；

g——当地重力加速度；

L——管段长度；

R——管段水力半径；

n——曼宁粗糙系数。

(2) 计算管段的边界条件

上游边界：管网中每一个检查井节点都是与其连接的下游管段的上游边界点。每个检查井节点对其下游管段的出流过程线就是下游管段的上游边界条件。

下游边界：计算管段下游节点的水位值，分为普通管段和末端管段两种情况。

普通管段：在计算初始时刻，即由 $t=0$ 计算 $t+\Delta t$ 时刻时，各普通管段下游边界依据管网的原始状态确定。若管网无水，则下游节点水位边界为零；若管网存在旱季流量，可以计算得到下游节点水位值。在计算初始时刻之后的计算中，各普通管段下游边界条件水位值是前一计算时刻中计算得到的节点水位值。

末端管段：末端管段是其下游节点为管网排出口的管段。考虑到下游受纳处的影响，该边界由用户指定（水位过程线）。

9.2.2　MIKE 系列模型

用于城市洪涝模拟的MIKE系列模型通常包括一维管网模型MIKE Urban、一维河道模型MIKE11、平面二维模型MIKE 21以及动态耦合模型MIKE Flood。

1. MIKE Urban 模型——产汇流模块

MIKE Urban 中可以采用的径流计算方法包括：时间/面积曲线法（Time-Area Method）、非线性水库（动力波）法［Non-liner Reservoir（Kinematic wave）Method］和单位水文过程线法（Unit Hydrograph Method）等。其中时间/面积曲线法所涉及参数较少，不需要搜集大量的数据对模型参数进行率定与验证，具有较好的适用性。

应用时间/面积曲线法时，认为地表产生的径流总量与降雨总量之间存在线性关系，而汇水区的平均径流系数和降雨初损分别与拟合线性直线的斜率与纵截距近似相等。此外，汇水区的平均径流系数与综合不透水率呈正比关系，给定比例因子为连续水文衰减系数。时间/面积曲线法正是基于此线性关系计算单位汇水面积上的地面产流随降雨时间序列的变化结果，产流计算公式如式（9-16）所示。

$$I_{runoff} = \psi(\omega) \cdot I_{rain} - i = \varphi \cdot \omega_{ave} \cdot I_{rain} - i \tag{9-16}$$

式中 I_{runoff}——降雨径流总量（mm）；

I_{rain}——降雨总量（mm）；

ω_{ave}——汇水区平均不透水率；

φ——连续水文衰减系数，表示蒸发损失、植被拦截以及洼地存储降雨量；

i——降雨初损量（mm），降雨初期一次性浸润下垫面的降雨量。

各径流汇水区产生的径流沿着地面坡度流至雨水口处，通常将汇水区最远点断面处的雨水汇集到出水口处的时间称为汇水区的地面集水时间 t_c。在时间/面积曲线中，采用等时间步长 Δt 沿径流路径将连续的径流过程离散化，同时假定汇水区面积内的地面坡度相等（径流平均流速相等），离散区域的数量 n 与汇水区形状大小、径流平均速度、径流路径长度、地面集水时间 t_c 等相关，离散区域数量可表示为 $n = t_c/\Delta t$。根据每个子汇水区的形状与对应的出水口位置，时间/面积曲线法自动识别并为各子汇水区匹配相应的时间/面积曲线公式，通过时间/面积曲线公式计算各子汇水区的径流路径和相应出口处随降水时间序列动态变化的径流输出结果，计算公式如式（9-17）所示。

$$\begin{cases} y = 1 - (1-x)^{\frac{1}{a}}, 0 < a < 1 \\ y = x^a, 1 \leqslant a < 2 \end{cases} \tag{9-17}$$

式中 x——集水时间，无量纲；

a——时间/面积曲线系数，无量纲。

出水口处径流总量 Q 计算如下：

$$Q_T = \iint_0^S I \cdot dF \cdot dt \tag{9-18}$$

式中 I——子汇水区降雨产流强度（mm/min）；

dF——离散时间步长对应的汇水区面积（hm^2）；

dt——离散时间步长（min）。

具体参见图 9-6。

在 MIKE Urban 的径流模型中提供了三种常用的时间/面积曲线（图 9-7）：

1）矩形时间/面积曲线，即 TACurve1-Rectangular（a=1）；

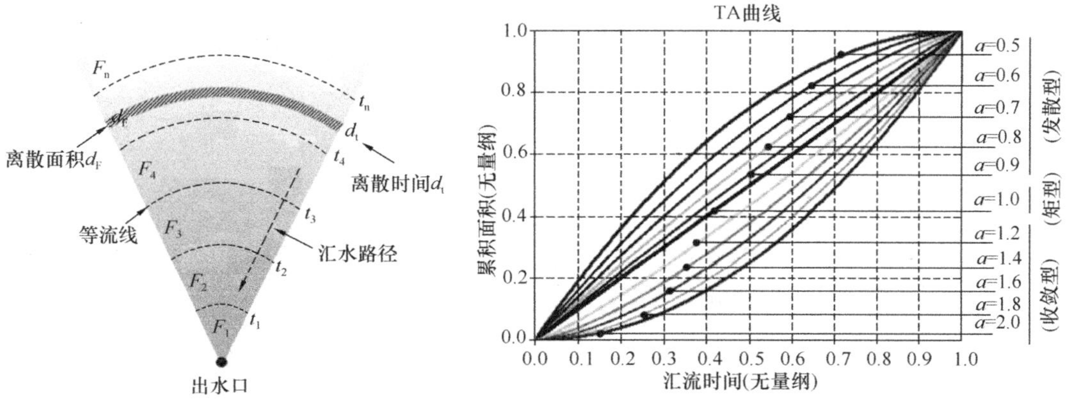

图 9-6　汇水区产流示意图（左）和时间/面积曲线图（右）

图片来源：MIKE 模型手册

2）发散型时间/面积曲线，即 TACurve2-Divergent（$a=0.5$）；

3）收敛型时间/面积曲线，即 TACurve3— Convergent（$a=2$）。

其他形状汇水区对应的时间/面积曲线则根据汇水区的特点自行匹配。

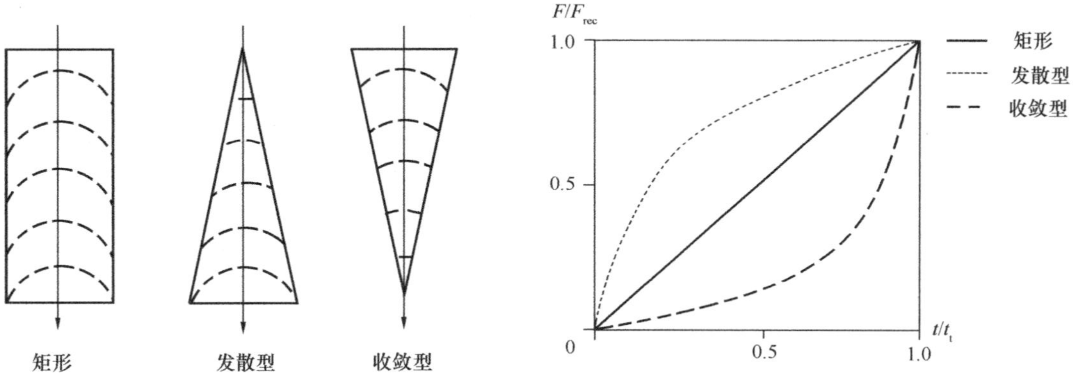

图 9-7　常用的三种时间面积/曲线

图片来源：MIKE 模型手册

2. MIKE Urban 模型——管网水力模块

MIKE Urban 的管网水力模块用于模拟水流在管网中的动态输移过程。由于排水管道尺寸、坡度、流量、粗糙系数等因素的复杂变化，管道中水流的状态常处于有压流与明渠流交替变化的渐变非恒定流状态，可采用基于隐式有限差分法求解的一维圣维南方程组（Saint Venant Equations）进行准确地模拟计算。而圣维南方程组需要满足前提假设为：①水流为不可压缩均质流体，忽略密度的变化；②水流输移波长远大于管道水深，确保水流方向平行于管底，忽略垂向加速度和静水压强的影响；③水流流态为亚临界流［弗劳德数（Froude Number）］［$Fr<1$］，若为超临界流，须增加额外的限制条件。

（1）控制方程

圣维南方程组控制方程包括连续性方程和动量方程：

连续性方程：

$$\frac{\partial Q}{\partial x}+\frac{\partial A}{\partial t}=q \tag{9-19}$$

动量方程：

$$\frac{\partial Q}{\partial t}+\frac{\partial}{\partial t}\left(\alpha\frac{Q^2}{\partial x}\right)+gA\frac{\partial y}{\partial x}+gA\ (I_f-I_0)=0 \tag{9-20}$$

式中 Q——管道流量（m^3/s）；

q——管道侧向输入流量（m^3/s）；

A——管道过水断面（m^2）；

h——管道水深（m）；

g——重力加速度（m^2/s）；

t——管道水流流行时间（s）；

x——管道沿水流方向流行 t 时间的距离（m）；

α——动量修正系数；

I_f——管道水力坡度；

I_0——管底坡度。

（2）控制方程求解路径

管网模型求解圣维南方程组时，可根据排水管道的水流条件与水流流态的不同，对方程组中的动量方程进行简化，寻求最优化的计算方程。可简化的方程组形式主要包括以下三种：

1）运动波法

在排水管道坡度较大且非满管流的条件下，水流的运动主要受到重力和摩擦阻力之间的平衡影响，因此动量方程中的惯性项和压力项并非主导项。由于加速度相对较小，水流近似于恒定流状态。此时动量方程可简化为：

$$gA\,I_f=gA\,I_0 \tag{9-21}$$

运动波法忽略了惯性和压力的影响，对于坡度较大的管道，简化了方程，降低了数值计算的难度，在此条件下运动波法是合理且适用的。但其最大的缺点是完全忽略了下游回水的影响，只需要管道上游进水边界条件。因此运动波法通常只适用于弗劳德数（Froude Number）$Fr>1$ 的超临界水流，无法模拟管道回水、逆向流、有压流等条件。

2）扩散波法

扩散波法在运动波法的基础上增加了压力项，可有效缓解运动波法计算过程中由于产生扩散阻尼造成的数值计算误差。扩散波法的动量方程如下：

$$gA\frac{\partial y}{\partial x}+gA\ (I_f-I_0)=0 \tag{9-22}$$

尽管扩散波法增加了压力项，克服了数值计算过程中的阻尼振荡，但是仍缺少加速度项（本地加速度和对流加速度），亦可称为非惯性波。扩散波法可以模拟管网水流在时间和空间中渐变条件下的回水、逆向流以及环状管网等情况，相对于运动波法更加准确。

3）动力波法（即求圣维南方程全解）

动力波法是对圣维南方程组进行精确求解的方法，包括了动量方程中非恒定流动力影响的所有项，充分考虑了管道上下游边界的水流条件。动力波法可以模拟管道中流态的快速变化、水流损失、回水效应、有压流、逆向流，洪峰在管道中的衰减，以及排水管网具有多个排水口和环状管网的情况。此外动力波法采用的计算时间步长较小，通常小于 1min，可实现水流的精确模拟，因而该方法适用范围广。

（3）地表积水

为模拟检查井发生溢流的情景，在一维管网模型中，可通过在检查井顶端构造一个虚拟“人工贮存池”用于暂时存储溢流积水，当下游管道恢复排水能力后，存储的积水再重新进入排水管网。通过此方法可实现较好地描述地面积水情况（图 9-8）。

在模型中假定虚拟存储池的表面积 A 为 1000 倍检查井面积 A_n，存储池内的积水深度 h 不超过设定的最大积水深度 10m。在实际情景中，不同的检查井溢流存在时间先后顺序，因而将每个溢流检查井产生的最大积水量求和来评估城市内涝积水并不合理。通常可以将单场降雨事件导致的同一时刻排水系统内所有溢流检查井产生的地面积水最大值作为评估管网内涝积水的重要指标。假定在地面积水的最大值时刻，排水系统内共有 n 个检查井发生溢流，且每个检查井积水深度 h_n，则地面最大积水量为 V_{max}：

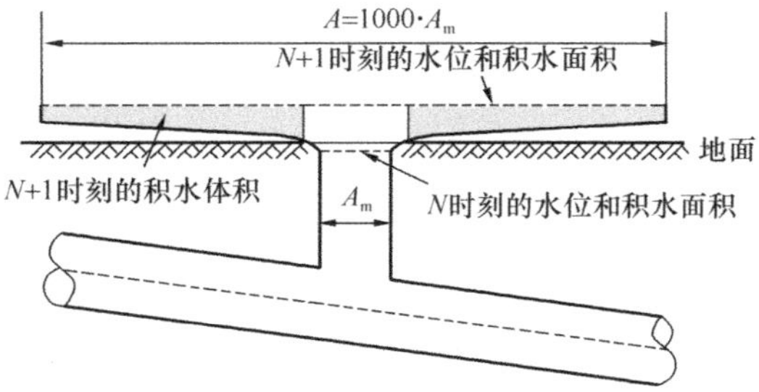

图 9-8　地表积水模拟原理

图片来源：MIKE 模型手册

$$V_{max} = \sum_{i=1}^{n} 1000 \cdot A_n \cdot h_n \tag{9-23}$$

在检查井产生瞬时溢流时间步长内，过水断面突变扩大到 1000 倍，对模型数值计算产生较大的振荡，影响数值计算的稳定性。通常在检查井和虚构存储池之间设定一个缓冲过渡区来克服过水断面突变问题，图 9-8 阴影部分为虚构的缓冲过渡水体，即在 N 时刻过水断面为检查井面积，水位为地面标高；在 $N+1$ 时刻过水断面为存储池表面积，水位为虚构水体顶标高。

3. MIKE 11 模型

MIKE 11 河流模型系统是应用于模拟河口、河流、河网、灌溉系统的水流、水质、泥沙输运等一维水利现象的专业软件包。MIKE 11 的核心算法同样为求解一维河流非恒定流方程即圣维南方程。采用 MIKE 11 模块模拟河道水体，可以准确地模拟河网的流向、河道截面的形状和面积、水工建筑物，以及河流的上下游边界条件对于水位的影响等，也可以模拟地面排水方案，渠网布置优化以及潮汐、洪水分析预测。MIKE 11 的水动力模块主要由河网文件、断面文件、边界文件（时间序列文件等）、参数文件和模拟文件构成（图 9-9）。

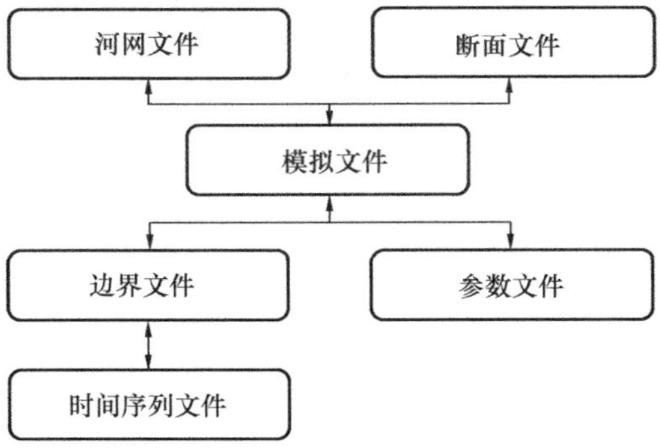

图 9-9　MIKE 11 水动力模块结构

图片来源：MIKE 模型手册

4. MIKE 21 模型

平面二维模型 MIKE 21 可用于模拟内涝过程中的地表漫流，通过对二维圣维南方程组的离散求解，可以接近于真实地模拟出水流在道路、绿地等差异地形条件下的漫流过程，因此模拟结果适用于评估地面积水面积、积水时间和积水深度。

二维水动力学模型的控制方程如下，其中连续方程见式（9-24），动量方程见式（9-25）和式（9-26）。

$$\frac{\partial h}{\partial t}+\frac{\partial U}{\partial x}+\frac{\partial V}{\partial y}=q \tag{9-24}$$

$$\frac{\partial U}{\partial t}+\frac{\partial (uU)}{\partial x}+\frac{\partial (vU)}{\partial y}+gh\frac{\partial H}{\partial x}+g\frac{n^2u\sqrt{u^2+v^2}}{h^{1/3}}=0 \tag{9-25}$$

$$\frac{\partial V}{\partial t}+\frac{\partial (uV)}{\partial x}+\frac{\partial (vV)}{\partial y}+gh\frac{\partial H}{\partial x}+g\frac{n^2v\sqrt{u^2+v^2}}{h^{1/3}}=0 \tag{9-26}$$

式中 H——水位（m）；

h——水深（m）；

t——时间（s）；

U——x 方向的单宽流量（m^3/s）；

V——y 方向的单宽流量（m^3/s）；

n——糙率系数；

g——重力加速度；

q——源汇项；

u——x 方向沿垂向平均分布的流速（m/s）；

v——y 方向沿垂向平均分布的流速（m/s）。

方程组常用的求解方法主要有以下几种：有限差分法、特征法、有限单元法、有限元、有限分析法。最为常见的是有限差分法，是以划分网格的形式逐时段地求解差分方程组。

5. MIKE Flood 模型

MIKE Flood 可将一维模型 MIKE Urban 或 MIKE 11 与二维模型 MIKE 21 进行动态耦合。MIKE Flood 通过“连接”（Link）的方式将不同模型中水流过程进行动态衔接，典型的连接方式包括 Standard 连接（河道与地面）、Urban 连接（管网与地面）和 River—Urban 连接（河道与管网）等。耦合模型可有效地发挥出一维模型与二维模型的优势，实现对排水管网、河道、明渠、水工构筑物及二维坡面流进行同时模拟，从而可以在结果中动态直观显示内涝积水范围与积水深度等受灾情况以及整个雨洪退水过程，适用于排水系统和城市洪涝等的模拟研究。

9.3 模型构建与应用

模型构建是将现实世界适当简化以及数字化的过程，内涝防治水力模型的构建过程一般包括数据采集、数据整理、模型概化、参数输入、调试运行、率定与验证等，基于不同应用目标而构建的模型应具有不同的组成模块和建模步骤。水力模型在内涝防治设施规划中的典型应用包括排水管网能力评估与城市内涝风险评估。下面结合具体案例对相关步骤进行简要说明。

9.3.1　排水管网能力评估

以 SWMM 模型为例，构建城市排水管网水力模型并开展排水管网能力评估的一般步骤如下。

1. 资料收集

（1）气象资料

1）长历时降雨时序资料

由规划区周边的气象站提供多年连续分钟级别的降雨数据。如条件允许和有记录数据，提供典型年步长不超过 5min 的全年连续降雨数据。

2）年蒸发量数据

由规划区周边的气象站提供月均蒸发量或者年蒸发量数据。

3）设计暴雨强度

参照《室外排水设计规范》，设计暴雨强度由暴雨强度公式计算得出：

$$q=\frac{167A_1(1+C\lg P)}{(t+b)^n} \tag{9-27}$$

式中　q——设计暴雨强度［L/（s·hm^2）］；

t——降雨历时（min）；

P——设计重现期（年）。

公式中参数 A_1、b、C、n 需要以当地降雨资料进行拟合，可采用皮尔逊Ⅲ型、耿贝尔曲线和指数分布曲线对暴雨强度公式进行修正。具有 20 年以上自动雨量记录的地区，排水系统设计暴雨强度公式应采用年最大值法。

4）设计暴雨雨型

根据《室外排水设计规范》，数学模型中用到的设计暴雨资料包括设计暴雨量和设计暴雨过程，即雨型。设计暴雨量可按城市暴雨强度公式计算，设计暴雨过程可按以下三种方法确定：

① 设计暴雨统计模型。结合编制城市暴雨强度公式的采样过程，收集降雨过程资料和雨峰位置，根据常用重现期部分的降雨资料，采用统计分析方法确定设计降雨过程。

② 芝加哥降雨模型。根据自记雨量资料统计分析城市暴雨强度公式，同时采集雨峰位置系数，雨峰位置系数取值为降雨雨峰位置除以降雨总历时。

③ 当地水利部门推荐的降雨模型。采用当地水利部门推荐的设计降雨雨型资料，必要时需做适当修正，并摒弃超过 24h 的长历时降雨。

（2）土壤地质资料

1）数字高程数据：一般模型要求的精度不低于 5m×5m，城市开发建设后高程数据可以按照设计施工图在原有地形基础上修改。

2）土地利用类型：按照汇水分区，统计所有土地利用类型和面积。

3）河道高程数据：如需建立河道水力模型，需要提供河道高程数据和岸线平面信息。

4）构筑物平面信息：包括构筑物位置、占地面积和高程信息，建设后的构筑物平面信息由设计施工图或者规划设计图提供。

（3）监测资料

收集总排口的连续水量与水质监测数据，用于模型率定与验证。收集排水管连续检查井的水位监测数据，用于排水管网水力模型率定。对于合流制系统，需要收集在污水管与雨水管混接处的水量与水质监测数据，用于检验污水排水量。

（4）管网资料

1）排水管网数据：包括检查井的编号、形状、尺寸、井底标高，管道的编号、上下游检查井编号、上下游管底标高、管径、宽度、糙率和检查井局部损失等数据。

2）附属构建物信息：如果规划区内有附属构建物，需要提供闸门/孔口/堰的上下游检查井编号和口底高程。

3）管道实际运行状态：排水管道有无破损、淤积、沉积物等，管网中的泵站、闸门等的运行工况或调度规则（若有）。

4）其他：若为合流制系统，需要补充收集各排水分区的人口、排水当量等信息。

2. 产汇流模块构建

根据土地利用类型和地表排水系统，把一个整体的流域划分为若干个排水子流域，然后根据各子流域的概况特征模拟各自不同的径流过程，采用流量演算方法将各子流域的出流归结在一起，根据各子流域的概况特征设置参数模拟各自不同的径流过程。

3. 管网水动力学模块构建

管网水动力学模块主要由两部分组成：一是水文模型，根据降雨资料计算表面径流水量，又称降雨-径流模型；二是排水管网水力学模型，根据收集到的资料将排水管网相关信息，包括检查井的编号、形状、尺寸、井底标高等，管渠编号、上下游管底标高、尺寸、糙率等，及其他排水构筑物（泵站、堰、闸门、调蓄池）的数据录入模型，并检查录入信息的准确性，模拟水流在管道的流动、出流。

根据不同的设计雨强和雨型，模拟城市内涝、积水的情况，利用模型对项目区域的排水状况进行分析，特别是对重点积水区域积水产生的原因进行分析。并对排水管网的排水能力进行评估，为决策者提供科学支持，提高对城市洪水灾害应急事件的预见性。

4. 模型率定与验证

参数率定和模型验证数据可采用地表径流和排水管网的水量、水质动态监测数据，也可采用现场流量、液位等监测数据。参数率定和验证的具体步骤详见第 9.4 节内容。

5. 管网能力评估

在模型中输入不同的设计降雨数据，包括：重现期为 1 年一遇、2 年一遇、3 年一遇、5 年一遇、10 年一遇的 2 小时设计降雨量。以深圳市光明区东坑水流域为例，该流域不同重现期的设计降雨量如表 9-1 所示。

2 小时不同重现期设计雨量值　　　　**表 9-1**

重现期（年）	1	2	3	5	10
设计雨量值（mm）	61.4	71.5	82.2	94.0	108.6

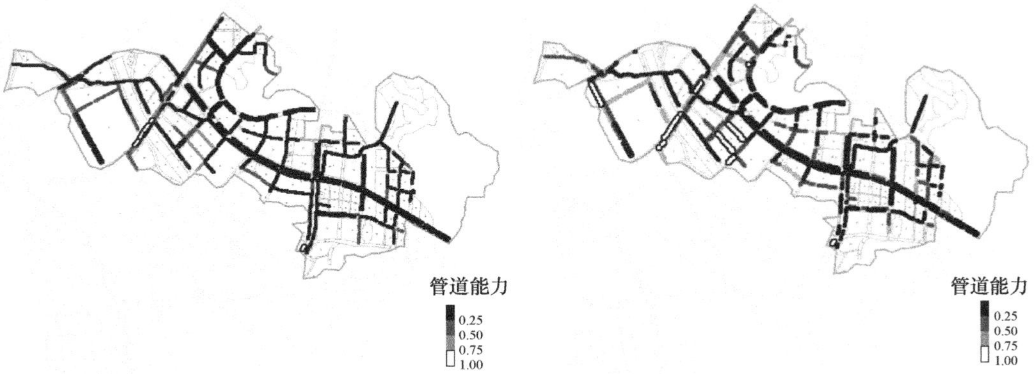

图 9-10　1 年和 5 年一遇 2 小时降雨条件下的管网排水能力图

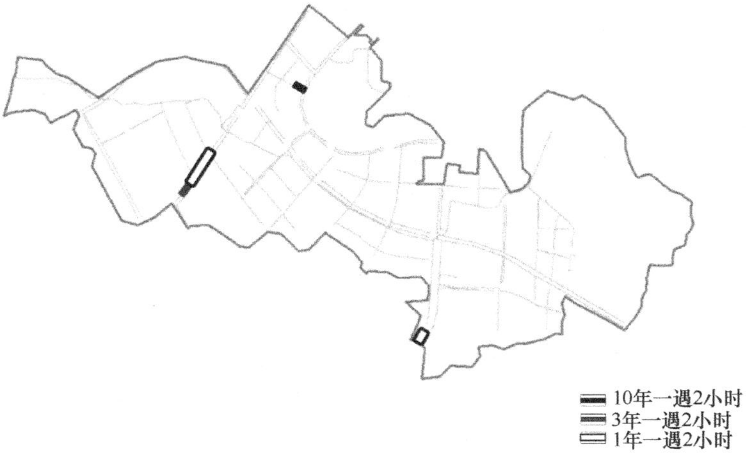

图 9-11　深圳市东坑水流域管网排水能力图

经过模型对管网情况的分析，东坑水流域分区的管网较好，排水能力在 10 年一遇以上的管网长度达到总管网长度的 60%以上（图 9-10、图 9-11、表 9-2）。

不同重现期下管网排水能力的长度及占比表　　　　**表 9-2**

重现期	≤1a	1～2a	2～3a	3～5a	5～10a	≥10a
管长（m）	369	3092	3863	4638	2706	23984
占比	0.95%	8.1%	10.2%	12.5%	7.3%	61%

9.3.2　城市内涝风险评估

本章节以 MIKE 模型为例说明城市内涝风险评估的方法及流程。内涝风险评估模型构建的步骤一般包括基础数据收集、数据处理和分析、MIKE 系列工程文件生成、MIKE Flood 耦合、验证与率定模型参数、方案校核和出图等。

1. 数据处理

排水管网数据处理主要是指将 CAD 中的管网数据有序地读取到 GIS 中，并对相应的雨水管线和检查井进行拓扑形构建，保证雨水管网的结构完整性。与此同时，将检查井的高程和雨水管渠的管径坡度等信息赋值到相应的矢量图层中，以待最终导入 MIKE Urban 数据库中。模型的管网处理如图 9-12 所示。

（1）数据预读，将 CAD 数据导入到 GIS 中，并构建相应的排水管网数据库。

（2）管线网构建，根据读入的 CAD 数据，在 GIS 中利用拓扑分析工具，构建具有拓扑联系的管线网，包括雨水管、雨水渠、检查井和排放口。

（3）标注数据录入，根据 CAD 中的管线标注和检查井高程，将相应的信息录入 GIS 矢量数据库中。

图 9-12　管线网构建示意图

2. 汇水区数据处理

汇水区数据的处理包括两部分：一部分是各级汇水分区的划分，包括以流域为单位的大汇水分区的划分和以检查井为单位的小汇水分区的划分；另一部分是用地类型/下垫面数据的统计，主要工作内容为将 CAD 的市政规划用地类型图整理合并导入 GIS 的矢量图层中。

3. 河道（明渠）及附属设施数据处理

河道（明渠）及附属设施数据处理主要包括：整理河道中心线，并转换成 GIS 矢量数据；整理河道断面，并转换成 MIKE 11 能够识别的数据格式；整理河道附属设施，并统计相关属性；整理河道相关边界和计算条件，以备后续建模使用。

4. 水文气象数据处理

水文气象数据的处理包括根据本地暴雨强度公式和暴雨时程的分配，推算出特定重现期和特定降雨历时下的降雨时间序列；根据本地的水文图集推求出非城市区域的下垫面产流过程线，以配合 MIKE 11 和 MIKE Urban 模型。

5. 地形高程数据处理

地形高程数据处理主要包括将 CAD 的地形图拼合并整理成 GIS 矢量高程数据，然后将矢量高程数据转换成 TIN 和 Raster，最后利用 MIKE 工具包生成 MIKE 21 可识别的 Bathymetry 类型的 Dfs2 栅格文件。

基础数据处理完成之后即可开始模型构建工作，根据处理好的排水管网数据、汇水分区数据、水文气象数据、河道水系数据以及地形高程数据和相关的模拟边界条件等即可构建 MIKE Urban 管网模型、MIKE 21 漫流模型、MIKE 11 河道模型。根据构建好的 MIKE Urban、MIKE 21 和 MIKE 11 以及相对应的耦合关系即可进一步构建 MIKE Flood 耦合模型。

6. MIKE Urban 模型构建

MIKE Urban 管网模型主要由管网数据、汇水分区数据、水文气象数据以及相关的模拟边界数据构成，建模内容包括 Urban 数据的导入、产汇流模块参数设置、降雨及模拟条件设置三个步骤。

Urban 数据导入采用的是 MIKE Urban 系统自带的数据导入工具，该工具可以采用选择需要导入的 GIS 数据和相对应的属性栏，并最终完成管线数据、检查井数据和下垫面数据的完整导入。管线数据包括管线形状、类型、管径、宽度、深度、坡度、长度、曼宁系数、上下游检查井编号、上下游高程等；检查井数据包括检查井位置、编号、井底标高、地面标高、检查井半径等；汇水区数据包括汇水区形状、汇水区面积等。

产汇流参数设置采用通用的时间面积法，模型系统会自动根据汇水区位置和形状来确定汇水区所流向的排放口（检查井）和时间面积参数 a；另外汇水区的不透水率、平均流速、初损和沿损等参数需要用户手动录入。

管网数据核查无误，产汇流参数设置完成之后，需要进一步添加降雨条件和相关的模拟时间和模拟步长等。降雨条件分为短历时和长历时两种情况，短历时降雨通常用来分析管网排水能力，通常包括 1 年、2 年、3 年和 5 年这四种不同的重现期；长历时降雨通常用来模拟分析极端降雨情况下的城市内涝情况，通常包括 20 年、50 年和 100 年这三种不同的重现期。

7. MIKE 11 模型构建

MIKE 11 河道模型构建包括 MIKE 11. nwk 河网文件制作、MIKE 11. xns 河道断面文件制作、MIKE 11. hd 水力学参数文件制作、MIKE 11. bnd 河道边界参数文件制作以及 MIKE 11. sim 河道耦合文件制作。

河网文件构建主要是指将 GIS 格式的河道中心线矢量数据转换成 MIKE 11 模型能够

识别的数据类型。在河网文件内需要指定河道（明渠）名称、长度、上下游关系以及桩号的编码顺序等。

河道断面文件构建主要是指将河道（明渠）断面数据转换到 MIKE 11 模型系统能够直接识别的数据类型，并在此基础上指出断面的左岸、右岸、中心线所在位置以及相应断面处的曼宁系数。断面所在河道（明渠）的名称与桩号需要与河网文件保持一致。

水力学参数文件构建主要是指将河道模拟运算过程中所涉及的水力学参数统一用特定的文件存储起来，以供模拟运行时读取调用。主要的水力学参数包括河段的初始流量和水位、河段的糙率、河道计算过程中用到的数值算法的步长和边界值等。

河道边界条件参数文件构建主要是指将河道模拟运算过程中所涉及的一些边界条件如外江水位、上游水库泄洪量等边界条件统一用特定的文件存储起来，以供模型模拟运算时读取调用。

8. MIKE 21 地表漫流模型构建

MIKE 21 构建的主要内容是将 CAD 的地形图拼合并整理成 GIS 矢量高程数据，然后将矢量高程数据转换成 TIN 和 Raster 文件，与此同时根据项目要求进行高程修正，最后利用 MIKE 工具包生成 MIKE 21 可识别的 Bathymetry 类型的 Dfs2 栅格文件。

9. MIKE Flood 耦合模型构建

MIKE Flood 耦合模型的构建主要是指将构建好的 MIKE Urban 管网模型、MIKE 11 河道模型和 MIKE 21 漫流模型按照一定的逻辑关系有机地耦合起来：

（1）MIKE Urban 与 MIKE 11 耦合，主要是指将 Urban 中的排放口或泵站（抽排到河道）链接到 MIKE 11 中指定河段的指定桩号处。

（2）MIKE Urban 与 MIKE 21 耦合，主要是指将 Urban 中的检查井或雨水口耦合到 MIKE 21 栅格地形中指定位置。

（3）MIKE Urban 与 MIKE 21 耦合，主要是指将 MIKE 11 中的河道或河堤耦合到 MIKE 21 栅格地形中指定位置。

10. 城市内涝风险评估

以深圳市福田区为例，建立内涝风险评估模型并评估区域内涝风险。福田区地处深圳的中南部，原经济特区中部，行政区域面积 78.66km^2，深圳市委、市政府所在地，是深圳市的行政、文化、信息、国际展览和商务中心，也是深圳市重点开发和建设的中心城区和交通枢纽中心。近年来，极端暴雨天气频发，加之部分雨水管渠淤积、堵塞、老化破损，以及局部雨水管渠敷设不完善等问题，造成福田区城市内涝问题突出。2017 年入汛以来受台风暴雨影响，福田区先后出现 68 处不同程度的积水，严重影响交通和居民的生产生活。

福田区现状雨水管网按照早期设计标准建设，多为 1～2 年一遇设计标准，低洼易涝区采用 3～5 年一遇设计标准。根据福田区现状排水管网系统排水能力评估结果，全区约有 44％的管线未能达到最新的雨水管渠 5 年一遇设计标准（图 9-13）。

基于 MIKE Flood 平台，耦合模拟管网模型和地表模型，输入 5 年、10 年、20 年、50 年和 100 年 5 个重现期下 24h 设计暴雨雨型，得到不同重现期下的内涝事故后果等级分布的模拟结果，再采用内涝风险区划的计算方法得到内涝风险评估与区划图（图 9-14）。经统计，区域现状存在多处内涝风险区，其中，内涝高风险区面积为 36.64hm^2，中风险区面积为 106.42hm^2，低风险区面积为 76.54hm^2。

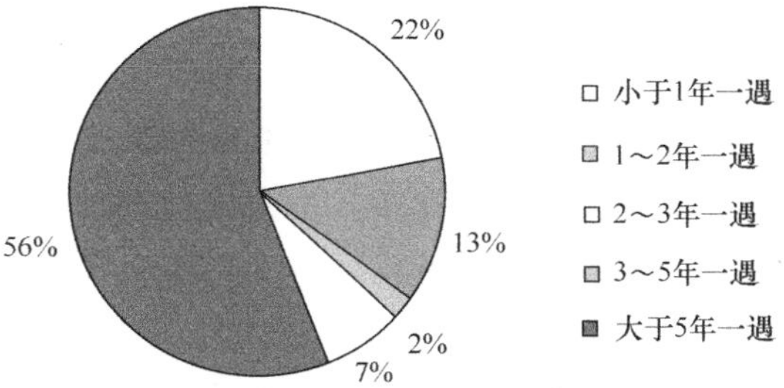

图 9-13 现状排水管网评估图

根据针对深南皇岗立交处内涝风险区的模型模拟结果，为完善立交内部及周边排水系统，在周边区域扩建排水管网系统，同时规划建设雨水调蓄设施 1 座，用以调蓄洪峰流量，降低深南皇岗立交内涝风险（图 9-15）。针对福田区现状建成度较高的特点，规划雨水调蓄设施建议结合公园建设，解决建设用地紧缺的问题。

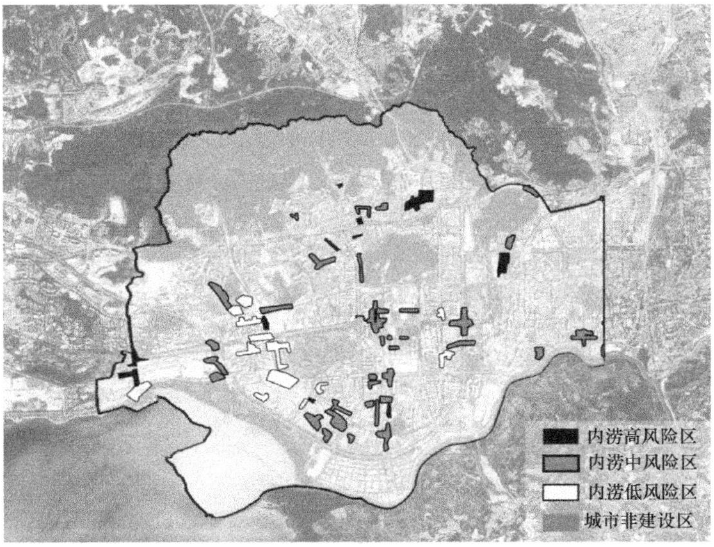

图 9-14 现状内涝风险评估图

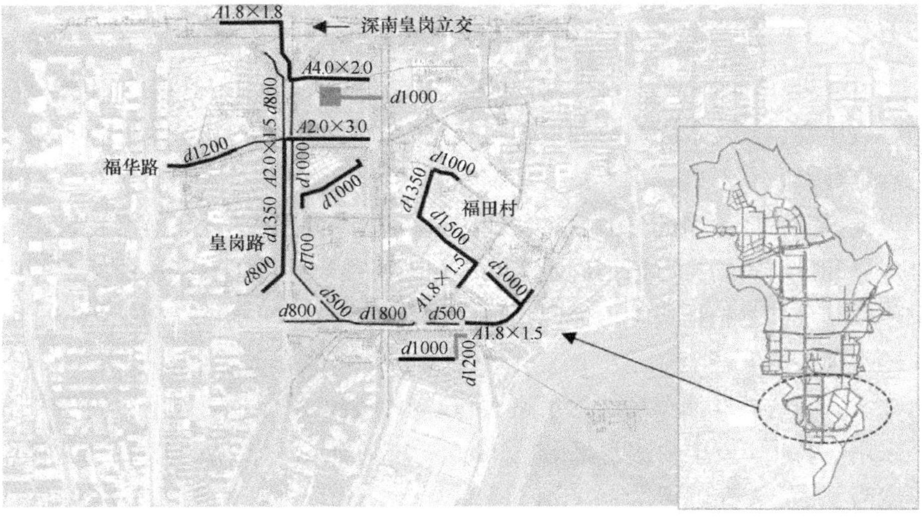

图 9-15 深圳市深南皇岗立交管网完善图

9.3.3 源头减排设施评估

源头减排系统是城市内涝防治体系中的三大系统之一，在地表径流的削减、内涝灾害缓解等方面发挥重要作用。本书以某公共建筑为例，采用SWMM模型进行水力模拟，说明源头减排设施模型评估的方法和流程。

1. 项目概况

该项目属于公共建筑类，海绵城市建设以滞留、净化、存储为主。通过植草沟、渗透渠、下凹绿地、透水铺装、碎石渗透带和蜂巢结构渗排一体化等源头减排设施重新构建排水系统，共有3个总排水出口，外接市政管网（图9-16）。

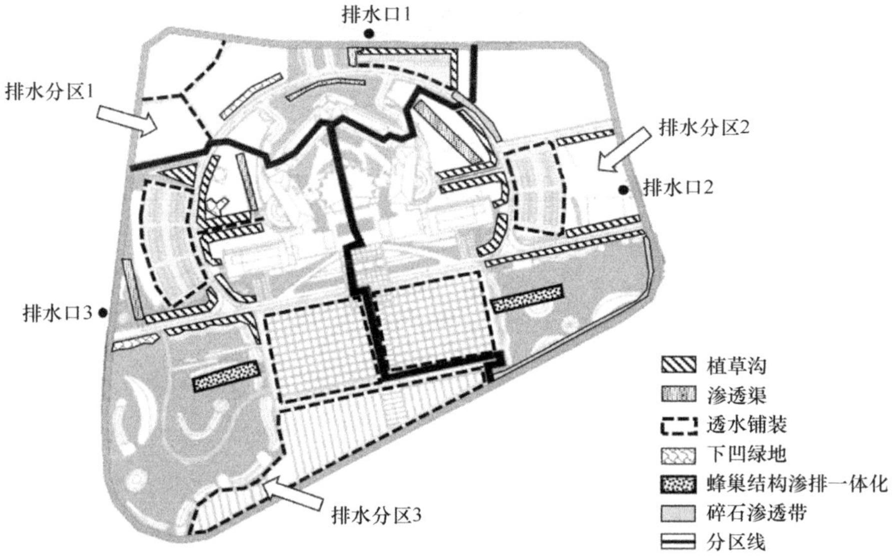

图9-16 海绵设施分布图

2. 模型构建

基于SWMM构建水力模型，建模面积约154754m^2，子汇水区141个，管道59段，节点59个，排出口3个，子汇水区划分结果及海绵设施的分布如图9-17所示。

模型参数主要为水文水力参数和低影响开发参数两类，模型参数的选择根据其确定方法可分为确定性参数和不确定性参数。确定性参数可以通过相关资料直接获取；不确定性参数需要根据模型手册给出的参数典型值范围进行设定。模型的低影响开发设施参数基于实际设计规格和手册资料典型值而确定。其中，设施的尺寸大小及各层的厚度按照实际设计规格取值，其余参数根据典型值而定，具体参数内容如下所示：

（1）透水铺装

透水铺装设施主要有停车场的透水路面和透水铺装，组成主要包括表面层、路面层和砾石层，采用SWMM模型中透水铺装（Porous Pavement）表示。其中，停车场的透水路面层厚度为80mm，孔隙度为0.1，渗透率为250mm/h，砾石层厚度为150mm，孔隙率为0.3；透水铺装面层厚度为65mm，孔隙度为0.1，渗透率为250mm/h，砾石层厚度

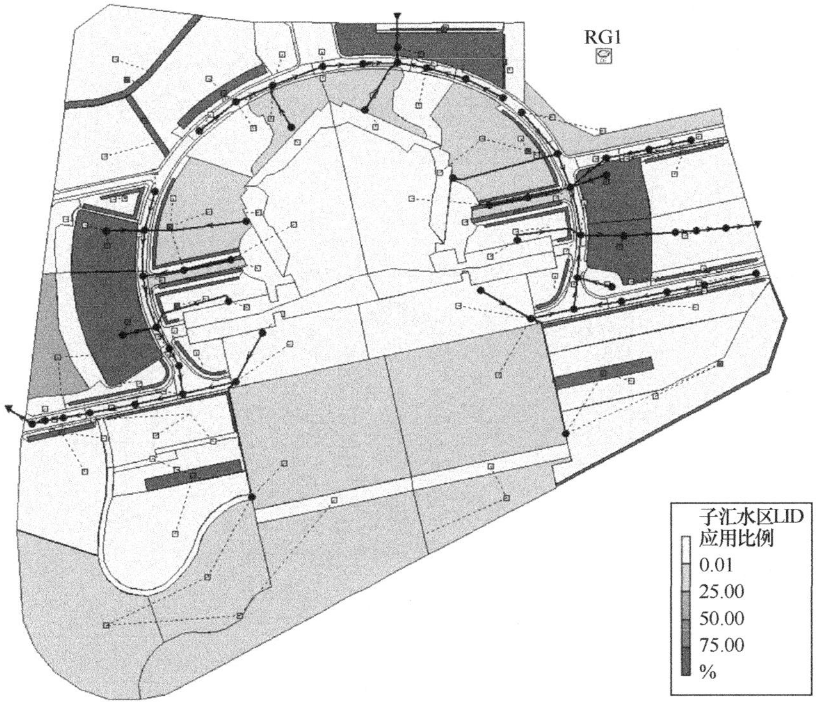

图 9-17 SWMM 模型界面

为 500mm，孔隙率为 0.3。具体见图 9-18。

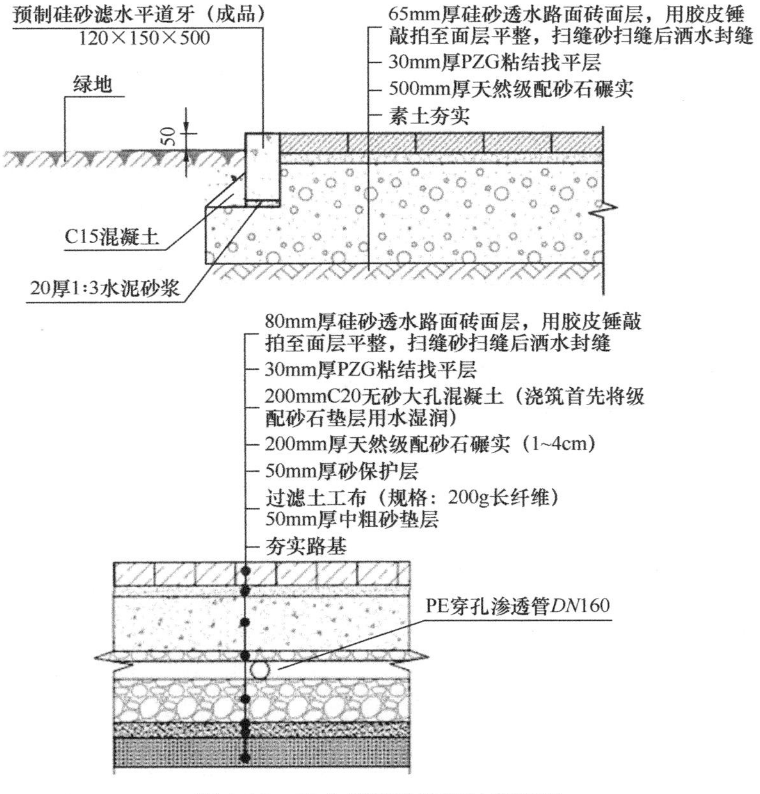

图 9-18 透水铺装设施设计断面图

（2）下凹绿地

下凹绿地采用SWMM模型中生物滞留网格（Bio-retention）表示，主要包含表面层和土壤层（图9-19）。其中，表面层厚度为150mm（即下凹深度取150mm）；土壤层厚度为600mm，孔隙度为0.15，导水率为10mm/h。

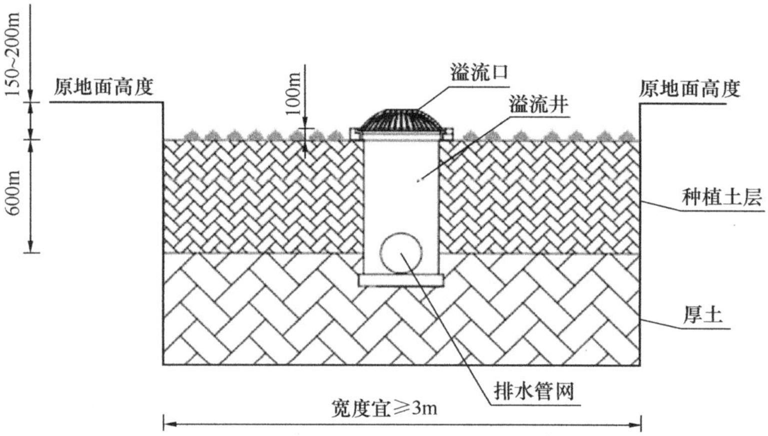

图9-19　下凹绿地设施设计断面图

（3）植草沟

植草沟采用SWMM模型中生物滞留网格（Bio-retention）表示，主要包含表面层、土壤层和砾石层。其中，表面层厚度为150mm；土壤层厚度为200mm，孔隙度为0.15，导水率为10mm/h；砾石层厚度为300mm，孔隙率为0.3。参见图9-20。

（4）渗透渠和蜂巢结构渗排一体化

渗透渠和蜂巢结构渗排一体化主要包括表面层和砾石层，采用SWMM模型中渗渠（Infiltration Trench）表示。其中，表面层厚度为150mm；砾石层厚度为600mm，孔隙

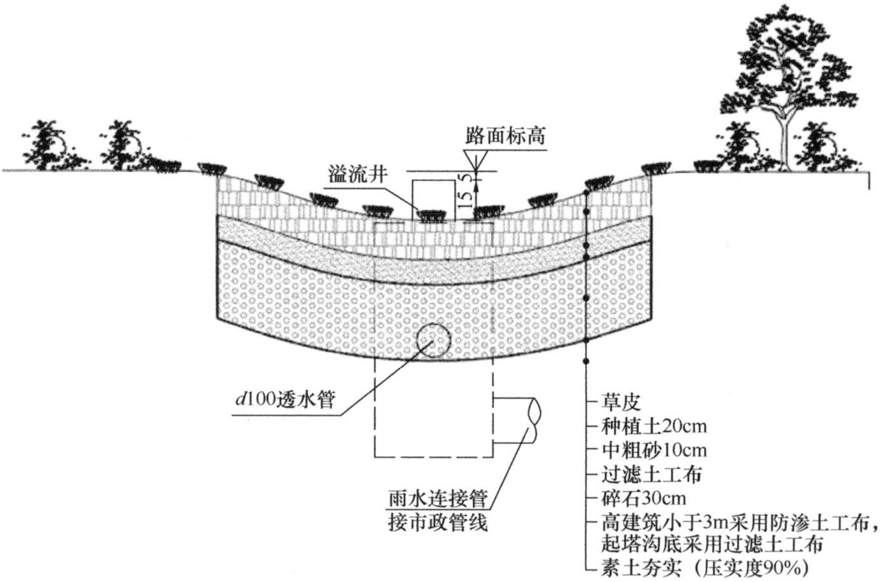

图9-20　植草沟设施设计断面图

率为 0.3。参见图 9-21。

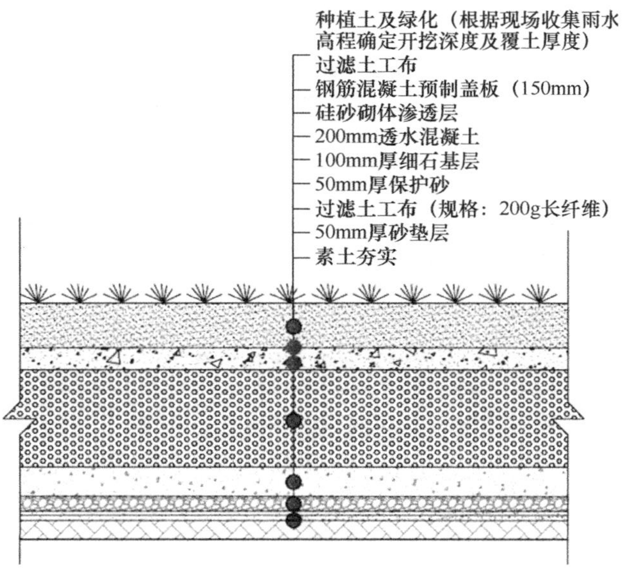

图 9-21　渗透渠设施设计断面图

（5）碎石渗透带

碎石渗透带类似于渗排渠的结构，也包括表面层和砾石层，采用 SWMM 模型中渗渠（Infiltration Trench）表示。其中，表面层厚度为 200mm；砾石层厚度为 600mm，孔隙率为 0.3。参见图 9-22。

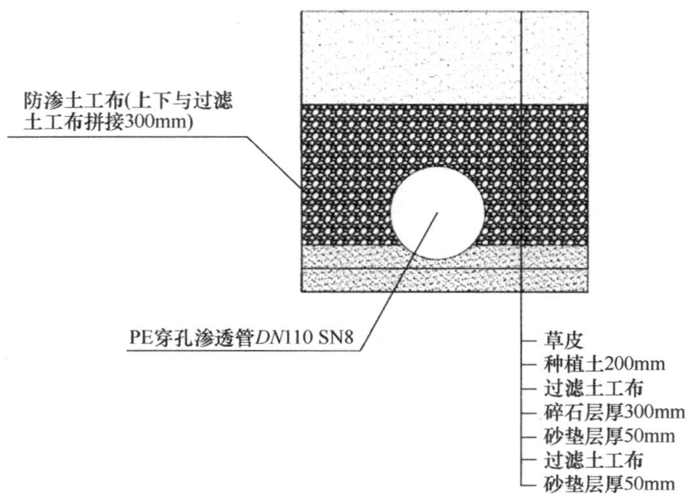

图 9-22　碎石渗透带设施设计断面图

3. 模型结果分析

（1）年径流总量控制率

采用 10 年连续降雨数据进行模型模拟（表 9-3）。可以看出，该项目在 10 年连续降雨模拟下的年均径流总量控制率为 78.9%，海绵城市设计方案能够达到 75%的设计目标。

同时，由于模型输入的降雨数据为逐日降雨数据按照时程分布曲线变换，因此，模拟出来的结果存在一定的偏差。

模型系统模拟结果 **表 9-3**

降雨类型	总降雨量 (mm)	总蒸发量 (mm)	总入渗量 (mm)	总蓄水量 (mm)	总排放量 (mm)	年均径流总量控制率 (%)
10 年连续降雨 (2005～2014 年)	9910.9	916.6	6882.3	3.5	2092.1	78.9

（2）单场设计降雨的径流量控制率

不同设计降雨工况下模型模拟结果如表 9-4 所示。

不同设计降雨工况模拟结果 **表 9-4**

降雨量 (mm)	降雨历时 (min)	最大雨强 (mm/5min)	总外排量 (mm)	场降雨径流量控制率 (%)	控制降雨量 (mm)	结论
25.7 (平均)	30	—	6.4	84.0	19.3	少部分不透水下垫面雨水未控制
	60	—	4.2		21.5	
	120	—	4.1		21.6	
	180	—	4.1		21.6	
25.7 (峰值)	30	9.70	6.4	84.0	19.3	少部分不透水下垫面雨水未控制
	60	7.85	4.2		21.5	
	120	5.90	4.2		21.5	
	180	5.05	4.1		21.6	
40 (平均)	30	—	10.4	83.5	29.6	对应年径流总量控制率 80%，达标
	60	—	10.4		29.6	
	120	—	6.6		33.4	
	180	—	6.5		33.5	
40 (峰值)	30	15.10	10.5	83.5	29.5	对应年径流总量控制率 80.5%，达标
	60	12.25	6.7		33.3	
	120	9.15	6.7		33.3	
	180	7.85	6.6		33.4	

由上表中模拟结果可以看出，当设计降雨量为 25.7mm 时，场径流总量控制率为 84%，控制降雨量为 21mm 左右，略小于 25.7mm 设计控制降雨量，存在少量的外排径流，主要是由于普通道路、部分广场的雨水未通过海绵设施控制而直接排入雨水管道；当设计降雨量为 40mm 时，场径流量控制率为 83.5%，控制降雨量为 33mm 左右，大于 25.7mm 控制降雨厚度，海绵设施的功能得到充分发挥。另外，降雨量的大小对设计目标影响比较大，而不同降雨历时、降雨雨型对模型的评估结果的影响较小。

（3）峰值流量削减率

基于设计降雨中 1 年、2 年、3 年、5 年和 10 年一遇的芝加哥雨型，传统和 LID 情景方案下的区域总出口峰值流量模拟结果和流量变化情况，以 1 年一遇时的排出口 1 为例

（表 9-5）。可以看出，不同重现期的设计降雨下的峰值流量削减效果各有不同，峰值流量削减量为 21.4～52.5L/s。因此，在按设计方案布置海绵设施时，相比改造前，具有洪峰削减效果。

不同重现期下区域排出口 1 峰值流量模拟结果　　表 9-5

雨型	设计方案	降雨量（mm）	峰值流量（L/s）
1 年一遇	原有方案	47.2	106.47
	海绵方案	47.2	83.29
2 年一遇	原有方案	57.9	125.70
	海绵方案	57.9	104.42
3 年一遇	原有方案	63.9	132.07
	海绵方案	63.9	114.95
5 年一遇	原有方案	71.3	169.95
	海绵方案	71.3	124.60
10 年一遇	原有方案	80.9	220.21
	海绵方案	80.9	149.16

4. 模型评估对项目的建议

由模型评估结果来看，低影响开发设计方案在 10 年连续降雨模拟下，能够达到 75%的设计标准，且在 1 年、2 年、3 年、5 年和 10 年一遇的设计降雨下具有相应的削减洪峰效果，方案效果较好，但也存在 25.7mm 设计降雨工况下出现外排的情况（图 9-23）。分析其排水系统可以发现，主要是由于少部分道路、广场雨水径流未经海绵设施控制直接排入雨水管道。

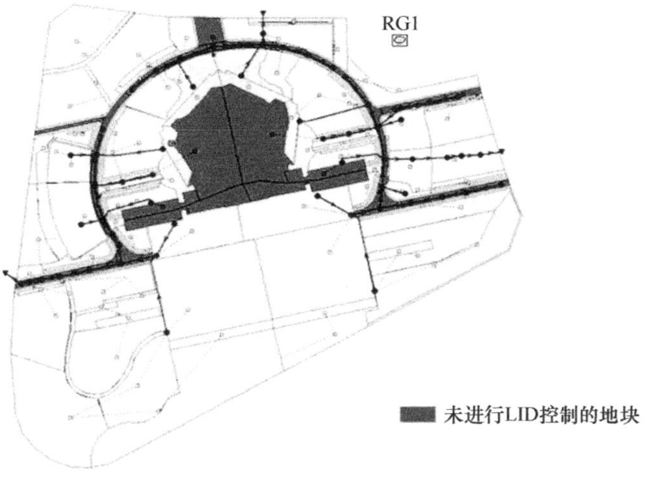

图 9-23　模型排水状况分析

因此，建议海绵城市设计方案应尽量采用源头控制设施，分散布置海绵设施控制雨水径流，从而实现径流总量、径流峰值流量和径流污染控制目标。

各 LID 设施径流控制模拟结果对比 表 9-6

海绵设施	设施层厚度（mm）	年均径流控制量（m^3）	面积（m^2）	单位面积年均径流控制量（m^3/m^2/年）
透水铺装	230	22417	12040	1.86
下凹绿地	700	695	732	0.95
植草沟	650	4121	2370	1.74
渗透渠	750	5178	3725	1.39

在按照海绵城市设计方案的设施规格布置下，模拟 10 年连续降雨，对区域内各海绵设施的径流控制结果进行分析，具体见表 9-6。可以看出，在设计方案中，4 种 LID 设施的单位面积的年均径流控制效果为：透水铺装＞植草沟＞渗透渠＞下凹绿地。因此，在以后类似的建筑小区中，不改变设施位置和作用的情况下，考虑相应设施的造价成本问题，建议采用植草沟代替渗透渠设施，能够相应降低工程设施成本。

9.4 模型率定和验证

模型参数率定和验证是模型构建的必备阶段，能降低模型模拟结果与现实的误差，提高模型的准确性和可靠性。模型的参数涉及水文参数和水力参数，参数的数量较多。通常情况下，需要开展参数的敏感性分析，确定敏感性参数，进而开展模型参数的率定和验证，具体方法如下。

9.4.1 参数敏感性分析

参数敏感性分析是通过改变模型参数的初始值，来识别该参数对模型输出结果重要性的一种方法。在城市径流的水文和水质模拟研究中，模型参数的率定和验证过程中最重要的基础工作是参数的敏感性分析，通过对参数进行敏感性分析，确定参数对模型结果影响程度，全面掌握各项参数的重要性。对模型结果影响大的参数，需要精确地校准；对模型结果影响小的参数，可以通过经验及实际情况取值。有针对性地对模型参数进行率定与校核，提高模型的精确性，降低工作量。

模型参数敏感性分析包括全局和局部敏感性分析。对模型的每项参数和参数之间的相互关系进行详细分析后，通过对单个或者多个参数进行变换，以此来评价各项参数对模型输出结果的重要性，这种方法被称为全局敏感性分析法；而只对模型的单个参数进行变换，采用单一变量法，保持其余参数不变，以此来评价单个参数对模型输出结果的重要性，这种方法被称为局部敏感性分析法[114,115]。全局敏感性分析方法有多元回归法、区域敏感性法（Regional Sensitivity Analysis，RSA）、Sobol 方差分解法[116,117]和基于贝叶斯理论的普适似然度法（Generalized Likelihood Uncertainty Estimation，GLUE）[118]。局部敏感性分析法有摩尔斯筛选法和修正摩尔斯筛选法。

全局敏感性分析法的优点在于综合分析了模型所有参数对模型输出结果的影响，又分析所有参数相互之间的关系，可精确地分析出高、中和低敏感性参数；但是其缺点在于分析方法较为复杂且工作量大。该方法对简单模型因其参数少较为适用，而对复杂模型参数较多不太适用；局部敏感性分析法的优点在于有选择性地分析了对模型输出结果影响较重要的参数，大大地减轻了分析和计算的工作量，又因其分析方法和原理较为简单，广泛应用在各种模型的参数敏感性分析中。其缺点在于未对模型所有参数进行综合分析，得到的分析结果精确度低于全局分析法。

摩尔斯筛选法是目前局部分析法中比较常用的一种方法，是单一变量法。每次只选取参数中的一个变量 x_i，对该变量随机改变 x_j，但需保证在该变量的值域范围内变化，最后运行模型得到不同 x_i 的目标函数 $y(x)=y(x_1,x_2,x_3,\cdots,x_n)$ 的值，运用参数 e_i 值来定量地评价各项参数变化对模型输出结果影响的大小[119]，具体见公式（9-28）：

$$e_i=(y^*-y)/\Delta_i \qquad (9\text{-}28)$$

式中：e_i 为参数变化对模型输出结果影响的大小；y^* 为参数变化后的输出值；y 为参数变化前的输出值；Δ_i 为参数 i 的变化幅度。

修正的摩尔斯筛选法采用的是单一变量法，通过一个自变量以固定变化量，经过多次参数变化后，得到该参数摩尔斯系数的平均值，该系数平均值即参数敏感度值，可定量评价参数敏感度的高低[120]，其计算公式见式（9-29）：

$$S=\sum_{i=0}^{n-1}\frac{(Y_{i+1}-Y_i)/Y_0}{(P_{i+1}-P_i)/100}/N \qquad (9\text{-}29)$$

式中：S 为摩尔斯系数的平均值；Y_i 为模型第 i 次运行输出值；Y_{i+1} 为模型第 $i+1$ 次运行输出值；Y_0 为参数初始值模型计算结果初始值；P_i 为第 i 次模型运算参数值相对于参数初始值变化的百分率；P_{i+1} 为第 $i+1$ 次模型运算参数值相对于初始参数值的变化百分率；N 为模型运行次数。

其中对参数敏感度的分级如表 9-7 所示，其中 S_i 为模型输出的第 i 个状态变量的摩尔斯系数，i 为模型的第 i 个状态变量[121]。

参数敏感度分级　　表 9-7

等级	敏感度范围	敏感度
Ⅰ	$0\leqslant\|S_i\|<0.05$	不敏感参数
Ⅱ	$0.05\leqslant\|S_i\|<0.2$	中敏感参数
Ⅲ	$0.2\leqslant\|S_i\|<1$	敏感参数
Ⅳ	$\|S_i\|\geqslant 1$	高敏感参数

表格来源：Lenhart T，Eckhardt K，Fohrer N，et al. Comparison of two different approaches of sensitivity analysis [J]. Physics & Chemistry of the Earth Parts a/b/c，2002，27 (9)：645-654.

研究一般采用 5％或 10％的固定变化量对某自变量参数进行变换，使变量在该自变量参数初始值的 70％～130％范围内变化，其余参数保持不变，通过修正 Morris 筛选法公式计算该自变量参数 Morris 系数的平均值。

通过参数的敏感性分析，敏感性低的参数可根据经验和实际情况确定，对于敏感性高的参数，需要经过参数率定确定取值。

9.4.2 模型率定及验证方法

调整参数使模型拟合实测资料最好，即达到最优化的工作叫作“模型率定”。任何模型的任一参数都可通过参数率定方法确定。然而，模型参数的率定是一个十分复杂和困难的过程。内涝模型除了模型的结构要合理外，模型参数的率定也是一个十分重要的环节。

模型率定的常见误差指标有 Nash-Sutcliffe 效率系数[122]和相关系数两种。

1. Nash-Sutcliffe 效率系数

$$E_{NS} = 1 - \frac{\sum_{t=1}^{T}[Q_0(t) - Q_m(t)]^2}{\sum_{t=1}^{T}[Q_0(t) - \overline{Q}_0]^2} \tag{9-30}$$

式中：$Q_0(t)$ 为在 t 时刻实测值；$Q_m(t)$ 为在 t 时刻模拟值。

其中 E_{NS}的取值范围：$-\infty < E_{NS} < 1$，E_{NS}值越接近于 1，曲线吻合程度越高。

2. 相关系数

$$R^2 = \left\{\frac{\sum_{t=1}^{T}[Q_0(t) - \overline{Q}_0(t)] \times [Q_m(t) - \overline{Q}_m(t)]}{\sqrt{\sum_{t=1}^{T}[Q_0(t) - \overline{Q}_0(t)]^2} \times \sqrt{\sum_{t=1}^{T}[Q_m(t) - \overline{Q}_m(t)]^2}}\right\}^2 \tag{9-31}$$

式中：$Q_0(t)$ 为在 t 时刻实测值；$Q_m(t)$ 为在 t 时刻模拟值；$\overline{Q}_0(t)$ 为在 t 时刻实测的平均值；$\overline{Q}_m(t)$ 为在 t 时刻模拟的平均值；$\overline{Q}_0$ 为模拟降雨的平均值；T 为时间序列长度。

其中 R^2 的取值范围：$0 < R^2 < 1$，R^2 值越接近于 1，曲线吻合程度越高。

9.4.3 案例分析

根据上述模型参数敏感度分析和参数率定方法，以深圳光明门户区的 EPA-SWMM 模型的参数率定和验证为例进行详细分析[123]。

研究区域面积为 1.73km²，不透水面积占 40.6%，隶属茅洲河流域，区域内共有 3 条雨水暗渠共同汇入总出口（东坑水渠）。根据研究区域卫星影像、流域现状地形图和雨水管网图，将研究区域概化为 122 个子汇水区和 98 个节点。在区域总出口处采用流速面积法监测流量，并采集水样用于水质监测，同时设置 JL-21 雨量计记录降雨数据。参见图 9-24。

选取 3 场监测降雨径流事件及其相应的水量、水质监测数据开展模型参数率定，降雨特征详见表 9-8。

监测降雨事件的基本特征　　表 9-8

降雨日期	降雨量 (mm)	降雨历时 (min)	平均雨强 (mm/min)	最大雨强 (mm/5min)	雨峰时间 (min)	干期长度 (d)	降雨类型
2013 年 06 月 15 日	21.1	95	0.22	5.1	50	11	大雨
2013 年 06 月 24 日	70.8	120	0.59	7.8	20、85、115	9	暴雨
2013 年 07 月 15 日	14.6	115	0.13	3.2	15	21	中雨

注：降雨类型按我国 12h 内降雨气象标准划分。

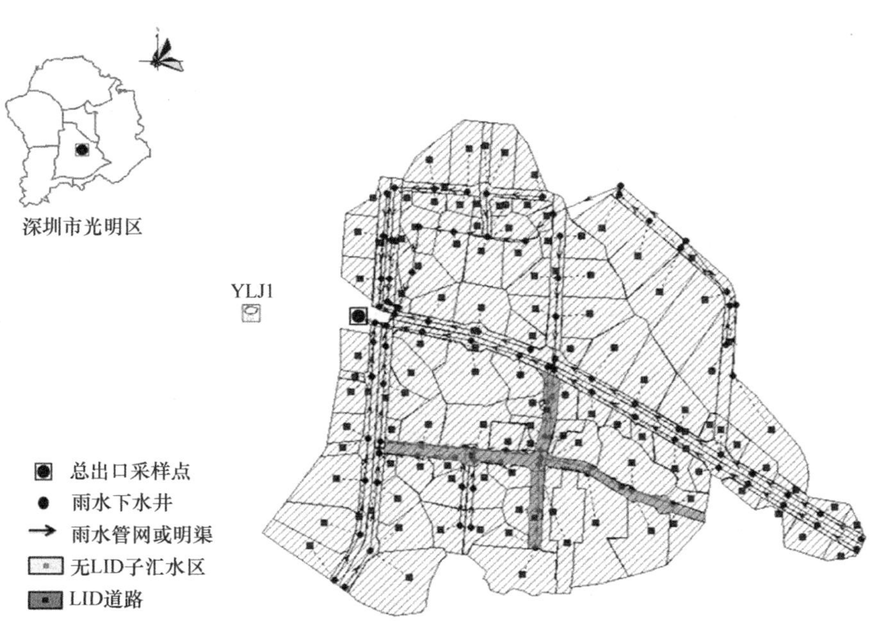

图 9-24 研究区域和采样点模型图

EPA-SWMM 模型参数主要为水文水力参数、水质参数和低影响开发设施参数三类，模型参数的选择根据其确定方法可分为确定性参数和不确定性参数。

水文水力模块率定参数主要包括曼宁粗糙率、地表洼蓄量和入渗模型参数，其中入渗模型采用 Horton 渗透模型。

水质模块率定参数包括污染物累积模型参数、冲刷模型参数、降雨浓度、污染物衰减常数等其他污染物特征参数。模型主要通过污染物累积和冲刷过程来模拟城市雨水径流污染情况。以 *SS* 和 *COD* 为特征污染物，选用饱和函数累积模型和指数冲刷模型进行分析模拟，研究区域的土地利用类型分为三种，分别为路面、屋面和绿地。

在进行各个参数局部灵敏度分析的基础上，采用人工试错法，反复调整参数取值直至模拟结果与实测结果相接近，进而完成模型参数的率定。

通过参数灵敏度分析得知，水力模块中参数敏感性大小依次为 Imperv、Width 和 Slope，灵敏度均在中等或以上。不同的降雨强度对水文水力参数灵敏度的影响不同，如 Imperv 在暴雨情况下的灵敏度要低于中、大雨中的灵敏度，而 Width 和 Slope 的灵敏度则与之相反；在暴雨情况下 N-perv、Des-perv、Max. Infilt 和 Decay constant 均为敏感参数，但在中、大雨中的灵敏度均为 0；N-imperv 和 Des-imperv 在中、大雨中为敏感参数，而在暴雨中为不敏感参数。

水质参数的敏感性与雨强、下垫面类型以及模型输出结果均有关，复杂性高于水文参数的敏感性。总体来说，Exponent 为水质模块最敏感参数，在中雨和大雨降雨条件下，屋面和道路的 Exponent 和 Max. Buildup 都很高，其中 Exponent 对 *SS* 浓度峰值的灵敏度均大于 1，而在暴雨条件下，屋面和道路的 Exponent 参数灵敏度则降低。这可能是在相对小强度降雨时，雨水的初期冲刷效果不明显，在降雨后期雨水中污染物浓度仍然很高，而在大暴雨时初期冲刷效应较大导致后期雨水中污染物浓度较低。

根据监测结果，确定研究区域晴天时明渠径流量取值为 0.23m³/s，晴天污染物 *SS*、*COD* 的浓度取值分别为31.5mg/L、13mg/L，*SS*、*COD* 的降雨浓度分别为 18mg/L、15mg/L，率定后的污染物衰减常数为 0.15d^{-1}，其他参数率定值见表 9-9、表 9-10。

水文水力参数率定结果 **表 9-9**

曼宁粗糙率参数				地表洼蓄量参数		
N-imperv	N-perv	Roughness（管道）	Roughness（明渠）	Des-imperv（mm）	Des-perv（mm）	Zero-imperv（%）
0.011	0.24	0.013	0.025	1.27	5	50
Horton 渗透模型参数	参数类型	单位	绿地	裸地	开发后土地	
	Max. Infil. Rate	mm · h^{-1}	70	45	10	
	Min. Infil. Rate	mm · h^{-1}	20	6	3.2	
	Decay-constant	h^{-1}	2.0	3.5	4.1	
	Drying Time	d	7	7	7	

水质参数率定结果 **表 9-10**

污染物	参数类型	参数	路面	屋面	绿地
SS	街道清扫	Availability	0.45	0	0
	污染物累积	Max. Buildup（kg/hm²）	270	200	80
		Sat. Constant（d）	3	3	10
	污染物冲刷	Coefficient	0.018～0.028	0.015～0.025	0.014～0.024
		Exponent	0.8～1.0	0.8～1.0	0.3～1.1
		Cleaning Effic	45	0	0
		BMP Effic	50	0	50
COD	污染物累积	Max. Buildup（kg/hm²）	40	36	14
		Sat. Constant（d）	8	10	10
	污染物冲刷	Coefficient	0.005～0.018	0.003～0.015	0.003～0.014
		Exponent	0.9～1.9	1.1～1.8	1.0～1.85
		Cleaning Effic	35	0	0
		BMP Effic	40	0	40

模型模拟与实测水量水质过程及误差检验结果如图 9-25 所示。

通常情况下，在模拟结果中认为 E_{NS}、R^2 在 0.50～0.65 之间的模拟结果可接受，在 0.65～0.75 之间的模拟结果较好，在 0.75 以上的模拟结果非常好。由图 9-25 可以看出：模拟与实测水量水质过程趋势基本一致，模拟与实测峰值基本同时出现；E_{NS}值范围为 0.50～0.97，大多数都在 0.77 以上，R^2 系数为 0.65～0.99，多数在 0.80 以上。考虑到明渠的干扰及水质的采样测定误差因素影响，本例模拟精度较好。

模型运行的结果是否合理主要取决于参数的设定，EPA-SWMM 模型包含大量无法直接测定的参数，即使完全采用直接测定的参数也并不一定取得准确的结果。因此，目前最

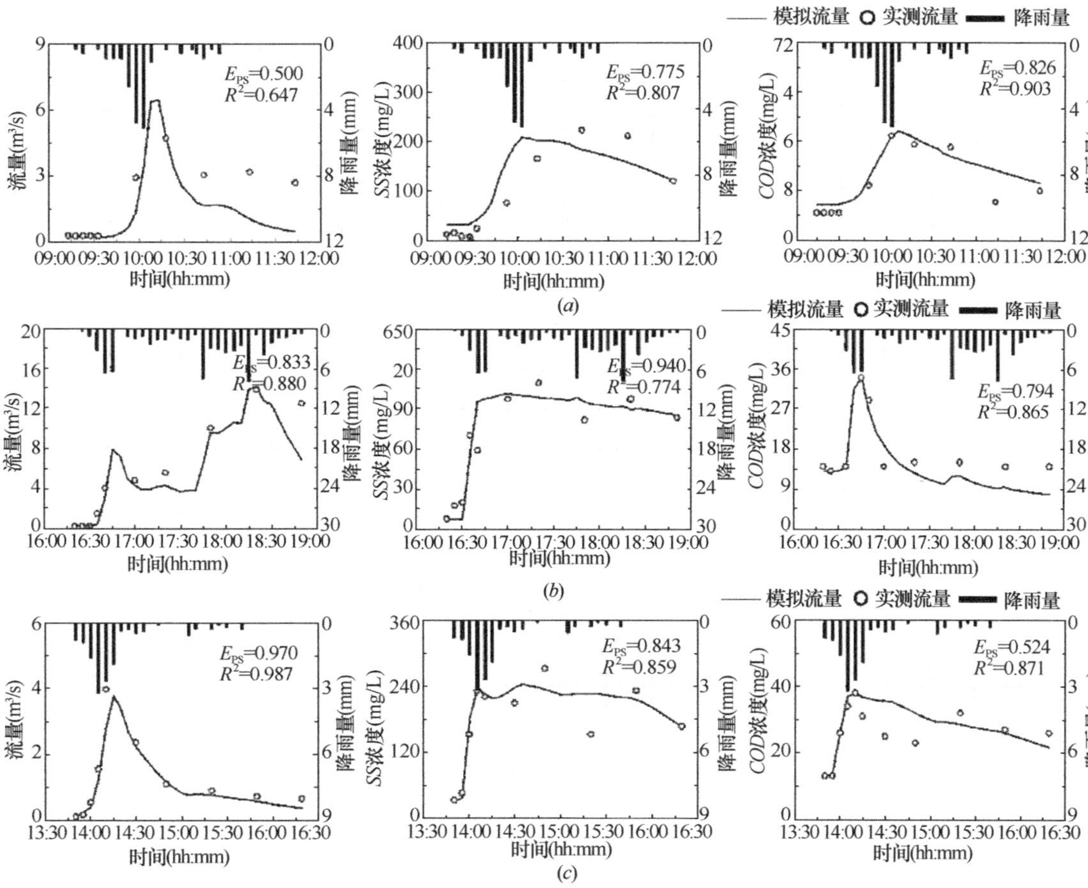

图 9-25　实测与模拟水量水质过程图

(a) 2013 年 06 月 15 日；(b) 2013 年 06 月 24 日；(c) 2013 年 07 月 15 日

常用的方法就是参数率定法。然而由于实际情况的复杂性和监测数据的误差性，率定的参数往往不具备良好的重现性，率定只是一定范围的优化，而非全局优化。因此，模拟是一定精度上的模拟，要从整体上把握研究区域不同情境模式下的模拟变化动态，分析可能出现的结果。

第3篇

实 践 篇

城市内涝防治设施规划的编制，首先应当分析城市在排水、地形、降雨、水系、城市建设等方面的基本特征，明确城市内涝灾害发生的主导因素，然后根据城市特征的不同，以解决问题为导向，因地制宜制定内涝防治系统方案，构建符合城市排水条件和建设特点的内涝防治体系。例如，沿海潮水顶托地区的城市内涝防治设施规划，应在确保河湖水系以及排水管网系统合理性的同时，做好潮水、河道、管网以及地块间的规划标准和设施衔接工作。又如，对于地形条件复杂、管网建设标准落后的区域，应考虑采用水力模型模拟的方式辅助规划方案的编制，从采用单一的传统暴雨径流经验公式计算方法，转向暴雨径流经验公式与动力波数值模型结合、相互验证计算的方法。

本篇结合编写组实际开展的城市内涝防治设施规划编制项目，分别介绍了低洼强排地区、海潮顶托地区、高密度城市建成地区和规划新建地区等典型地区的城市内涝防治设施规划编制案例，详细阐述了以上不同特点地区的内涝防治设施规划方案的重难点、创新点和实施效果。

第10章　低洼强排地区规划实践

低洼地区主要是指沿江、河、湖、海的低洼易涝地区或易受潮汐影响的三角洲地区等。这些地区通常位于江河冲积平原，水网密布，地形平坦，大部分地面高程在江河（湖）洪水位以下，每逢汛期，外河（湖）水位常高于地面，排水系统运行工况较差，城市涝水无法自流外排[124]。低洼易涝地区是城市排涝系统的薄弱环节，需结合场地实际条件，对区域内的内涝防治设施进行系统规划[125]。本章以深圳市茅洲河流域上下村—公明排洪渠片区为例，介绍了低洼强排地区排水防涝规划方案，以期为类似地区的内涝防治设施规划设计提供参考。

10.1　项目概况

10.1.1　区域概况

1. 区位条件

上下村—公明排洪渠片区位于深圳市光明区（图10-1），茅洲河流域中游，面积约22km^2，其中上下村排洪渠片区面积约6km^2，公明排洪渠片区面积约16km^2。

2. 水文气象

研究区域属南亚热带海洋性季风气候区，具有夏季长、冬季不明显、气候温和、水量充沛等特点。根据光明区内石岩水库近48年雨量资料统计，区域降雨量年际变化大，多年平均降雨量为1606mm，最大年降雨量为2080mm，最小年降雨量为780mm；年内降雨分配不均，降雨主要集中在汛期，其中4～10月降雨量占全年降雨量的87.6%。降雨事件多具有短历时、高强度特征，峰值出现时间早；夏季常受台风侵袭，往往造成灾害性天气。

根据《深圳市城市设计暴雨雨型分析研究》内容可知，深圳市域可分为九大流域，分属三个不同的水文分区（珠江三角洲分区、东江中下游分区、粤东沿海分区），对应有三个不同的长历时降雨雨型。茅洲河流域位于珠江三角洲分区，采用珠江三角洲雨型。

3. 地形地质

研究区域地形地貌以低丘盆地与平原为主，西南略高于东北，海拔高程在4.5～21.4m之间。区域内出露地层基岩主要由沉积岩和岩浆岩两大类岩石构成，覆盖层主要由第四系地层构成。第四系主要地层由上至下为粉质黏土、黏土、砂性土、砾砂和卵石。

4. 河流水系

研究区域东侧为茅洲河干流，属珠江口水系。茅洲河发源于石岩水库的上游（羊台

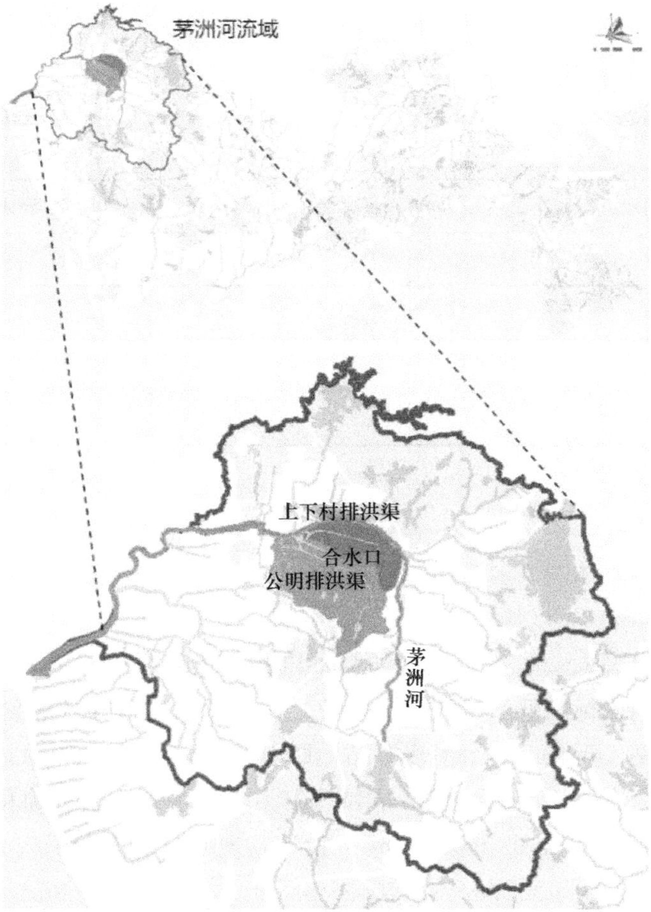

图 10-1　项目位置图

山)，流经石岩街道、光明区、松岗街道、沙井街道、长安镇（属东莞市），在沙井民主村汇入伶仃洋，全河长 41.61km，其中干流长 31.29km。

研究区域内有上下村排洪渠、合水口排洪渠及公明排洪渠 3 条主要排洪渠。其中，上下村排洪渠全长约 3.43km，合水口排洪渠全长约 2.69km，公明排洪渠全长约 6.24km，如表 10-1 所示。

研究区域排洪渠一览表　　**表 10-1**

序号	排洪渠名称	流域面积（km^2）	河道总长（km）	水体类型
1	上下村排洪渠	5.49	3.43	主要排洪渠
2	合水口排洪渠	1.13	2.69	主要排洪渠
3	公明排洪渠	15.32	6.24	主要排洪渠
4	茅洲河干流	388.23	31.29	干流

表格来源：《茅洲河流域排水管网规划修编（2012—2020)》。

研究区域内，茅洲河干流河段 20 年一遇设计洪水位为 5.14～5.31m，50 年一遇设计洪水位为6.17～6.34m；公明排洪渠20年一遇设计洪水位为5.40～10.41m，50年一遇设计洪水位为6.0～10.65m；上下村排洪渠20年一遇设计洪水位为5.56～5.97m，50年一遇设计洪水位为6.12～6.38m。参见表10-2。

茅洲河干流设计洪峰流量及设计洪水位　　表10-2

茅洲河干流断面位置		洪峰流量（m^3/s）			设计洪水位（m）		
		$P=1\%$	$P=2\%$	$P=5\%$	$P=1\%$	$P=2\%$	$P=5\%$
1	上下村排洪渠汇入口	911	801	659	6.34	5.91	5.31
2	合水口排洪渠汇入口	959	848	699	6.30	5.87	5.27
3	公明排洪渠汇入口	964	903	759	6.17	5.74	5.14

表格来源：《茅洲河流域排水管网规划修编（2012—2020）》。

5. 现状排水系统

研究区域内的排水体制主要为雨污分流制，部分为雨污合流制，合流制管（渠）长度约19km，雨水管（渠）长度约113km。

研究区域内雨水排入上下村排洪渠、合水口排洪渠及公明排洪渠3条骨干排水通道后，由于部分区域地面标高低于茅洲河洪水位，需通过泵站提升后排往茅洲河，并在局部内涝点设置应急泵站。现状有5个雨水泵站，即上下村雨水泵站、合水口雨水泵站、合水口工业区雨水泵站、合水口应急雨水泵站和马山头雨水泵站，服务面积分别为2.24km^2、0.63km^2、0.07km^2、0.15km^2和0.90km^2，设计重现期分别为20年、20年、2年、2年和20年，设计流量分别为30.7m^3/s、10.28 m^3/s、1.0m^3/s、4.8m^3/s和12.4m^3/s。参见表10-3、图10-2。

研究区域现状雨水泵站一览表　　表10-3

序号	泵站名称	服务范围（km^2）	设计重现期	设计流量（m^3/s）
1	上下村雨水泵站	2.24	20	30.7
2	合水口雨水泵站	0.63	20	10.28
3	合水口工业区雨水泵站	0.07	2	1.0
4	合水口应急雨水泵站	0.15	2	4.8
5	马山头雨水泵站	0.90	20	12.4

表格来源：《茅洲河流域排水管网规划修编（2012—2020）》。

6. 历史内涝情况

由于地势低洼、水系复杂，且受茅洲河水位的顶托，研究区域经常发生涝灾。2008年6月遭受了两场近百年一遇的大暴雨袭击，区域内出现了大面积洪涝灾害，损失严重。根据2014年和2015年暴雨内涝调查结果，研究区域存在不同程度的内涝和积水点共7个（图10-3），其中最大积水面积为5000m^2，最大积水深度为0.3m，最长淹没时间为4h。

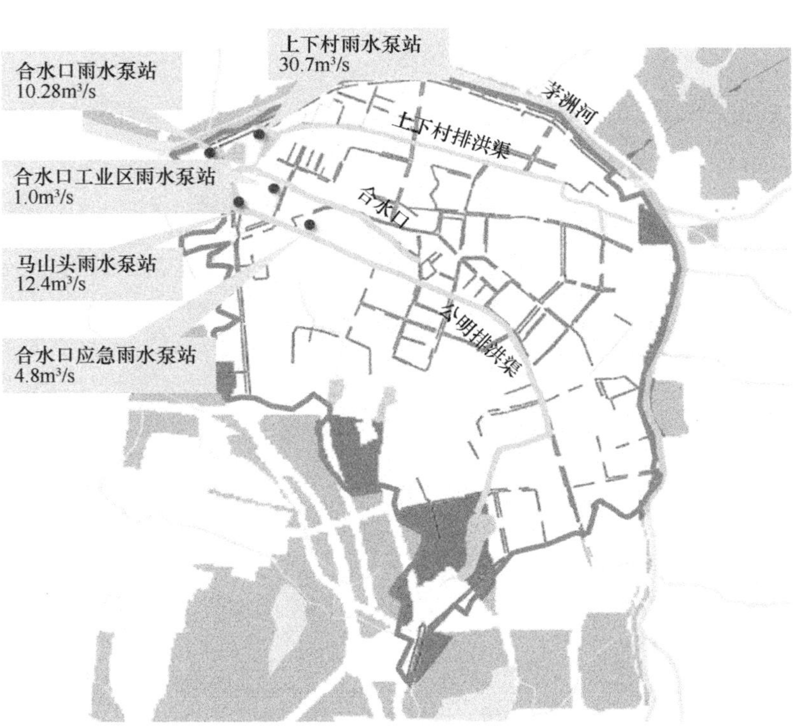

图 10-2　研究区域现状排水工程设施分布图

图片来源：《深圳市排水（雨水）防涝综合规划》

研究区域历史内涝点及其原因分析一览表　　**表 10-4**

序号	内涝点位置	内涝面积（m^2）	积水深度（m）	积水时间（h）	内涝原因分析
1	民生大道与兴发路交会处	1000	0.25	4	周边雨水排至上下村排洪渠，上下村排洪渠水位上涨，高水高排，形成积水
2	南环与别墅路交会处	2000	0.3	4	原有排水渠道断面较小，部分渠段设计为倒坡，跨北环路箱涵出口约 2/3 的过水高度被高压电缆遮挡，出水不畅导致雨季大面积积水
3	北环长春北路交会处	2000	0.3	3	长春北路无雨水管，北环至长春北路雨水在此无法排入上下村排洪渠，形成道路长时间积水
4	合水口市场路段	600	0.2	2	管网不完善，排水不及
5	华发北路—民生大道路口	5000	0.2	3	排水不畅，形成大面积积水
6	松白路周家大道路	3000	0.25	3	道路地势较低，路边排水系统不完善，现有排水管道淤积、堵塞
7	西环路科裕路交会处	1000	0.2	4	地势低洼，收集系统不完善

表格来源：《深圳市排水（雨水）防涝综合规划（2014—2030）》。

图 10-3　研究区域现状内涝点分布图
图片来源：《深圳市排水（雨水）防涝综合规划》

10.1.2　存在问题与诉求

1. 排水管网建设滞后，部分管网设计标准较低

研究区域内排水管网建设滞后，现状排水管网总长 132km，排水管网密度 6km/km^2，远不及发达国家的建设水平（约 20～50km/km^2）。由于现有管道长度短、密度小，管网普及率低，不能将雨水全部收集、就近排入受纳水体。

现状排水管网模拟评估结果显示（图 10-4），研究区域内设计标准为 1～2 年一遇的管网（渠）占 37%，3～5 年一遇的管网（渠）占 13%，大于 5 年一遇的管网占 50%。由此可见，研究区域部分管网设计标准较低，无法满足排水标准要求。

2. 雨水排放组织不合理，低区内涝排水压力加大

研究区域东南侧 13.9km^2 范围地势相对较高，雨水可重力流就近排入排洪渠；西北侧 8.1km^2 范围地势相对较低，雨水无法自流排入排洪渠。现状排水系统未对高低区雨水进行合理组织，高区雨水排入低区，加重低区的内涝排水负担；而低区地势低于茅洲河洪水位，涝水受顶托无法顺利排出，易形成内涝（图 10-5）。

3. 排水泵站分散且规模较小，泵站效益未得到发挥

研究区域现状排水体系较为混乱，为临时解决局部内涝积水问题，建设有多个小型强排泵站。随着雨水管道建设、排水路径调整，部分泵站将失去原有作用；另一方面，随着城市的持续开发建设，部分区域径流量增加，需要外排的水量增多，导致泵站排水规模不足，因此，排水泵站规模和布局需进行统筹规划。

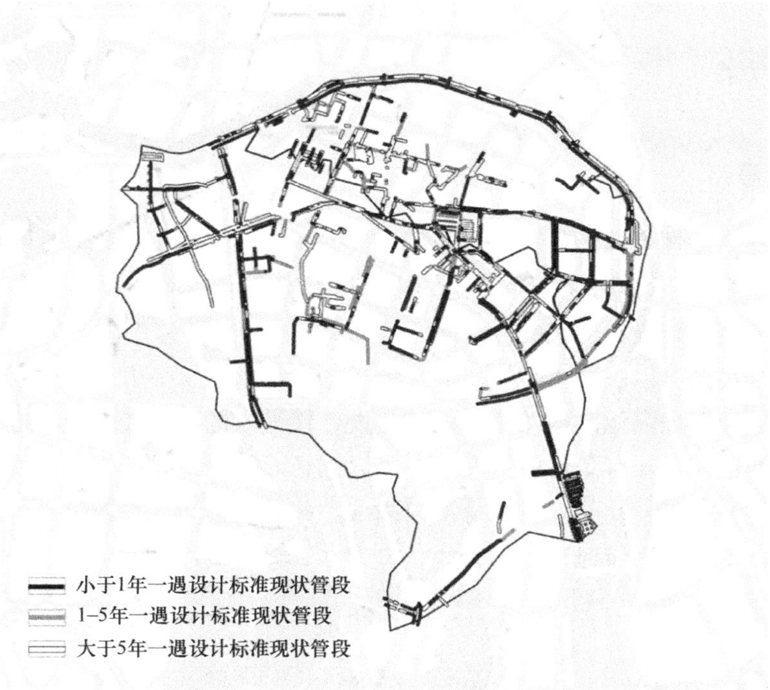

图 10-4　现状管网排水能力评估结果

图片来源：《深圳市排水（雨水）防涝综合规划》

图 10-5　排水高区与低区系统图

10.2 规划方案

10.2.1 规划思路

低洼易涝地区是城市排涝的重要薄弱环节[126]，在进行城市内涝防治设施规划时，应遵照因地制宜原则，结合场地条件，最大限度利用现有水系河网、已实施管网工程和泵站，制定与研究区域建设相适宜的内涝防治系统规划方案[127]。首先，需对研究区域进行合理划分，体现高低分区、高水高排、低水低排的设计理念，一方面有效拦截高区排入低区的雨水，另一方面加强低区内的排水设施建设，使汇入的雨水能够及时排出。其次，针对局部低洼易涝区域，在有条件的情况下，可以结合旧城改造，适当填高低洼地区的地面标高，消除低洼易涝点。同时，可结合沿河绿地空间设置蓄涝区滞蓄洪水，降低河道洪水位，从而有效降低区域内涝风险。

10.2.2 规划标准

1. 雨水径流控制标准

研究区域雨水径流系数按表 10-5 控制，同时，开展雨水径流控制的地区不应降低雨水管（渠）、泵站的设计标准。

雨水径流系数控制标准　　表 10-5

区域名称	商业区	住宅区	学校	工业区	市政道路	广场、停车场	公园
新建区	≤0.45	≤0.4	≤0.4	≤0.45	≤0.6	≤0.3	≤0.2
城市更新区	≤0.5	≤0.45	≤0.45	≤0.5	≤0.7	≤0.4	≤0.25

表格来源：《深圳市排水（雨水）防涝综合规划（2014—2030）》。

2. 雨水管渠、泵站及附属设施规划设计标准

根据《室外排水设计规范》(2016 年版)，深圳市属于超大城市，结合区域性质、气候特点及地形特点等因素，深圳市新建雨水管渠、泵站及附属设施执行表 10-6 设计标准。

雨水管渠设计标准　　表 10-6

城区类型	中心城区	非中心城区	特别重要地区
重现期	5 年	3 年	10 年或 10 年以上

表格来源：《深圳市排水（雨水）防涝综合规划（2014—2030）》。

研究区域内光明区副中心为中心城区，面积为 4.95km^2，占研究区域总面积的 22.5%，新建雨水管渠、泵站及附属设施按 5 年一遇标准进行设计。研究区域内非中心城区面积为 17.05 km^2，新建雨水管渠、泵站及附属设施按 3 年一遇标准进行设计。参见图 10-6。

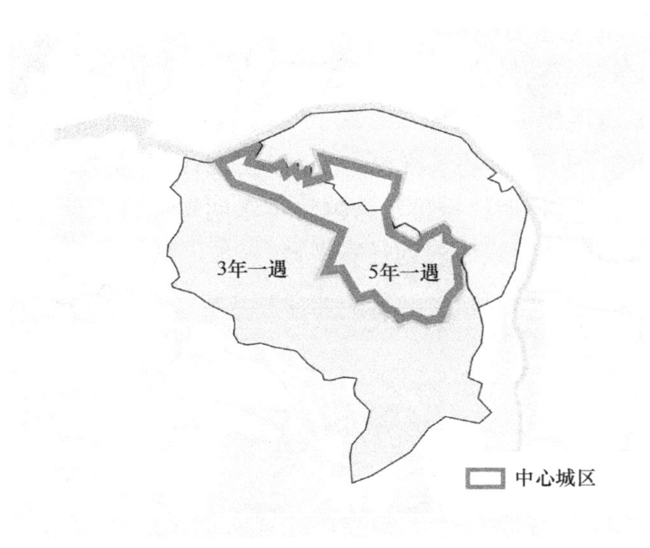

图 10-6　设计重现期区域划分图

3. 城市内涝防治标准

研究区域内涝防治设计重现期为 50 年，即通过采取综合措施，有效应对不低于 50 年一遇的暴雨。

4. 与防洪标准衔接

深圳市属于特别重要城市，城市防洪标准为 200 年一遇。研究区域位于茅洲河流域非感潮河段，采用同频率衔接，即 50 年一遇降雨遭遇河道 50 年一遇防洪水位。

茅洲河干流（中上游）已完成河道综合治理工程，现状河道基本能满足 100 年一遇的行洪要求；上下村排洪渠和公明排洪渠已完成全河道整治，均满足 50 年一遇的行洪要求。参见表 10-7。

区域排洪渠整治情况一览表　　　　**表 10-7**

序号	河流名称	规划标准设计洪水（重现期）（年）	总长（km）	已治理（km）	规划治理（km）
1	茅洲河干流	100	31.29	18.86	12.43（位于河道下游）
2	上下村排洪渠	50	3.43	3.43	0
3	公明排洪渠	50	6.24	6.24	0

表格来源：《茅洲河流域排水管网规划修编（2012—2020）》。

10.2.3　规划方案

对于城市低洼强排地区，基于推理公式的计算方法无法体现管网和地表径流与河道水位的互动关系，难以评估地表积水的时间、水深、流速、对下游水位的影响等，因此，需采用传统推理公式与水力模型验证相结合的方式来保障排水防涝系统的安全性。本规划案例通过构建水力模型，综合考虑降雨的时空分布不均匀性、雨水的产汇流路径、地面积水程度等因素，甄别内涝原因，对规划方案进行多轮优化调整，形成最终的规划方案。

1. 根据现状条件，建立水力模型

规划采用 DHI MIKE 系列软件构建排水防涝数学模型（图 10-7），采用 MIKE Urban 水力模型构建城市排水管网模型，采用 MIKE 11 构建河道模型，采用 MIKE 21 构建城市二维地表模型，通过 MIKE Flood 将一维模型（MIKE Urban 和 MIKE 11）以及二维模型（MIKE 21）进行动态耦合，同时模拟排水管网、排水明渠、排水河道、各种水工构筑物以及二维坡面流，作为内涝防治设施规划计算平台。

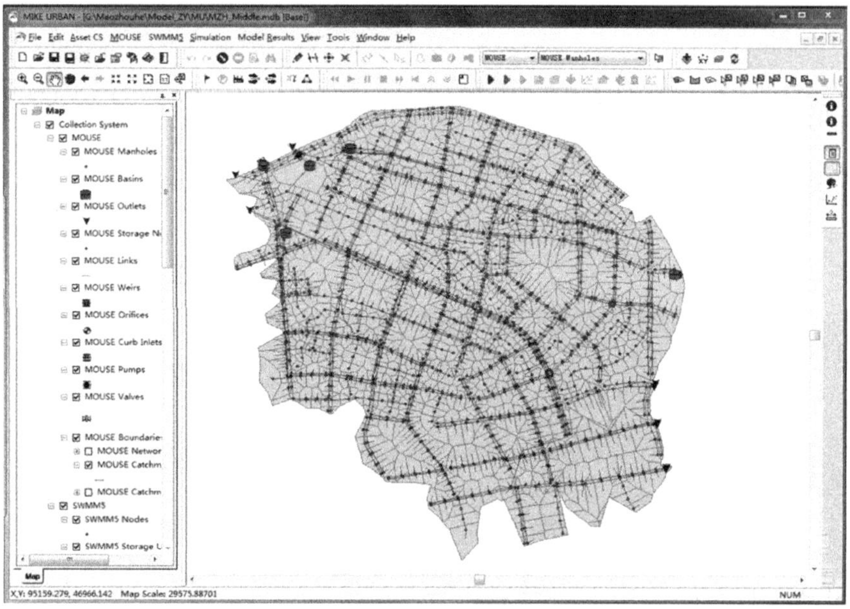

图 10-7 排水防涝数学模型界面

为确保达到模型模拟精度要求，在搭建二维地面漫流模型时，根据高程点的疏密程度，将地形文件转为精度 10m×10m 的模型网格，并根据卫星图片对异常高程点进行修正，将道路的高程与检查井的地表高程进行匹配。在降雨输入方面，选择 24h 长历时降雨，按珠江三角洲雨型进行分配；50 年一遇 24 小时降雨总量为 411. 32mm，时间间隔取 5min，雨峰最大时刻（9：05）的降雨量为 17. 32mm。研究区域排洪渠出口所在的茅洲河河段为非感潮河段，按照上文提出的标准采用同频率衔接，即 50 年一遇降雨遭遇河道 50 年一遇防洪水位，该河段 50 年一遇设计洪水位为 6. 0m。

2. 评估现有排水规划方案，识别内涝风险区

对研究区域现有排水系统规划进行评估，将 50 年一遇的设计降雨输入 MIKE Flood 模型中进行模拟计算，分析现有规划方案下内涝积水情况，结果如图 10-8 所示。模拟结果表明，现有规划方案条件下，研究区域共有 6 处内涝风险区。

3. 优化现有规划方案，实现高低区雨水分区排放

对现有排水规划内涝风险区域模拟结果进行分析，详细识别致涝原因，在现有规划方案基础上对内涝防治系统进行优化调整，采用“高水高排、低水抽排”的规划策略开展规划方案的制定。

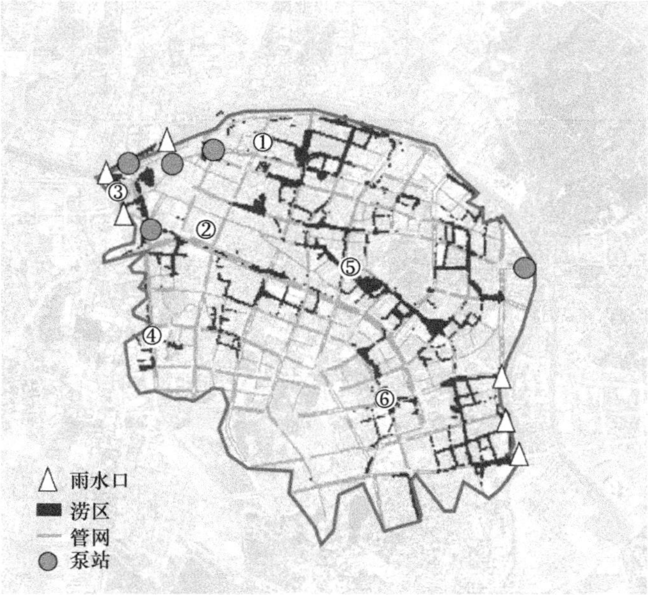

图 10-8　初步规划方案模型模拟结果

依据地形条件，以地面标高 6.0m 为界，将高区的水与低区的水分割开，高区的雨水经管网收集后自流进入上下村排洪渠及公明排洪渠，然后排入茅洲河，避免排入低洼区，增加内涝风险，以解决高区积水点问题。对于低洼区域的雨水，经管网收集后分别汇入公明排洪渠南侧截流箱涵及上下村排洪渠北侧截流箱涵，然后由马山头雨水泵站、上下村雨水泵站和规划新建的下村雨水泵站就近抽排至排洪渠，最后排入茅洲河。

高低区雨水划分开之后，由于雨水管网及排水路径调整，合水口工业区雨水泵站及合水口应急雨水泵站服务范围内的雨水将进入新建市政雨水管网中，故规划取消上述两座泵站；而下村片区由于城市开发，雨水径流量将出现大幅增长，且该片区地势较低，雨水无法自流排入排洪渠，因此规划新建下村雨水泵站。

综上，确定研究区域初步规划方案为（图 10-9）：①规划新建雨水管（渠）72.1km，改扩建雨水管（渠）1.6km；②取消合水口工业区雨水泵站及合水口应急雨水泵站，规划新建下村雨水泵站，规模为 9.1m^3/s，规划扩建上下村雨水泵站，规模为 83.4m^3/s，规划扩建马山头雨水泵站，规模为 24.5m^3/s，保留合水口雨水泵站，规模为 10.28 m^3/s；③规划沿公明排洪渠南侧新建 A5.0m×2.5m 截流箱涵，收集南侧低区雨水径流经马山头雨水泵站抽排进入公明排洪渠；规划沿上下村排洪渠北侧新建 A2.0m×2.0m 截流箱涵，收集北侧低区雨水径流经下村雨水泵站抽排进入上下村排洪渠。

4. 初步规划方案评估优化，局部内涝区域垫排

（1）初步规划方案评估优化

对初步规划方案进行模拟评估，由模型模拟结果可知，初步规划方案可有效缓解 1 号、2 号、6 号积水点的积水问题，并不能有效消除 3 号、4 号、5 号积水点的积水问题，需对 3 号、4 号、5 号积水点周边区域排水问题进行具体分析，针对性地提出解决策略。

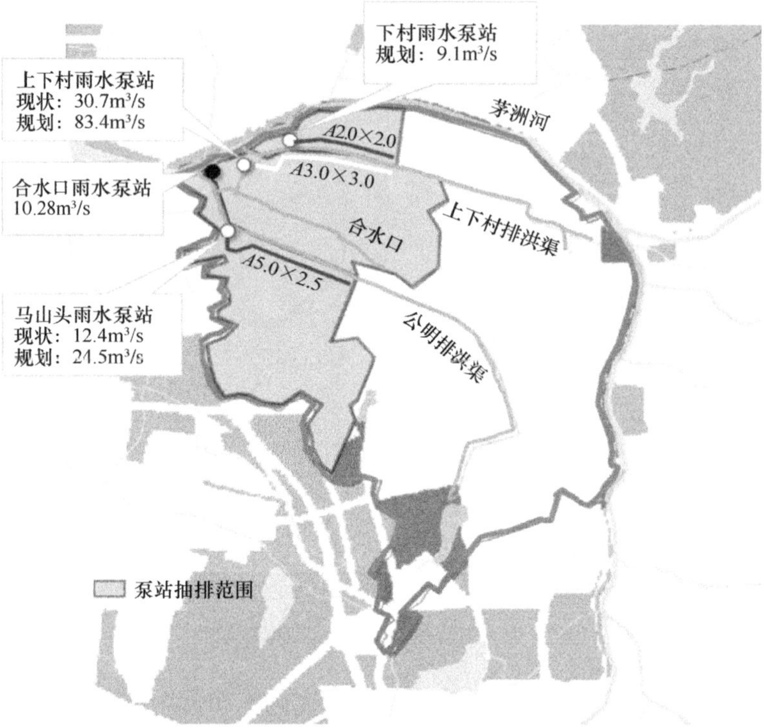

图 10-9　初步规划方案图

对于 3 号内涝风险区，通过对雨水汇流过程分析，发现该处不在现有雨水系统服务范围内，且此处地势出现局部低点。由于该地块目前尚未开发建设，建议在未来开发过程中增设内部雨水泵站，调整该处约 7.31hm^2 的工业用地为市政设施用地，作为后续泵站建设预留用地，建议泵站规模为 2.3m^3/s。

对于 4 号内涝风险区，经模型模拟发现该道路交叉处的雨水管网水头线超过地面线（图 10-10），雨水检查井发生冒水，造成积水。因此，规划建议结合城市更新进行路面标高调整，调整范围约 7.91hm^2，地面标高由 4.8～5.5m 调整到 6.0～6.5m。

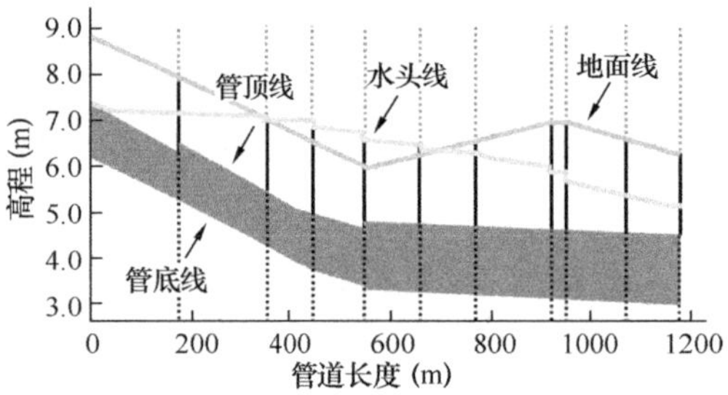

图 10-10　振兴路与马田路交叉处管道水位剖面

对于 5 号内涝风险区，经模型模拟可知，在暴雨情况下，雨水管网水位容易超出地表高程，从而在低洼处形成内涝积水。因此，规划调整此内涝风险区市政道路两侧的雨水管线管径，由 d1200 扩建至 d1650。经模型模拟，通过扩大雨水管径，可消除该处的管道溢流问题。调整前后管道的最高水位对比如图 10-11 所示。

（2）最终规划方案评估

经过上述方案调整后，形成最终规划方案：①新建雨水管（渠）7.2km，改扩建雨水管（渠）1.7km；②取消合水口工业区雨水泵站及合水口应急雨水泵站，新建下村雨水泵站，规模为 9.1m^3/s，扩建上下村雨水泵站和马山头雨水泵站，规模分别为 83.4m^3/s 和 24.5m^3/s，保留合水口雨水泵站，规模为 10.28 m^3/s；③结合城市更新将振兴路约 7.91ha 的地面标高调整到 6.0～6.5m，将公明西环路周边地块约 7.31ha 的工业用地调整为市政设施用地。

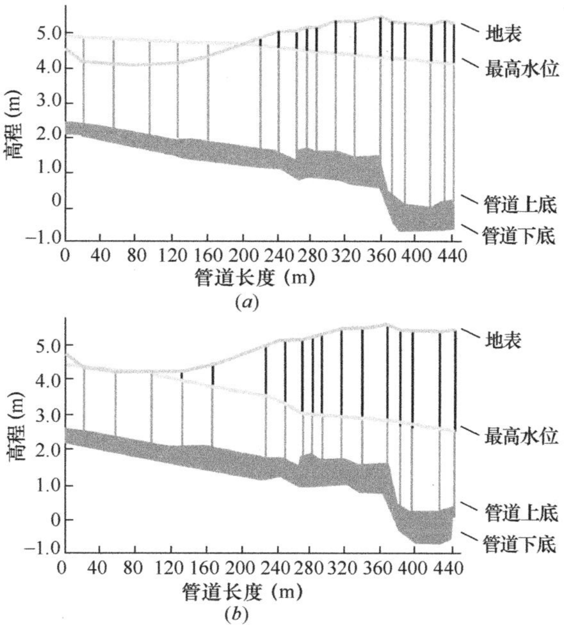

图 10-11 规划方案调整前后管道的水力线对比

（*a*）调整前；（*b*）调整后

采用排水防涝模型对最终规划方案进行模拟评估，实施后效果如图 10-12 所示。由模型评估结果可知，规划措施实施后，在 50 年一遇的降雨下，内涝积水情况得到了有效缓解，区域排水防涝能力整体达到 50 年一遇水平。

5. 结合沿河绿地空间，预留蓄洪空间

规划将上下村排洪渠及公明排洪渠入茅洲河处沿河绿地设置为蓄洪区，限制开发建设，一方面利用河道及蓄洪区蓄水从而降低洪水位，预留蓄洪区间；另一方面可为周边居民提供较为良好的滨水亲水环境，在保障排水安全的同时，兼顾景观亲水需求。参见图 10-13。

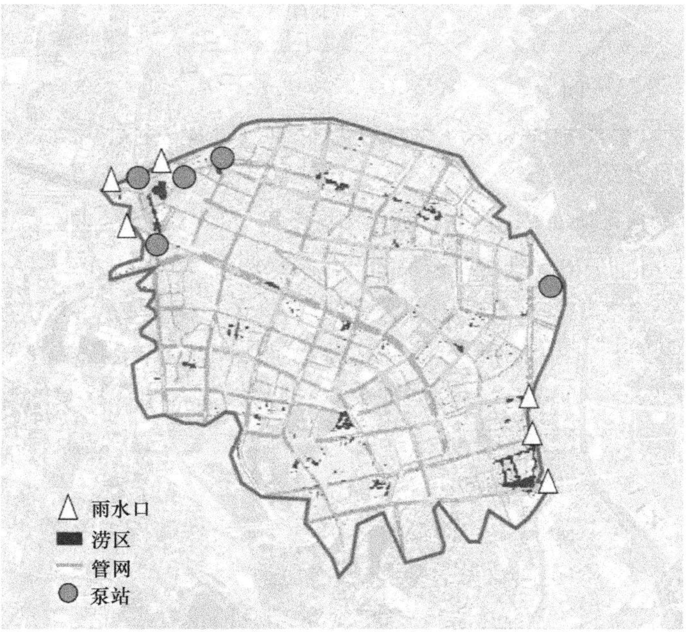

图 10-12 最终规划方案评估结果

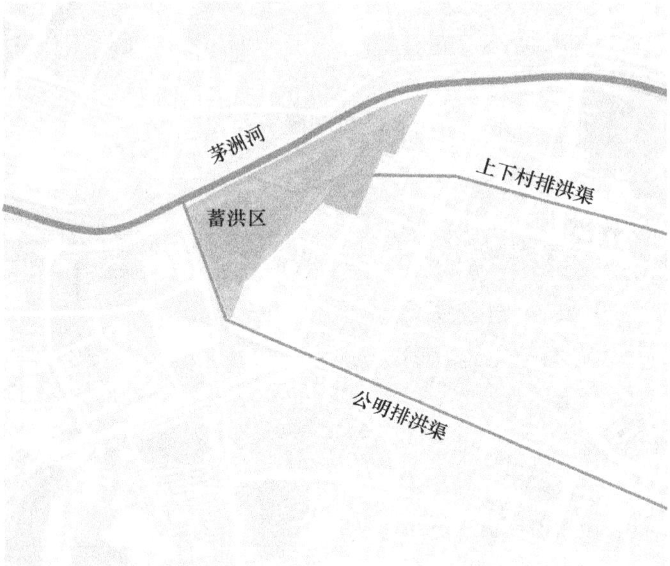

图 10-13　蓄洪区规划布局图

10.3　特色与创新

1. 分区排水优化，采用“高水高排、低水抽排”的规划策略

城市低洼地区极易出现内涝的原因主要包括两方面：一方面地势低洼，导致区域排水不畅；另一方面周边高区客水的汇入加重了区域排水负担，导致内涝频发。因此，城市低洼地区的排水防涝策略需将高水区和低水区进行分割，高水区雨水就近排入周边水体；低水区的雨水通过行泄通道收集后经泵站排入受纳水体。高水高排，阻断外水进入；低水抽排，确保内水有出路，从而减轻排水压力，保障区域排水安全[128]。

2. 统筹工程和用地，合理确定排水系统的布局，结合用地规划预留蓄洪空间

城市内涝防治是系统工程，一方面要依靠工程措施进行排水，另一方面也需要用地规划给予配合。首先，要合理确定内涝防治设施的布局，系统规划排水管网与泵站，将雨水排往城市水系和排洪渠。在规划设计排水系统时，不仅要注意泵站设施设计标准与管网设计标准相协调，还需注意排水系统设计标准与内涝、防洪等相关标准充分衔接。其次，要尽可能结合用地规划，设置蓄洪区，利用河道及蓄洪区蓄水降低洪水位，预留蓄洪区间，在保障排水安全的同时，兼顾景观亲水需求，从而构建安全、绿色、高效的城市内涝防治体系[129]。

3. 水力模型辅助，通过方案评估及优化，保障规划合理性和有效性

城市低洼地区的排水一直是城市内涝防治的重要节点，由于采用传统推理公式计算设计的排水防涝系统存在一定的局限性，不能对暴雨下可能出现的积水点做出合理的预测，也不能对管网排水能力、泵站抽排模数提出合理的优化建议，对内涝防治系统规划设计的合理性造成一定的影响。本规划案例通过构建水力模型对排水防涝规划方案和暴雨积水点进行科学客观的分析和评估，在此基础上对管网改造方案、泵站规划与改造方案、用地与竖向调整方案进行校核和优化调整，以达到相应的内涝防治标准。水力模型作为规划方案的技术支撑，其模拟效果可有效反映内涝防治系统的实施效果，定量分析可能的积水情况，并以此为基础对规划方案进行优化调整，以保障排水防涝系统规划设计的合理性和有效性。

10.4 实施效果

1. 减少内涝风险区

采用DHI MIKE系列软件构建排水防涝数学模型，对现有规划方案及最终优化规划方案进行模拟评估（图10-14）。由模拟结果可知，规划措施实施后，在50年一遇的降雨下，内涝积水情况得到了有效缓解，内涝风险区得以消除，区域排水防涝能力整体可达到50年一遇水平。

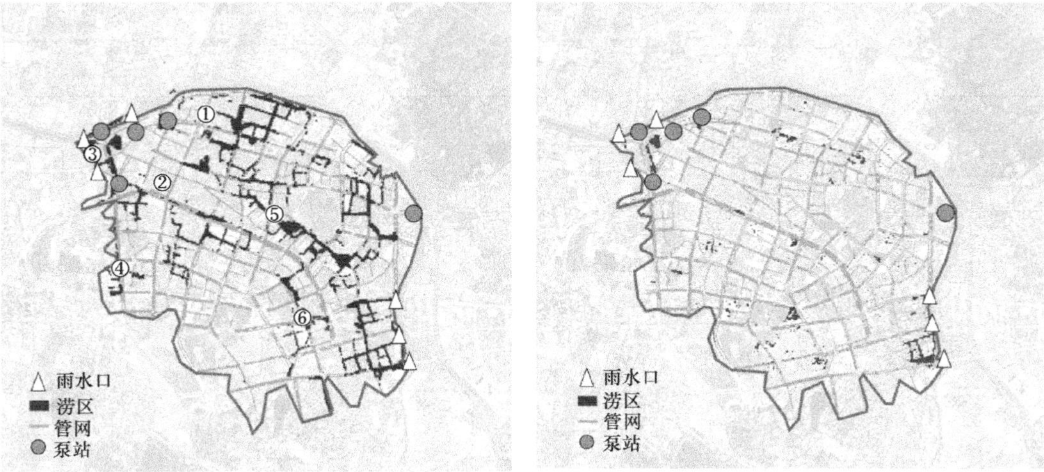

图10-14 现有规划方案（左）和最终优化规划方案（右）评估结果对比

2. 完善排水系统

本规划按照"高水高排、低水抽排"的策略进行了排水管网设计，同时系统整合了研究区域内的排水场站，为研究区域排水系统的完善提供了依据。目前已完成上下村雨水泵站和马山头雨水泵站扩建工程、新建雨水管（渠）5.8km、改扩建雨水管（渠）1.1km（图10-15）。

图10-15 扩建后上下村雨水泵站（左）和马山头雨水泵站（右）实景图

3. 预留蓄洪区

本项目在排水渠入河口，结合现有绿地设置一处蓄洪区（图 10-16），形成天然蓄水空间，接纳其他汇流区雨水，承担研究区域末端蓄水、滞流的功能，有效提高了区域应对内涝风险的综合能力。

图 10-16　现状蓄洪区实景图

第11章　海潮顶托地区规划实践

我国有海岸线的直辖市和地级市（包括其下属的全部区、县和县级市）共计50多个，这些城市普遍容易受到海潮和台风影响。台风暴雨影响范围广、强度高、危害大，沿海城市河口受风暴潮侵袭和天文潮水顶托，严重影响城市洪涝排泄能力，加深了洪涝危害程度。以深圳市西部地区为例，珠江口流域入海河流多，沿海地区部分城区地势低洼，高潮位高于部分城市地面高度，受海潮顶托影响大；多年实测潮位资料表明，年最高潮位一般出现在汛期，易受洪、涝、潮共同威胁，容易引发内涝[130]。本章以深圳市珠江口流域为例，介绍海潮顶托地区的城市内涝防治设施规划实践，以期为类似地区的内涝防治设施规划设计提供参考。

11.1　项目概况

11.1.1　区域概况

1. 地形地貌及水文条件

深圳市珠江口流域位于深圳市西部，区内河流众多、水系狭小、水网密集，在长约35km的海岸线上由北至南大致平行分布着28条河涌，水流由东向西汇入珠江口，流域总面积约为261.9km^2（图11-1）。

图11-1　珠江口流域位置图

图片来源：《深圳市排水（雨水）防涝综合规划》

珠江口流域属低山丘陵滨海区，背山面海，岗峦起伏。地势东高西低，中部及北部主要为丘陵台地，西部主要是冲积平原，并残存一些低丘，而西南海岸多为潮间带泥滩。从地带性成土条件看，土壤类型主要为赤红壤，沿海地区还分布有滨海盐渍土，平原地带多为潮砂泥土、水稻土等。

珠江口流域属于南亚热带海洋性季风气候，年平均气温22℃，雨量充沛，多年平均降水量1926mm。基于地形地貌特点，区内河流大多比较短小，属于雨源型河流。雨量虽较为充沛，年径流量较大，但由于降雨时空分布不均，年际变化较大，加之河流短小，暴雨集中，滞留时间短，可利用的水资源十分有限。

2. 现状防洪潮标准

珠江口流域大部分的现状管网按照1～3年一遇的设计标准建设。西部海堤防潮标准已达到100年一遇，防洪标准达到20～50年一遇。

3. 现状排水防涝设施

珠江口流域现状建成区面积为148.4km^2，雨水管渠总长为932.1km，其中，雨水管占比72%，雨水渠占比28%，管网密度为6.3km/km^2。

流域内河流多为感潮河流。旱季时，流域内河道水位随潮水变化，雨季时，部分地面标高较低的区域遇高潮位顶托需泵站抽排。城市内涝防治设施主要包括25座雨水泵站和1处城市雨水蓄滞空间，参照新的设计标准，现状泵站达标率为43.8%。此外，现状建有大、小挡潮水闸共30座。

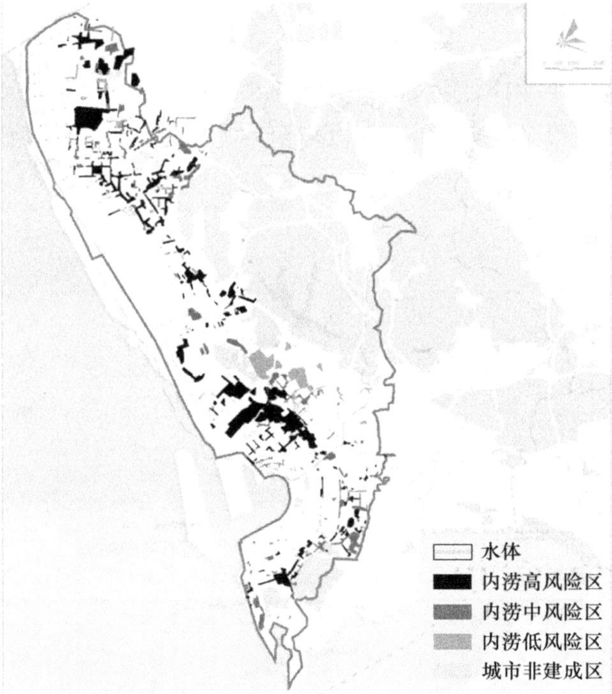

图11-2　珠江口流域现状易涝风险区划图

图片来源：《深圳市排水（雨水）防涝综合规划》

11.1.2　存在问题与诉求

珠江口流域存在现状内涝点70个。根据现状基础资料对排水系统进行内涝风险评估，并按积水深度、内涝区域重要性及敏感性等因素划分内涝风险等级，珠江口流域易涝风险区总计为54个，其中，内涝高风险区面积为2.49km^2，内涝中风险区面积为2.83km^2，内涝低风险区面积为0.66km^2，总计5.98km^2，占流域总面积的2.3%（图11-2）。

珠江口流域现状内涝原因主要因为地势低洼，排水受海潮顶托。根据流域内赤湾站和舢板洲站统计，多年平均最高潮位为2.28m，现状城市地面高程在1.5～4.5m之间。目前流域内出现内涝积水风险区域基本由于地势低洼、排水管网能力不足、雨洪水排泄受珠江口潮水位顶托影响等原因引起。

11.2 规划内容

11.2.1 规划思路

由于常规雨水系统计算方法难以协同考虑潮位和河道洪水位对城市内涝情况的影响，规划采用水力模型作为城市内涝防治设施规划方案计算、比选和优化的主要工具，重点考虑城市敏感性较强、内涝积水严重的地区，输入潮位、洪水位等信息，综合考虑洪水和潮位对城市内涝的影响。

同时，综合考虑低影响开发、管网、调蓄池、泵站建设以及河湖水系综合整治等从源头到末端的控制手段，对于城市地面高程低于潮位或洪水位、内涝情况较严重的区域，考虑结合城市更新调整城市竖向；对于洪潮高水位下管网及河道排水困难的区域，采用雨水行泄通道和末端泵站的排水模式；对于内涝情况严重、排水系统全面升级改造难度大、土地资源宝贵且经济较好的地区，考虑采用地下深层排水隧道的模式[131]。

11.2.2 规划标准

规划标准主要包括雨水径流控制标准，雨水管渠、泵站及附属设施设计标准，城市内涝防治标准，洪潮衔接标准。具体如下：

1. 雨水径流控制标准

根据《深圳市城市规划标准与准则》(2013年版)，雨水径流系数控制执行表11-1标准，通过雨水径流控制，提升城市排除积水的能力；开展雨水径流系数控制的地区，不应降低雨水管（渠）、泵站的设计标准。

雨水径流系数控制标准　　表11-1

区域名称	商业区	住宅区	学校	工业区	市政道路	广场、停车场	公园
新建区	≤0.45	≤0.4	≤0.4	≤0.45	≤0.6	≤0.3	≤0.2
城市更新区	≤0.5	≤0.45	≤0.45	≤0.5	≤0.7	≤0.4	≤0.25

2. 雨水管渠、泵站及附属设施设计标准

结合汇水地区性质、气候特点及地形特点等因素，珠江口流域新建雨水管渠、泵站及附属设施执行表11-2设计标准。

雨水管渠设计标准　　表11-2

城区类型	中心城区	非中心城区	特别重要地区
	南山一前海中心、大空港片区以及沙井城市组团中心的局部区域	除中心城区、特别重要地区之外的其他区域	宝安机场、前海综合交通枢纽
重现期	5年	3年	10年或10年以上

3. 城市内涝防治标准

珠江口流域内涝防治设计重现期为50年，即通过采取综合措施，有效应对不低于50年一遇的暴雨。

4. 与防洪（潮）标准衔接

由于珠江口流域受洪潮位影响，根据珠江口洪潮遭遇的组合频率分析结果[132]，衔接规划标准如下：非感潮河段地区采用同频率衔接，即按50年一遇降雨遭遇河道50年一遇洪水位设计内涝防治设施；感潮河段地区采用不同频率衔接，即按50年一遇降雨遭遇20年一遇潮位设计内涝防治设施。

对于部分河道防洪标准较低区域（主要为大水坑河、高峰河、松岗河、沙井河、山厦河、东涌河和新大河），则采用20年一遇降雨遭遇20年一遇洪水位（或20年一遇潮水位）设计内涝防治设施。

11.2.3 规划方案

1. 雨水径流控制与资源化利用

（1）径流量控制目标

根据下垫面分析与径流系数计算，珠江口水系流域现状综合径流系数为0.48；综合考虑流域现状生态本底及相关规划，确定珠江口流域综合径流系数控制目标≤0.45，各流域远期开发建设后的综合径流系数不得大于该值。

（2）分类用地目标

在相关规划未明确地块综合径流系数控制指标的地区，可参考《深圳市城市规划标准与准则》及《深圳市低影响开发规划指引研究》，选用以下分类综合径流系数作为地块的控制目标；开展雨水径流控制的地区，不应降低雨水管（渠）、泵站的设计标准。

深圳市建设项目分类及低影响开发目标表 **表11-3**

用地性质（类别代码）		用地类型	综合径流系数
大类	中类		
R	R1，R2，R3	一类、二类、三类居住用地	≤0.4～0.45
	R4	四类居住用地（原农村居民住宅形成的屋村用地）	≤0.50～0.55
C	C1（C5参照公园类执行）	商业服务业用地	≤0.45～0.50
GIC	GIC1，GIC2，GIC5，GIC7	公共管理与服务设施用地	≤040～0.45
M	M0，M1	新型产业用地、普通工业用地	≤0.45～0.50
W	W0，W1	物流仓储用地	≤0.50
S	S2	城市道路用地	≤0.60
	S1，S3，S4	交通设施用地	≤0.40
G	G1，C5	公园绿地	≤0.10
	G4	广场用地	≤0.20～0.30

注：1. 用地代码参考《深圳市城市规划标准与准则》（2013版）。
2. 其他未注明用地类型（非特殊污染物地区）综合径流系数可按0.5～0.6执行；混合型用地类型按主要类别执行。
3. 新建项目（含城市更新项目）按低限值执行，改造、扩建项目按高限值执行。

（3）径流污染控制目标

规划构建不同尺度、层层削减的径流污染控制系统。在源头，新建建筑与小区主要采用低影响开发设施控制径流污染；在中途，可结合调蓄空间、滨水空间等建设湿地、滞留塘等污染控制设施对雨水径流进行净化；在雨水排放口，可设置截留井，将一定量污染物浓度较高的雨水截流入污水系统，或设置生态化排水口进行就地截污拦污；在河道水体，可通过湿地滞洪区、生态驳岸、生态修复，进一步实现雨水的生态净化。对小尺度、具有雨水初期效应的区域，初期雨水径流量可以按照重现期 $T=0.5$ 年、降雨历时在 30min 内的汇流量进行计算。参见图 11-3。

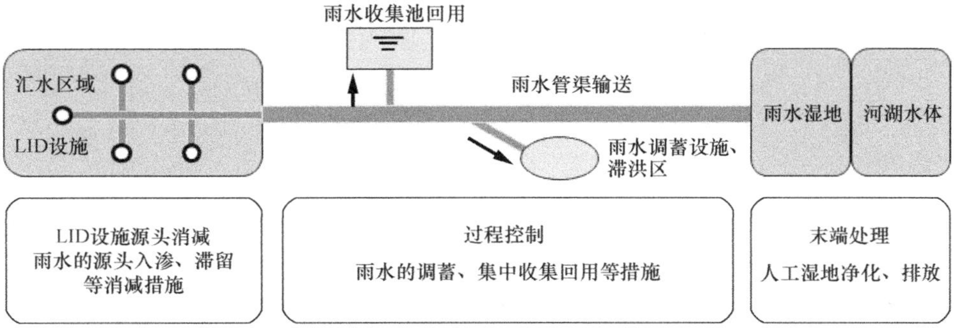

图 11-3　雨水径流量和污染全过程控制示意图

图片来源：《深圳市排水（雨水）防涝综合规划》

（4）城市雨水资源化利用目标

由于流域内降雨时空分布不均，城市建设区雨水不适宜大规模直接回用等因素影响，主要结合公园、水景、绿地建设小型雨水利用设施，经过技术经济分析后因地制宜地开展雨水资源化利用。生态区雨水滞蓄空间较大，适宜进行雨水资源化利用，主要利用水源水库、非水源水库积蓄雨水资源作用饮用水、城市杂用水和其他用水。

2. 雨水管网系统规划

（1）排水体制

根据城市总体规划所确定的排水体制，结合受纳水体保护目标和城市排水系统现状，按照远期为完全分流制排水体制进行规划。部分旧城或旧村等雨污合流地区，结合城市建设与城市更新，对现状合流管道逐步改造，远期实现完全分流制排水。充分考虑雨水径流控制与资源化利用，在新建片区或城市更新片区，推荐采用低影响开发（LID）的建设模式，分散控制雨水径流。

（2）排水分区

规划将珠江口水系流域划分为大空港片区、福永河片区、机场片区、铁岗一西乡片区、新圳河片区以及前海片区等 6 个二级排水分区。规划在二级排水分区基础上，以雨水排放口为基础细分三级分区，总共划分为 322 个三级排水分区。参见图 11-4。

（3）排水管渠

按照规划设计标准和规划原则，从排水主干管渠完善、新建片区管网完善、易涝风险

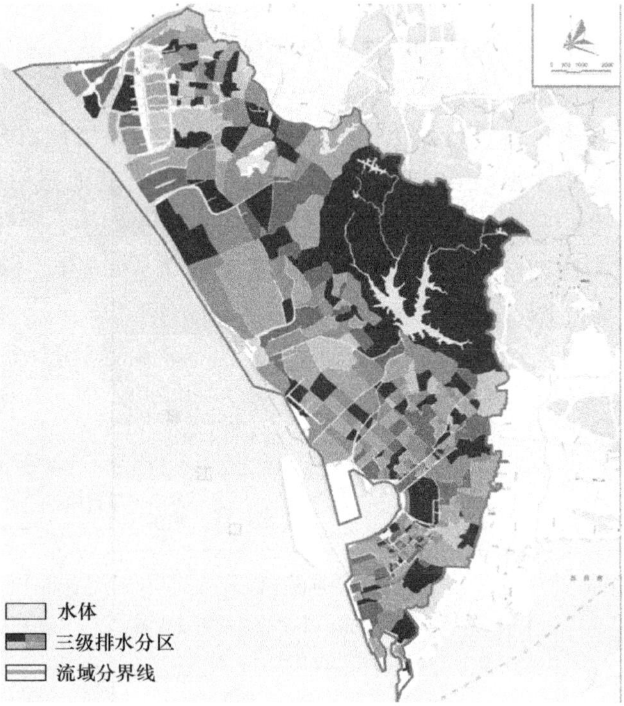

图 11-4 珠江口流域规划排水分区图

图片来源：《深圳市排水（雨水）防涝综合规划》

区管网改造等三方面着手开展排水（雨水）管网系统规划。

排水主干管渠完善：利用水力模型评估和计算排水主干管渠排水能力，并结合易涝风险区治理，开展雨水主干管渠完善规划，保障排水主干网络系统排水能力充足，从而确立珠江口流域各分区骨干排水管渠系统。

新建片区管网完善：在确立排水干管（渠）系统布局规划基础上，采用水力模型设计新建片区管网，确定雨水管网规模。

易涝风险区管网完善：对于管网排水能力不足导致的易涝风险区，基于水力模型识别瓶颈管段，通过管网改造完善，减轻或消除易涝风险。

综上，珠江口流域规划新建雨水管渠 116.8km，规划改扩建雨水管渠 21km。

（4）排水泵站

雨水泵站的设置能快速、有效地排除涝水，防止内涝的产生。对于防涝体系，泵站常设置于排水不畅的低洼处、受洪潮影响引起内涝的区域，以及内涝积水范围较大的区域。

规划采用城市排水管网模型耦合城市二维地表模型计算雨水泵站的规模。对于易涝风险区，结合地势特点、防洪（潮）水位、河道水系以及城市更新等因素，经论证分析后，在必要位置新建雨水泵站。对于现状泵站，从排水能力、运行调度等方面着手调查分析，并结合城市规划、城市更新、泵站用途等因素，对无法满足要求的泵站提出相应的改造方案。

综上，珠江口流域规划新建（扩建）雨水泵站 16 座，总设计流量为 $550m^3/s$。参见图 11-5。

图 11-5　珠江口流域泵站规划图

图片来源：《深圳市排水（雨水）防涝综合规划》

3. 防涝系统规划

（1）平面与竖向控制

目前珠江口流域地势较高的东部，形成了有利于排水的竖向；而西南部沿海区域地势较为平缓，平均高程约为 3.0～5.0m，易受潮水位影响，排水较为不畅，内涝问题突出。与此同时，在城市建设过程中由于历史问题保留下来的城中村、旧村，随着周边地区的开发建设，常常形成雨水径流的“盆地”。此外，填海造地延长了排水通道，且填海区高程甚至高于现状地形，因此也造成了部分区域地势相对低洼，内涝风险较高。规划建议随城市更新调整竖向的区域共有 8 处（图 11-6）。流域内的前海片区、大空港片区大部分为新建片区，在开发建设时应严格按照竖向规划要求控制地面标高。

（2）城市内河水系综合治理

首先，河道的布置应符合城市防洪与《深圳市城市总体规划（2010—2020）》的要求，在满足区域防洪要求的前提下，与城市用地、交通网络及排水等规划相协调。应尽量维持河道走向不变，不缩窄河道断面，在用地条件允许的情况下，以拓宽河道、加固堤岸工程为主，保证河道行洪断面，降低河道洪水位，为城市雨水顺利排放创造有利条件。

其次，应充分发挥现有工程体系的调洪、滞洪作用，确保工程安全运行；结合河道治

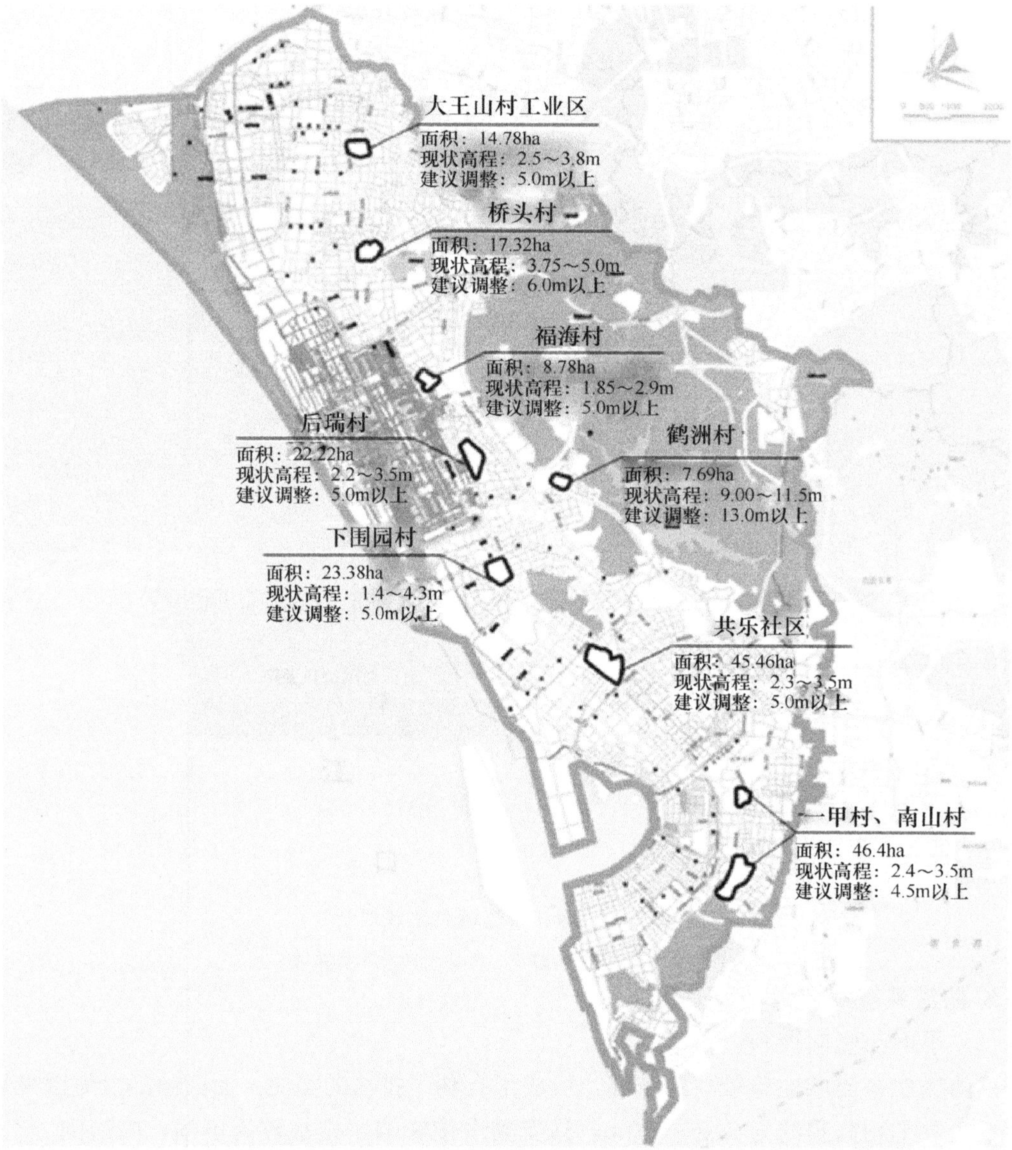

图 11-6 珠江口流域竖向调整建议图

图片来源：《深圳市排水（雨水）防涝综合规划》

理工程、排涝工程体系，按照低影响开发建设的要求，设置调蓄湖工程等。

在此基础上，河道穿越市区的护岸形式应考虑景观休闲和亲水安全的需要，实现内河水系综合治理的多重目标。

（3）城市雨水行泄通道

通过水力模型模拟，以河流水系构建的防涝体系为基础，对涝水的汇集路径进行分析，合理布局涝水行泄通道，就近将涝水排入河道，保证涝水的顺利排放。珠江口水系流域内众多的短小河流构成主要雨水行泄通道，在此基础上，规划新建雨水行泄通道总长度为 30.47km，总设计流量达 1963.6m^3/s（图 11-7）。

图 11-7 珠江口流域雨水行泄通道规划图

图片来源：《深圳市排水（雨水）防涝综合规划》

为减少南山区下游低区内涝风险和泵站压力，隧道将高水直接排放至环状水廊道。隧洞敷设于现状月亮湾大道西侧，起始于现状关口渠月亮湾大道交会处，沿月亮湾大道向南沿线设置竖井收集关口渠、桂庙渠、郑宝坑渠等前海上游渠道雨水，在月亮湾大道西侧、铲湾渠上游新建深隧出口泵站，设计流量为 110m^3/s。在铲湾渠设置雨水泵站，设计流量为 110m^3/s，抽排范围 543ha，用以解决前海上游南山片区内涝风险。

（4）城市雨水调蓄设施

对于城市内涝严重、雨水管网和泵站难以解决内涝问题的情况，可规划建设雨水调蓄池，将雨水径流的高峰流量暂存于雨水调蓄池，待流量下降后，再将调蓄池中水排出，以削减洪峰流量、降低下游管渠规模以节省工程投资，有效提高城市的排水和防涝能力、降低内涝风险。对于现状建成度较高的区域，调蓄设施的建设可在提升排水标准的同时减少管道的破除扩建、节省投资，是一种有效的提标措施。

雨水调蓄设施应结合公园、绿地进行建设，解决建设用地紧缺问题。同时，应充分发挥现状城市湿地、水系、下凹式绿地等雨水调蓄功能，将其作为雨水调蓄空间，在解决用地紧缺的同时还可以大大节省工程投资。而专用的雨水调蓄池通常适用于内涝积水较为集中的局部洼地处、排水通道较长的主干管渠上。

规划根据易涝风险区原因，结合实际建设情况及相关规划，合理布局雨水调蓄设施，充分挖掘现有水系、湿地、绿地的雨水调蓄功能，构建城市雨水调蓄体系。至规划末期，珠江口流域共建设雨水调蓄设施 10 处，其中，利用现状水体作为调蓄设施 5 处，新建调蓄设施 5 处，总占地面积约为 115000m^2，总调蓄容积约为 175000m^3。参见图 11-8。

图 11-8　珠江口流域雨水调蓄设施规划图

图片来源：《深圳市排水（雨水）防涝综合规划》

11.3 特色与创新

1. 内涝标准与防洪潮标准衔接

目前，针对较为普遍存在的滨海城市洪（潮）水位对排水系统的顶托问题，国内尚没有明确的标准有效指导城市内涝防治标准和城市防洪潮标准的衔接，规划设计标准不够清晰，存在一定的衔接争议。本规划案例根据珠江口流域的具体情况，根据河道是否受海潮影响分类制定了市政排水设施与防洪设施设计标准的衔接方案，在非感潮河段地区采用同频率衔接、在感潮河段地区采用不同频率衔接，城市内涝标准不超过防洪标准。制定市政排水设施与防洪设施设计标准的衔接方案，为其他类似城市提供参考。

2. 国内首次将深层排水隧道系统加入城市内涝防治规划

深层排水隧道是埋设在深层地下的大型排水隧道。一般敷设在内涝易发、人口密集、重要地区、现有排水系统改造难度较高的地区。目前，巴黎、伦敦、东京、新加坡、中国香港地区等大城市都建设有深隧，主要有防洪防涝、污水输送、合流调蓄防污染等功能。国内其他城市还没有在城市内涝防治设施规划中考虑建设深层隧道。珠江口流域的内涝防治规划是国内首个在城市内涝防治设施规划中采用深隧系统的规划。

11.4 实施效果

1. 内涝点整治效果显著

规划区域内2015年完成56项内涝治理项目，2016年完成40项内涝治理项目，2017年底基本完成规划区内全部110项内涝治理项目。2018年底完成机场外排渠等5条河流综合整治工程，新改建排涝泵站建设全速推进，玻璃围涌雨水泵站、塘下涌片区排涝泵站及沙浦北片区排涝泵站已基本建成，新增抽排能力54.2m^3/s，燕罗片区排涝工程等6项工程正在加快实施中。在完成治理后的几场暴雨中，内涝防治成效十分显著，如降雨较为集中的中心区某路面积水深度将近50cm，通过对这些路段的雨水口、排水管等进行改造，增强了这些路段的雨水收集和输送能力，在雨停后1h内，积水基本消退，未对上班高峰期的交通造成大的影响。在107国道宝安段易涝点处的3个临时泵站共抽水12.9万m^3，107国道路面积水在暴雨减弱后2h内逐步消退，交通逐步恢复，内涝防治效果显著。

图11-9 前海合作区排涝工程施工现场

2. 规划深层排水隧道已实施[133]

前海-南山排水深隧系统工程作为国内第一条大型综合排水深隧系统，工程沿月亮湾大道西侧布设，起点为关口渠，终点为前湾河水廊道，主要工程内容包括深隧主隧工程，关口渠、郑宝坑渠、桂庙渠进水接驳工程，枢纽泵站工程（图 11-10）。主隧长约 3.74km，内径 6.0m，埋深约 45m，为深层隧道；支隧长约 0.90km，内径分别为 5.4m 和 4.0m。枢纽泵站基坑直径 156m，开挖深度 55m，为超大超深基坑；排涝设计标准为 50 年一遇，初（小）雨截流标准为 10mm；沿途分别收集关口渠、郑宝坑渠、桂庙渠的初（小）雨、涝水。

前海—南山深隧工程总投资约 24.1 亿元，兼有防洪排涝和控污截污双重功能，有效保护前海和南山两个辖区水环境，将所处流域上游初（小）雨提升至南山污水厂处理，涝水提升至前湾河水廊道排放，用以解决雨季前海片区控污、南山片区排涝的问题。2019 年 5 月，前海—南山排水深隧系统工程正式启动建设（图 11-10）。

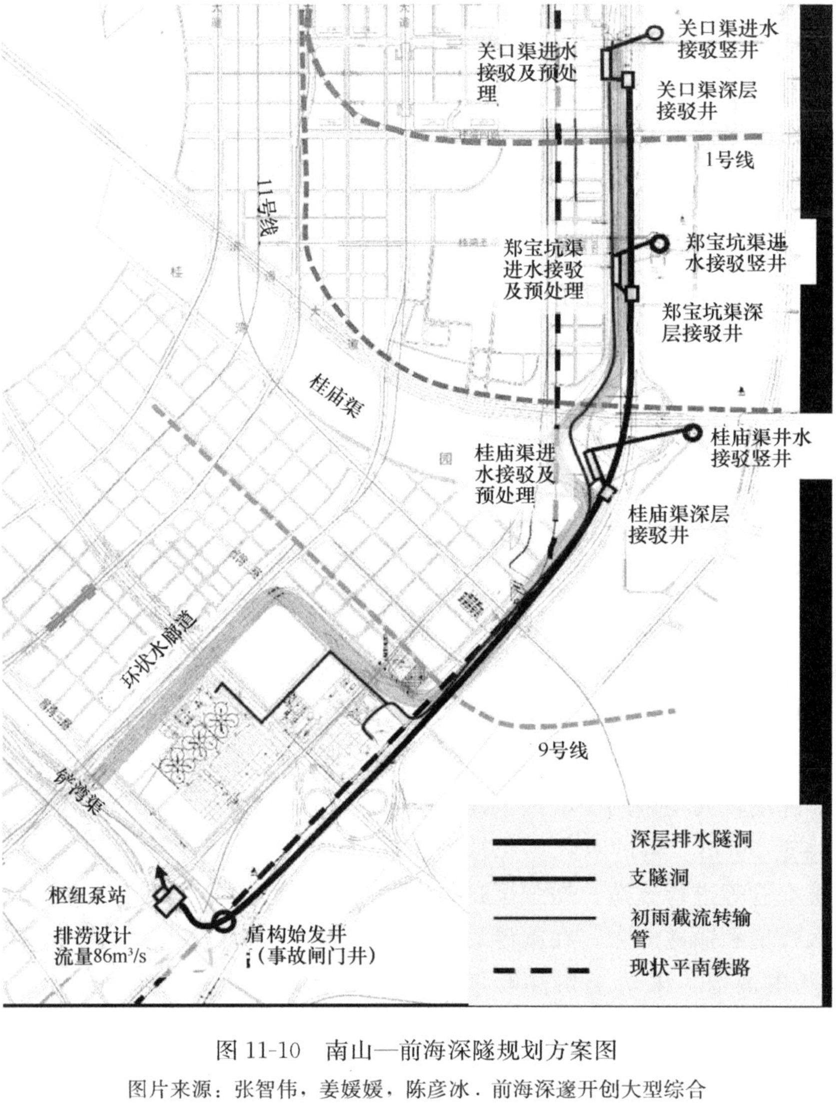

图 11-10　南山—前海深隧规划方案图

图片来源：张智伟，姜媛媛，陈彦冰．前海深邃开创大型综合排水模式 [N]．深圳特区报，20190521（A05）

第12章 高密度城市建成地区规划实践

随着城市的发展和扩张，很多城市的建设用地严重紧缺，在新增城市用地少但需求量大的矛盾下，对地块进行高强度、高密度开发成为城市土地利用的必由之路。城市建设用地高密度开发的模式导致建筑覆盖率高、生态空间匮乏、地下空间大面积开发，给城市排水系统带来了一系列问题，包括径流峰值提前、内涝风险较大、排涝设施难以布置等[134]。本章以深圳市新洲河片区内涝防治系统规划方案作为典型案例开展分析，研究了区域特点、区域内涝风险原因及改造方案、内涝防治系统构建方式，以期为类似地区的内涝防治设施规划设计提供参考。

12.1 项目概况

12.1.1 区域概况

福田区地处深圳市中部，是深圳市的行政、文化、信息和商务中心，是深圳市重点开发和建设的中心城区和交通枢纽中心。新洲河流域位于福田区中部，河道发源于梅林水库，由北向南流入深圳湾，流域面积为22.5km^2（图12-1）。

新洲河流域总体地势北高南低，呈阶梯状分布（图12-2）。流域内塘朗山、莲花山属于丘陵地带，最高海拔362.6m；中下游沿岸城市建设区地势较为平缓，属于平原地带，河口最低高程为－1.83m。流域内石厦村地势较为低洼，平均高程为4.0m，低于周边区域，属于低洼易涝区域；下游城市建设区平均高程小于5.0m，易受深圳湾潮位影响。

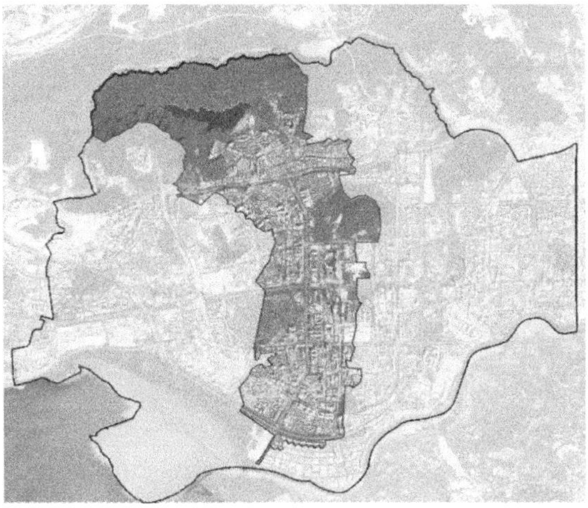

图12-1 新洲河流域范围图

根据流域内河流水系的位置、流向，结合地形分区、竖向规划、规划排水管网等因素，将流域细分为40个三级排水分区。考虑到每个排水分区面积较小，且存在将一个地块或老城区划分为2～3个排水分区的情况，不能保证同一地块内排水系统的完整性，故将相邻的若干个排水分区进行合并。经过合并，最终将新洲河流域划分为10个排水分区，各个排水分区内排水管渠系统相对独立，其中，1号、5号和9号排水分区为独立排水分区，雨水径流排入区内水库、坑塘等水系，其余排水分区雨水径流均最终排

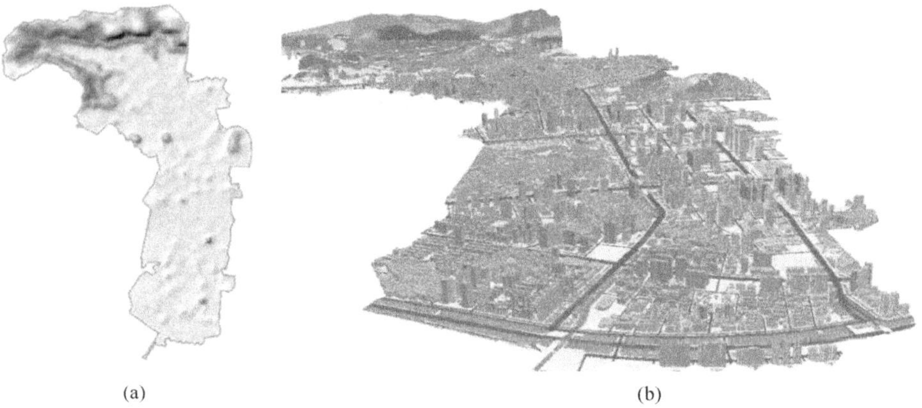

图 12-2　新洲河流域高程图

（*a*）平面地形；（*b*）斜视加建筑图层

入新洲河。排水分区划分情况见图 12-3。

图 12-3　新洲河流域排水分区图

新洲河流域经过梅林水库扩容、河道整治、排水管网完善以及河口挡潮闸建设等多次治理，可有效应对 200 年一遇潮水、100 年一遇洪水以及 70mm/h 强度暴雨。据统计，2014 年新洲河流域共计 19 个内涝点，已全部消除；2018 年新洲河流域共有 8 个积水点，主要分布在道路交叉口、莲花山公园周边区域以及旧村低洼区域。

12.1.2　存在问题与诉求

据2018年统计数据可知，深圳市建设用地面积为$940km^2$，总居住人口2000万人（管理人口），总建筑面积达到$990km^2$，可见，深圳市正面临着土地、能源、水资源等各类资源难以为继的问题。深圳市在2014～2030年间，将要在仅仅7.6%的建设用地增幅下实现30%的建筑规模增幅，因此不可避免需要进入高密度、高强度开发模式。参见图12-4、图12-5。

图12-4　深圳市法定图则规划容积率

图12-5　国内外部分对标区域容积率情况

通过梳理和分析，新洲河流域主要面临以下问题：

（1）建设用地开发程度高，建筑密度高，绿地率低。通过对新洲河流域进行下垫面解析可知，6 类下垫面类型中，绝大部分的下垫面类型为绿地，面积为 10.86km^2，占流域面积的 48.6%，其中大部分为生态控制线内用地。扣除掉生态用地后，可用建设用地已经基本全部开发完毕。

新洲河流域下垫面统计结果　　表 12-1

下垫面类型	绿地	水体	屋面	路面	裸土	铺装
面积（km^2）	10.86	0.77	2.85	1.94	0	5.92
比例	48.6%	3.4%	12.8%	8.7%	0	26.5%

（2）高强度开发，容积率较高。新洲河流域城市建设用地面积共计 15.6km^2，约占流域面积的 70%，现状用地以居住用地、商业用地、行政管理用地为主，开发强度高。流域内集中了较多高密度建筑片区，容积率在 2.0 以上，建筑功能以居住、商服和办公为主。参见图 12-6。

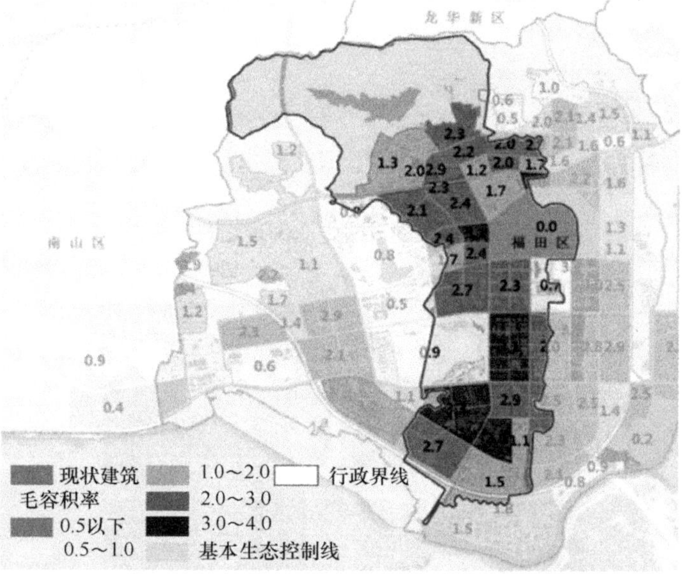

图 12-6　新洲河流域容积率分区

（3）更新用地多，未来建筑增量大。新洲河流域内坐落有深圳市政府、福田高铁站等大型公共建筑和交通枢纽站，城市定位高。流域内在建项目以城市更新为主，其中计划更新面积约 92.07hm^2，潜力更新面积约 117.94hm^2，更新范围主要在梅林-彩田片区及新洲片区（图 12-7）。正在实施的城市更新区域约 75hm^2，占总建设用地面积 4.8%。

高强度开发导致区域建筑覆盖率和容积率高、绿地率低，缺乏雨水的“渗、滞、蓄”空间，大面积硬化地面造成雨水径流峰值提前和严重的面源污染，导致排水管网压力增大和带来水环境污染[135]。通过资料收集与分析可知，高开发强度地块的内涝防治限制因素见表 12-2。

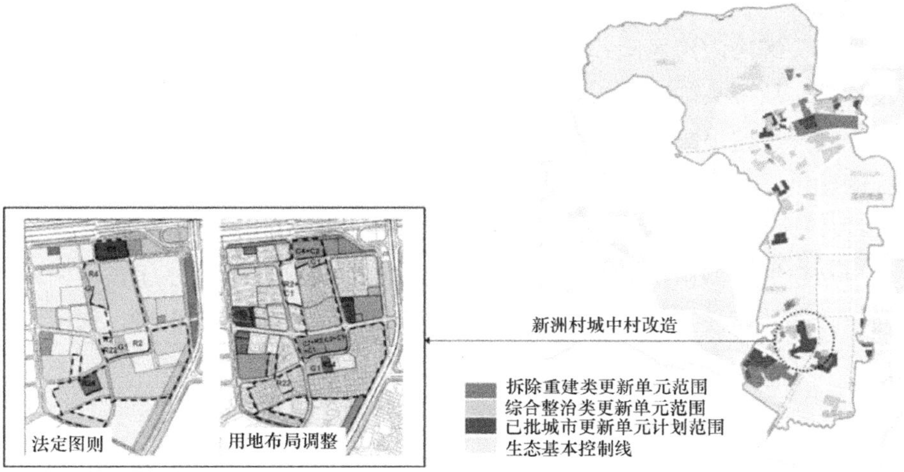

图 12-7 新洲河流域城市更新分布

高开发强度地块内涝防治限制因素分析[136] **表 12-2**

限制因素	限制因素分析
极高的建筑覆盖率及容积率	不透水率极大增加，径流总量和径流峰值增加，造成按照常规方案设计的内涝防治设施的规模偏低，在遭遇强降雨时排水能力不足，雨水泄流路径不畅，容易形成积水[137]
绿地等生态空间匮乏，难以布设设施	设施布置空间不足，精细化设计要求高[138]
地下空间大面积开发	广场、公共绿地、市政支路等公共空间均有大量的地下空间开发，对内涝防治设施尤其是调蓄池等的选址影响很大

12.2 规划内容

12.2.1 规划思路

在评估城市现状排水防涝能力和内涝风险的基础上，规划提出构建源头减排、过程控制、末端排放的城市内涝防治体系，并与防洪系统相衔接（图 12-8）。

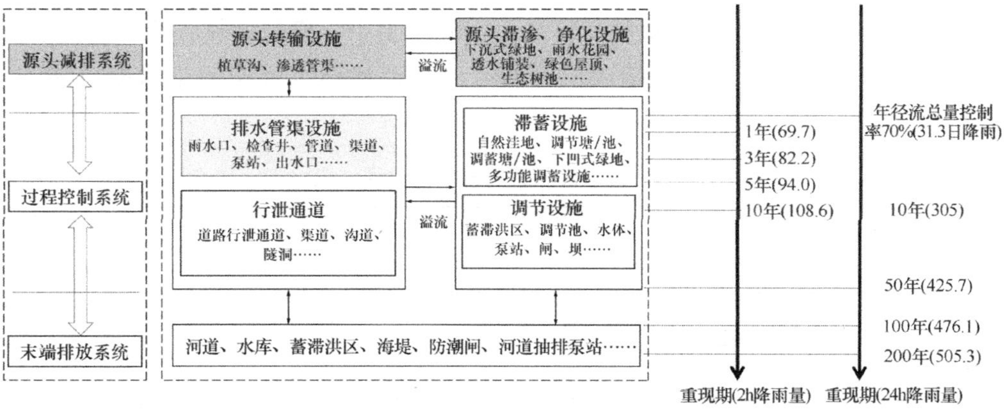

图 12-8 新洲河流域内涝防治系统图

（1）源头减排——在高密度城市建成区地势低洼的内涝风险区，考虑结合城市更新进行竖向调整，从源头解决内涝风险；结合正本清源、综合整治、环境提升等项目同步落实海绵城市建设理念，从源头削减径流。

（2）过程控制——建设雨水调蓄池，调蓄洪峰流量，减少排水设施规模，节省投资。雨水调蓄设施的建设应结合公园、绿地建设，充分利用现状湖泊、湿地等作为调蓄水体。

（3）末端排放——对于受纳水体顶托严重或者排水出路不畅的区域，考虑进行内河水系整治和排水出路拓展；城市雨水行泄通道以河流水系为基础，以排水干沟、明渠、暗渠等作为排水通道；此外，注重做好城市防涝体系与防洪（潮）体系的衔接，保障涝水顺利排出。

12.2.2 规划标准

新洲河流域内涝防治系统从地块海绵化改造着手，通过增加雨水下渗和蓄滞，实现源头控制雨水径流量和削减洪峰流量，减轻市政排水设施负担；采用“蓄、排”结合的方式，通过提标改造雨水管线、建设路面行泄通道和雨水调蓄设施有序组织超标雨水排放，应对极端暴雨；同时，通过对河道综合整治、疏浚拓宽断面，以及建设调蓄湖体、修建排涝泵站等措施降低内河水位，最终达到“小雨不积水、大雨不内涝”的治理目标。具体规划标准如表 12-3 所示。

新洲河流域内涝防治规划标准　　表 12-3

项目	规划标准
雨水源头控制标准	年径流总量控制率 70%，对应日降雨量 31.3mm
雨水管网设计标准	5 年一遇
内涝防治标准	50 年一遇

12.2.3 现状模型评估

1. 现状排水管网评估

采用 MIKE Urban 水力模型对流域内现状城市排水管网系统进行评估，将 2 年一遇、3 年一遇和 5 年一遇的设计降雨输入 MIKE Urban 模型中，模拟计算各管段的排水能力，综合分析城市排水系统实际排水能力。新洲河流域现状排水管网的排水能力如表 12-4 所示。

新洲河流域现状管网排水能力评估表　　表 12-4

管网评估	小于 1 年一遇设计标准现状管段	1～2 年一遇设计标准现状管段	2～3 年一遇设计标准现状管段	3～5 年一遇设计标准现状管段	大于 5 年一遇设计标准现状管段
长度（km）	22.3	59.2	66.3	72.1	61.7
比例	7.92%	21.02%	23.54%	25.60%	21.91%

由上表可知，新洲河流域现状雨水管网建设标准中 3～5 年一遇设计标准管段占比最

大，高达25.6%，超过5年一遇设计标准的管渠仅占21.9%。

2. 现状内涝风险评估

经过排水管渠系统的建设和内涝点的整治，新洲河流域城市内涝问题得到改善，但仍存在8处内涝积水点，加上极端天气频发、现状排水管渠排水能力偏低、排水管渠建设和管理不够完善及城市不断开发建设等综合影响因素，区域面临的内涝风险问题仍不容忽视。

内涝灾害标准：根据深圳市实际情况，从积水时间、积水深度和积水范围三方面综合考虑，明确内涝灾害标准：①积水时间超过30min，积水深度超过0.15m，积水范围超过1000m^2；②下凹桥区，积水时间超过30min，积水深度超过0.27m。以上条件同时满足时才成为内涝灾害，否则为可接受的积水，不构成灾害。

评估模型：根据《城镇内涝防治技术规范》GB 51222的相关规定，基于MIKE Flood平台，耦合城市水文模型和二维地表模型评估流域排水防涝现状条件，评估新洲河流域现状内涝风险。采用MIKE Urban模块构建排水管网模型，采用MIKE 11模块构建河道模型，采用MIKE 21模块构建二维地表模型，以不同设计重现期下24h设计暴雨雨型作为降雨输入条件，采用《深圳市防洪（潮）规划修编》（2010—2020）确定的洪潮水位作为水位边界条件，在MIKE Flood平台中耦合形成完整的内涝风险综合评估模型。

评估结果：根据模型评估结果，新洲河流域现状易涝风险区有31个，总面积0.97km^2，其中高风险区面积0.15km^2，中风险区面积0.8km^2，低风险区面积0.005km^2。内涝风险较大的区域主要位于北环大道等区域，基本与片区实际历史内涝情况相吻合。参见图12-9。

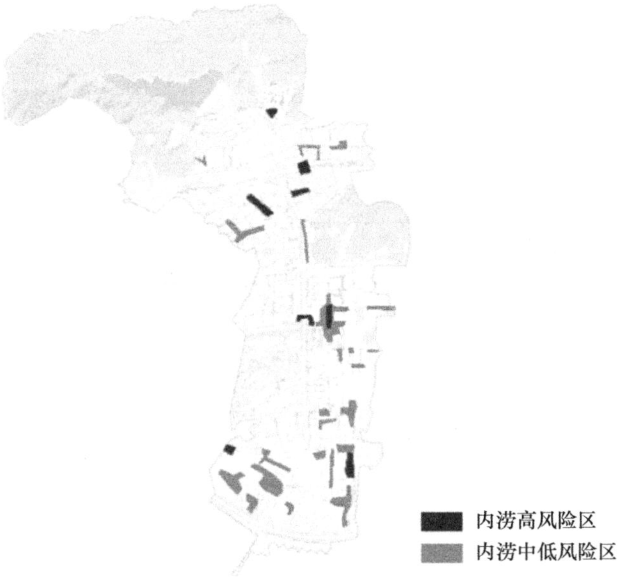

图12-9　新洲河流域内涝风险区分布情况

12.2.4 规划方案及评估

1. 设计流量分析

现状管渠系统采用1～5年一遇设计，规划设计标准采用5年一遇。设计重现期从1年一遇提升至5年一遇，流量提高33%；从2年一遇提升至5年一遇，流量提高15%；从3年一遇提升至5年一遇，流量提升8%，具体如表12-5所示。

不同重现期下设计径流量变化分析　　表12-5

重现期	暴雨强度公式	计算条件	设计流量(L/s)
1年一遇	$q=1572.098/(t+6.000)^{0.577}$	汇水面积 F=5ha 径流系数 Ψ=0.70 降雨历时 t=10min	1111.2
2年一遇	$q=1455.259/(t+4.097)^{0.518}$		1293.5
3年一遇	$q=1378.039/(t+3.749)^{0.482}$		1363.6
5年一遇	$q=1358.201/(t+3.158)^{0.452}$		1483.1

2. 不透水下垫面影响分析

通过建立典型高密度建成区地块径流分析模型，评估下垫面不透水率在不同降雨情况下的径流峰值变化（表12-6）。根据模拟评估结果可知，高密度开发带来的不透水率升高会显著增加径流峰值，完全不透水下垫面（如大理石路面）的径流峰值是透水下垫面（如草地）的2.5倍之多。

径流峰值变化表（m^3/s）　　表12-6

	降雨类型	不透水率=100%	不透水率=80%	不透水率=60%	不透水率=40%	不透水率=20%	不透水率=0
短历时降雨	P=2a	0.33	0.33	0.29	0.24	0.18	0.14
	P=3a	0.39	0.39	0.35	0.29	0.22	0.17
	P=5a	0.46	0.45	0.41	0.34	0.26	0.21
	P=10a	0.54	0.53	0.48	0.41	0.31	0.26
	P=20a	0.61	0.61	0.55	0.47	0.37	0.3
长历时降雨	P=10a	0.85	0.87	0.82	0.74	0.61	0.33
	P=20a	0.84	0.86	0.81	0.74	0.61	0.34
	P=30a	0.94	0.97	0.92	0.83	0.69	0.38
	P=50a	1.08	1.11	1.05	0.95	0.78	0.44

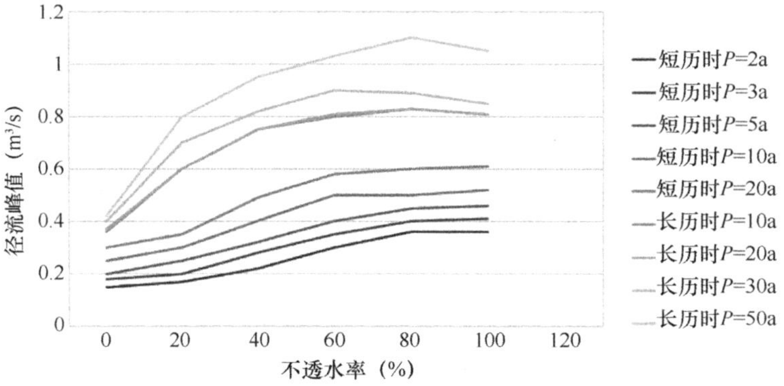

图12-10　不同重现期下长短历时降雨径流峰值变化图

3. 内涝防治体系构建

基于上述评估分析，高密度城市建成地区的内涝防治需根据现状排水防涝能力和内涝风险情况，构建源头减排、过程控制、末端排放的城市排水防涝体系，并与防洪系统相衔接。

（1）源头减排——提高雨水就地消纳能力

在开发建设过程中，结合城市景观设施（如绿地、绿化带）、开放空间、建筑屋顶，综合运用多种LID设施，让更多的雨水入渗、蒸发或蓄存，使雨水在进入排水管道之前就能得到有效的削减。对于现状建成区，进行LID设施改造比较困难，可结合城市更新项目和改建、扩建项目进行建设。针对新洲河流域实际情况，制定源头减排的思路与原则如图12-11所示。

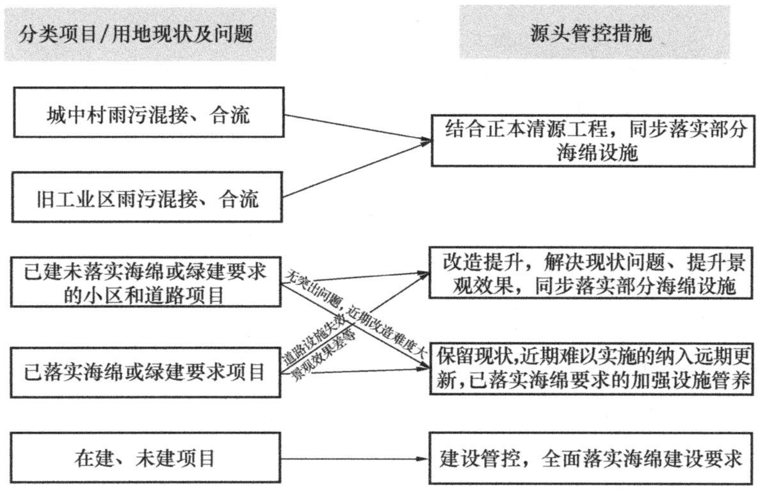

图12-11 新洲河流域源头减排思路及原则示意图

以城中村为例，新洲河流域城中村建筑密度大，且普遍存在雨污混接错接现象，宜结合正本清源、环境整治同步开展海绵城市建设落实低影响开发设施。新洲河流域计划开展综合整治、正本清源提升改造的城中村总面积24.2hm^2，结合城中村具体建设条件适当应用LID措施，可以有效削减径流总量、提高径流污染控制效果[139]。具体海绵技术措施适用条件如下（图12-12）：

1）绿色屋顶：符合屋顶荷载、防水等条件的平屋顶建筑和坡度满足要求的坡屋顶可采用绿色屋顶措施，有效减少屋面径流总量和径流污染负荷。

2）透水铺装：无载重汽车通过的路面、停车场、步行及自行车道、休闲广场、室外庭院应采用透水铺装。

3）生态排水设施：道路两侧及广场宜采用植草沟、渗透沟槽等生态排水设施输送、消纳、滞留雨水径流。

4）生物滞留设施：城中村内建筑、道路及停车场的周边绿地，宜采用雨水花园等生物滞留设施。

5）雨水收集池：适用于有雨水回用需求的建筑与小区，根据雨水回用用途（绿化浇灌、道路喷洒及冲厕等），需配建相应的雨水净化设施；不适用于无雨水回用需求和径流

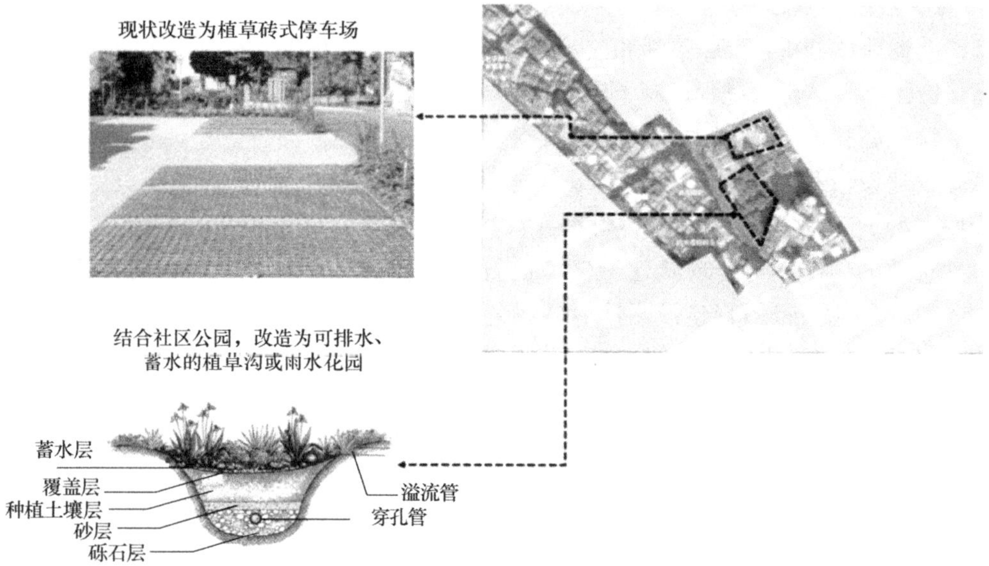

图 12-12　城中村海绵化改造示意图

污染严重的地区。

6）初期雨水弃流设施：未采取雨水落管断接的屋面雨水系统及硬化地面的雨水系统建议设置初期雨水弃流装置。

（2）过程控制——提升雨水排放和调蓄能力

1）雨水管网及泵站完善规划

新洲河流域内主要道路下的雨水管道已经基本建成，但不满足新的雨水管渠设计标准要求，需对部分管网进行改扩建。在地势低洼及内涝风险等级较高的区域，需要建设排涝泵站，避免发生内涝灾害。以莲花路和香梅路内涝点以及沙尾村内涝点为例，详细说明雨水管网及泵站完善规划实施方案。

① 莲花路香梅路内涝点管网完善规划

该内涝点所在的莲花路雨水管网管径为 $d800$～$d2000$，下游入新洲河处为 3.2m×2.0m 排水暗渠。经分析，下游暗渠排水能力充足，但 $d2000$ 管道排水能力不足，造成上游雨水排放不畅，径流峰值时刻水头线高出地面线近 2.0m，造成内涝积水严重。

因此，需对该处管网进行完善，包括扩建 $d900$ 雨水管道至 $d1500$，扩建 $d2000$ 雨水管道为 2.5m×2.0m 排水暗渠。管网扩建后，模型评估表明，最大径流峰值时刻，检查井不发生溢流，内涝积水得到控制，如图 12-13 所示。

② 沙尾村泵站完善规划

沙尾村位于新洲路与福强路交界处，该旧村地势较低，平均高程约为 3.5～4.5m，较周边区域低 0.5～1m；加上新洲河该段易受深圳湾潮位影响，管道排口处于淹没出流状态，排水不畅，易造成内涝积水。

因此，规划在该处建设沙尾村泵站，设计流量为 3.0m^3/s。经模型模拟评估，泵站建设后，该区域内涝得到有效控制，如图 12-14 所示。

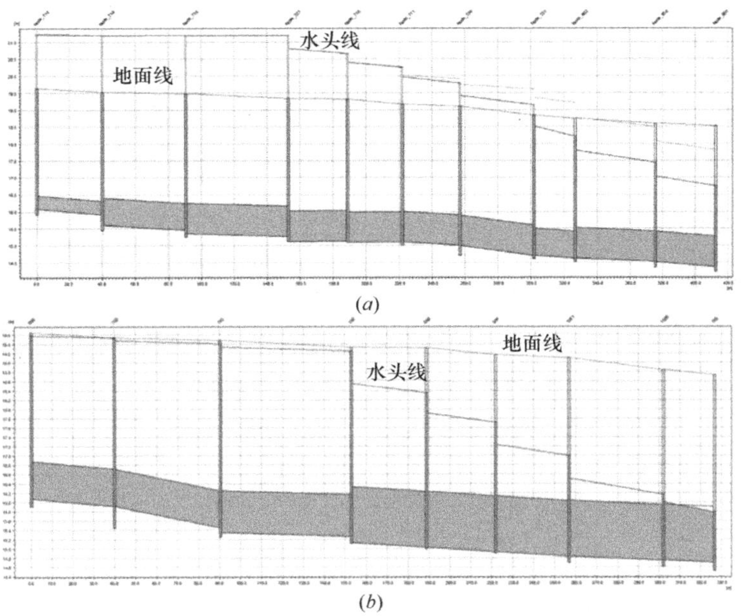

图 12-13 规划方案实施前后管道剖面图（最大峰值时刻）

(a) 现状；(b) 规划

图 12-14 沙尾村内涝整治方案实施前后效果对比图

(a) 实施前；(b) 实施后

2）雨水调蓄设施规划

在地势低洼或重要区域，当通过雨水管网改善无法解决内涝问题时，需设置雨水调蓄设施，如滞洪区、雨水滞留塘、雨水湿地或雨水调蓄池等。综合考虑设施的运行、管理和维护便利性，优先采用雨水湿地或滞留塘的形式调蓄地面径流。为最大实现布设调蓄设施的综合效益，应结合公园、山体、绿地、水体和景观设计，因地制宜进行布置；同时，通过模型模拟对雨水调蓄设施进行设计和复核，确定调蓄设施的容积。

以益田路与福民路内涝点为例，该位置毗邻福田区政府，属于重要区域，通过福民路排水管网的扩建，该位置内涝灾害得到一定程度的改善，但未得到完全解决，故规划在此处建设 2 个容积为 200m^3、占地面积为 100m^{2}的地下雨水调蓄池，以降低该位置内涝风险（图 12-15）。

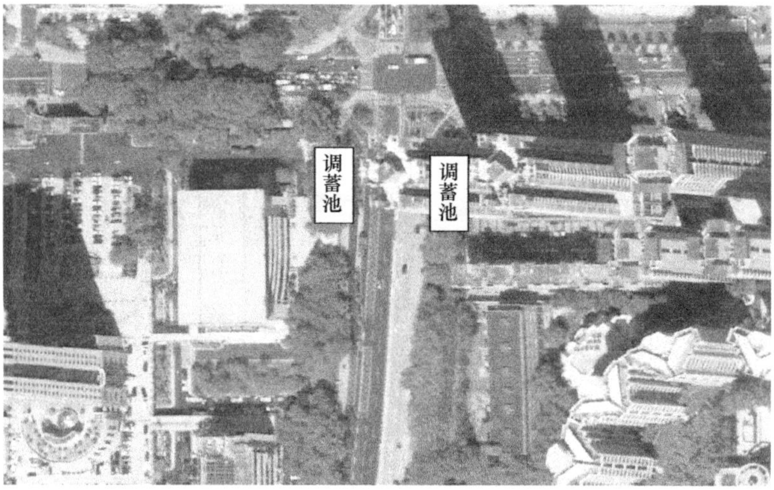

图 12-15 调蓄池建设位置

采用 MIKE Flood 对规划方案进行模拟评估及校核，由结果可知，增加地下调蓄池后，超过管网排水能力的涝水进入调蓄池蓄滞，涝水基本消失。调蓄效果如图 12-16 所示。

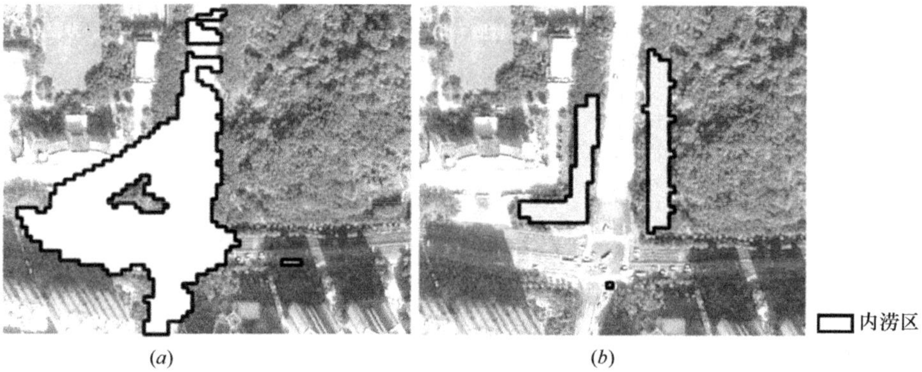

图 12-16 内涝整治效果对比图
(a) 整治前；(b) 整治后

(3) 末端排放——建立超标暴雨的排水通道，避免城区积水

1) 涝水行泄通道规划

行泄通道是超标雨水快速下泄的自然通道，对于城市涝水的快速排出至关重要。大暴雨发生、雨水管网来不及排放时，超标雨水将沿着地表、顺着地势从高往低汇集泄流，形成泄流路径。通过模型模拟找出涝水泄流路径，可避免在此路径上建设重要设施或人口密集设施，同时对建筑物的防洪标高、地块出入口高程提出具体管控要求；此外，可在发生超标暴雨时，及时疏散并封锁涝水行泄通道，保证涝水的顺利排放及人民生命财产安全。

通过模型模拟 50 年一遇、100 年一遇 24h 设计降雨条件下的自然径流情况可知，新洲河流域涝水行泄通道主要分布在地势相对低的道路上，共规划四条涝水行泄通道，总长度约 8900m，具体位置和规模如图 12-17 所示。

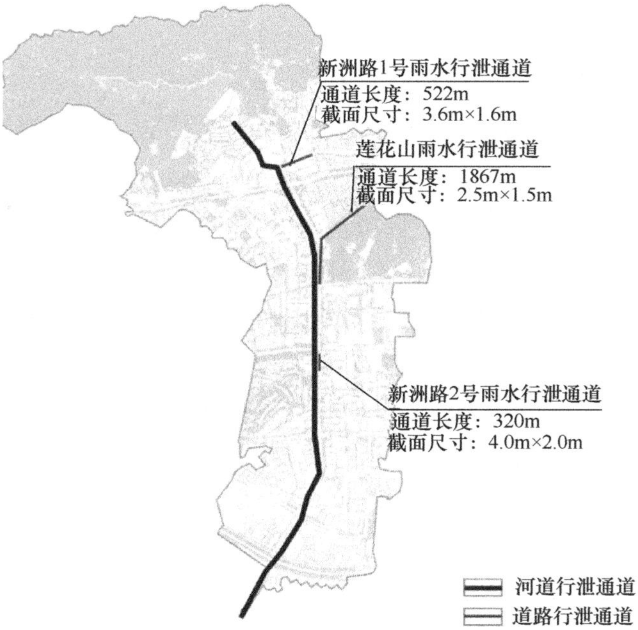

图 12-17 新洲河流域涝水行泄通道规划图

2）河道水位调控方案

新洲河下游滨河路以南河段易受深圳湾潮水位影响，50 年一遇潮水位可达到 2.77m，相比平均潮水位 2.12m 高出 0.65m，受潮影响河段雨水排放口基本处于淹没出流状态，造成排水不畅。故在新洲河河口建设挡潮闸，能有效防止深圳湾海水倒灌。

基于 MIKE Flood 平台，通过在 MIKE Urban 中改变排放口水位边界条件，对水位调控结果进行模拟，评估河道水位变化对城市内涝的影响。下游河道水位调控后，沙尾村、益田路-滨河路、益田路-富强路处内涝点积水范围明显缩减，内涝防治效果较为明显；越临近新洲河的区域，其内涝积水范围缩减越为显著，如图 12-18 所示。

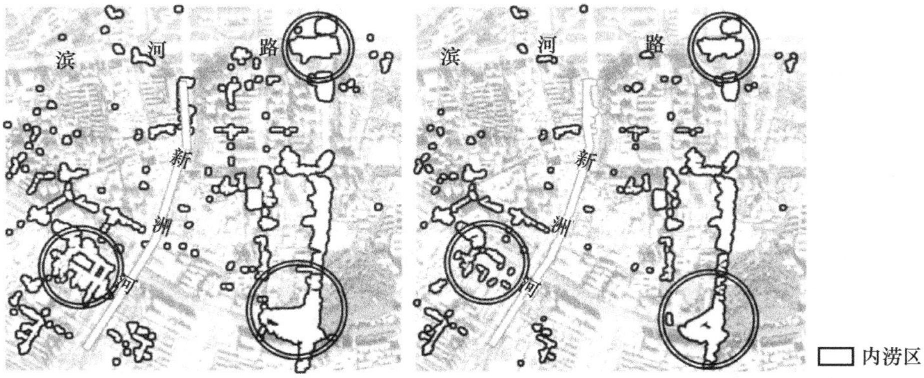

(*a*)　(*b*)

图 12-18 新洲河水位调控前后内涝改善效果图

（*a*）调控前；（*b*）调控后

12.3 特色与创新

1. 通过低影响开发源头设施建设，提升城市水安全水平、削减径流污染

针对新洲河流域雨污混接合流的城中村、雨污混接的建筑小区和工业区、已建未落实低影响开发要求项目、在建未建项目等各类型建设项目，分别提出低影响开发源头减排的思路，在提升水安全水平的同时削减雨水径流污染[140]。

2. 研究高密度开发下径流峰值的变化，相应提高排水管道设计标准

借助模型模拟评估手段，识别出高密度开发带来的不透水率升高会显著增加径流峰值，完全不透水下垫面的径流峰值可达完全透水下垫面的 2.5 倍之多。因此，高密度开发下需要严格控制透水率，在排水管网设计时需相应提高设计标准。

3. 内涝防治设施与其他设施合建，实现集约化、隐形化、景观化

随着城市化进程的加快，城市基础设施的建设速度和规模都在不断增长，然而，长期以来城市基础设施建设普遍存在注重功能、轻视与周边环境融合的问题，因此造成了城市基础设施与城市风貌的不协调[141]。规划针对高密度开发条件，结合周边建设情况布局调蓄池、雨水泵站等内涝防治设施，有效实现集约化、隐形化和景观化[142]。

12.4 实施效果

采用 MIKE 21 平台分别对于现状条件及规划条件下的水系、下垫面和地形进行耦合模拟，对 50 年一遇 24h 长历时暴雨条件下城市的内涝风险进行评估，确定城市内涝范围及内涝程度。通过对比模拟结果可知，规划实施后，内涝风险区减少，新洲河下游城中村内涝风险也明显降低，有力证明了该城市内涝防治系统方案的合理性（图 12-19）。

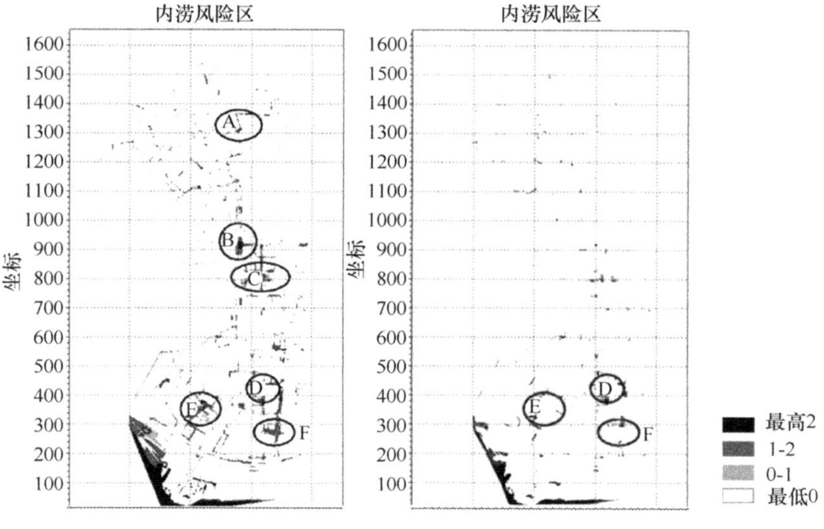

图 12-19 新洲河内涝风险规划前后模型评估对比

1. 源头类项目实施情况

随着新洲河流域海绵城市建设工作的不断推进，截至目前已经建成一批典型的海绵城市项目，充分落实了低影响开发理念，提高了区域内涝防治水平。以福田区中心二路为例，其道路及周边公共空间已经有效实现了海绵化改造（图 12-20）。

图 12-20　道路及公共空间海绵化改造方式示意图

2. 河道类项目实施情况

流域内新洲河经过多次治理，内涝风险已经得到缓解。通过对河道进行驳岸改造、部分明渠段加高堤防等措施，使改造范围内的明渠段河道达到规定的 100 年一遇的防洪标准；通过截污、补水等措施，有效改善河道水质；此外，对明渠段按照城市生态走廊、公共休闲滨水空间进行建设，营造了很好的河道生态景观（图 12-21）。

图 12-21　新洲河河道排口治理现状

3. 内涝点改善效果

统计资料显示，2014 年新洲河流域共计 19 个内涝点，经过近 5 年的整治，目前内涝点已全部消除（图 12-22）。

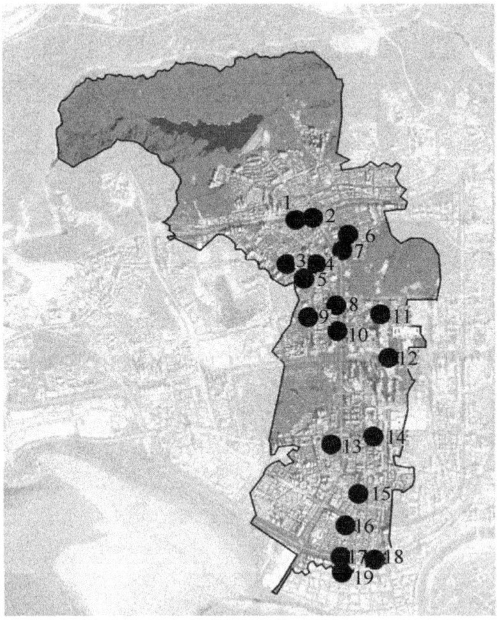

图 12-22　新洲河流域 2014 年历史内涝点分布图

第 13 章　规划新建地区规划实践

由于建设程度较低，规划新建地区的排水管网及设施建设常常不完善、不成体系，容易导致积水内涝。同时，城市建设的实施时序对城市排水防涝体系方案构建影响较大，如何根据建设时序协调近远期的排水防涝实施方案具有一定难度。另一方面，规划新建地区在内涝防治体系构建方面也具有诸多优势，如便于统一规划城市整体竖向、优化调整用地结构、建立源头减排体系等。因此，在规划新建地区进行城市内涝防治设施规划，应注重避免可能存在的问题，把握有利条件，提升规划方案的系统性和近远期方案的协调性。本章以陕西省西咸新区沣西新城为例，介绍了规划新建地区城市内涝防治设施规划实践，以期为类似地区的内涝防治设施规划设计提供参考。

13.1　项目概况

13.1.1　区域概况

1. 区位条件

沣西新城位于陕西省西咸新区西南部、西安与咸阳两市建成区之间（图 13-1），东至沣河、北至渭河，总规划面积 143.2km²，规划建设用地 64.0km²。

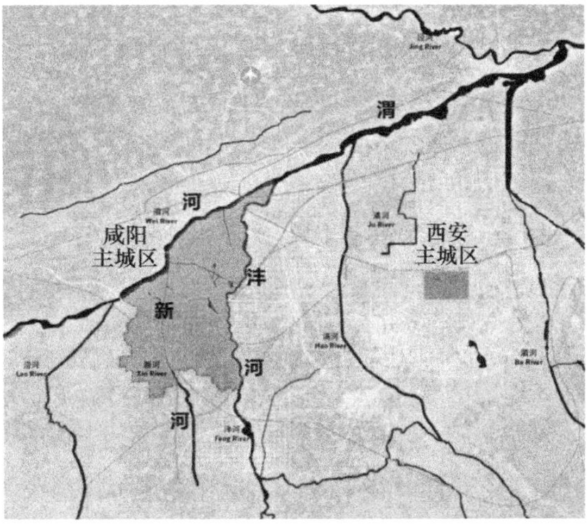

图 13-1　沣西新城区位图

图片来源：《西咸新区沣西新城分区规划（修编）》

2. 地形地貌

沣西新城位于关中平原地区，地处新生代渭河断陷盆地中部西安凹陷的北侧，地势平坦，主要地貌为渭河河谷阶地，包括现状渭河河道、渭河漫滩（分为低漫滩和高漫滩）以及渭河一、二、三级阶地，地势相对平坦（图 13-2）。另外，沣西新城发育的微地貌有冲沟、洼地及人工坑塘、人工陡坎、人工土堆等。

3. 降雨情况

沣西新城属半温带半湿润大陆性季风气候区，四季冷暖干湿分明，多年平均降雨量约 520mm，其中，7～9 月降雨量占全年降雨量的 50%左右，夏季降水多以暴雨形式出现，易造成洪、涝和水土流失等自然灾害（图 13-3）。

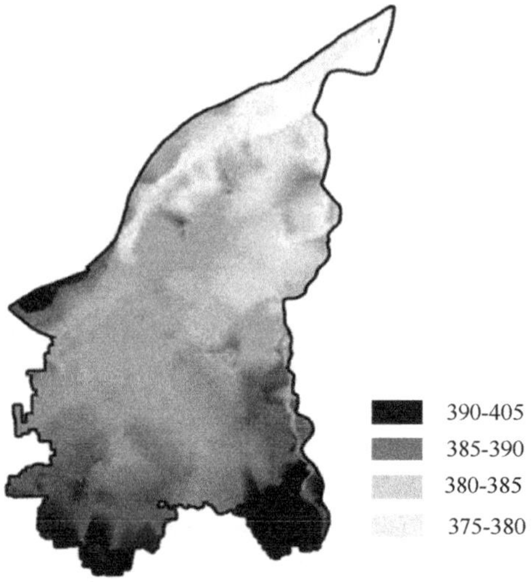

图 13-2 沣西新城现状高程图

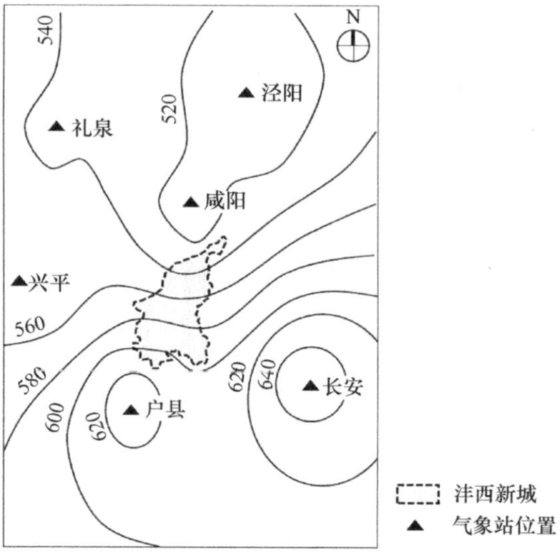

图 13-3 沣西新城周边平均降水分布图

根据《西咸新区暴雨强度公式及暴雨雨型分区研究》[143]，沣西新城处于户县及咸阳两个雨型分区，新城西南部新河流域采用户县降雨雨型，新城北部渭河流域及东部沣河流域采用咸阳降雨雨型。

4. 河流水系

沣西新城的主要河流有渭河、沣河、新河、沙河等，水网密度较低。其中，渭河、沣河已完成综合整治，新城段河道均建设有防洪堤；新河尚未完成整治，沙河已基本无排洪功能。渭河位于沣西新城西北部，新城段规划防洪标准为 300 年一遇；沣河位于沣西新城东部，新城段规划防洪标准为 100 年一遇；新河位于沣西新城西南部，规划防洪标准为 50 年一遇。渭河、沣河、新河等河流的径流主要由降水形成，径流随降水的变化而变化，具有年际变化大、年内分配不均的特点。

5. 用地概况

截至 2017 年，沣西新城城乡总用地 144.3km^2，建设用地 43.9km^2，非建设用地 100.4km^2。其中，城市建设用地规模为 13.8km^2，约占新城总面积的 9.6%，主要位于老西宝高速以北；近年来以核心区、信息产业园为主导的城市建设用地已开始向南扩展。

沣西新城规划城乡建设用地总规模控制为 74.8km^2，占新城总用地面积的 52.4%；规划城市建设用地面积 64.0km^2，占新城总用地面积的 44.7%。规划用地整体为“北城南镇”结构，北部为核心版块，包括综合文教区、综合商务区等；南部为优美小镇格局，包含美丽乡村。

13.1.2 存在问题与诉求

沣西新城夏季降雨集中，内涝防治系统不完善，内涝风险较高。经调查显示，新城现状共有 12 处易涝积水点，大多分布在建成区周边（图 13-4）。内涝的主要原因包括：排水

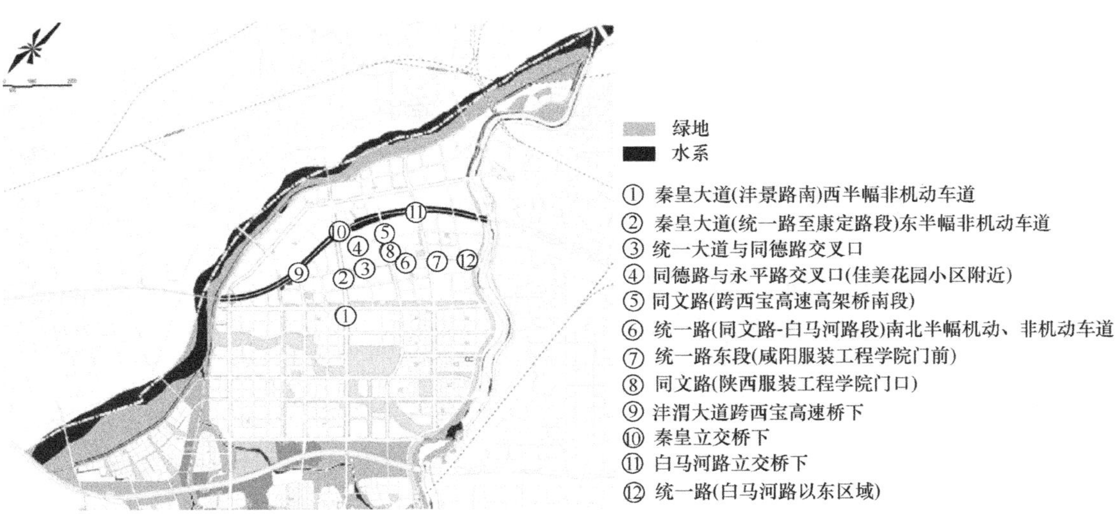

图 13-4　沣西新城现状积水点分布图

管渠系统不完善，排水下游无出路；局部地势低洼，汇水区域面积大，排水设施能力不足；雨水口、雨水管渠堵塞等。

沣西新城大部分为新建区，排水防涝设施不成体系，亟需健全排水防涝系统，降低积水内涝风险；夏季降雨集中，需对地块及道路建设项目开展源头管控，实现雨水径流的源头削减控制；地形平坦、河流密度较低区域，需结合公园水体、湿地绿廊等开展雨洪调蓄，降低雨水抽排频率、削减排水峰值。

13.2　规划内容

13.2.1　规划思路

基于新建城区特点，在规划排水防涝设施时，结合现状积水点改造，优化竖向规划，协调规划用地建设大型排水绿廊，建立完整的“源头减排—管渠排水—排涝除险”体系。“源头减排”指的是在雨水进入城镇排水管渠设施前，利用源头滞蓄、渗透等低影响开发设施减少径流量；“管渠排水”指的是为及时排出设计重现期内的降雨，建设市政雨水排水管渠系统；“排涝除险”指的是为有效应对超过设计重现期的降雨，利用区域滞蓄、行泄设施综合应对超出排水管渠系统设计标准的雨水径流；三者共同发挥作用，组成城市内涝防治体系[144,145]。

通过对沣西新城用地、竖向、降雨、土壤等本底特征的分析，结合现状主要问题，借助水力模型进行评估优化，综合采用“蓄、渗、滞、排”等多种措施，构建完整的城市内涝防治系统[146]：

蓄：充分利用中央绿廊、沙河廊道等开放空间，建设大型雨水调蓄设施，并合理调整周边城市竖向，增加调蓄设施汇水面积。

渗：新城土壤及地下水条件有利于雨水下渗，城市建设时优先采用透水铺装等可渗透硬化面，并断接不透水硬化面雨水至周边绿地等渗透空间，促进雨水下渗、降低径流系数。

滞：新城开发建设时全域落实海绵城市建设要求，在排水系统的源头及转输环节，建设下凹式绿地、雨水花园、雨水滞留塘等雨水滞留设施，延缓雨水产汇流时间、降低雨水峰值。

排：系统规划城市竖向，建设雨水排水管渠，合理组织雨水排放及行泄路径；在大型调蓄廊道及新城北部较低区域的排水管渠末端建设雨水泵站，保障排水安全。

13.2.2 规划标准

沣西新城利用新城建设的优势，系统建立内涝防治的四套规划设计标准，分别为：雨水径流控制标准，雨水管渠、泵站及附属设施规划设计标准，城市内涝防治标准以及洪涝衔接标准。

1. 雨水径流控制标准

雨水径流控制是海绵城市的核心理念之一，同时也是排水防涝体系“源头减排—管渠排水—排涝除险”的重要组成部分[147]。沣西新城雨水径流控制以年径流总量控制作为首要的规划控制目标，结合新城源头雨水径流控制建设实际条件，确定各类新建用地年径流总量控制率标准为60%～80%。

2. 雨水管渠、泵站及附属设施规划设计标准

根据《室外排水设计规范》(2016年版)，沣西新城所在的西咸新区属于大城市，结合新城规划下垫面布局、降雨特点及城市竖向等因素，新建雨水管渠、泵站及附属设施执行2～20年一遇设计标准。综合考虑新城经济社会发展趋势、城市规划用地布局，按建设密度、人口密度、受灾损失水平等因素划分特别重要地区、中心城区和非中心城区，并明确各类地区的设计标准如下：

特别重要地区：包括区行政中心、交通枢纽（机场、火车站、市客运站、地铁站、车辆段等）、省级以上文物保护单位等，新建雨水管渠、泵站及附属设施规划设计采用5年一遇标准。

中心城区：规划区域北部统一路—沣渭大道—红光大道—沣河围合区域确定为中心城区，总面积约18.4km^2，占新城面积的12.8%，新建雨水管渠、泵站及附属设施规划设计采用3年一遇标准。

非中心城区：除中心城区、特别重要地区之外的区域，约占新城面积的87.2%，新建雨水管渠、泵站及附属设施规划设计采用2年一遇标准。

雨水管渠、泵站及附属设施设计标准　　表13-1

城区类型	非中心地区	中心城区	特别重要地区	中心城区地下通道和下沉式广场等
重现期	2年	3年	5年	20年

3. 城市内涝防治标准

内涝防治设计标准：沣西新城内涝防治设计重现期为50年，即通过采取综合措施，有效应对不低于50年一遇的暴雨。

内涝灾害标准：根据沣西新城本地实际，从积水深度、积水范围和积水时间三个方面，明确内涝灾害的标准，即道路积水时间超过30min，积水深度超过15cm，积水范围超过1000m^2；下凹桥区积水时间超过30min，积水深度超过27cm。

4. 与防洪标准衔接

沣西新城所在的西咸新区属于特别重要城市，确定城市防洪标准为200年一遇。为有效确定内涝防治系统的边界，按西咸新区洪水遭遇频率组合特点，采用同频衔接设计内涝防治设施，即50年一遇降雨遭遇河道50年一遇防洪水位。

13.2.3　规划方案

规划充分利用沣西新城新建区域较多、现状干扰因素较少的优势，融合海绵城市建设内容，建立体系完整的包含雨水径流控制、排水（雨水）管网、排涝除险系统等方面的系统方案[148]。

1. 雨水径流控制方案

根据西咸新区及沣西新城海绵城市专项规划，新城雨水年径流总量控制率目标为85%，对应设计降雨量为19.2mm。雨水径流控制以新建项目源头径流削减为主，控制标准根据用地性质确定，并根据周边绿地空间格局进行局部调整优化。根据新城整体建设条件，各类用地雨水径流控制标准如表13-2所示。

新建项目雨水源头控制标准　　表13-2

用地性质		用地类型	年径流总量控制率	低影响开发设施控制比例
大类	中类			
R	R1 R2	一类、二类居住用地	80%	人行道、停车场、广场透水铺装比例≥90% 绿地下沉比例≥60% 不透水下垫面的径流控制比例≥60%
	R3	三类居住用地（危房、棚户区、临时住宅等用地）	60%	人行道、停车场、广场透水铺装比例≥50% 绿地下沉比例≥30% 不透水下垫面的径流控制比例≥40%
B	B1 B2	商业服务业设施用地	75%	绿色屋顶覆盖比例20%～30% 人行道、停车场、广场透水铺装比例≥50% 绿地下沉比例≥40% 不透水下垫面的径流控制比例≥40%
A	A1 A2 A3 A4 A6	公共管理与公共服务用地	75%	绿色屋顶覆盖比例20%～30% 人行道、停车场、广场透水铺装比例≥50% 绿地下沉比例≥40% 不透水下垫面的径流控制比例≥40%

续表

<table>
<tr><th colspan="2">用地性质</th><th rowspan="2">用地类型</th><th rowspan="2">年径流总量控制率</th><th rowspan="2">低影响开发设施控制比例</th></tr>
<tr><th>大类</th><th>中类</th></tr>
<tr><td>M</td><td>M1
M2</td><td>一类工业用地，二类工业用地</td><td>70%</td><td>绿色屋顶覆盖比例 20%～50%
人行道、停车场、广场透水铺装比例≥70%
绿地下沉比例≥60%
不透水下垫面的径流控制比例≥50%</td></tr>
<tr><td>W</td><td>W1
W2</td><td>一类物流仓储用地，二类物流仓储用地</td><td>70%</td><td>绿色屋顶覆盖比例 20%～50%
人行道、停车场、广场透水铺装比例≥70%
绿地下沉比例≥60%
不透水下垫面的径流控制比例≥50%</td></tr>
<tr><td rowspan="2">S</td><td>S1</td><td>城市道路用地</td><td rowspan="2">60%</td><td rowspan="2">人行道、停车场、广场透水铺装比例≥90%
绿地下沉比例≥80%
不透水下垫面的径流控制比例≥85%</td></tr>
<tr><td>S3
S4</td><td>交通设施用地</td></tr>
<tr><td rowspan="2">G</td><td>G1</td><td>公园绿地</td><td>90%</td><td>人行道、停车场、广场透水铺装比例≥80%
不透水下垫面的径流控制比例 100%</td></tr>
<tr><td>G3</td><td>广场用地</td><td>60%</td><td>人行道、停车场、广场透水铺装比例≥90%
绿地下沉比例≥80%
不透水下垫面的径流控制比例≥85%</td></tr>
</table>

为落实雨水径流控制目标，沣西新城完善项目规划建设管理，在土地出让、规划设计审查、竣工验收等环节中将雨水源头控制指标纳入管控范围，并针对不同类别项目特点，制定相应规划设计要点及指引。以居住类项目为例，其雨水径流控制建设要点如表 13-3 所示。

2. 排水（雨水）管网方案

（1）竖向优化与排水分区划分

沣西新城位于沣河与渭河之间，地势平坦，呈南高北低、西高东低分布，现状标高介于 392.50～388.40m；城市竖向标高基于现状地形进行规划设计，无大挖大填，基本维持现状地形。根据渭河、沣河及新河防洪整治设计资料，沣西新城中部、北部基本位于渭河及沣河 100 年一遇水位以下，渭河、沣河现状已设置防洪堤，新城中北部雨水需抽排进入河道。

沣西新城现状河网密度较小，单个排水系统构成庞大，部分排水分区面积甚至超过 $10km^2$，导致下游雨水管渠断面及埋深过大。为减少排水防涝系统投资，规划结合新城规划绿地建设大型排水廊道，并局部调整周边城市竖向，使周边雨水先重力排入廊道、经排水廊道调蓄后再泵站抽排至河道，以减少雨水管渠埋深，降低泵站抽排频次及负荷。

根据河流水系及绿廊分布、优化后的城市竖向标高，将沣西新城划分为渭河流域、沣河流域、新河流域三大流域。根据规划的排水管渠系统，以雨水排放口和泵站的汇水面积为边界，将规划区域划分为 29 个三级排水分区；除雨水调蓄区域外，雨水自排区及抽排区大部分三级排水分区的面积在 $5km^2$ 以内（图 13-5）。

居住类新建项目雨水源头控制要点 **表 13-3**

规划设计要点	建设要点				
	建筑屋面	小区绿地	道路广场	水体景观	排水系统
1. 居住区雨水应以下渗为主，包括绿地入渗、道路广场入渗等。 2. 新建居住小区屋面雨水应进行收集处理回用于小区绿化、洗车、景观、杂用等。如不收集回用则应引入绿地入渗。 3. 小区雨水利用应与景观水体相结合	1. 宜采用屋顶绿化（绿色屋顶）的方式滞蓄、净化雨水。 2. 屋顶绿化的建筑周边可设置雨水储存罐/池，收集雨落管的雨水进行回用。 3. 屋面雨水径流如不收集回用，应引入建筑周围绿地入渗	1. 小区内绿地应尽可能建为下凹式绿地，小区停车场、广场、庭院应尽量采用坡向绿地。 2. 条件适宜时，可在绿地增建渗井、浅沟、洼地、渗透池（塘）等雨水滞留、蓄存、渗透设施。 3. 绿地设计应考虑绿地外超渗雨水引入量。 4. 绿地植物宜选用耐涝耐旱本地植物，以灌草结合为主。 5. 地下室顶板应有 1.0m 以上的覆土，并设置排水层	1. 非机动车道路、人行道、停车场、广场、庭院应采用透水铺装地面。非机动车道路可选用多孔沥青路面、透水性混凝土、透水砖等；林荫小道、人行道可选用透水砖、草格、碎石路面等；停车场可选用草格、透水砖；广场、庭院宜采用透水砖。 2. 非机动车道路超渗雨水应引入附近下凹式绿地入渗。停车场、广场、庭院应尽量采用坡向绿地，或建适当的引水设施，超渗雨水可自流至绿地入渗。 3. 雨水口宜置于道路绿化带内，其高程应高于绿地而低于路面，超渗雨水可排入市政管线或渗井	1. 景观水体应兼有雨水调蓄功能，并应设溢流口。超过设计标准的雨水可溢流入市政系统。 2. 景观水体可与湿地有机结合，设计成为兼有雨水净化功能的设施。 3. 水体雨水经适当处理可回用于绿化、冲洗地面、中央空调冷却用水等	1. 优化小区排水系统设计，通过径流系数本底分析和雨水综合利用后核算排水系统设计。 2. 雨水口宜尽量采用截污挂篮等源头污染物去除设施。 3. 合理设计超渗系统，并按现行规范标准设计室外排水管道

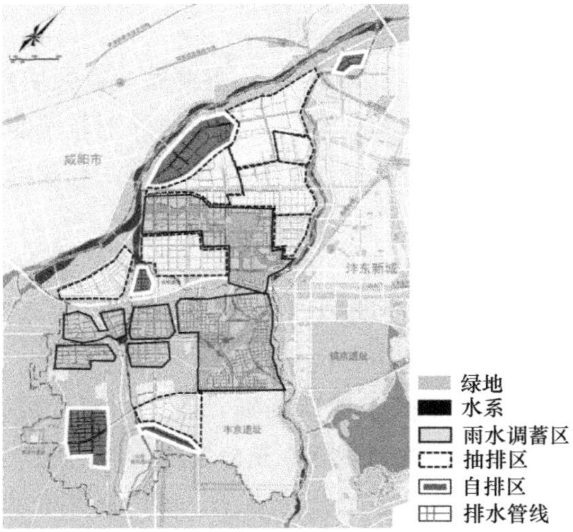

图 13-5 沣西新城排水方式区域分布图

（2）排水管网规划方案

从排水主干管渠完善、新建片区管网规划、易涝风险区管网改造三个方面开展雨水管渠规划，按详细规划深度制定各流域雨水管渠系统方案。

1）排水主干管渠完善：结合易涝风险区治理、规划竖向、行泄通道分析，采用水力模型评估，开展雨水主干管渠完善规划，保障排水主干网络系统通畅，确立各个流域骨干排水管渠系统。

2）新建片区管网规划：在排水主干管渠完善的基础上，采用规划确定的雨水管渠设计标准规划新建片区管网，确定雨水管渠方案。

3）易涝风险区管网完善：对于管网排水能力不足导致的易涝风险区，基于水力模型识别瓶颈管段，通过管网改造完善，减轻或消除易涝风险。

由于沣西新城总体地势较低，泵站是区域内涝防治的重要设施。规划采用城市排水管网模型耦合城市二维地表模型分析雨水泵站布局和规模。对于易涝风险区，结合地势特点、防洪水位、河道水系以及旧城改造等因素，经论证分析，在必要位置新建雨水泵站；对于现状泵站，从排水能力、运行调度等方面着手调查分析，并结合城市规划、旧城改造、泵站用途等，对无法满足要求的泵站提出相应的改造方案。沣西新城规划新建 13 座雨水泵站，扩建 2 座雨水泵站，保留 6 座现状泵站，泵站总设计流量 143.8m^3/s。

3. 排涝除险方案

（1）规划竖向控制：通过基于 MIKE Flood 平台实现雨水径流流动的模拟，识别规划区域易受“客水”影响的低洼易涝地区以及城市规划竖向不合理区域，并结合正在编制的控制性详细规划，提出竖向控制建议，力求从源头解决由于竖向不合理造成的内涝风险问题，指导城市开发建设。

1）对北部城中村低洼点及现状积水内涝点进行竖向调整，适当抬高规划竖向高程。

2）在绿廊调蓄排放区域，以绿廊为中心，调整周边道路竖向，使绿廊两侧 1～2km 区域雨水可重力流排入绿廊，中小降雨情况下降雨由绿廊滞蓄下渗不再启泵外排，超过绿廊滞蓄能力的极端降雨经绿廊调蓄削峰后外排。

3）新城南部西侧用地整体为优美小镇格局，各开发建设板块建设用地面积均在 2km^2 以下，各板块竖向规划时整体采用龟背式竖向，在板块外围非城建区域采用排水明沟组织排水，并在排水系统末端建设调蓄设施调蓄后抽排至河道，有效降低排水设施的高程及系统投资。

（2）雨水行泄通道：采用水力模型分析涝水汇集路径，结合城市竖向及水系绿廊分布，规划建设 5 条雨水行泄通道，总长度为 13.7km，雨水行泄能力 178m^3/s。

道路作为主要的地表径流流经通道和内涝积水点集中分布区，成为沣西新城构建行泄通道的重要组成部分。构建针对不同重现期降雨，兼顾“源头减排—管渠排水—排涝除险”不同层级相互耦合的雨水综合控制系统，充分发挥道路的雨水行泄功能。

（3）雨水调蓄设施：结合湿地、绿廊、公园等公共开放空间建设，同时融合雨水调蓄净化、景观生态、休闲游憩等多样功能，形成具有多功能的调蓄空间。用地空间不足时，在内涝积水较为集中的局部洼地处、排水通道较长的主干管渠上，设置专用雨水调蓄池。

沣西新城规划雨水调蓄设施 8 处，其中包括 5 处雨水调蓄空间和 3 座雨水调蓄池，雨水调蓄池总调蓄容积 6.1 万 m^3/s（图 13-6）。沣西新城属于典型的西北缺水地区，在雨水调蓄设施规划建设过程中，应充分考虑到雨水收集回用的需求。

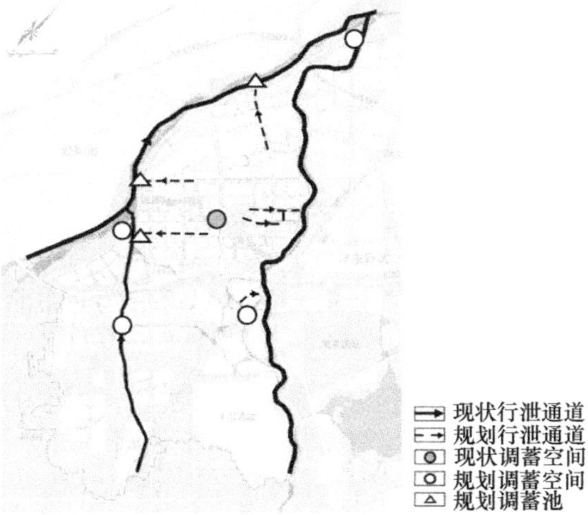

图 13-6 沣西新城雨水行泄通道及调蓄设施布局图

13.3 特色与创新

1. 全面融合海绵建设要求，构建完整城市内涝防治体系

沣西新城内涝防治设施规划在编制时序上与西咸新区及沣西新城海绵城市专项规划大致同步，因此在内涝防治体系上全面融合海绵城市建设要求，根据城市内涝防治体系雨水径流控制、城市排水和排涝除险三个层次的不同需求，构建了完整的“源头减排—排水管渠—排涝除险”体系。

沣西新城充分利用新建区域比例较大的优势，重点落实了在建城区内涝防治规划难以落实的雨水径流控制方案，根据规划区域用地结构及各类用地具体建设条件，明确了各类用地雨水源头控制指标，并将源头控制指标纳入建设项目规划建设管控要求。源头减排系统作为内涝防治系统的安全余量，未计入内涝防治系统的具体设施规模计算。

2. 结合绿地及竖向布局，布置大型调蓄设施

沣西新城现状河网密度较小，在雨水就近排放情况下，部分排水分区面积超过 $10km^2$，且同一排水分区内城市竖向高差仅为 2～3m，导致下游雨水管渠埋深过大，往往需要泵站抽排入河。

为减小排水管网整体投资，结合新城规划用地中的大型绿地空间布局，建设绿廊调蓄排放系统，调整优化绿廊周边城市竖向，使周边用地雨水排入绿廊系统。绿廊调蓄排放系统除发挥雨水内涝削峰的作用外，也发挥雨水净化回用功能，有效提升区域雨水资源利用率和水质保障。

以新城中央绿廊为例，该绿廊位于沣西新城核心区，规划总长 6.9km、总面积约

1.80km^2、规划汇水面积10.0km^2，是新城最大的城市绿地和雨洪调蓄空间。同时，中央绿廊还作为近期下游雨水管网未建设情况下周边区域雨水的排放受纳水体，较好地协调了近远期排水防涝建设问题。

3. 分区细化降雨规律研究，精准源头产流边界条件

降雨特征的分析识别是预测排水峰值流量的关键环节，沣西新城在原有暴雨强度公式的基础上，专门开展了暴雨强度公式及暴雨雨型分区研究，将沣西新城分为两个雨型区分别采用不同的降雨参数，细化降雨规律输入条件。

在短历时设计降雨方面，根据规划区域及周边咸阳、户县等近30年的暴雨数据，结合地理信息系统推算沣西新城不同流域适用不同暴雨公式。渭河、沣河流域适用咸阳暴雨公式，新河适用户县暴雨公式；并采用年最大值取样、指数分布曲线拟合、高斯牛顿法求参分别推算出咸阳、户县暴雨强度公式。

在长历时设计降雨方面，采用同频率分析法的方法，分别推求出咸阳、户县24h雨型分配曲线，为沣西新城内涝风险评估提供准确依据。

13.4 实施效果

1. 消除现状内涝点，保障区域排水安全

在规划指导下，沣西新城对核心区域存在的10处内涝点开展整治，目前内涝点已全部消除，有效保障了城市安全。内涝点整治前后积水内涝情况见表13-4。

积水内涝消除情况表 **表13-4**

内涝积水点位置	内涝积水程度	
	2015年8月2日积水内涝情况（2年一遇）	内涝点消除情况
1. 永平路与同德路交叉路口东南角（佳美花园门口）	面积500m^2，最大深度10cm，时间大于24h	消除内涝积水
2. 统一路东段（同文路至白马河路段）	面积700m^2，最大深度10cm，时间大于24h	消除内涝积水
3. 统一路（咸阳职业技术学院北门口向东500m）	面积300m^2，最大深度8cm，时间大于24h	消除内涝积水
4. 统一路与同德路交叉口东北角（步长医院门口）	面积500m^2，最大深度8cm，时间大于24h	消除内涝积水
5. 秦皇大道南段（与沣景路交叉口西南角）	面积2000m^2，最大深度20cm，时间大于24h	消除内涝积水
6. 秦皇大道（康定路至尚业路）	面积500m^2，最大深度10cm，时间大于24h	没有内涝积水
7. 秦皇大道（统一路至康定路）	面积300m^2，最大深度15cm，时间大于24h	消除内涝积水
8. 秦皇大道南段（与开元路交叉口西南角）	面积1000m^2，最大深度15cm，时间大于24h	消除内涝积水
9. 永平路与同文路交叉路口西南角（服装学院东门）	面积600m^2，最大深度20cm，时间大于24h	消除内涝积水
10. 统一路（咸阳职业技术学院北门口）	面积1500m^2，最大深度20cm，时间大于24h	消除内涝积水

2. 指导排水设施建设，构建内涝防治体系

在规划指导下，沣西新城有序推进区域排水防涝设施建设，建设雨水排水管渠、调蓄绿廊与雨水泵站，并开展河道整治（图 13-7）。经统计，沣西新城已开展雨水管网建设 181km；泵站设计及建设 10 座，排水能力约 140.6m^3/s；调蓄设施 4 处，调蓄容积约 6.3 万 m^3；中央绿廊一期、二期已建成，占地面积 35.3ha，经监测，可保障周边区域 50 年一遇降雨不发生内涝。

图 13-7　沣西新城中央绿廊现状实景图

3. 协同推进海绵城市建设，取得良好效果

城市内涝防治设施规划与海绵城市专项规划高度融合，协同推进，既保障内涝防治设施的落实，又实现海绵城市建设目标，取得了良好的生态环境和社会经济效益。2015 年巴黎气候大会上，沣西新城作为中国政府专题片《应对气候变化——中国在行动》中海绵城市建设样本，向世界进行展示；2016 年 7 月 30 日，中央电视台新闻频道特别关注报道了西咸新区防涝体系成功抵御 7 月 24 日强降雨（小时降雨量 38.9mm）侵袭的案例，肯定了海绵城市和内涝防治系统建设成绩；西咸新区作为首批国家海绵城市建设试点城市，目前已顺利通过考核与验收（图 13-8）。

图 13-8　沣西新城海绵城市现状实景图

附　录

本书的编写是基于深圳市城市规划设计研究院近年来在城市内涝防治设施规划领域的研究和实践，城市内涝防治设施规划在统筹构建城市内涝防治系统以及指导内涝防治设施建设方面起到了不可或缺的作用。但是，目前城市内涝防治设施规划的法律定位还不明确，其规划设计标准、制图要求及编制费用等方面都亟待进行探讨和总结。

附录中对城市内涝防治设施规划设计标准、模型数据采集要求、制图要求以及编制费用等方面进行了汇总和总结，仅供参考，希望能更好地帮助读者开展城市内涝防治设施规划工作。

附录1 术语

1. 内涝 local flooding

一定范围内的强降雨或连续性降雨超过其雨水消纳能力，导致地面产生积水灾害的现象。

2. 城镇内涝 urban flooding

城镇范围内的强降雨或连续性降雨超过其雨水消纳能力，导致城镇地面产生积水灾害的现象。

3. 设计雨型 design rainfall pattern，design rainfall distribution

典型降雨事件中，降雨量随时间的变化过程。

4. 净雨量 net rainfall depth

扣除蒸发、下渗、洼蓄和植物截留等作用之后，完全转化成地面径流的雨量。

5. 净雨过程线 hyetograph

降雨事件中，净雨量随时间变化的过程曲线。

6. 土壤渗透系数 permeability coefficient of soil

单位水力梯度下水在土壤中的稳定渗透速度。

7. 入渗率 infiltration rate

单位时间内渗入单位面积土壤的水量。

8. 初始入渗率 initial infiltration rate

入渗开始时，雨水在土壤中的入渗率，与土壤类型、湿润程度和植被覆盖情况有关。

9. 稳定入渗率 minimum infiltration rate

入渗后期，雨水在饱和土壤中的入渗率。

10. 源头减排 source control

雨水降落下垫面形成径流，在排入市政排水管渠系统之前，通过渗透、净化和滞蓄等措施，控制雨水径流产生、减排雨水径流污染、收集利用雨水和削减峰值流量。

11. 不透水面积 impervious area

由混凝土、沥青、石材等不透水材料覆盖的下垫面面积。

12. 透水路面 permeable pavement，sustainable pavement

采用透水材料或透水结构铺设的具有一定下渗能力的路面。

13. 生物滞留设施 bioretention facility

通过植物、土壤和微生物系统滞蓄、渗滤、净化径流雨水的设施。

14. 植草沟 grass swale

用来收集、输送、削减和净化雨水径流的表面覆盖植被的明渠。

15. 绿色屋顶 green roof

在建筑物屋顶铺设种植土层并栽种植物，收集利用雨水、减少雨水径流的源头减排设施，又称种植屋面或屋顶绿化。

16. 边沟 gutter

街道路面边缘处，由立缘石与平缘石或铺装路面形成的用于收集和排除路面积水的侧沟。

17. 下凹式绿地 sunken greenbelt, depressed greenbelt

低于周边汇水地面或道路，且可用于渗透、滞蓄和净化雨水径流的绿地。用于源头减排时，主要功能为径流污染控制，兼有削减峰值流量的作用；用于排涝除险时，主要功能为削减峰值流量。

18. 排涝除险设施 local flooding control facilities

用于控制内涝防治设计重现期下超出源头减排设施和排水管渠承载能力的雨水径流的设施。

19. 下沉式广场 sunken open area, depressed open area

高程低于周边汇水地面标高的广场，当降雨超出源头减排设施和排水管渠的承载能力时，可临时调蓄周边地区的雨水径流，起到排涝除险作用。

20. 路面积水宽度 width of flow

路缘石到道路中心线方向积水的宽度。

21. 内涝风险评估 flooding risk assessment

通过研究内涝形成过程和机理，对城市排水系统内涝灾害风险进行预测和评估。

22. 内涝防治设计重现期 recurrence interval for urban flooding design

用于进行城镇内涝防治系统设计的暴雨重现期，使地面、道路等地区的积水深度不超过一定的标准。内涝防治设计重现期大于雨水管渠设计重现期。

23. 行泄通道 storm discharge channel

承担防涝系统雨水径流输送和排放功能的通道，包括城市河道、明渠、道路、隧道、生态用地等。

附录 2　部分国家及地区城市内涝防治设计标准

2.1　美国

目前美国已形成城市排水系统（小排水系统，Minor Drainage System）、内涝防治系统（大排水系统，Major Drainage System）和城市防洪三套工程体系，并于 1968 年建立国家洪涝灾害保险计划（National Flood Insurance Program，NFIP），应对城市内涝及洪水风险等问题[149]。

根据美国土木工程协会（American Society of Civil Engineers，ASCE）推荐的标准[150]，美国排水系统排水及内涝防治标准根据地区重要程度确定，其中居住区为 2～15 年，一般取 10 年；商业和高价值区域取 10～100 年，详见附表 2-1。

ASCE/EWRI 45-05 推荐的设计标准　　附表 2-1

排水系统及区域类别		设计降雨重现期标准
内涝防治系统（大排水系统，Major Drainage System）		100 年一遇
城市排水系统（小排水系统，Minor Drainage System）	居民区	2～5 年一遇
	一般商业区	2～10 年一遇
	繁华商业区	5～10 年一遇
	机场、码头等区域	2～10 年一遇

表格来源：Standard Guidelines for the Design of Urban Stormwater Systems [M]. American Society of Civil Engineers，2005.

根据美国交通部印发的《城市排水设计手册》[151]（2013 *Urban Drainage Design Manual*，*Revised*），美国道路排水渠排水设计重现期为 5～10 年一遇，临时排水渠可采用 2 年一遇重现期标准。美国大部分州的公路管路局确定了州际高速公路及主要高速公路排水设计重现期标准，一般为不低于 10 年一遇；道路下凹区域一般按照不低于 50 年一遇标准设计。

美国的 51 个州都有相应的雨洪管理手册或指南，分别制定了内涝防治标准[152]。以丹佛市为例，基于道路等级等确定其内涝防治标准，详见附表 2-2。

美国丹佛市内涝防治标准　　附表 2-2

道路等级	重现期	道路雨水口（Gutter Flow Line）	道路交叉口（Cross Pan）
支路	2～5 年	不淹没道牙，积水可延伸至道路中央最高点	若无雨水管，则允许积水深度≤6 英寸
	100 年	道路两旁建筑不进水；道路积水深度≤12 英寸	积水深度≤12 英寸

续表

道路等级	重现期	道路雨水口（Gutter Flow Line）	道路交叉口（Cross Pan）
次干路	2～5 年	不淹没道牙，至少一条车道（路面最高点两侧各 5 英尺）不被淹	不允许积水
	100 年	道路两旁建筑不进水；道路积水深度≤12 英寸	不允许积水
主干路	2～5 年	不淹没道牙，至少两条车道（路面最高点两侧各 10 英尺）不被淹	不允许积水
	100 年	道路两侧建筑不进水，保障紧急车辆通行，道路积水深度≤12 英寸	不允许积水

表格来源：Storm Drainage Design and Technical Criteria. City and County of Denver，2006.

美国采用的降雨历时一般为 3～24h，如美国德克萨斯州交通部颁布的水力设计手册（2011 年版，第 4～57 页）规定一般采用 24 小时。美国丹佛市的城市暴雨排水标准（2011 年版，第一卷，第 RA-3 页）规定：服务面积小于 10 平方英里（约 25.9km^2），最小降雨历时为 2h；10～20 平方英里，最小降雨历时为 3h；大于 20 平方英里（约 51.8km^2），最小降雨历时为 6h。美国休斯敦设计手册第九章雨水设计要求（2005 年版，第 5～9 页）规定：小于 200 英亩（约 0.8km^2）时，最小降雨历时为 3h；大于 200 英亩时，最小降雨历时为 6h。

美国各市可根据自身情况，制定相应的排水及内涝防治重现期。以美国弗吉尼亚州里士满市为例，其排水标准手册[153]中要求所有地下排水管道最小设计重现期为 10 年一遇，并采用 100 年一遇降雨工况进行校核，校核中不得对生命、健康、房屋建筑等产生严重危害。人工排水明渠应按照 10 年一遇重现期标准设计，并且排水渠可有效应对 2 年一遇的情况下的排水冲刷。

2.2　德国

以德国为代表的欧盟国家在排水管道系统的基础上，利用管道超载能力和蓄水池、下凹绿地等可持续雨水控制措施，综合确保在设计标准内地面不发生积水，其排水防涝标准中同时规定了管道排水标准和内涝控制标准，详见附表 2-3。

欧盟 EN752 雨水系统设计标准[154]　　**附表 2-3**

用地类型	管渠设计重现期标准	内涝防治标准
农村郊区	1 年一遇	10 年一遇
居民区	2 年一遇	20 年一遇
城市中心、工业区、商业区	2～5 年一遇	30 年一遇
地铁和地下通道	10 年一遇	50 年一遇

其中，欧盟在排水规范中提出并区分了“超载（Surcharge）”和“洪灾（Flooding）”两种工况。在欧盟 EN752 中，超载指的是重力流管渠中，雨、污水处于压力流状态，但还没有一处地表造成积水内涝灾害；洪灾是指雨、污水没有完全在排水管渠内，滞留在地表或侵入建筑。德国在欧盟雨水系统标准的基础上，基于分散式雨水管理的理念，细化了雨水管道是否承压、有无洪水灾害顶托校核等工况下的设计重现期标准，详见附表 2-4。

德国 ATV-A118 推荐的设计标准　　附表 2-4

用地类型	管渠设计重现期标准	超载工况重现期标准
农村郊区	1 年一遇	2 年一遇
居民区	1～2 年一遇	3 年一遇
城市中心、工业区、商业区 有洪灾校核 无洪灾校核	2 年一遇 5 年一遇	小于 5 年一遇
地铁和地下通道	5～20 年一遇	小于 10 年一遇

2.3　澳大利亚

澳大利亚根据排水区域的类型确定一般城市排水标准：高密度开发的办公、商业和工业区为 20～50 年一遇；其他地区以及住宅区为 10 年一遇；较低密度的居民区和开放区域为 5 年一遇。防洪除涝标准一般不低于 100 年一遇。

以澳大利亚昆士兰州为例，该州在 2013 年印发的城市排水手册中根据排水区域的性质[155]，规定了城市大排水系统和小排水系统的排水标准，排水标准为 1～50 年一遇，防洪除涝标准为 50～500 年一遇，详见附表 2-5 和附表 2-6。

昆士兰州城市小排水系统排水设计标准　　附表 2-5

用地类型		管渠设计重现期标准
核心商业区		10 年一遇
工业区		2 年一遇
高密度城市居住区（大于 20 个住宅单位/hm²）		10 年一遇
低密度城市居住区（6～20 个住宅单位/hm²）		2 年一遇
农村区域（2～5 个住宅单位/hm²）		2 年一遇
公园等开放空间		1 年一遇
主次干道	排水沟	10 年一遇
	涵洞及交叉口	50 年一遇
城市支路	排水沟	同道路所在排水区域
	涵洞及交叉口	10 年一遇

表格来源：Queensland Urban Drainage Manual. Queensland，Australia，2013.

昆士兰州城市大排水系统防洪除涝标准　附表 2-6

用地类型	防洪除涝标准
医院、应急服务中心、排洪建筑等	500 年一遇
应急避难场所、警察局、博物馆、图书馆等	200 年一遇
居住、商业、工业等区域	100 年一遇
洪泛区域	50～100 年一遇

表格来源：Queensland Urban Drainage Manual. Queensland，Australia，2013.

2.4 日本

根据 2001 年日本修订的《日本下水道设计指南》及 2004 年颁布的《特定河流洪涝灾害预防法案》和《暴雨灾害管理紧急行动计划》，日本雨水系统设计重现期标准为 5～10 年一遇。日本排水和防洪统一，许多城市排水系统的目标是城市排水设施在 50mm/h 条件下可确保安全。日本主要城市排水系统设计重现期和设计最大降雨强度详见附表 2-7。

日本主要城市排水防涝系统设计重现期及降雨强度标准　附表 2-7

城市	设计降雨强度（mm/h）	设计重现期标准
东京	50.0	3 年一遇
大阪	60.0	10 年一遇
横滨	57.9	10 年一遇
札幌	35.0	10 年一遇
福冈	59.1	10 年一遇
京都	61.5	10 年一遇
神户	49.1	10 年一遇
北九州市	53.1	10 年一遇
名古屋	60.3	10 年一遇
川崎	57.9	10 年一遇

表格来源：陈嫣．日本大城市雨水综合管理分析和借鉴［J］．中国给水排水，2016，32（10）：42-47.

以日本横滨市鹤见川地区为例，其雨水排水系统经历了从单一的城市排水管道排水系统到包含雨水管渠、内河和流域调蓄等综合应对措施在内的内涝防治系统发展历程。当采用雨水调蓄设施中的排水管道调蓄应对时，该地区的设计降雨重现期可达 10 年，可排除 50mm/h 的降雨；当采用雨水调蓄设施和利用内河调蓄应对时，该地区的设计降雨重现期可进一步提高到 40 年；在此基础上再利用流域调蓄措施时，可应对设计重现期为 150 年的降雨。

2.5 新加坡

根据新加坡公用事业管理局（Public Utilities Board，PUB）2018 年更新的第七版

《排水系统行事准则》（*Code of Practice on Surface Water Drainage*，*Seventh Edition-Dec* 2018），新加坡雨水排水系统排水设施设计降雨重现期为 10～100 年一遇，并按照汇水面积大小及区域性质确定排水设施重现期设计标准[156]，详见附表 2-8。新加坡还提出了从源头—过程—末端三方面实施的“排水—阻水—储水一体化”的排水方案，并结合城市内涝风险区进行城市排水系统规划设计，有效管理极端降雨事件可能引起的城市内涝风险。

新加坡排水防涝系统设计标准概况表　　附表 2-8

排水系统服务汇水区域面积	设计降雨重现期标准
面积小于 100hm^{2}的汇水区域	10 年一遇
面积为 100～1000hm^{2}的汇水区域	25 年一遇
面积大于 1000hm^{2}的汇水区域	50 年一遇
机场或其他重要区域	100 年一遇

表格来源：Code of Practice on Surface Water Drainage (Seventh Edition) [M] . Singapore，2018.

2.6　中国香港地区

根据香港渠务署 2018 年更新的《雨水排水手册》（*Stormwater Drainage Manual*，*Planning*，*Design and Management*，*Fifth Edition*，*January* 2018），香港在考虑土地用途、经济增长、社会经济需要、水浸后果以及水浸缓解所示的成本效益分析的基础上，确定规划设计公共雨水排放系统设计标准[157]。排水系统中的不同部分有不同的标准，详见附表 2-9。

香港排水防涝系统设计标准概况表　　附表 2-9

排水系统类别	设计降雨重现期标准（根据洪水位）
市区排水干渠系统	200 年一遇
市区排水支渠系统	50 年一遇
主要乡郊集水区防洪渠	50 年一遇
乡村排水系统	10 年一遇
密集使用的农地	2～5 年一遇

表格来源：Stormwater Drainage Manual，Planning，Design and Management (Fifth Edition) [M] . HongKong，2018.

附录 3 模型数据采集要求

气象（降雨）数据主要资料收集表 **附表 3-1**

数据类型		数据格式						
		GIS	CAD	Excel	Word	txt	纸质	其他
1	研究范围内降雨站分布图							
2	降雨数据需求							
	1）当地暴雨强度公式							
	2）步长为 5min 的短历时（一般为 2～3h）设计降雨雨型							
	3）长历时（24h）设计降雨雨型							

管网数据主要资料收集表 **附表 3-2**

数据类型			数据格式						
			GIS	CAD	Excel	Word	txt	纸质	其他
1. 管网拓扑数据									
	所需属性字段	说明							
检查井	编号	唯一标识符							
	形状	圆形、方形或自定义形状							
	尺寸	根据不同形状定义尺寸（如直径、长宽）							
	井底标高								
	地面标高								
管道	编号	唯一标识符							
	上游检查井编号								
	下游检查井编号								
	上游管底标高								
	下游管底标高								
	断面形状	圆形、方形、自定义形状或其他							
	管径	如为圆管							
	宽度	如为方管							
	高度	如为方管							
	管长								
	管材								
	糙率								

续表

数据类型			数据格式						
			GIS	CAD	Excel	Word	txt	纸质	其他
阀门	编号	唯一标识符							
	上游检查井编号								
	下游检查井编号								
	类型								
	尺寸								
	开度								
泵	编号	唯一标识符							
	类型								
	特性曲线（Q-H-η）								
排水分区									
2. 生产运行数据（用于模型率定）									
1	所有泵站每小时运行同步记录								
2	泵站总流量、总压力、水泵开关、用电量、泵站效率								
3	各泵站每台水泵的单泵流量、压力、用电量、效率								
4	管网测压点、测流点现场监测数据								
3. 下垫面数据									
1	土地利用分布图								
4. 边界水位数据（若需搭建河网模型，可直接选取河道水位数据）									
1	管网排水口（可为常量或时间变化曲线）								
2	受纳水体的边界水位（可为常量或时间变化曲线）								

河道数据主要资料收集汇总表　　附表 3-3

数据类型		数据格式						
		GIS	CAD	Excel	Word	txt	纸质	其他
1	河道分布图（平面图）							
2	河道横断面（每个断面的地理位置及其几何形状）							
3	水工建筑物的位置和几何信息，有精确高程和尺寸的工程图							
4	堤防的位置和堤顶高（包括围堤）							
5	堤防闸门以及其他控制工程的位置，以及操作规则和实际历史操作情况							
6	水库、堤防等工程最近的变化情况							
7	横断面、水位站、堤防之间的高程转换关系							
8	蓄滞洪区的水位一蓄水量关系及运行规则							
9	流量、水位数据							

二维地面数据主要资料收集汇总表　　**附表 3-4**

数据类型		数据格式						
		GIS	CAD	Excel	Word	txt	纸质	其他
1	地形高程							
2	城市建筑、道路等图层							

海洋数据主要资料收集汇总表（海滨城市）　　**附表 3-5**

数据类型		数据格式						
		GIS	CAD	Excel	Word	txt	纸质	其他
1	潮位数据							
2	台风数据							
	1）中心位置							
	2）路径							
	3）气压							
	4）最大风速半径及相应风速值							

附录 4 通用制图要求参考

4.1 图纸分类及内容

（1）规划图纸可分为现状图、规划图、分析图三类。

（2）现状图应是记录规划工作起始的城市状态的图纸，包括城市用地现状图与各专项现状图。

（3）规划图应是反映规划意图和城市规划各阶段规划状态的图纸。

（4）规划图纸应有图题、图界、指北针、风向玫瑰、比例、比例尺、图例等。

4.2 图题

（1）图题是各类城市规划图的标题。城市规划图纸应书写图题。

（2）图题的内容应包括：项目名称（主题）、图名（副题）。副题的字号宜小于主题的字号。

（3）图题宜横写，不应遮盖图纸中现状与规划的实质内容。位置应选在图纸的上方正中，图纸的左上侧或右上侧。不应放在图纸内容的中间或图纸内容的下方。

4.3 指北针和风玫瑰

（1）指北针与风向玫瑰图可一起标绘，指北针也可单独标绘。

（2）指北针的标绘，应符合现行国家标准《房屋建筑制图统一标准》GB/T 50001—2007 的有关规定。

（3）风向玫瑰图应以细实线绘制风频玫瑰图，以细虚线绘制污染系数玫瑰图。风频玫瑰图与污染系数玫瑰图应重叠绘制在一起。

（4）指北针与风向玫瑰的位置应在图幅图区内的上方左侧或右侧。

4.4 图例

（1）城市规划图均应标绘有图例。图例由图形（线条或色块）与文字组成，文字是对图形的注释。

（2）绘制城市规划图应使用标准规定的图例、其他专业标准规定的图例或自行增加的图例，在同一项目中应统一。

（3）城市规划图的图例应绘在图纸的下方或下方的一侧。

4.5 文字说明

（1）城市规划图上的文字、数字、代码，均应笔画清晰、文字规范、字体易认、编排整齐、书写端正。标点符号的运用应准确、清楚。

（2）城市规划图上的文字应使用中文标准简化汉字。涉外的规划项目，可在中文下方加注外文；数字应使用阿拉伯数字，计量单位应使用国家法定计量单位；代码应使用规定的英文字母、年份应用公元年表示。

（3）文字高度应按附表4-1中所列数字选用。

文字高度（mm） **附表4-1**

用于蓝图、缩图、底图	3.5、5.0、7.0、10、14、20、25、30、35

注：经缩小或放大的城市规划图，文字高度随原图纸缩小或放大，以字迹容易辨认为标准。

（4）城市规划图上的文字字体应易于辨认。中文应使用宋体、仿宋体、楷体、黑体、隶书体等，不得使用篆体和美术字体。外文应使用印刷体、书写体等，不得使用美术体等字体。数字应使用标准体、书写体。

（5）城市规划图上的文字、数字，应用于图题、比例、图标、风向玫瑰（指北针）、图例、署名、规划期限、编制日期、地名、路名、桥名、道路的通达地名、水系（河、江、湖、溪、海）名、名胜地名、主要公共设施名称、规划参数等。

附录5　图例要求参考

1. 现状分析与评估图例

参见附表5-1。

内涝防治设施规划/图例（1/4现状评估）　　**附表5-1**

彩色/图例	实体类型	图例说明	所在层名	颜色	线宽	总图线型（比例）	分图线型（比例）	备注
	PLINE	小于一年一遇设计标准现状管段	现状-小于一年一遇设计标准现状管段	1	0.001/图纸比例	continous	continous	推荐使用模型评估法
	PLINE	1-2年一遇设计标准现状管段	现状-1-2年一遇设计标准现状管段	200	0.001/图纸比例	continous	continous	推荐使用模型评估法
	PLINE	2-3年一遇设计标准现状管段	现状-2-3年一遇设计标准现状管段	4	0.001/图纸比例	continous	continous	推荐使用模型评估法
	PLINE	3-5年一遇设计标准现状管段	现状-3-5年一遇设计标准现状管段	5	0.001/图纸比例	continous	continous	推荐使用模型评估法
	PLINE	大于5年一遇设计标准现状管段	现状-大于5年一遇设计标准现状管段	114	0.001/图纸比例	continous	continous	推荐使用模型评估法
	BLOCK	内涝高风险区	现状-内涝高风险区	1	—	continous	continous	推荐使用模型评估法
	BLOCK	内涝中风险区	现状-内涝中风险区	200	—	continous	continous	推荐使用模型评估法
	BLOCK	内涝低风险区	现状-内涝低风险区	2	—	continous	continous	推荐使用模型评估法
	BLOCK	潜在风险区	现状-潜在风险区	5	—	continous	continous	根据模型评估、历史内涝等确定
	BLOCK	现状易涝点	现状-现状易涝点	1	—	continous	continous	根据应急管理部门数据确定

2. 源头减排系统规划图例

参见附表 5-2。

内涝防治设施规划/图例（2/4 源头减排）　　附表 5-2

彩色/图例	实体类型	图例说明	所在层名	颜色	适用场所	备注
	BLOCK	下沉式绿地	源头-下沉式绿地	62	适用于绿地空间较大区域	应标注设施的占地面积
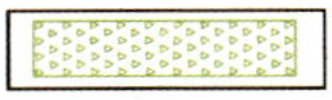	BLOCK	植草沟	源头-植草沟	62	适用于有合适的坡度区域	应标注设施的长度和尺寸
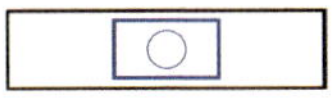	BLOCK	蓄水池	源头-蓄水池	5	适用于有雨水利用需求区域	应标注设施的调蓄容积
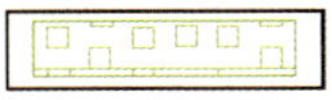	BLOCK	雨水花园	源头-雨水花园	62	适用于绿地空间有限区域	应标注设施的占地面积和调蓄容积
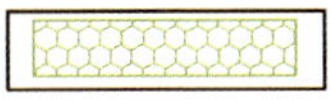	BLOCK	绿色屋顶	源头-绿色屋顶	61	适用于裙楼屋顶	应标注设施的占地面积
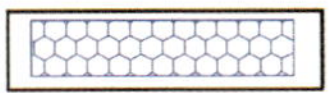	BLOCK	蓝色屋顶	源头-蓝色屋顶	5	适用于不宜使用绿色屋顶的屋面	应标注设施的占地面积
	BLOCK	透水混凝土	源头-透水混凝土	30	适用于承重较高的透水路面	应标注设施的占地面积
	BLOCK	湿地	源头-湿地	4	宜与景观水体合建	应标注设施的占地面积和调蓄容积
	BLOCK	初期雨水弃流	源头-初期雨水弃流	5	适用于面源污染较为严重区域	应标注设施的弃流量
	BLOCK	透水砖	源头-透水砖	62	适用于承重较低的透水路面	应标注设施的占地面积

3. 排水管渠系统规划图例

参见附表 5-3。

内涝防治设施规划/图例（3/4 排水管渠） **附表 5-3**

彩色/图例	实体类型	图例说明	所在层名	颜色	线宽	总图线型（比例）	分图线型（比例）	备注
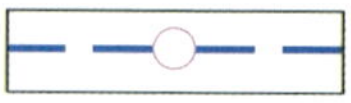	PLINE	现状雨水管（暗渠）及检查井	管渠-现状管	5	0.0005/图纸比例	dashed 0.0001/图纸比例	dashed 0.0025/图纸比例	检查井半径：1.5 倍于管道线宽
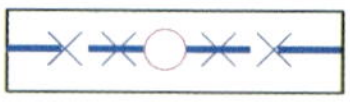	PLINE	拟拆除现状雨水管（渠）及检查井	管渠-拟拆除现状管	5		dashed 0.00005/图纸比例	dashed 0.0025/图纸比例	
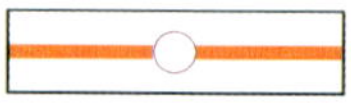	PLINE	规划雨水管（暗渠）及检查井	管渠-规划管	1	0.001/图纸比例	continous	continous	
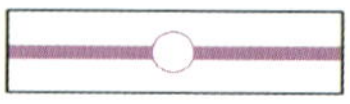	PLINE	规划改扩建雨水管（暗渠）及检查井	管渠-规划管	6		continous	continous	
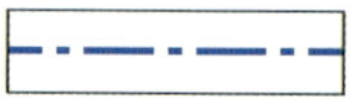	PLINE	现状雨水压力管	管渠-现状压力管	5	0.0005/图纸比例	center 0.001/图纸比例	center 0.002/图纸比例	
	PLINE	规划雨水压力管	管渠-规划压力管	1	0.001/图纸比例	center 0.001/图纸比例	center 0.002/图纸比例	
	PLINE	现状排洪明渠	管渠-现状明渠	5		divide 0.001/图纸比例	divide 0.0025/图纸比例	
	PLINE	规划排洪明渠	管渠-规划明渠	4		divide 0.001/图纸比例	divide 0.0025/图纸比例	

续表

彩色/图例	实体类型	图例说明	所在层名	颜色	线宽	总图线型（比例）	分图线型（比例）	备注
d400–i6.0	TEXT	现状管径（mm）-*i* 坡度（%）	管渠-管线标注	5				标注字高：0.002/图纸比例 字宽：0.8或自定
d600(300–i5.0–L230)	TEXT	规划管径（原管径）（mm）-*i* 坡度（%）-*L* 管长（m）	管渠-管线标注	宜随管线颜色				
BXH=3.0×2.0–m1.5–i2.0–L210	TEXT	排洪明渠断面（渠底宽×渠深）（m）-*m* 边坡系数-*i* 纵坡（%）-*L* 渠长（m）	管渠-管线标注	宜随管线颜色				
A4.0×3.0–i15.0–L50	TEXT	雨水暗渠（底×高）（m）*i* 纵坡（%）-*L* 渠长（m）	管渠-管线标注	宜随管线颜色				
11.40 8.68	TEXT	上：地面标高（m） 下：管内底标高（m）	管渠-标高标注	宜随管线颜色				
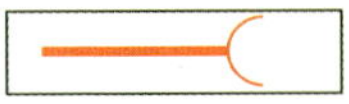	PLINE	雨水排放口	管渠-排放口	宜随管线颜色				
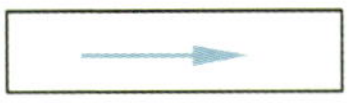	BLOCK	雨水流向	管渠-流向	宜随管线颜色				
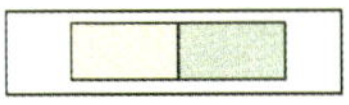	BLOCK	泵站排涝范围	管渠-汇水范围					置于底层
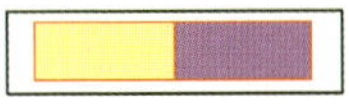	BLOCK	排水分区	管渠-排水分区					置于底层
$F=\times\times hm^2$ $Q=\times\times m^3/s$	BLOCK	F：汇水面积 Q：设计流量	管渠-流量标注	4				
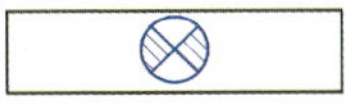	BLOCK	现状雨水泵站	管渠-现状泵站	5				1. 应注明各设施的名称、占地面积。 2. 各设施说明字体颜色宜与各/图例一致。 3. 宜为宋体，字：0.002/图纸比例
	BLOCK	规划雨水泵站	管渠-规划泵站	1				
	BLOCK	规划扩建雨水泵站	管渠-规划扩建泵站	6				
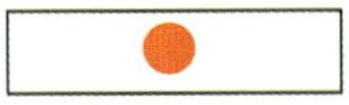	BLOCK	现状易涝点	管渠-现状易涝点	1				
	BLOCK	现状调蓄池	管渠-现状调蓄池	5				
	BLOCK	规划调蓄池	管渠-规划调蓄池	1				

4. 排涝除险系统规划图例

参见附表 5-4。

内涝防治设施规划/图例（4/4 排涝除险） **附表 5-4**

彩色/图例	实体类型	图例说明	所在层名	颜色	线宽	总图线型（比例）	分图线型（比例）	备注
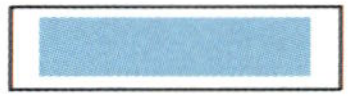	HATCH	水体	水体	141				
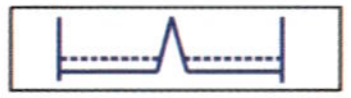	BLOCK	现状水闸	排涝-现状闸	5				1. 应注明各设施的名称、占地面积。 2. 各设施说明字体颜色宜与各/图例一致。 3. 宜为宋体，字：0.002/图纸比例
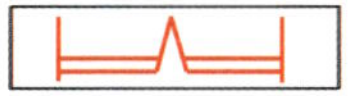	BLOCK	规划水闸	排涝-规划闸	1				
	BLOCK	现状雨水调蓄空间	排涝-现状调蓄空间	5				
	BLOCK	规划雨水调蓄空间	排涝-规划调蓄空间	1				
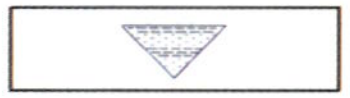	BLOCK	现状调蓄水体	排涝-现状调蓄水体	5				
	BLOCK	规划调蓄水体	排涝-规划调蓄水体	1				
	PLINE	现状涝水行泄通道	排涝-现状涝水行泄通道	5	0.0015/图纸比例	dashed 0.0004/图纸比例	dashed 0.001/图纸比例	1. 箭头代表流向，需前置。 2. 等边三角形的高为 0.0075/图纸比例
	PLINE	规划涝水行泄通道	排涝-规划涝水行泄通道	1	0.003/图纸比例	continous	continous	

续表

彩色/图例	实体类型	图例说明	所在层名	颜色	线宽	总图线型（比例）	分图线型（比例）	备注
	PLINE	现状防洪堤	排涝-现状防洪堤	5	0.0006/图纸比例	tracks 0.0005/图纸比例	tracks 0.0025/图纸比例	
	PLINE	规划防洪堤	排涝-现状防洪堤	1	0.0012/图纸比例	tracks 0.0005/图纸比例	tracks 0.0025/图纸比例	
	BLOCK	市级防汛指挥中心	排涝-市级防汛指挥中心	1				
	BLOCK	市级防汛物资仓库	排涝-市级防汛物资仓库	1				
	BLOCK	区级防汛物资仓库	排涝-区级防汛排涝-区级防汛	201				
	BLOCK	街道级防汛物资仓库	排涝-街道级防汛物资仓库	3				

续表

彩色/图例	实体类型	图例说明	所在层名	颜色	线宽	总图线型（比例）	分图线型（比例）	备注
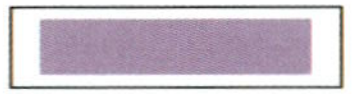	HATCH	百年一遇内涝区范围	排涝-百年一遇内涝区范围	201				推荐使用模型评估法
	BLOCK	现状室内避难场所	排涝-现状室内避难场所	5				
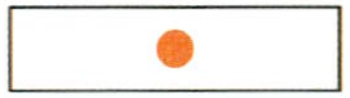	BLOCK	规划室内避难场所	排涝-规划室内避难场所	1				
	HATCH	大中型水库	排涝-大中型水库	152				
	BLOCK	小（一）型水库	排涝-小（一）型水库	5				
	BLOCK	小（二）型水库	排涝-小（二）型水库	116				
	HATCH	调蓄湖	排涝-调蓄湖	152				应标明防洪标准
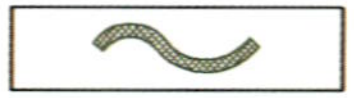	HATCH	规划治理河段	排涝-规划治理河段	116				应标明防洪标准

附录 6　城市内涝防治设施规划编制费用计算标准参考

6.1　城市内涝防治设施总体（分区）规划编制费用计算标准参考

在国内现行计费标准中，主要有两种计费依据，一种是依据规划人口规模进行计算，主要代表为中国城市规划协会于 2004 年 6 月发布的《城市规划设计计费指导意见》；一种是依据规划面积进行计算，主要代表为广东省城市规划协会规划设计分会于 2003 年 10 月发布的《广东省城市规划收费标准的建议（行业指导价）》。下面分别列举如下：

1.《城市规划设计计费指导意见》(2017 修订稿)

根据中国城市规划协会于 2016 年底正式启动修编工作成果情况，其计费标准如附表 6-1 所示。

市政专项总体（分区）规划计费标准　　附表 6-1

序号	规模（km^2）	计费单价（万元/km^2）
1	20 以下	2
2	20～50	1.6
3	50～100	1.2
4	100 以上	0.8

注：1. 市政设施规划为国家相关专业规划编制办法所规定的深度。

2. 根据本计费标准，结合各专业的具体情况乘以如下专业系数：电力为 1.3、配电网为 1.8、燃气为 0.9、给水为 1.0、污水为 1.2、雨水为 1.0、再生水为 0.6、饮用水源及保护为 0.6、通信（不含基站）为 0.9、有线电视为 0.6、供热为 1.3、环境卫生工程为 1.1、河流水系为 0.9、照明为 0.8、市政工程设施规划综合为 1.0，未列入以上专项的规划可按照 0.8～1.2 的系数计费。

3. 计费基价为 30 万元。

4. 开展相关专题研究，计费不少于 20 万元/个。

5. 能源（设施）规划和综合管廊规划计费，根据涉及多个单项规划的内容、深度情况累计计取。

6. 本计费标准不含法定规划修改费用，如需修改费用另计。

7. 若市政设施或管线仅开展总体层面规划，则按该规划计费 50%计取。

与传统的雨水工程规划不同，城市内涝防治设施规划涉及源头减排、排水管渠、排涝除险三大主要规划内容，其中源头减排和排涝除险没有明确的计费标准，建议可参考雨水工程规划计费标准进行取费，即按照 3 个雨水工程规划进行取费。

城市内涝防治规划中需要单独建立水力分析模型，是规划编制和成果的重要组成部分，建议根据模型构建的精细程度，按照 2～4 万元/km^2 计算模型费用。

2.《广东省城市规划收费标准的建议（行业指导价）》(2003 版)

（1）城市消防、防洪系统规划，参见附表 6-2。

城市消防、防洪系统规划收费一览表　　附表 6-2

序号	规划面积（km^2）	消防规划收费（万元）	防洪规划收费（万元）
1	≤20	28	20
2	50	55	35
3	100	90	50
4	>100	以 0.6 万元/km^2 递增	以 0.4 万元/km^2 递增

（2）城市给水系统、排水系统规划，参见附表 6-3。

城市给水、排水系统规划收费一览表　　附表 6-3

序号	规划面积（km^2）	给水系统规划（万元）	排水系统规划（万元）
1	≤20	28	42
2	50	55	82
3	100	90	135
4	>100	以 0.6 万元/km^2 递增	以 0.9 万元/km^2 递增

注：1. 仅做雨水系统规划或者污水系统规划，按排水系统规划收费标准的 60%收费。
2. 全部为雨污合流制系统，按排水系统规划收费标准的 80%收费。

城市内涝防治设施规划可参考防洪规划和排水系统规划的计费标准，按照 1 个防洪规划和 2 个排水系统规划进行取费。

模型费用同样根据建模的精细程度，按照 2～4 万元/km^2 计费标准进行取费。

6.2　城市内涝防治设施详细规划编制费用计算标准参考

国内现尚无城市内涝防治设施详细规划编制费用计算标准，结合城市内涝防治设施详细规划工作深度和规划范围，可考虑采用两种计算方法：一是在上述市政专项总体（分区）规划计费基础上采用工作深度系数进行计取；二是参考相应层次城市规划（即控制性详细规划）计费标准。

1. 工作深度系数法

中国城市规划协会于 2004 年 6 月发布的《城市规划设计计费指导意见》，控制性详细规划计费单价是分区规划计费单价 8.33 倍（新区）和 10 倍（旧城区），城市内涝防治设施详细规划工作深度至少要达到控制性详细规划深度，结合市场价格情况，可考虑在城市内涝防治设施总体（分区）规划计费基础上，采用工作深度系数为 2.0～4.0。

模型费用按照 2～4 万元/km^2 计费标准的高值进行取费。

2. 参照控制性详细规划计费法

城市内涝防治设施详细规划中涉及源头减排系统、排水管渠系统、排涝除险系统等内容，可整体按控制性详细规划计费标准的 30%～50%计。

模型费用同样按照 2～4 万元/km² 计费标准的高值进行取费。

3. 实例参考

以广东省某市某重点片区为例，该片区城市内涝防治设施详细规划项目计费情况如下：

（1）规划面积

某片区，属于城市新城区，规划面积 14.2km²。

（2）规划人口

至 2030 年，规划人口规模为 16 万人。

（3）规划深度

宜在城市内涝防治设施总体规划深度的基础上，项目需要达到详细规划深度，并指导片区城市内涝防治设施的建设。

（4）规划内容

结合规划区未来的实际需要，本次工作包括以下内容：

1）源头减排系统详细规划；2）排水管渠系统详细规划；3）排涝除险系统详细规划；4）水力模型构建与评估。

（5）计费依据

该片区城市内涝防治设施详细规划工作内容中，1）～3）项内容的取费基准，参照《广东省城市规划收费标准的建议（行业指导价）》（2003 版）中，第十和第十一中防洪规划和排水系统规划收费标准，按照规划面积进行基准取费。4）项模型费用按照 4 万元/km² 计费标准进行取费。

（6）费用计算

方法一：工作深度系数法

结合《广东省城市规划收费标准的建议（行业指导价）》（2003 版），采用工作深度系数法进行计费，分别计算出各单项工作内容的费用，再相加取总和，作为本项目的最终费用。按照上述工作深度系数范围，本案例中工作基础较好，深度系数取 2.5 进行计算。

本案例中，由于规划区规划面积为 14.2km²，故对应于《广东省城市规划收费标准的建议（行业指导价）》（2003 版）中的面积“≤20km²”中的费用进行基准取费，具体各项费用计算情况如附表 6-4 所示，最终该片区城市内涝防治设施详细规划的项目收费为 232.8 万元。

城市内涝防治设施详细规划费用计算一览表（1）　　附表 6-4

序号	专业	基准取费（万元）	深度系数	规划费用（万元）	说明
1	源头减排系统详细规划	42	2.5	63	参考排水规划，不涉及污水，按 60%取费
2	排水管渠系统详细规划	42	2.5	63	参考排水规划，不涉及污水，按 60%取费
3	排涝除险系统详细规划	20	2.5	50	参考防洪规划
4	模型费用			56.8	按照 4 万元/km² 计费
5	合计			232.8	

方法二：参照控制性详细规划计费法

本案例中，由于规划区规划面积为 14.2km^2，故对应于《广东省城市规划收费标准的建议（行业指导价）》（2003 版）中的控制性详细规划收费为 568 万元。源头减排系统详细规划、排水管渠系统详细规划和排涝除险系统详细规划收费取控制性详细规划费用的 30%。具体各项费用计算情况见附表 6-5。

城市内涝防治设施详细规划费用计算一览表（2） 附表 6-5

序号	专业	规划费用（万元）	说明
1	源头减排系统详细规划	170.4	控制性详细规划费用的 30%
2	排水管渠系统详细规划		
3	排涝除险系统详细规划		
4	模型费用	56.8	按照 4 万元/km^2 计费
5	合计	227.2	

两种方法计算得到的费用相差约 3%，可以认为两种方法计算出的费用相对合理。

6.3 城市内涝防治设施规划修编费用计算标准参考

城市内涝防治设施规划应适时进行修编，修编计费应考虑修编计费系数：五年内发生修编的计费系数取 0.7～0.9；五年后发生修编的计费系数取 0.8～1.0。

6.4 城市内涝防治设施规划编制费用分期付款比例参考

根据中国城市规划协会于 2016 年底正式启动《城市规划设计计费指导意见》修编工作成果情况，建议城市内涝防治设施规划编制费用分期付款比例如下：

委托方应按进度分期支付城市规划设计费。在规划设计委托合同签订后 3 日内，支付规划设计费总额的 40%作为定金；规划设计方案确定后 3 日内，支付 40%的规划设计费，提交全部成果时，结清全部费用。

参　考　文　献

[1]　周宏，刘俊，高成，等．我国城市内涝防治现状及问题分析[J]．灾害学，2018，33(3)：147-151.

[2]　张辰，吕永鹏，陈嫣．《城镇内涝防治技术规范》解读[J]．给水排水，2017，53(8)：55-59.

[3]　李尤，邸苏闯，朱永华，等．基于多模型耦合的城市内涝多视角分析[J]．中国农村水利水电，2019(5)：82-90.

[4]　陈彩虹，刘卉芳，杨玉生，等．基于 MIKE FLOOD 耦合模型的道路工程内涝分析[J/OL]．水利规划与设计，2019(6)：112-116.

[5]　陈倩云，余弘婧，高学睿，等．当前我国城市内涝问题归因分析与应对策略[J]．华北水利水电大学学报(自然科学版)，2019，40(1)：55-63.

[6]　蒋艳君．滨江沿海山地平原城市排水防涝技术措施[J]．江西建材，2019(4)：119+121.

[7]　孔锋．透视变化环境下的中国城市暴雨内涝灾害：形势、原因与政策建议[J/OL]．水利水电技术：1-10.

[8]　黄子千，庞博，任梅芳，等．基于 InfoWorks ICM 的济南市少年路暴雨内涝模拟研究[J]．北京师范大学学报(自然科学版)，2019，55(1)：160-166.

[9]　刘兴哲．城市下凹桥区内涝积水综合治理设计探讨[J]．中国给水排水，2019，35(4)：47-53.

[10]　刘家宏，夏霖，梅超，等．深隧排水系统在城市内涝防治中的作用分析[J]．应用基础与工程科学学报，2019，27(2)：252-263.

[11]　薛丰昌，张嫣然，田娟，等．厦门岛内涝灾害风险评价制图[J]．图学学报，2019，40(2)：321-327.

[12]　陈光照，侯精明，张阳维，等．西咸新区降雨空间非一致性对内涝过程影响模拟研究[J/OL]．南水北调与水利科技，1-13.

[13]　陈晓敏．漫谈中国古代城市排水设施[J]．才智，2008(20)：30-32.

[14]　杜鹏飞，钱易．中国古代的城市排水[J]．自然科学史研究，1999(2)：41-51.

[15]　许宏．中国古代城市排水系统[N]．中国文物报，2012-08-03(5).

[16]　张辰．我国城镇内涝防治：由理念到标准体系建立[J]．城市道桥与防洪，2014(11)：2-4+18.

[17]　张书函．北京奥林匹克公园中心区雨洪利用技术研究与示范[J]．给水排水动态，2009(5)：19-21.

[18]　裴利计，胡浩云，张学英，等．北京奥林匹克公园中心区雨洪综合利用技术体系综述[J]．水科学与工程技术，2011(3)：4-7.

[19]　张辰，谭学军，陈嫣．中国 2010 上海世博会给水排水新技术解读与展望[J]．中国给水排水，2010，26(20)：1-4+8.

[20]　杨青娟．基于可持续雨洪管理的城市建成区绿地系统优化研究[D]．成都：西南交通大学，2014.

[21]　李小荣．南方多雨区海绵城市雨水综合利用的生态模式研究[D]．南宁：广西大学，2019.

[22]　张辰．我国城镇内涝防治：由理念到标准体系建立[J]．工程建设标准化，2016(2)：12-15.

[23]　毛文博．加强城市雨水排水基础建设及内涝解决措施探讨[J]．智能城市，2019，5(4)：28-29.

[24]　王成坤，黄纪萍，曾胜，等．基于积水特征和暴露脆弱性的城市内涝风险评估[J]．中国给水排

水，2019，35(5)：125-130.

[25] Li M H, Dvorak B, Sung C Y. Bioretention, Low Impact Development, and Stormwater Management [M]//Aitkenhead P J, Astrid V. Urban Ecosystem Ecology. Agronomy Monograph 55. American Society of Agronomy, Crop Science Society of American and Soil Science Society of America, Madison, WI, 2010: 413-430.

[26] Department of Environment. Food and Rural Affairs (Defra), Central Government Funding for Flood and Coastal Erosion Risk Management in England. 2015.

[27] CIRA. The SuDS Manual [M]. UK, 2015.

[28] Department of Environment. Food and Rural Affaird (Defra), National Standards for Sustainable Drainage Systems-Designing, Constructing, Operating and Maintaining Drainage for Surface Runoff. 2011.

[29] British Standard Institute. BS 85500: 2015 Flood resistant and resilient construction-Guide to improving the flood performance of buildings. 2015.

[30] Department for Communities and Local Government. Improving the Flood Performance of New Buildings-Flood Resilient Construction. 2007.

[31] Schwarz. The National Flood Protection Program-Accelerating the Implementation of large Scale Retention Measures within Germany. https://circabc.europa.eu/webdav/CircaBC/env/wfd/Library/floods_programme_1/b_wg_f_on_floods/17th%20meeting%20-%2011-12_03_2015/Presentations/11c_National%20Flood%20Protection%20Program%20process%20to%20accelerate%20implementation%20of%20large%20scale%20retention%20measures.pdf. 2015.

[32] Federal Ministry for the Environment. Nature Conservation and Nuclear Safety, Flood Control Act, https://www.bmu.de/en/pressrelease/trittin-presents-draft-flood-control-act/. 2003.

[33] 郝晓弟等．水国荷兰-从围垦排涝到生态治水[J]. 中国给水排水，2006，32(16)：1-7.

[34] Ritzema H P, Study L C P M. Land Drainage Strategies to Cope with Climate Change in Netherlands [J]. Acta Agriculture Scandinavica, Section B-Soil Plant Science, 2015, 65(1): 80-92.

[35] 周正楠．荷兰可持续居住区的水系统设计与管理[J]. 世界建筑，2013(5)：114-117.

[36] 郭巍，侯晓蕾．荷兰三角洲地区防洪的弹性策略分析[J]. 风景园林，2016(1)：34-38.

[37] 刘树坤．国外防洪减灾发展趋势分析[J]. 水利水电科技进展，2000，20(1)：15-16.

[38] Public Utilities Board(PUB). Managing Urban Runoff-Drainage Handbook (1st Edition) [M]. Singapore, 2013.

[39] Public Utilities Board(PUB), Technical Guide for on-site Stormwater Detention Tank Systems [M]. Singapore.

[40] 刘波．纽约、伦敦和东京等世界城市防洪排涝经验与启示[J]. 城市观察，2013(2)：145-150.

[41] River Bureau of the Ministry of Land, Infrastructure, Transport, and Tourism, Efforts to Prevent Urban Flood Disaster in Japan, http://www.mlit.go.jp/river/basic_info/english/pdf/conf_02.pdf. 2008.

[42] 宁华宇．香港国际机场扩建工程水下深层水泥搅拌桩的试验检测[J]. 工程建设，2019，51(2)：60-65.

[43] 英震．城市水管理模式的比较研究——以新加坡、中国香港地区为例[J]. 中国管理信息化，2017，20(16)：215-216.

[44] 李良庚．香港城市防洪与排水管理对深圳水务的启示[J]．水利发展研究，2012，12(11)：44-47.
[45] 大可．香港如何防水浸[J]．安全与健康，2012(17)：21-22.
[46] 黄方．香港可持续排水的发展[A]．中国城市科学研究会，中国城镇供水排水协会，山东省住房和城乡建设厅，济南市人民政府．第六届中国城镇水务发展国际研讨会论文集[C]．中国城市科学研究会，中国城镇供水排水协会，山东省住房和城乡建设厅，济南市人民政府，中国城市科学研究会，2011：5.
[47] 许申来，周影烈，韩志刚，等．北方季节性降雨地区海绵城市规划建设经验探索[J]．给水排水，2019，55(5)：81-85.
[48] 郑志军，杨宗晓，侯伟．浅论北京城区排水管道防汛抢险特点及应对措施[J]．市政技术，2019，37(2)：165-170.
[49] 宋晓猛，张建云，贺瑞敏，等．北京城市洪涝问题与成因分析[J]．水科学进展，2019，30(2)：153-165.
[50] 李芮，潘兴瑶，邸苏闯，等．北京城区典型内涝积水原因诊断研究——以上清桥区域为例[J]．自然资源学报，2018，33(11)：1940-1952.
[51] 韩闪闪，王艳阳，王乾勋，等．对城市老城区防洪排涝系统的思考——以北京市某公交场站为例[J/OL]．中国防汛抗旱：1-6.
[52] 付征垚．北方严重低洼易涝城市防涝规划方法浅谈——以北京城市副中心为例[A]．中国城市规划学会，杭州市人民政府．共享与品质——2018 中国城市规划年会论文集(03 城市工程规划)[C]．中国城市规划学会、杭州市人民政府：中国城市规划学会，2018：5.
[53] 孙政．基于海绵城市理念下滨水景观改造设计研究——以上海船厂绿地项目为例[J]．建材与装饰，2019 (11)：78-79.
[54] 杨涵洧．上海城市内涝致灾阈值研究及应用[A]．中国气象学会．第 35 届中国气象学会年会 S10 水文气象灾害形成机理、预报预测预警与风险评估新技术[C]．中国气象学会：中国气象学会，2018：1.
[55] 王滢，周小伟．InfoWorks ICM 在山地丘陵城市内涝治理中的应用[J]．中国给水排水，2018，34(19)：118-123.
[56] 严明，李倩，陈长太．上海市浦南东片内涝治理方案研究[J]．上海水务，2018，34(3)：26-27.
[57] 王磊，张建频，廖青桃，等．苏州河深层排水调蓄管道系统工程规划研究[J]．中国给水排水，2016，32(15)：139-142.
[58] 胡婷．基于低影响开发理念的广州高密度旧街区雨水设施模式研究[D]．广州：华南理工大学，2018.
[59] 陈洋波，覃建明，董礼明，等．广州内涝形成原因与防治对策[J]．中国防汛抗旱，2017，27(5)：72-76.
[60] 丁一．广州市自然灾害类涉水突发事件应急管理研究[D]．广州：华南理工大学，2017.
[61] 李战，黄小平．深圳后海填海工程对城市内涝影响原因分析及应对策略[J]．中国水利，2016(13)：33+39.
[62] 张亮，俞露，任心欣，等．基于历史内涝调查的深圳市海绵城市建设策略[J]．中国给水排水，2015，31(23)：120-124.
[63] 中华人民共和国住房和城乡建设部．重庆主城区规划兴建山地特色的海绵城市[J]．吉林建筑大学学报，2017，2(2)：78-78.

[64] 赵志良．重庆市海绵化建设对排水系统的影响及设计对策研究[D]. 重庆：重庆大学，2017.

[65] 周宏．协同治理视角下城市暴雨内涝应急管理研究[D]. 昆明：云南大学，2016.

[66] 靳俊伟，吕波，章卫军等．重庆主城区排水(防涝)综合规划总体技术路线[J]. 中国给水排水，2015，31(8)：24-29.

[67] 谢映霞．城市排水与内涝灾害防治规划相关问题研究[J]. 中国给水排水，2013，29(17)：105-108.

[68] 黄征学．国家规划体系演进的逻辑[J]. 中国发展观察，2019(14)：29-31.

[69] 中共中央国务院关于建立国土空间规划体系并监督实施的若干意见[N]. 人民日报，2019-05-24(001).

[70] 焦思颖．国土空间规划体系"四梁八柱"基本形成——《中共中央国务院关于建立国土空间规划体系并监督实施的若干意见》解读[J]. 资源导刊，2019(6)：12-17.

[71] 张建云，宋晓猛，王国庆，等．变化环境下城市水文学的发展与挑战——I. 城市水文效应[J]. 水科学进展，2014，25(4)：594-605.

[72] Roberts MC，PC. Klingeman. The Influence of Landform and Precipitation Parameters on Flood Hydrographs. Hydrology，1970，(11)：393-411.

[73] Timothy RLazaro. Urban Hydrology：A Multidisciplinary Perspective. Michigan：Ann Arbor Science Publishers Inc，1979：8～30.

[74] 丁年，李子富，胡爱兵等．深圳前海合作区低影响开发目标及实现途径[J]. 中国给水排水，2013，29(22)：7-10.

[75] 侯精明，郭凯华，王志力，等．设计暴雨雨型对城市内涝影响数值模拟[J]. 水科学进展，2017，28 (6)：820-828.

[76] 梁萍，丁一汇，何金海，等．上海地区城市化速度与降水空间分布变化的关系研究[J]. 热带气象学报，2011，27(4)：475-483.

[77] 王喜全，王自发，齐彦斌，等．城市化与北京地区降水分布变化初探[J]. 气候与环境研究，2007(4)：489-495.

[78] 刘成林，周玉文，隋军，等．城市排水防涝系统降雨空间分布特性研究[J]. 给水排水，2016，52(1)：46-49.

[79] 任心欣，俞露，等．海绵城市建设规划与管理[M]. 北京：中国建筑工业出版社，2017.

[80] 黄国如．城市暴雨内涝防控与海绵城市建设辨析[J]. 中国防汛抗旱，2018，28(2)：8-14.

[81] 韩洋．城市内涝控制与排水管网规划研究[D]. 西安：长安大学，2014.

[82] 车伍，杨正，赵杨，等．中国城市内涝防治与大小排水系统分析[J]. 中国给水排水，2013，29(16)：13-19.

[83] 鲁航线，张开军，陈微静．城市防洪、排涝及排水三种设计标准的关系初探[J]. 城市道桥与防洪，2007(11)：64-66+16.

[84] 黄海磊，高成，戴贤波．基于低影响开发的城市河道规划[J]. 价值工程，2012，31(15)：73-74.

[85] 城乡建设用地竖向规划规范 CJJ 83—2016[S]. 北京：中国建筑工业出版社，2016.

[86] 王强，刘子龙，曾玉蛟．基于内涝防治的城市竖向规划技术方法研究[J]. 给水排水，2018，54(4)：36-40.

[87] 张洁．基于雨洪安全的城市绿地量化研究[D]. 北京：北京林业大学，2013.

[88] 张辰．我国城镇内涝防治：由理念到标准体系建立[J]. 城市道桥与防洪，2014(11)：2-4+18.

[89] 谢映霞．从城市内涝灾害频发看排水规划的发展趋势[J]. 城市规划，2013，37(2)：45-50.
[90] 周午阳，孙志民，汤舒．深层隧道排水区域液位在线监测系统研究[J]. 中国给水排水，2018，34(1)：1-6.
[91] 袁媛，王沛永．从防止城市内涝谈海绵城市建设的策略[J]. 风景园林，2016(4)：116-121.
[92] 任心欣，汤伟真．海绵城市年径流总量控制率等指标应用初探[J]. 中国给水排水，2015，31(13)：105-109.
[93] 丁年，胡爱兵，任心欣．城市排水防涝综合规划中雨水径流控制目标及方法研究[A]. 中国城市规划年会论文集[C]. 2014.
[94] 城镇内涝防治技术规范 GB 51222—2017[S]. 北京：中国计划出版社，2017.
[95] 张亮，任心欣，俞露．基于低影响开发模式的流域水污染治理思路-以深圳坪山河流域为例[A]. 2013 中国城市规划年会论文集[C]. 2013.
[96] 深圳市城市规划设计研究院．城乡规划编制技术手册[M]. 北京：中国建筑工业出版社，2015：184-186.
[97] 城镇内涝防治技术规范 GB 51222—2017[S]. 北京：中国计划出版社，2017.
[98] 王强，刘子龙，曾玉蛟．基于内涝防治的城市竖向规划技术方法研究[J]. 给水排水，2018，54(4)：36-40.
[99] 城镇雨水调蓄工程技术规范 GB 51174—2017[S]. 北京：中国计划出版社，2017.
[100] 李俊奇，王耀堂，王文亮，等．城市道路用于大排水系统的规划设计方法与案例[J]. 给水排水，2017，53(4)：18-24.
[101] 俞露，荆燕燕，许拯民．辅助排水防涝规划编制的设计降雨雨型研究[J]. 中国给水排水，2015，31(19)：141-145.
[102] Adams BJ，Fraser HG，Howard CDD et al. Meteorological Data Analysis for Drainage System Design[J]. J Environ Eng，ASCE 1986，112(5)：827-48.
[103] 许超峰，荆燕燕，陈文蛟．城市设计暴雨雨型的推求及应用[J]. 河南科技，2018(5)：159-160.
[104] 周玉文．内涝防治中降雨历时和雨型的选择[J]. 工程建设标准化，2017(8)：16.
[105] 王诗婧．基于 InfoWorks ICM 的城市排水管网排水能力评估[J]. 绿色科技，2018(18)：156-159.
[106] 周玉文，杨伟明，刘子龙，等．基于 USRAMS 的城市雨水管网排水能力分析[J]. 给水排水，2017，53(1)：148-151.
[107] 颜建．连云港市城市内涝灾害风险评估及应对措施[J]. 黑龙江工程学院学报，2018，32(6)：42-46.
[108] 张冬冬，严登华，王义成，等．城市内涝灾害风险评估及综合应对研究进展[J]. 灾害学，2014，29(1)：144-149.
[109] 马保成．自然灾害风险定义及其表征方法[J]. 灾害学，2015，30(3)：16-20.
[110] 王若楠．城市内涝风险等级评估方法及案例研究[D]. 西安：西安建筑科技大学，2016.
[111] 覃建明，陈洋波，董礼明，等．广州中心城区内涝观测实践[J]. 中国防汛抗旱，2017，27(6)：34-37+46.
[112] 易尚栋．海绵城市规划专项设计工程实例解析——广州某项目海绵城市建设示范工程设计[J]. 低碳世界，2017 (16)：131-133.
[113] 汤舒．东濠涌深隧排水系统内涝监测与控制优化研究[D]. 广州：广州大学，2017.

[114] Jiang Y, Wang X J, Luo D G. Parameters Sensitivity Analysis of Watershed Management Model-application of WARMF Model in Chaohu Lake Area[J]. Research of Soil & Water Conservation, 2006, 13(3): 165-168.

[115] Xu C, Hu Y, Chang Y, et al. Sensitivity Analysis in Ecological Modeling[J]. Chinese Journal of Applied Ecology, 2004, 15(6): 1056-1062.

[116] Jacquin A P, Shamseldin A Y. Sensitivity Analysis of Takagi-Sugeno-Kang Rainfall-Runoff Fuzzy Models. [J]. Hydrology & Earth System Sciences, 2009, 13(1): 41-55.

[117] Jeremy S F. Mathematical Programming Models and Methods for Production Planning and Scheduling[M]. Elsevier, 1993: 371-443.

[118] Beven K, Freer J. Equifinality, Data Assimilation, and Uncertainty Estimation in Mechanistic Modelling of Complex Environmental Systems using the GLUE Methodology[J]. Journal of Hydrology, 2001, 249(1): 11-29.

[119] Francos A, Elorza F J, Bouraoui F, et al. Sensitivity Analysis of Distributed Environmental Simulation Models: Understanding the Model Behaviour in Hydrological Studies at the Catchment Scale [J]. Reliability Engineering and System Safety, 2003, 79(2): 205-218.

[120] 黄金良，杜鹏飞，何万谦等．城市降雨径流模型的参数局部灵敏度分析[J]. 中国环境科学，2007，27(4)：549-553.

[121] Lenhart T, Eckhardt K, Fohrer N, et al. Comparison of Two Different Approaches of Sensitivity Analysis[J]. Physics & Chemistry of the Earth Parts a/b/c, 2002, 27(9): 645-654.

[122] Nash J E, Sutcliffe J V. River Flow Forecasting through Conceptual Models Part I-A Discussion of Principles[J]. Journal of Hydrology, 1970, 10(3): 282-290.

[123] 许萍，何俊超，任心欣等．基于 SWMM 模型的城市道路 LID 设施设计参数优化研究[J]. 水电能源科学，2016，34(2)：21-25.

[124] 陈平，刘正祥．低洼地区小城镇规划建设中的防洪排涝问题[J]. 城市道桥与防洪，2000(3)：32-34.

[125] 金炜，朱炼，蔡健．沿江低洼地区城市雨水管网规划探讨[J]. 中国水运，2015，15(6)：114-115.

[126] 沈晓铃，佘步存，陈秋萍，等．城市低洼区雨水系统改造措施分析[J]. 给水排水，2011，47(10)：48-50.

[127] 朱思诚，任希岩．关于城市内涝问题的思考[J]. 行政管理改革，2011(11)：62-66.

[128] 杨晨，任心欣，汤伟真，等．水力模型在低洼地区排水防涝规划中的应用[J]. 中国给水排水，2015，31(21)：101-104.

[129] 付征垚．北方严重低洼易涝城市防涝规划方法浅谈——以北京城市副中心为例[A]. 中国城市规划学会，杭州市人民政府．共享与品质——2018 中国城市规划年会论文集(03 城市工程规划)[C]. 中国城市规划学会，杭州市人民政府，中国城市规划学会，2018：5.

[130] 刘瑶．基于模型分析构建城市排水防涝方案[D]. 西安：西安建筑科技大学，2015.

[131] 梁骞．GIS 空间分析在城市排水防涝规划中的应用[A]. 中国城市规划学会．城乡治理与规划改革——2014 中国城市规划年会论文集(01 城市安全与防灾规划)[C]. 中国城市规划学会：中国城市规划学会，2014：8.

[132] 郑志勤．广州市中心城区市政排水与水利排涝的暴雨标准衔接关系研究[D]. 广州：华南理工大

学，2017.

[133] 张智伟，姜媛媛，陈彦冰．前海深邃开创大型综合排水模式[N]. 深圳特区报，20190521(A05).

[134] 张亮．基于海绵城市理念的高密度建成区黑臭水体综合整治规划初探[A]. 中国城市规划学会，杭州市人民政府．共享与品质——2018 中国城市规划年会论文集(03 城市工程规划)[C]. 中国城市规划学会，杭州市人民政府，中国城市规划学会，2018：9.

[135] 刘绪为，穆军伟，方帅．镇江海绵城市系统性治理技术的阶段性总结与探索[J]. 中国给水排水，2018，34(16)：7-11+21.

[136] 王峤，臧鑫宇，曾坚．高密度中心城区暴雨防灾规划体系及策略研究[J]. 风景园林，2018，25(6)：24-29.

[137] 胡婷. 基于低影响开发理念的广州高密度旧街区雨水设施模式研究[D]. 广州：华南理工大学，2018.

[138] 郭湘闽，危聪宁. 高密度城区分布式海绵化改造策略[J]. 规划师，2016，32(5)：23-28.

[139] 黄怡. 高密度低更新建成区海绵城市规划中源头减排策略研究——以上海市黄浦区为例[J]. 城市道桥与防洪，2017(12)：82-85+11-12.

[140] 汤钟．高密度开发强度下海绵城市建设方案探索[A]. 中国城市规划学会，东莞市人民政府．持续发展理性规划——2017 中国城市规划年会论文集(03 城市工程规划)[C]. 中国城市规划学会，东莞市人民政府，中国城市规划学会，2017：12.

[141] 郑文雅．高密度住区水敏性设计策略研究[D]. 南京：南京工业大学，2016.

[142] 李雨霏．河网地区高密度建成区域截流调蓄系统优化方法研究[D]. 哈尔滨：哈尔滨工业大学，2017.

[143] 陕西省气候中心. 西咸新区暴雨强度公式及暴雨雨型分区研究报告[R]. 2016.

[144] 陕西省西咸新区开发建设管理委员会，深圳市城市规划设计研究院有限公司，陕西省城乡规划设计研究院等. 西咸新区排水(雨水)防涝综合规划[R]. 2018.

[145] 刘彦涛，王彦洋．基于海绵城市理念的城市排水防涝综合规划探讨——以天津新八大里地区为例[J]. 城市，2016(4)：54-59.

[146] 张亮．西咸新区：重构城市水安全屏障[J]. 城乡建设，2018(12)：14-17.

[147] 赵江．海绵城市建设背景下的城市内涝防治探索——以镇江市为例[J]. 园林，2015(7)：26-31.

[148] 张亮．西北地区海绵城市建设路径探索——以西咸新区为例[J]. 城市规划，2016，40(3)：108-112.

[149] 李小静，李俊奇．美国洪水保险计划分析与启示[J]. 中国给水排水，2012，28(15)：53-56+60.

[150] Standard Guidelines for the Design of Urban Stormwater Systems.

[151] U. S Department of Transportation. Urban Drainage Design Manual：Hydraulic Engineering Circular NO. 22，Third Edition，2009.

[152] 车伍，吕放放，李俊奇，等．发达国家典型雨洪管理体系及启示[J]. 中国给水排水，2009，25(20)：12-17.

[153] City of Richmond.，Department of Public Utilities. Stormwater Management Design and Construction Standard Manual，2012.

[154] BSI (British Standards Institution). Drain and Sewer Systems Outside Buildings. BS EN 752：2008[M]. London，UK，2008.

[155] Department od Energy and Water Supply. Queensland Urban Drainage Manual. Queensland，Aus-

tralia, 2013.

[156] PUB(Public Utilities Board). Code of Practice on Surface Water Drainage (Seventh Edition) [M]. Singapore, 2018.

[157] DSD(Drainage Services Department). Stormwater Drainage Manual, Planning, Design and Management(Fifth Edition)[M]. HongKong, 2018.